第2版

新 野菜つくりの実際

誰でもできる
露地・トンネル・
無加温ハウス栽培

果菜Ⅰ

ナス科・スイートコーン・マメ類

川城英夫 編

農文協

はじめに

『新 野菜つくりの実際』（全5巻、76種類144作型）は、2001年に直売向けの野菜生産者を主な対象として発刊されました。現場指導で活躍している技術者に、各野菜の生理・生態と栽培の基本技術などを初心者にもわかりやすく解説していただきました。おかげで各方面から好評を得て、生産者はもちろん、研究者や農業改良普及員、JA営農指導員などの必携の書となりました。

発刊後、増刷を重ねてきましたが20年余り経ち、野菜生産の状況も変わってきました。専業農家の中に少量多品目を生産して直売所専門に出荷する方が現われ、農外からの若い新規就農者も増えました。国は2022年5月に「みどりの食料システム法」を制定し、2050年までに化学農薬の50％低減、化学肥料の30％低減、有機農業の取り組みを全農地の25％にあたる100万haに拡大させることを目標に掲げました。米余りが続く中で水田の作物転換が進み、業務・加工用野菜が拡大し、イタリア野菜やタイ野菜などの栽培も増えてきました。

こうした変化を踏まえて改訂版を出版することにしました。新たな版では主な読者対象は変えず、凡例を入れるなど、予備知識の少ない新規就農者にも配慮して編集しました。また、読者の要望を踏まえて各作型の新規項目として「品種の選び方」を加えました。取り上げる野菜の種類は、近年、直売所やレストランでよく見かけるようになったものを新たに加えました。さらに新しい作型や優れた栽培技術も積極的に加えました。

こうして新版では、野菜87種類171作型を収録して全7巻とし、判型はA5判からB5判に大判化し、文字も一回り大きくして読みやすくしました。今後20年の野菜つくりの土台となることをめざし、現場の第一線で農家の指導にあたっておられる研究者や農業改良普及員などに執筆をお願いしました。各野菜の生理・生態、栄養や機能性、利用法といった基礎知識、栽培の基本技術から最新の技術・知見までをわかりやすく、しかもベテランの生産者にとっても十分活用できる濃い内容に仕上げていただいており、執筆者各位に深謝いたします。また、本書ができたのは企画・編集された農山漁村文化協会編集部のおかげであり、記してお礼申し上げます。

本シリーズは、「果菜Ⅰ」のほか、「果菜Ⅱ」「葉菜Ⅰ」「葉菜Ⅱ」「根茎菜Ⅰ」「根茎菜Ⅱ」「軟化・芽物」の7巻からなり、本「果菜Ⅰ」では14種類32作型を取り上げています。他の巻とあわせてご活用いただき、安全でおいしい野菜生産と活気あふれる直売所経営に、そして人と環境にやさしいグリーン農業の推進と野菜産地活性化の一助としていただければ幸いです。

2023年4月

川城英夫

目次

この本の使い方

◆各品目の基本構成

本書では、各品目は「この野菜の特徴と利用」と「○○栽培」（各作型の特徴と栽培技術）からなります。以下は基本的な解説項目です。一部の品目では、産地の実情や技術体系を踏まえて、項目立てが異なる場合があります。各種資材や経営指標など掲載情報は執筆時のものです。

この野菜の特徴と利用

(1) 野菜としての特徴と利用
(2) 生理的な特徴と適地

○○栽培

1 この作型の特徴と導入

(1) 作型の特徴と導入の注意点
(2) 他の野菜・作物との組合せ方

2 栽培のおさえどころ

(1) どこで失敗しやすいか
(2) おいしく安全につくるためのポイント
(3) 品種の選び方

3 栽培の手順

(1) 育苗のやり方（あるいは「畑の準備」）
(2) 定植のやり方（あるいは「播種のやり方」）
(3) 定植後の管理（あるいは「播種後の管理」）
(4) 収穫

4 病害虫防除

(1) 基本になる防除方法
(2) 農薬を使わない工夫

5 経営的特徴

◆巻末付録

初心者からベテランまで参考となる基本技術と基礎データです。「ナス科野菜の育苗方法」「農薬を減らすための防除の工夫」「天敵の利用」「各種土壌消毒の方法」「被覆資材の種類と特徴」「主な肥料の特徴」を収録しました。

栽植様式の用語（1ウネ2条の場合）

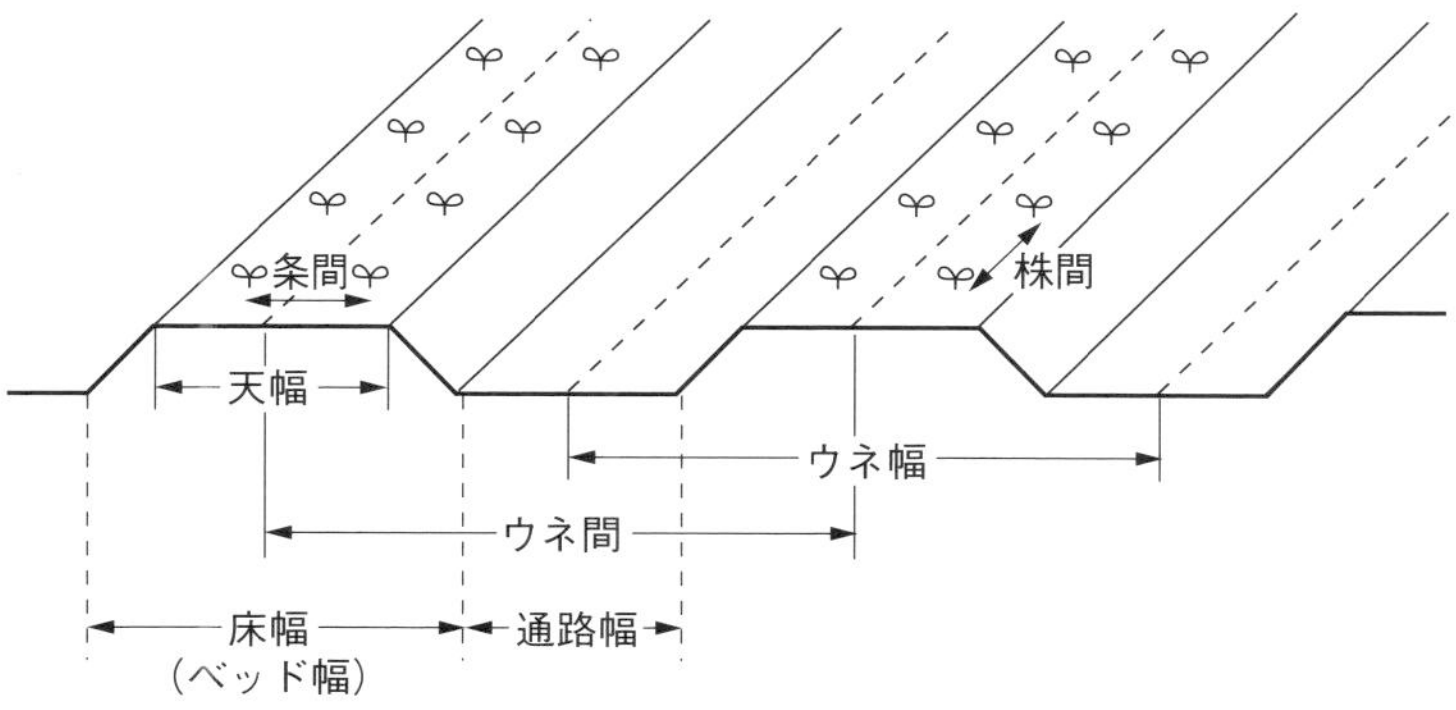

※栽植密度は株間と条数とウネ幅によって決まります

◆栽植様式の用語

本書では、栽植様式の用語は農業現場での本来の用法に従い、次の意味で使っています。

ウネ幅　ウネの間を通る溝（通路）の中心と中心の間隔、あるいは床幅と通路幅を合わせた長さのことです。

ウネ間　ウネの中心と中心の間隔のことです。ウネ幅とウネ間は同じ長さになります。

条間　種子を等間隔で条《すじ》状に播く方法を条《じょう》播《は》と呼び、播いた条《じょう》と条の間隔を条間といいます。苗を複数列植え付ける場合の列の間隔も条間といいます。1ウネ1条で播種もしくは植え付けた場合、条間とウネ間は同じ長さになります。

株間　ウネ方向の株と株の間隔のことです。

◆苗数の計算方法

10a（1000㎡）当たりの苗数（栽植株数）は、次の計算式で求められます。

1000（㎡）÷ウネ幅（m）÷株間（m）×条数＝10a当たりの苗数

ハウスの場合

1000（㎡）÷ハウスの間口（m）÷株間（m）×ハウス内の条数＝10a当たりの苗数

ただし、枕地や両端のウネの余裕をどのくらいにするかで苗数は変わります。

近年、家庭菜園の本では床幅を「ウネ幅」と表記して計算している例が見られますが、床幅をウネ幅として計算してしまうと面積当たりの正しい苗数は得られませんので、ご注意ください。また、1ウネ2条の場合は2倍、3条の場合は3倍した苗数になります。

◆農薬情報に関する注意点

本書の農薬情報は執筆時のものです。対象となる農作物・病害虫に登録のない農薬の使用は、農薬取締法で禁止されています。使用にあたっては、必ずラベルに記載された登録内容をご確認のうえ、使用方法を遵守してください。

トマト

表1　トマトの作型，特徴と栽培のポイント

主な作型と適地

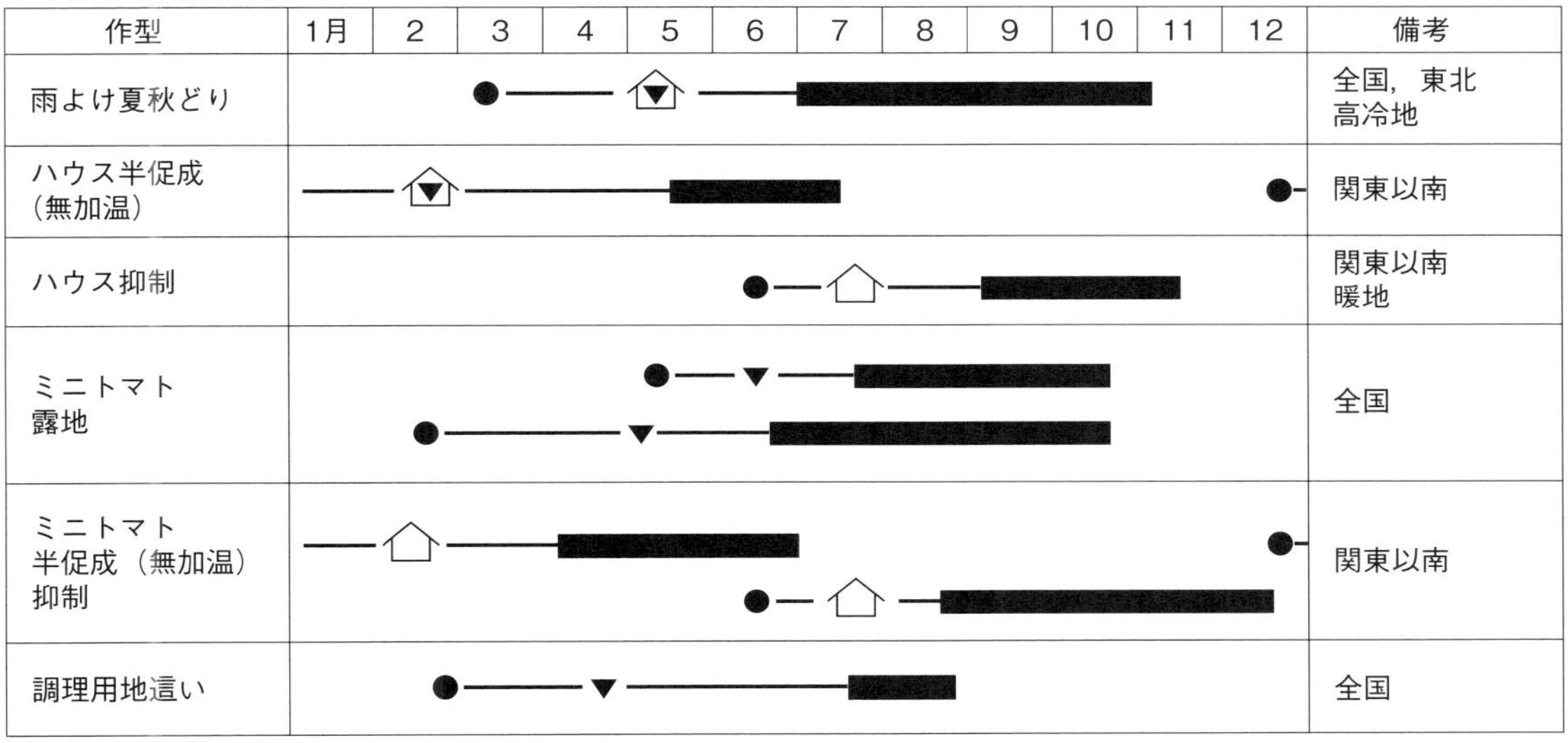

●：播種，　⌂：ハウス，　▼：定植，　■：収穫

特徴	名称	トマト（ナス科リコペルシコン属），漢名：蕃茄，英名：Tomato, Love apple
	原産地・来歴	原産地：南アメリカ北西海岸のエクアドルやペルーなど，熱帯高地のアンデス地方 来歴：17世紀に伝来したが当時は観賞用。食用利用は明治時代以降
	栄養・機能性成分	ビタミンC，ビタミンE，リコペン，β-カロテン
生理・生態的特徴	発芽条件	発芽適温：25～30℃，光条件：暗黒（好暗性）
	温度への反応	昼温20～28℃，夜温10～20℃がほぼ生育適温。35℃以上や5℃以下で生育障害を発生。開花から成熟までは日積算温度1,100℃程度。花房は日積算温度210℃ごとに順次開花
	日照への反応	強い光を好む。日照不足に遭遇すると落花，空洞果，すじ腐れ果が発生
	土壌適応性	好適pHは6～6.5，土質，土性は選ばない。湿害に弱い
	開花（着果）習性	本葉8～9枚で第1花房が着生，以後、3葉ごとに花房着生。極端な高温や低日照で花芽分化が不順になり，低温で花数が増加，高温で花数が減少する
栽培のポイント	主な病害虫	病気：疫病、青枯病，灰色かび病，葉かび病，黄化葉巻病 害虫：コナジラミ類，アザミウマ類，ネコブセンチュウ類
	接ぎ木と対象病害虫・台木	青枯病：Bバリア，グランシールド，がんばる根フォルテ ネコブセンチュウ類：スパイクセブン
	他の作物との組合せ	メロン，キュウリ，軟弱野菜

この野菜の特徴と利用

(1) 野菜としての特徴と利用

①原産地と来歴

トマトの原産地は、南アメリカ北西海岸のエクアドルやペルーなど熱帯の高地とされ、このアンデス地方にはたくさんの野生種が分布している。また、トマトの栽培が始められたのは、中央アメリカ、メキシコ付近とされている。こうした起源から、トマトは高温乾燥の気象条件に耐えうる生育特性をもっていることがわかる。

トマトがヨーロッパに伝わったのは、スペインがアステカ帝国を征服した16世紀以降とされている。その後、わが国には17世紀に入りアジアを経て渡来したが、当時は観賞用であった。食用として利用されたのは、明治時代以降で、消費が拡大したのは昭和初期からである。

トマトの利用法は、以前はサラダなどの生食が中心であったが、近年は海外の多様な食文化が浸透し、家庭でもトマトを加熱調理するなど、利用の幅が広がっている。

②品種のタイプ

トマトの品種は形、大きさ、色などさまざまであるが、いくつかのタイプに分類できる(表2)。

大きさでは、大玉トマト(100g以上)、ミニトマト(10～30g)、中玉(ミディ)トマト(50g前後)に分類される。形は、丸玉から長卵形、一部が尖ったものもある。ミニトマトでも、丸からラグビーボール型に分類される。

色による分類では、ピンク系(桃色系)、赤色系、緑色系に大別される。日本で広く人気のあったピンク系トマトは、皮が薄く甘味が強く生食向きとされている。赤色系トマトの果実は、濃い赤やオレンジ色で、皮は厚く酸味や青臭さが強く、加熱調理に適する傾向がある。最近は、黄色、ゴールド系の品種もいくつか登場し、食卓に色のバリエーションを加えている。

ミニトマトも多様な果色の品種があり、一般的な赤色から、黄色、オレンジ色、緑色、紫色、ゼブラ系とさまざまある。

また、フルーツトマトのように、糖度8度以上のものが消費者から人気があり、特別販売されている。フルーツトマトは、品種特性

表2　品種のタイプ・用途と品種例

品種のタイプ	用途	品種例
大玉トマト	主に生食	桃太郎，麗容，ファースト，みそら，など
ミニトマト	主に生食	丸型：千果，キャロル，サンチェリー，ココ，など 長型：アイコ，フラガール，アンジェレ，など
中玉トマト	主に生食	レードオーレ，シンディースイート，フルティカ，など
調理用トマト	主に加熱調理	シシリアンリュージュ，サンマルツァーノ，など

注）平成22年度「関東東海北陸農業」研究成果情報：神奈川農技セより

によるものだけではなく、特殊な栽培方法（節水栽培をしてストレスを与えるなど）によって人為的につくるものも多い。

③栄養・機能性

トマトは低カロリーで、腸内環境を整える食物繊維、ビタミン類では、美肌効果や風邪予防に役立つビタミンC、老化を抑制するビタミンEなど、さまざまな栄養成分を含んだ健康野菜として認知されている。

近年、よくマスメディアに取り上げられるのは、カロテノイドの仲間であるリコペンやβ-カロテンである。これらは、抗酸化作用があり、細胞の老化や動脈硬化、ガン（癌）などの生活習慣病を予防する作用がある。とくにリコペンの抗酸化作用は強力で、β-カロテンの2倍、ビタミンEの100倍とされている。

(2) 生理的な特徴と適地

①生理的な特徴

トマトはナス科の1年生草本である。しかし、生育環境がよければ、地面についた茎から新たな根を伸ばし、側芽も発生させて、多年にわたって生育できる強い生命力がある。

花芽分化は、日長や温度条件に関係なく、一年中、次々に行なうことができる。一般には、本葉8～9枚目に第1花房を着生させ、以後、3葉ごとに花房を着生させる。しかし、極端な高温や低日照、光合成産物が不足する条件では、花芽分化のサイクルを狂わすことがしばしばある。

②生育に適した土壌と温度

トマトの根は発根力が強く、とくに土壌は選ばない。しかし酸素欠乏には弱いため、明渠などの排水対策をとる、高ウネをつくる、土の団粒構造を保つための有機物（堆肥など）を投入する、などが有効である。

種子の発芽適温は25～30℃で、開花・結実期は昼温20～28℃、夜温10～20℃がほぼ生育適温である。30℃以上に長時間遭遇すれば高温障害（結実不良、果実の軟化など各種生理障害）が、5℃以下では低温障害（生育遅延、結実不良、果皮や葉先の生理障害）が発生し生育不良になる。

トマトの生育速度は、主に平均温度の影響を受け、高温で栽培すれば生育は単純に早まる（図1）。また、生育速度は日積算温度でほぼ予測できる（表3）。トマトの生育に要する日積算温度は、播種から第1花房の開花まで1010℃、以後210℃ごとに第2花房以降の花房が順次開花する。開花した花は、日積算温度1100℃で着色して収穫開始を迎える。

これらをもとに年間の栽培スケジュールを計画することができる。しかし実際の土耕栽培では、乾燥ストレスを意識的に遭遇させたりするため、表3より約1割程度遅れる場合が多い。

図1　日平均気温の違いと開花速度

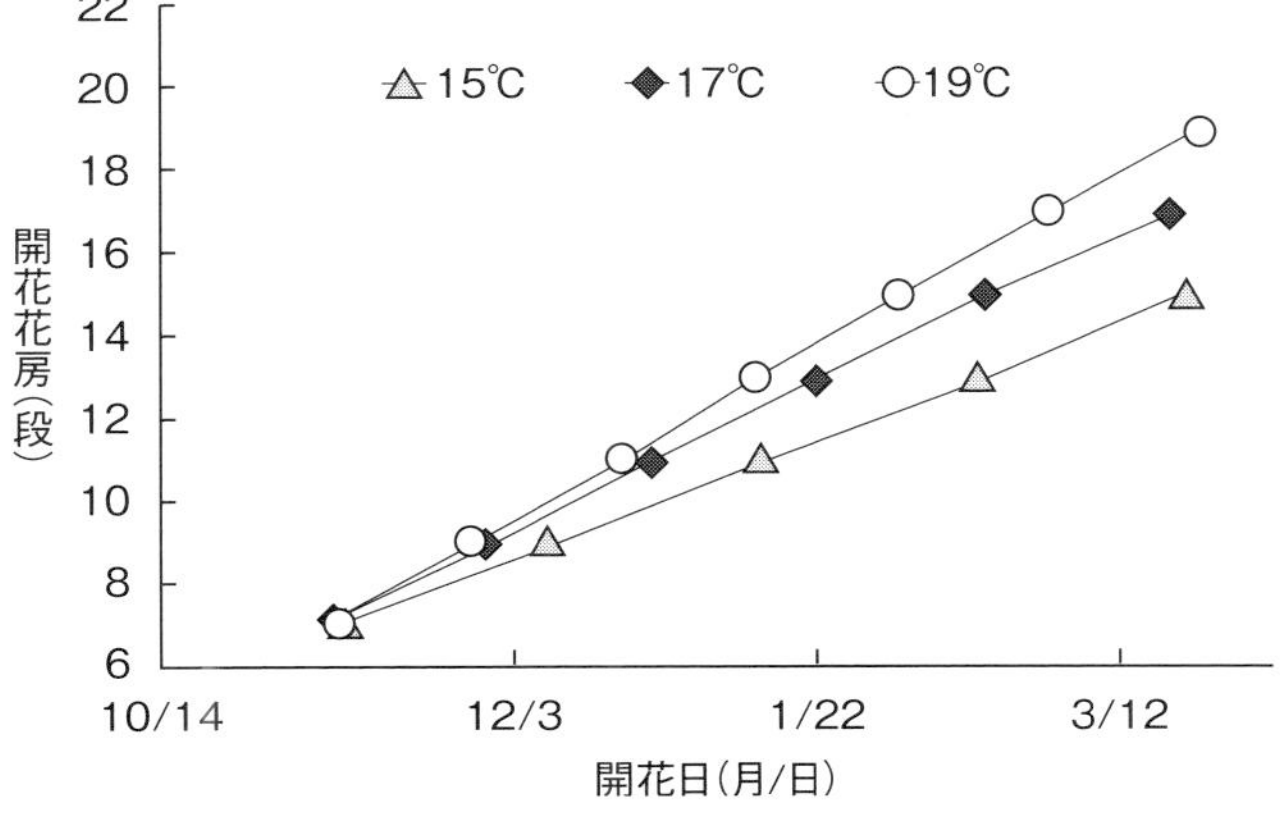

平均気温が15℃，17℃，19℃となるように夜温で調整。品種は‘麗容’（栃木農試試験成績書平成23年度より）

(3) 生育の見方と栽培のポイント

①安定した生育の姿

トマトは野菜類の中でも、栽培がむずかしい品目とされている。その理由は、栽培が長期にわたり環境変化が大きいので、葉や茎などの生育（栄養生長）と花や果実の生育（生殖生長）の好適バランスを保つことが困難なためである。

図2にトマトの安定した生育の姿を示した。果実の生長が下段ほど大きく、上段へと徐々に小さくなっている、茎の太さが直径10～12㎜程度で一定している、果房と果房の間は30㎝前後で葉数3枚と安定している、などが目安になる。

また、生長点から15㎝下の茎径が10㎜程度で草勢が常に保たれ、開花位置は生長点から10～15㎝下で1花が咲くことが適正な生殖生長の基準になる（図3）。このバランスが保たれるよう、適切な養水分や温度管理に努めなくてはならない。

また、果房内の果実が均等に肥大するよう、適切な着果処置（マルハナバチ利用やトマトトーンのホルモン処理）をすることが重要である。着果数は4個程度に摘果すること

表3　トマトの生育に必要な日積算温度と所要日数の予測

		播種～第1花の開花	次の花房の開花間隔	各花房の開花～収穫
日積算温度（℃）		1,010	210	1,100
予測所要日数（日）	平均15℃の場合	68	14	73
	平均20℃の場合	51	11	55
	平均25℃の場合	40	8	44

注）平成22年度「関東東海北陸農業」研究成果情報：神奈川農技セより

図2　トマトの安定した生育の姿

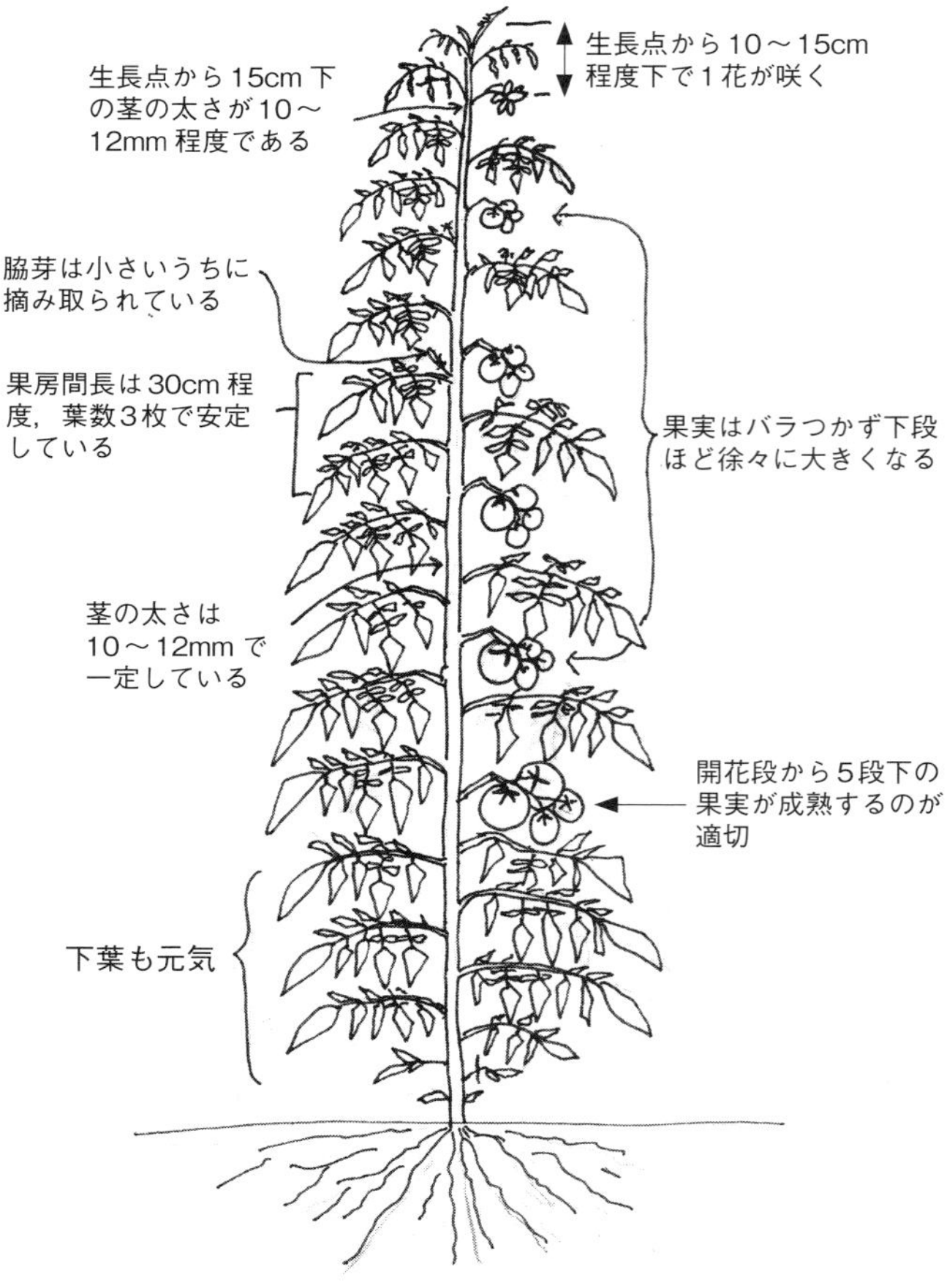

生長点から10～15cm程度下で1花が咲く
生長点から15cm下の茎の太さが10～12mm程度である
脇芽は小さいうちに摘み取られている
果房間長は30cm程度，葉数3枚で安定している
果実はバラつかず下段ほど徐々に大きくなる
茎の太さは10～12mmで一定している
開花段から5段下の果実が成熟するのが適切
下葉も元気

図3　良好な生長点の姿

図4　良好な着果状況

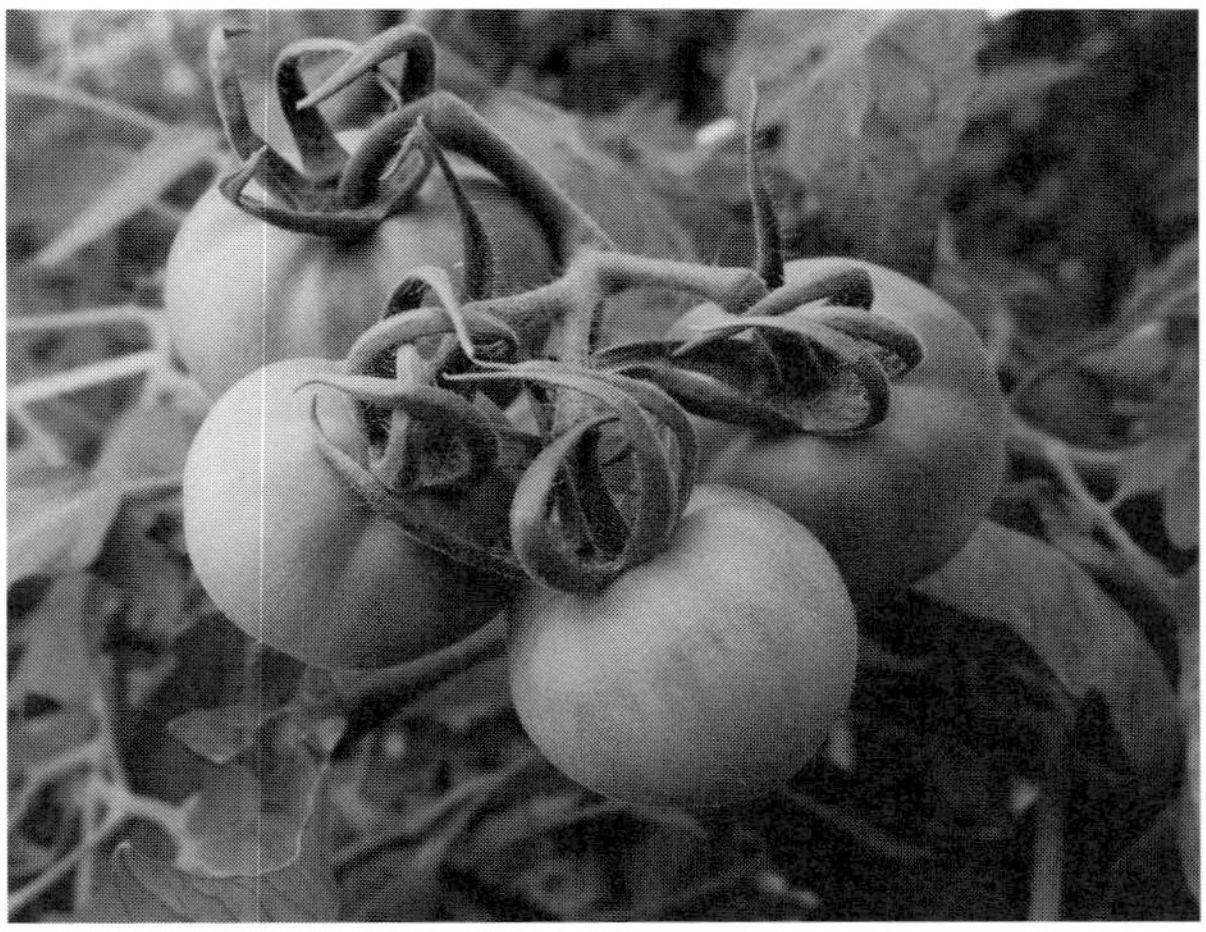

が、長期に安定収穫するポイントである（図4）。

②仕立て方

トマトの仕立て方は、図5に示すようにいくつかの方法がある。基本的でオーソドックスなのが、脇芽の切除を繰り返し行なって主枝を直立させる、1本仕立てである。

主枝を2本伸ばす2本仕立ては、苗代金や育苗労力の節減に有効である。また、栽培期間の長期化をねらって、主枝を寝かせて誘引する斜め仕立てや、2m程度の誘引高から下に折り返すUターン仕立て、さらに栽培の長期化をねらったNターン仕立てなどもある。

図5　トマトの仕立て方のいろいろ

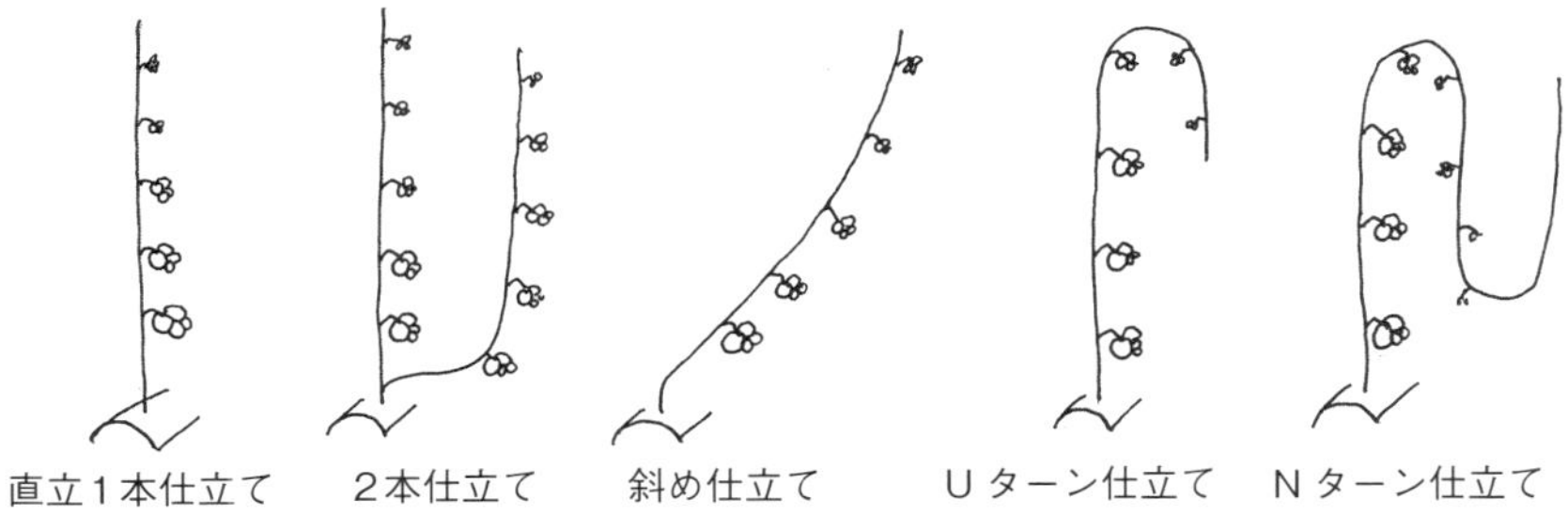

③病害虫と防除

雨水が直接株に当たったり、湿度が高い環境では、疫病が発生しやすいため、トマト栽培は雨よけが基本になる。また、ゲリラ豪雨などで、ハウス内に雨水が流入すると青枯病が発生しやすいため、排水対策が重要である。

近年は、コナジラミ類が媒介するウイルス病、黄化葉巻病が、関東以南で猛威をふるっている。コナジラミ類の薬剤防除のほか、防虫ネット、耐病性品種の利用が有効である。

土壌病害を防ぐには耐病性台木の利用が有効であるが、接ぎ木作業は繊細な管理が必要なので、近年は接ぎ木した苗を購入するのが一般的になってきている。

（執筆：吉田　剛）

雨よけ夏秋どり栽培

1 この作型の特徴と導入

(1) 作型の特徴と導入の注意点

①特徴と注意点

この作型は、栽培期間中に降雨や高温乾燥などの影響があるので、各種の生理障害（尻腐れ果、裂果、空洞果など）や病害虫（土壌病害、灰色かび病、葉かび病、疫病、アブラムシ類、アザミウマ類、夜蛾類など）の発生に十分な配慮が必要である。

そのため、雨よけハウスを用いることが基本になる。雨よけハウスを用いることにより、灰色かび病、葉かび病、疫病の被害を最小限にすることができる。

灌水施設を利用して灌水や肥培管理を行なうことで、トマトの草勢コントロールが可能になり、収量や品質の向上につながる。また、作業も省力化できる。

排水対策（暗渠、明渠の設置）も重要で、これによって青枯病などの土壌病害の発生を防ぐ。

②経営のポイント

雨よけ夏秋どり栽培は、短期間で多くの労働力を必要とする。そのため、セル成型苗、チューブ灌水、自走式防除機の導入、選果場の利用や選果機の導入をはじめ、労力を軽減する工夫が重要になる。また、労働力の確保や配分計画も欠かせない。

(2) 他の野菜・作物との組合せ方

基本的にはトマト専作であるが、定植が遅い場合は、前作にホウレンソウやコマツナの作付けが可能である。

2 栽培のおさえどころ

(1) どこで失敗しやすいか

雨よけ夏秋どり栽培で一番失敗しやすいの

図6　トマトの雨よけ夏秋どり栽培　栽培暦例（基本作型）

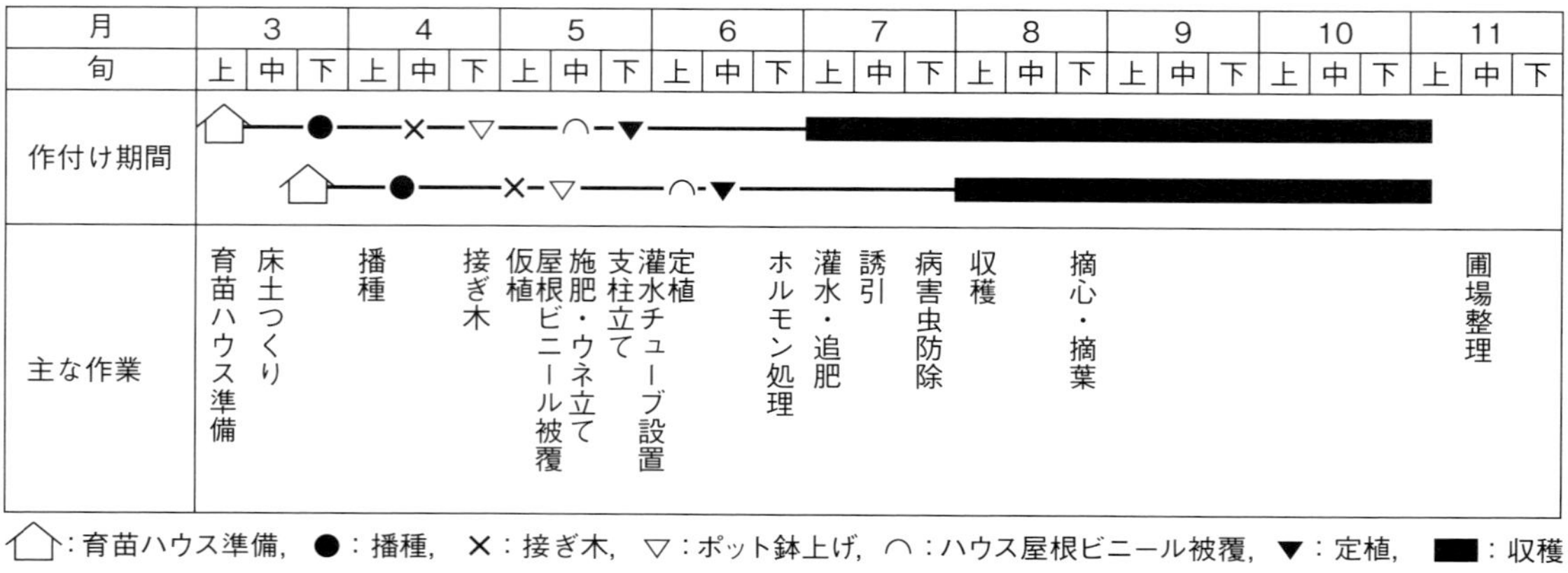

は、定植後の水管理である。生育初期の根張りが悪いと、生育中期からのなり疲れで着果不良になり、花や果実がつきにくくなる。それを防ぐため、定植時に苗の根鉢と本圃の土壌水分が均一になるように灌水を行なう。

定植後の草勢管理にも注意する。夏秋トマトは栄養生長と生殖生長を繰り返すので、バランスのとれた生長をさせなければならない。定植後に肥料や水が多いと過繁茂になり、栄養生長に傾いて花や果実がつきにくくなる。

定植は第1花房の1番花の開花時に行ない、元肥は窒素成分で10a当たり10kg程度とする。定植後の灌水は、苗が活着するまではホースなどで手灌水する。活着後は、生育が旺盛にならないよう少量灌水で草勢をコントロールし、第3〜4花房の開花以降から灌水量を徐々に増やしていく。

(2) おいしく安全につくるためのポイント

おいしいトマトをつくるポイントは、健全な根をつくる、土壌病害のない圃場を選び毎年作付け前にしっかり土つくりを行なう、完熟堆肥は10a当たり2tまでの施用とし、土壌診断にもとづいた適正な施肥を行なう、などである。

また、病害虫を防いで、健全に育てることも大切である。そのため、排水溝の設置、ハウス周辺の除草、ハウスの開口部に防虫ネットを被覆するなど耕種的防除に努める。

(3) 品種の選び方

穂木は、草勢や障害果の発生の程度によって選択する。トマト出荷量が減少する9月以降に、裂果の発生が少ない品種を選択する（表4）。また、青枯病、褐色根腐病が多発している圃場では、耐病性、抵抗性のある品種を選択する。

台木は、圃場で発生する土壌病害の種類や草勢によって選択する。

3 栽培の手順

岐阜県の主な産地はセル成型育苗で幼苗接ぎ木法が主流なので、ここでは、セルに播種→セルで接ぎ木→ポットに移植→定植の方法を解説する。

(1) 育苗のやり方

① 播種方法

播種はセルトレイに行なう。72穴か128穴のセルトレイと、市販の培養土を用いる。セルトレイに培養土を均一に詰め、床土が湿るまで灌水を繰り返す。台木、穂木ともにセルトレイに播種するが、台木は穂木よりも同じ日か1日早播きする。

各セルの中央に深さ5〜10㎜程度の穴をあけ、1粒ずつ播種し覆土する。覆土後は、覆土が濡れる程度に灌水する。

セルトレイを播種床に並べて、ベタがけ資材（不織布）で被覆する。

② 発芽から移植、接ぎ木までのポイント

夏秋トマト栽培では、徒長していないガッチリと締まった、肥料切れのない健全な葉色の苗をつくることが必要である。台木、穂木は同様の管理を行なう。

灌水は苗の状況を見ながら、夕方にはポット土の表面が白く乾く程度に行なう。

セルトレイは、発芽まで乾かないように、床温を25〜30℃で管理する。発芽後は、昼23〜25℃、夜14〜16℃で管理し、光を当てる。

表4　雨よけ夏秋どり栽培に適した主要品種の特性

	品種名	販売元	特性
穂木	麗月（れいげつ）	サカタのタネ	裂果に強く，着果性がよく，日持ちがよい。チャック果，窓あき果，空洞果などが少なく，秀品率が高い。萎凋病，半身萎凋病，葉かび病，斑点病に抵抗性がある
	麗夏	サカタのタネ	草勢旺盛で着果性が良好。大玉で裂果もほとんどない。萎凋病，半身萎凋病，葉かび病，斑点病に抵抗性がある
	桃太郎ギフト	タキイ種苗	青枯病，葉かび病に耐病性をもつ。初期の草勢はややおとなしい。萎凋病，半身萎凋病，斑点病の耐病性をもつ
	桃太郎エイト	タキイ種苗	硬く，日持性がよい。萎凋病，半身萎凋病，斑点病，青枯病に耐病性がある
	桃太郎セレクト	タキイ種苗	着果性がよく，チャック果，窓あき果の発生が少なく，花痕部も小さいため秀品率が高い。葉かび病，青枯病，萎凋病，半身萎凋病，斑点病に耐病性をもつ
	桃太郎ワンダー	タキイ種苗	裂果に強く，着果性がよい。低段からチャック果，窓あき果，空洞果などが少なく，秀品率が高い。葉かび病，青枯病，萎凋病，半身萎凋病，斑点病に耐病性がある
	桃太郎サニー	タキイ種苗	葉かび病に強く，青枯病，萎凋病，半身萎凋病，斑点病にも耐病性がある。大玉で秀品率が高い
台木	グランシールド	サカタのタネ	草勢はやや強く，スタミナがある。青枯病に強く，褐色根腐病，かいよう病に耐病性がある。萎凋病レース1・レース2・レース3，半身萎凋病レース1，根腐萎凋病に抵抗性がある
	アシスト	サカタのタネ	草勢は強く，栽培後半までスタミナがある。青枯病、褐色根腐病，かいよう病に耐病性があり，萎凋病レース1・レース2・レース3，半身萎凋病レース1，根腐萎凋病に抵抗性がある
	キングバリア	タキイ種苗	青枯病に強く，根域が広く根量が多い。深層まで根圏を形成する。褐色根腐病，萎凋病レース1・レース2・レース3，半身萎凋病レース1・レース2，根腐萎凋病に複合耐病性がある
	グリーンガード	タキイ種苗	栽培初期の草勢はおとなしい。青枯病、褐色根腐病に強い。萎凋病レース1・レース2・レース3，半身萎凋病レース1に複合耐病性がある
	がんばる根ベクト	愛三種苗	浅根で灌水，追肥などの反応がよくつくりやすい。樹はあばれない。萎凋病レース1・レース2，根腐萎凋病、青枯病などに耐病性がある

注）各メーカーのカタログから抜粋

子葉が、緑色から薄緑色にさめてきたら、黄色に変わる前に1000倍の液肥で追肥する。

③接ぎ木と接ぎ木後の管理

接ぎ木の時期と方法　播種から3週間したころ、台木、穂木とも本葉2・3〜3枚時、子葉から本葉の間（上胚軸）が10〜30㎜の時期に接ぎ木をする。

接ぎ木作業は、接ぎ木中に萎れさせないよう、風が入らない場所で行なうことが望ましい。まず、台木の本葉と子葉の間を、30度の角度で切り落とし、接ぎ木用チューブを切断した台木に挿し込む。次に、穂木を台木と同様の位置で30度の角度で切り、チューブに挿し込んで、台木に接合する。穂木と台木の接合部が、隙間のないようにしっかりと合っていないと活着が悪くなるので、注意する。

接ぎ木後の養生と管理　接ぎ木後、温度25〜28℃、湿度約90％、光2000〜3000lxで、3〜4日程度、養生室で管理する。養生室は、湿度を一定に保ち、萎れや高温に注意する。

3〜4日後、1トレイを養生室から出してしばらく置いておき、萎れないか確認する。萎れがない場合は、夕方、全トレイを育苗ハ

表5　雨よけ夏秋どり栽培のポイント

	技術目標とポイント	技術内容
定植準備	◎圃場の準備 ・ハウスの設置 ・ハウス周囲に排水溝を整備	 ・ハウスは間口5.4mか6m，棟高2.6m，ハウス間隔1mで設置。屋根ビニールなどを被覆する ・ハウス周囲の排水溝は，深いものがいい
	◎土つくり ・堆肥の施用	 ・土つくりのために堆肥を施用する。堆肥の施用は10a当たり2tまでとする
育苗方法	◎床つくり ・市販の床土を使用	 ・播種床土は市販のピートモスを主体にしたものを使用する。自家製では発芽不良や生育不良となり苗が揃わない
	◎資材の消毒 ・育苗資材，支柱，通路シートなどの消毒	 ・イチバン500～1,000倍に瞬時浸漬
	◎セルトレイの準備 ◎播種床の準備 ・必要な面積と電熱線 ・播種床と保温の準備	・自根の場合は200穴トレイ，接ぎ木の場合は72穴か128穴トレイを使用 ・10トレイ当たりの必要面積は幅1.3m×長さ1.4m（1.82m^2）。必要な電熱線は3.3m^{2}当たり250W ・育苗床は波板，スタイロフォームを敷き，その上にビニールを敷いて電熱線を配置する。さらにその上にビニールを敷き，セルトレイを並べる ・ビニールトンネルと保温用ラブシートを準備する ・育苗床はサーモスタットを使って適温管理する。サーモスタットは床土内に埋め込む
	◎播種と播種床管理 ・播種 ・温度管理	 ・セルトレイは1穴1粒播種 ・接ぎ木する場合は，台木を1～2日程度早播きする ・発芽まで床土が乾かないようにする。発芽が始まったら地温を下げ，光を十分に当て，換気する ・床温は発芽まで25～30℃，発芽後は昼23～25℃，夜14～16℃にし，12℃以下にならないよう管理する
	◎仮植床準備 ・必要資材量 ・仮植床の準備	 ・10a当たり，育苗ポット（9cmか12cm）2,200鉢，床土3.5m^2，ハウス面積2.5aを準備する ・仮植床に水たまりができないようにローラーなどで整地し，その上にビニールを敷き，根が土壌中に伸びるのを防ぐ ・ずらし前までは，地温維持や乾燥防止のため隙間のないようにポットを並べる ・仮植2日前に灌水し，適湿を保ち，ビニールを被覆し地温を上げておく
	◎接ぎ木 ・接ぎ木の時期 ・接ぎ木方法	 ・播種後3週間目ころ，台木，穂木とも本葉2.3～3枚時，上胚軸の長さ10～30mm，茎径1.7～2.5mm時に行なう ・幼苗斜め合わせ接ぎで，セルトレイの上で行なう ・接ぎ木中に萎れないよう，室内環境や作業速度に注意する
	◎接ぎ木の養生方法 ・専用養生室 ・ハウス内トンネル養生 ・養生室の管理	 ・専用養生室の場合，倉庫，予冷庫など専用の場所と，蛍光灯，加湿器，扇風機などの装置が必要になる ・ハウス内トンネルでの養生は，育苗ハウス内の子トンネルで養生させる。従来から使用している資材を利用できる利点があるが，朝と夜の温度や湿度に差がある，天候に左右されやすいなど環境が変化するため，養生日数が5～8日かかる ・養生室は，温度25～28℃，湿度約90％，照度2,000～3,000lxで3～4日管理する。養生中は過湿，萎れ，高温などに注意しながら，積極的に光を当てることが重要
	◎仮植 ・仮植適期 ・仮植時の注意	 ・本葉2～2.5枚が仮植適期（接ぎ木後5日程度） ・接ぎ木苗の場合，接ぎ木部の活着後2～3日以内に行なう ・晴天日に行ない，セルから抜き取るとき根を傷めないよう注意する ・自根の場合は風で倒れやすいためやや深めに植えるが，接ぎ木の場合は接ぎ木部が低いので深植えにならないよう注意する

（つづく）

	技術目標とポイント	技術内容
	◎仮植床管理 ・温度管理 ・灌水管理 ・ずらしなど ・外気へのならし ・病害虫防除	・床内温度は，昼間20～25℃，夜間12℃以上を目標に管理する ・夜間は必ずビニールトンネルにコモなどで被覆し，12℃以下にならないよう保温する ・活着までは株元に少量灌水し，過湿にならないように注意する。活着後は，午前中に灌水して，夕方にはポットの表面が薄く乾く程度にする ・ずらしは，仮植後10～15日目に株間20cm×20cmに広げる ・光線を十分に当てて生育を抑制しない管理とし，根張りをしっかりと行なわせる ・定植10日前ころから，気温が許すかぎり外気にならす ・アブラムシ類，コナジラミ類，疫病，葉かび病などの予防防除を行なう。予防防除は定期的に行ない，日中高温時の散布は薬害が発生しやすいので行なわない
定植方法	◎防虫ネット被覆	・オオタバコガの侵入防止対策として，4mm×4mm目程度の防虫ネットを雨よけハウスの周囲に張る ・防虫ネットを張るタイミングは，ビニール被覆をマイカー線で押さえる場合は被覆前のほうが作業しやすいが，ビニペットの場合は被覆後でも可 ・クロマルハナバチを利用する場合はハウス群（連棟）を一括して被覆する
	◎屋根ビニール被覆	・定植30日前くらいに屋根ビニールを被覆する。施肥やウネ立て時に適当な土壌水分になるよう早めに被覆するが，乾きやすい圃場は被覆を遅らせる。 ・５月下旬までに定植する場合は，ハウスサイドも被覆するなど，ハウス内の最低気温８℃を確保するよう注意する。
	◎施肥，ウネ立て	・施肥，ウネ立ては定植７日前までに行なう。土壌水分が適度なときに元肥を全面全層に混和し，その後ウネ立てする ・特別な高ウネにしない。とくに，乾燥しやすい圃場では，水分の抑制のためウネを低めにする ・間口5.4ｍのハウスの場合，１条のウネを４条にすると作業効率がよくなる
	◎灌水装置の設置	・灌水チューブの設置は作条に１本を基本にする。ウネが乾燥しやすい場合は，本数を増やす。設置後は，水を通してチューブ内のゴミを出し，目詰まりがないか確認する ・矢野式散水装置の場合は散水ムラを防ぐため，散水チューブの長さは30ｍを限度とする。ウネの中央部へ水平に設置し，全ノズルに目詰まりがないか確認する ・液肥混入器も設置する
	◎マルチ張り	・マルチを張ることで雑草防止，乾燥防止，病害虫発生の軽減などができる ・施肥、ウネ立てと同時にマルチ張りを行ない，地温の確保をはかる ・早期の作型で地温確保が必要な場合は，黒マルチを用いる ・ハウスサイドに近いウネで青枯病の発生の恐れがある場合は，白黒ダブルマルチを使用して地温上昇を抑制する
	◎支柱立て	・支柱の高さは2.1ｍで直立とする ・10ｍごとに横針金などを張り，支柱を固定する
	◎誘引	・白色や緑色の誘引テープを斜めに張るが，45度以上にはしない ・遅い時期の短期栽培，収穫段数が７段以下の場合は直立栽培を基本にする（誘引テープは直立）
	◎定植 ・栽植本数 ・定植適期苗 ・定植方法	・目標栽植本数は10a当たり1,850～2,000本 ・第１花房の開花時が定植適期。開花した苗から順次植え付ける ・老化苗は細茎，小果になり，若苗は過繁茂になりやすいので使用しない ・定植は晴天無風の日を選ぶ ・苗の根鉢にはあらかじめ十分灌水して植える ・花房を通路側に向けて，できるだけ浅植えにする ・定植後は株元にホース灌水する
定植後の管理	◎灌水 ・活着までの灌水 ・活着後の灌水 ・通路灌水	・灌水は午前中に行なう ・活着までは根鉢と土がよくなじむよう株元灌水とする ・活着後は少量灌水とし，草勢コントロールに努め，第３花房の開花以降，徐々に灌水量を増やしていく ・１日１株当たりの灌水量は７月下旬～８月中旬の収穫最盛期には，晴天日２～2.5ℓ，曇天日１～1.5ℓ，雨天日は灌水しない ・晴天が続き圃場が乾燥している場合は，１週間に１回のペースで午前中に通路灌水を行なう ・摘心後は灌水量を少しずつ減らすが，定期的な灌水は続ける ・排水の悪い圃場では，過湿になりやすいため，通路灌水は実施しない

（つづく）

	技術目標とポイント	技術内容
定植後の管理	◎追肥 ・第1回追肥 ・施用量 ・尻腐れ果対策	 ・追肥の開始は第3花房の開花を目安にするが，草勢が弱い場合は早めに実施する ・追肥は液肥の300～400倍液で行なう。週2回施用時の1回当たり液肥施用量は，最盛期で10kg/10a程度である ・液肥の葉面散布は，高温時の日中では障害が出る恐れがあるので，早朝または気温が下がる午後に行なう ・尻腐れ果対策には硝酸石灰を含んだ肥料を追肥に用いる
	◎ホルモン処理 ・処理時期，処理方法 ・処理の注意点	 ・第1花房から確実にホルモン処理し，各花房の3～4花が開花した晴天の午前中に処理する ・小型噴霧器で霧状に花の正面から噴霧する ・空洞果が発生しやすい品種では，第2花房からジベレリン（濃度10ppm）を混用する ・2度がけしない ・生長点に散布すると薬害を生じるため注意する
	◎クロマルハナバチによる受粉 ・導入 ・注意点	 ・導入時期は，花粉稔性や花粉量が充実する第3花房開花以降がよい ・巣箱1箱当たり15aとする ・クロマルハナバチがハウス外に逃げないよう，ハウス周囲に4mm×4mm程度の防虫ネットを被覆する ・紫外線カットフィルムは活動に影響があるため使用しない ・高温（30℃以上）になるとハチの寿命が短くなるので，巣箱の温度が上がらないよう寒冷紗などで日陰をつくる
	◎脇芽かき	・傷口が小さくてすむよう，早めに行なう ・晴天日の午前中に行ない，雨天や夕方には行なわない ・病気（モザイク病）などが疑わしい株は，伝染を防ぐため目印をつけて最後に行なう
	◎摘果	・1果房4果を基本に，奇形果や小果を摘果する ・草勢の弱い場合は第1～2果房を1～2果に摘果し，中段以降の草勢維持を図る
	◎摘心	・8月下旬～9月上旬（平年初霜日の60日前）に，開花中の最上位花房の上に本葉2枚残して摘心する ・摘心が遅れると上部の果実が熟さず収穫できない果実が多くなる ・草勢が強い場合は，裂果の発生を軽減させるため，摘心の時期を遅らせる
	◎摘葉	・8月中旬以降，不要となった第1果房下を摘葉し，風通しをよくする ・葉先枯れ症の発生葉や過繁茂の場合は，積極的に摘葉する ・傷口からの病原菌の感染を防ぐため，曇雨天日には行なわない ・かいよう病や青枯病の伝染を防ぐため，手袋の上に消毒する
	◎熟期促進 ・保温 ・熟期促進剤（エスレル10）の利用	 ・最高気温が25℃を下回る時期を目安に側面にビニールを被覆し，夜間最低10℃を目標に保温し，熟期促進に努める ・サイドビニールを被覆するとハウス内の湿度が上がり，灰色かび病などの病害の発生が多くなるため注意する ・熟期促進剤を利用する方法もある。使用には散布時期などに注意する。初めて使用する場合は関係機関に相談する
	◎病害虫防除	・天候や病害虫の発生程度をみながら，早めの防除に心がける ・30℃以上の高温時の防除は避ける。また，降雨時や夕方の薬剤散布も避け，散布液が早く乾くときに行なう ・土壌病害発生株は早めに除去する
収穫	◎収穫	・時期別に収穫・出荷時の着色度合を決めて収穫する
	◎圃場整理 ・残渣の整理 ・資材などの片付け，消毒	 ・すみやかに根部から引き抜き，圃場外に搬出し離れた場所で処分する ・支柱，マルチなどを抜き取り片付ける ・資材や農機具に付着している病原菌が次年度の作の発生源になるので消毒する。消毒にはイチバン，ケミクロンGを使用する。作業は必ずゴム手袋を着用するなど使用の注意点を確認して行なう

ウスに移動する。萎れが確認された場合は、さらに1日養生を継続する。

④仮植床の管理

仮植床は水たまりができないようローラーなどで整地し、その上にビニールを敷き、根が地面に伸びるのを防ぐ。仮植用のポットは9cmか12cmとし、購入培土以外を床土に利用する場合は、ビニール被覆で太陽熱消毒を行なったものにする。

仮植の適期は、活着して育苗ハウスに移動した段階で、接ぎ木後5日程度でよい。晴天の日に行ない、浅植えにする。深植えすると根張りが劣るので注意する。

床内温度は、昼間20～25℃、夜間12℃以上で管理する。夜間はビニールを被覆し、その上からコモなどを被覆して保温に努める。温度が12℃以下になったり、窒素過多や乾燥した場合は、低段にチャック果や窓あき果が発生する。また、この時期の温度管理で第1花房の着花の位置が変化する。

灌水は午前中に行ない、夕方には土の表面が薄く乾く程度にする。初期から灌水量を多くすると徒長した大苗になり、育苗後半の管理がむずかしくなる。

仮植後10～15日ごろになると、葉と葉が重なり合うので、その前に育苗ポットをずらして間隔を広げる。また、日中の高温に対しては、サイドビニールを開けて通風と採光を図り、苗を順化させる。

育苗後半に肥切れして葉色が黄色になるようなら、500倍の液肥を早めに追肥する。

(2) 定植のやり方

①屋根ビニール、防虫ネット被覆

屋根ビニールは、適度な土壌水分状態になるよう、定植30日前くらいに被覆するが、乾きやすい圃場では被覆を遅らせる。トマトは光飽和点が7万lxと高く、光を好む作物なので、できるだけ光線透過率の高い被覆資材を用いる。

また、オオタバコガなど夜蛾類の侵入を防止するため、4㎜×4㎜程度の防虫ネットを妻面からハウスサイドの地際まで隙間のないように被覆する。

②元肥施用

元肥は化成肥料などで、10a当たり窒素成分10kg程度を目安に施用し（表6）、追肥は液肥で行なう。

施肥で注意したいのは、接ぎ木やマルチ栽培を行なうと吸肥力や肥効が高まるので、窒素量を20～30%少なくすることである。

石灰やリン酸資材は、土壌診断結果にもとづき施用する。堆肥を施用したときは、含まれる成分を考慮して施肥設計を行なう。

施肥、ウネ立ては定植7日前には行なっておく。

③マルチ、灌水チューブの利用

マルチは雑草対策や乾燥防止に有効であ

表6　施肥例　（単位：kg/10a）

	肥料名	施肥量	成分量		
			窒素	リン酸	カリ
元肥	完熟堆肥	2,000			
	苦土石灰または炭カル	(150)			
	重燐酸または過石	(40)		(14.0)	
	微量要素資材	4			
	トマホープ859	125	10.0	6.3	11.3
	硫酸加里	(20)			(10.0)
追肥	液肥2号	140	14.0	7.0	11.2
施肥成分量			24.0	13.3 (27.3)	22.5 (32.5)

注）（　）内の数値は土壌診断結果によってかわる

る。普通作は黒マルチを用いるが、定植が6月以降になる場合は地温を抑制するため、白黒ダブルマルチを用いる。定植の7日前までにマルチを張り、地温を調整する。

灌水チューブや自動灌水装置の利用で、一度に多くの面積の灌水が可能になる。しかし、目詰まりが心配されるため、濾過器の設置や点検が必要である。灌水チューブは作条に1本が基本であるが、ウネが乾燥しやすい場合は本数を増やす。

④定植方法

定植は、晴天・無風の日に行ない、雨天などで地温が低いときは活着が悪いので避ける。第1花房が開花したときが、定植適期である。株間は37～50cm、栽植本数は10a当たり2000本を目安にする。

定植前に、苗の根鉢にはあらかじめ十分に灌水するとともに、植穴にも十分な灌水を行なっておく。定植後は、根鉢と土壌をなじませるため、すみやかに手灌水を行なう。

(3) 定植後の管理

①定植後の管理のポイント

仕立て方は直立1本仕立てを基本にするが、早い作型では斜め誘引にする。

定植後の管理のポイントは、草勢と着果のバランスをとることである。適正な草勢を維持するには、樹の状態を把握して、灌水や施肥（追肥）を行なうことが必要である。生育期間中の灌水と追肥（液肥）の施用基準を表7、8に示した。

灌水量を増やし追肥を開始するタイミングは、第3花房の開花を目安にするが、草勢が弱ければ早めに開始する。

②草勢診断

草勢の診断は、生長点（頂葉）の状態、色、茎の太さ、早朝の葉露のつき方などで行なう（図7）。

また、トマト葉柄中の硝酸イオン濃度を定期的に測定して施肥管理に活用する、リアルタイム栄養診断法もある。測定部位は、果実がピンポン玉大になった果房の下の葉の小葉の葉柄で、葉の部分は除去し、軸の部分をペンチなどで圧搾して樹液を測定する。

硝酸イオンの基準値の目安は、産地などで作成され、公表しているところもある。その値を参考にしながら、基準値下限を下回った場合は追肥を行なう。なお、暫定基準の例として、収穫始めから8月中旬が3000～5000ppm、8月中旬以降が2000～

表7　生育期間中の灌水基準（1日1株当たり）　（単位：ℓ）

月		6			7			8			9			10～11
旬		上	中	下	上	中	下	上	中	下	上	中	下	
灌水量	晴天	1.0		0.5～1.0		1～2	2.0～2.5			0.5～1.0				0
	曇天	0.5～1.0		0		0.5～1	1.0～1.5			0～0.5				0
	雨天	0		0		0	0			0				0

表8　生育期間中の追肥の施用基準

月	6			7			8			9		
旬	上	中	下	上	中	下	上	中	下	上	中	下
生育ステージ			第3花房開花～収穫開始			収穫開始～摘心期			摘心期～9月中旬			
施用量注）			4～8kg/10a			10kg/10a			4kg/10a			
液肥の倍率			300			400			400			

注）週2回（3～4日に1回）施用時の1回当たり液肥（成分10－5－8）の施用

図7　生育，灌水・追肥を判断するための草勢診断

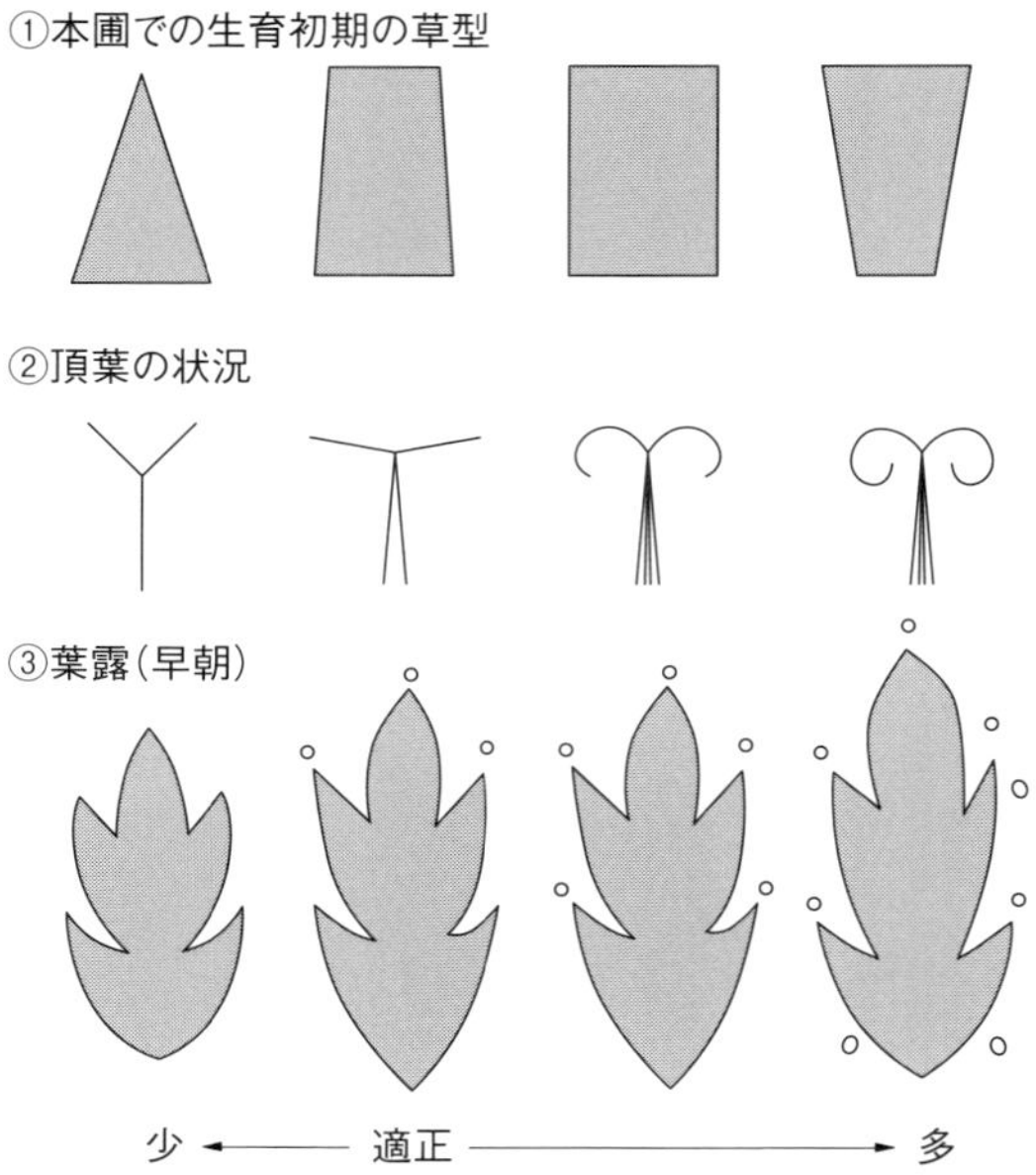

①の生育初期の草型は，上部がやや小さいのが適草勢で，三角形は弱く，上部が大きいのは草勢が強すぎる。②の頂葉は，草勢が弱いほど立ち，草勢が強いほど下側に巻く。③の早朝の葉露は，多いほど草勢が強い

3000ppmがある。

③受粉処理

定植直後の草勢と着果の安定を図るため、ホルモン（トマトトーン）処理やクロマルハナバチによる受粉を行なう。とくに、定植後は草勢が旺盛になるため、第1～2花房は受粉処理を行なって確実に着果させる。

〈ホルモン処理による受粉の注意点〉

・各花房の3～4花開花した晴天日の午前中（灌水後）に行なう。
・2度がけしない。
・生長点に散布すると薬害を生じるため、生長点にかからないようにする。

〈クロマルハナバチによる受粉の注意点〉

・クロマルハナバチがハウス外へ逃げないよう、ハウス周囲に4㎜×4㎜目程度の防虫ネットを被覆する。
・紫外線カットフィルムはハチの活動に影響があるため、被覆しない。
・クロマルハナバチに影響のある農薬は使用しない。
・クロマルハナバチは個体差があるため、巣箱が到着したら中をのぞいて数や動きを確認する。また、毎日の活動状況をチェックして必要に応じて人工花粉を与える。
・花粉量や花質の影響を受けやすいため、花粉量が安定する第3花房くらいからの導入がよい。したがって、第1～2花房はトマトトーンを使い、第3花房からクロマルハナバチを使うのがよい。
・高温（30℃以上）になると、働きや寿命に影響する。巣箱の温度が上がらないよう、寒冷紗などで覆って日陰をつくる、発泡スチロールを加工した中に巣箱を入れ保冷剤で冷やす、などの対策を行なう。

④脇芽かき、摘果、摘葉、摘心

灌水や施肥以外の草勢コントロールの方法として、脇芽かき、摘果、摘葉、摘心などがある。

脇芽かき　脇芽かきは小さいうちに行なう。脇芽をかいた傷口から、かいよう病や青枯病などの土壌病害が伝染することが多いので、注意が必要である。とくに、果房下の脇芽は生長が旺盛で大きくなるため、早めにかく。

摘果　摘果の程度は、品種によってかえる。着果性はよいがやや小玉傾向の品種は、摘果を強めに行なうと収量が減少することがあるため、果房ごとに1～2個とる。

着果性がよく大玉傾向の品種では、低段の果数が多いと中段以降の草勢が弱くなり、茎が細くなったり着果が悪くなる。したがって、第1～3果房を3～4個とし、それ以降は4個とする。

チャック果、窓あき果、果房先端の肥大不良果などは、ピンポン玉大になるまでに摘果

する。

なお、苗質が悪いなどで、定植後から生育が悪い場合は、第1～2果房は2～3個とし、それ以降は草勢をみながら着果数を判断する。

摘葉　収穫が忙しくなる前に、必ず第1果房の下の葉をかき取る。収穫の繁忙期になると管理作業の時間が確保できないこともあり、葉が込み合って、通気性の不足から灰色かび病などの病気が多発することがある。

葉先枯れ症の発生葉や、過繁茂の場合は積極的に摘葉する。

摘心　摘心は、8月下旬～9月上旬ごろ（初霜の約60日前）、最終果房の上2葉残して行なう。草勢が強い場合は、摘心を1果房遅らせる。なお、摘心が遅れると上部の果房の熟期が遅れるので注意する。

図8　主な生理障害果

窓あき果

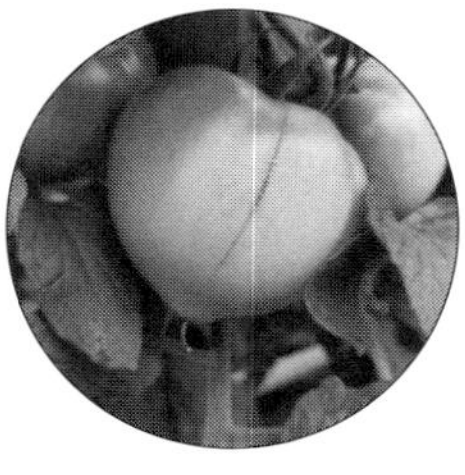

チャック果

尻腐れ果

⑤障害果対策

雨よけ夏秋どり栽培では、低段果房の窓あき果やチャック果、尻腐れ果、裂果などの生理障害果が発生することがある（図8）。

低段果房の障害果の発生要因は、低温、強い草勢、カルシウム欠乏などがある。対策には、育苗期に12℃以下の低温にしない、育苗期に萎れを出さない、育苗ポットの肥料分が多くても少なくても発生を助長するので適正な施肥量を守る、カルシウムの葉面散布、などがある。

尻腐れ果はカルシウム欠乏が主な原因で発生するため、土壌診断にもとづいて、施肥設計を行なうことが大切である。また、温度が高くなり急激に茎や葉が繁茂するとカルシウムが不足するため、元肥や追肥、灌水を適正に行なうよう注意する。

裂果は、夏期の高温乾燥と強日射、水分過多などが原因で発生する。対策は、良質の堆肥を施用して根域を十分確保する、土壌の乾湿差を小さくするよう平均した灌水を行なう、果実に直射日光が当たらないよう強い摘心や摘葉はしない、ハウス換気をしっかりと行なう、などである。

(4) 収穫

開花後50～60日で着色するので、順次収穫する。出荷規格にもとづいて、着色程度を揃えて出荷する。

9月下旬以降、最低気温が10℃を下回るようになると、トマトの着色が大幅に遅れる。このため、サイドビニールを被覆して温度の確保に努める。果実への日当たりが悪い場合は、脇芽かきや摘葉を行なって日当たりをよくし、果実温を高める。

4 病害虫防除

(1) 基本になる防除方法

地上部病害には、灰色かび病、葉かび病、疫病、褐色輪紋病などがある。土壌病害には青枯病、萎凋病、半身萎凋病、根腐萎凋病、かいよう病、褐色根腐病（コルキルート）、軟腐病などがある。害虫では、アブラムシ類、アザミウマ類、コナジラミ類、ハモグリバエ類、夜蛾類などが発生する（表９）。

病害虫対策は、資材の消毒の徹底、圃場での排水対策、育苗時から薬剤よる定期的な予防散布を行なう、などが重要である。

(2) 農薬を使わない工夫

① ハウス周囲の除草

アブラムシ類、アザミウマ類、トマトサビダニなどは、ハウス周辺の雑草で繁殖していることが多いので、ハウス周囲の除草を行なう。また、ハウスに隣接する家庭菜園などで繁殖していることもあるので注意する。

② 近紫外線カットフィルム、防虫ネットなどの被覆

アブラムシ類やアザミウマ類など、微小害虫のハウス内への侵入を抑制するため、近紫外線カットフィルムを屋根に被覆する。ただし、クロマルハナバチを活用している場合は、受粉活動に影響を与えるので使用しない。

また、オオタバコガなどの夜蛾類の侵入防止には、４㎜×４㎜目程度の防虫ネットを被覆する。

③ マルチ

雑草対策としてマルチを用いる。高温期に定植する場合は、地温抑制による青枯病の抑制効果が期待できる、白黒ダブルマルチを用いる。

④ 換気

病気の発生を防ぐためには、換気をよくする必要がある。また、高温期にはハウス内が高温になるので、病気のリスクが高まる。高温期には通気性を良好にするため、天井ビニールのサイドを開ける。

また、奥行の長いハウスでは風通しが悪くなるので、ハウスの中央付近に１～２ｍトマトを植えない空間をつくると風通しがよくなる。

⑤ 発生予察

アブラムシ類、コナジラミ類は黄色粘着板、アザミウマ類は青色粘着板を設置して発生予察を行なう。また、オオタバコガなど夜蛾類は、フェロモントラップを用いて害虫の発生状況を把握し、適期防除に心がける。

⑥ 抵抗性品種の利用

土壌病害対策として、抵抗性や耐病性のある台木を利用する。また、葉かび病抵抗性品種の利用も検討する。

⑦ 微生物農薬、気門封鎖剤の利用

灰色かび病やうどんこ病には、バチルス製剤などの微生物農薬が利用できる。また、夜蛾類などには各種ＢＴ剤、アブラムシ類やトマトサビダニなど微小害虫には油脂系（サフオイルなど）などの気門封鎖剤が利用できる。

5 経営的特徴

雨よけ夏秋どり栽培の労力は、10ａ当たり年間７０４時間で、収穫・調製に２２５時間かかり、全体の30％程度となっている。これは共同選果場利用の場合であるが、個人で選果、選別、箱詰めなどを行なうと、さらに労働時間がかかる。

労力から１人当たりの栽培面積の目安は15～20ａ程度になる。

経営指標を表10に示した。10ａ当たりの収量を９ｔ、販売単価を１kg当たり３２０円とした場合、粗収益が２８８万円になる。新しくハウスを取得して始める場合は、農業所得は30万円、所得率は10％である。10ａ当たり

表9　病害虫防除の方法

	病害虫名	特徴と防除法	有効な農薬[注]
地上部病害	疫病	気温15～20℃を好み，6～7月，9～10月の低温期に発生しやすい。また，窒素過多や通風・採光不良の条件でも発生しやすい	リドミルゴールドMZ
	葉かび病	病原菌は20～25℃，湿度95％以上の多湿を好む。密植，肥料切れ，水分過多で発生が多い。ハウス内の換気に努め，多湿を防ぐ	ダコニール1000
	灰色かび病	梅雨時期の葉先枯れから出始める。朝夕涼しく多湿のとき発生しやすく，8月中旬以降に多発する。また，多湿条件下では咲き終わった花弁に繁殖し，その部分から発病する。ハウス内が多湿にならないよう換気・灌水などに注意する。また，下葉かきや咲き終わった花弁を除去する	ダコニール1000 ベルクートフロアブル インプレッションクリア
	褐色輪紋病	発病は30℃が最適で，多湿が続くと発生しやすい。発病後の進展は速く，激しい場合は下葉から枯れ上がる	ダコニール1000
	うどんこ病	気温20～25℃を好み，高温乾燥下で発生しやすい。主に葉に発病するが，多発すると葉柄や茎，ヘタ，果梗などにも発病する。樹勢が低下すると発病するため，肥培管理，灌水，通風などに注意して管理する	ダコニール1000 ベルクートフロアブル イオウフロアブル
	モザイク病（ウィルス病）	CMV（キュウリモザイクウイルス）は4月下旬～8月上旬にアブラムシ類に媒介され，TMV（タバコモザイクウイルス）は種子，土壌，TMVに感染した汁液から伝染する。ToMV（トマトモザイクウイルス）は種子，土壌，感染株の汁液，訪花昆虫から伝染する。とくに，アブラムシ類の防除，発生株はすみやかに抜き取り適正に処分する，管理作業時はハサミや手指を消毒し，ウネごとにハサミを替えるなど汁液伝染しないよう注意する，などが大切。抵抗性品種を使用する	モスピラン粒剤（媒介するアブラムシ類に登録）
土壌病害	青枯病	病原菌は細菌の一種で，10～41℃の広い範囲で生息し，適温は高く，地温20℃以上の高温期に発病する。伝染経路は，土壌中の病害細菌が根や地際部の傷口から侵入して発病させる。連作や窒素多用も発病を助長する。発病初期は，生長点が急に萎れ，その後，急激に株全体が萎凋し青枯れ状に枯死する 対策：排水対策に努める。とくに，長い間，作付けを行なっているとトラクターなどの機械で圃場に耕盤層（硬い層）ができ，水はけが悪くなる。プラソイラーによる心土破砕作業により排水を良好にする。抵抗性台木に接ぎ木する。土壌消毒を実施する	―
	かいよう病	病原菌は細菌の一種で，25～28℃が発病の適温。種子消毒が不完全な場合や，連作圃場で発生しやすい。発病株は発生源になるため，除去して適正に処分する。脇芽かきや摘葉などの傷口から病原菌が侵入するため，脇芽かきは日中の乾燥時に行なう 対策：種子消毒の徹底（55℃，20分間）。発生した圃場では土壌消毒を行なう	カスミンボルドー
	半身萎凋病	糸状菌による病気で，導管内に侵入した菌が繁殖して分生胞子を形成するため，導管閉塞を起こし水分の上昇を阻害する。発病適温は22～26℃。発病初期は下葉の小葉が萎れ，葉縁が上側に巻き，小葉にぼやけたクサビ形の黄白色の変色がみられる 対策：抵抗性品種を使用する。抵抗性台木に接ぎ木する。土壌消毒を実施する	―
	萎凋病	糸状菌による病気で，主に高温期に発病する。発病に好適な地温が28℃と高いのが特徴。病原菌は種子伝染するほか，主に根部から侵入する。発病初期は，晴天日の日中に葉が萎れ，その後，下葉から黄化して萎れが回復しないようになる 対策：抵抗性品種を使用する。抵抗性台木に接ぎ木する。土壌消毒を実施する。被害株は抜き取り適正に処分する	―
	根腐萎凋病	糸状菌による病気で，病原菌の伝染方法は萎凋病菌とかわらないが，生育適温が15～20℃と比較的低い。発病初期は，晴天日の日中に葉が萎れ，その後，下葉から黄化して枯れ上がるが，萎凋病のように半枯れ状に枯れ上がらない。茎を切断すると，地上10～20cm程度まで導管部の褐変がみられ，茎の髄部が空洞化していることが多い 対策：抵抗性品種を使用する。抵抗性台木に接ぎ木する。土壌消毒を実施する	―

（つづく）

	病害虫名	特徴と防除法	有効な農薬[注)]
土壌病害	褐色根腐病 （コルキルート）	根腐萎凋病と同様に低温での発生が多く，地温15〜18℃で発病が激しい。6月下旬から生長点近くの萎れを繰り返す。根のコルク化が発病診断の目安になる。ガク枯れや茎先細り，花落ち，果実肥大抑制などの影響があり，収量低下につながる 対策：耐病性台木に接ぎ木する。土壌消毒を実施する	—
	軟腐病	天候不順で多湿になる7月上中旬と8月下旬〜9月上旬に発病しやすい。傷口から侵入するため，脇芽かきや下葉かきなどの作業はできるだけ晴天時に行なう。また，排水不良にならないよう注意するとともに，採光・風通しをよくする	カスミンボルドー
害虫	アブラムシ類	4月下旬から発生し，5月下旬〜6月，8〜9月の2回のピークが認められる。モザイク病を伝搬する	モスピラン粒剤 チェス顆粒水和剤
	アザミウマ類	果実の子房内に産卵すると，その部分が白ぶくれになる 対策：ハウス周囲の雑草を除去する	ディアナ SC
	コナジラミ類	コナジラミ類の排泄物が，葉や果実表面に付着するとすす病が発生する。タバココナジラミは，トマト黄化葉巻病を媒介する 対策：ハウス周囲の雑草を除去する。下葉かきを行なった残渣は，適切に処分する	コロマイト乳剤
	夜蛾類	8月ごろから被害が大きくなる 対策：防虫ネットを被覆する。新しい食害痕をみかけたら，早めに防除を実施する	ゼンターリ顆粒水和剤（ヨトウムシ，オオタバコガ，ハスモンヨトウに登録） フェニックス顆粒水和剤（ハスモンヨトウ，オオタバコガに登録）
	ハモグリバエ類	幼虫が葉の内部に潜って食害する 対策：キク科やアブラナ科の雑草が発生源になるので，ハウス周辺の雑草を除去する。被害苗を持ち込まない。初期の防除を徹底する	トリガード液剤
	トマトサビダニ	中〜下位葉の周縁部が褐色になり，葉裏側に反り返る。葉裏は，光沢を帯び褐変する 対策：発生初期に早期防除を行なう	コロマイト乳剤
	ネキリムシ類	地際部が食害により切断される 対策：ハウス周辺の雑草が発生源のため，雑草を除去する。早期発見に努め，捕殺する	ガードベイトA

注）有効な農薬は令和4年（2022年）8月3日現在の農薬登録情報をもとに作成
受粉処理でクロマルハナバチを使う場合は農薬の影響日数に注意する

収量は、高い人で12t以上、低い人で5〜6tなので、収量を上げることが大切である。

販売は、農協などを通した市場出荷、量販店などとの契約栽培、直売などがある。農協などを通した市場出荷は営業などの時間は必要ないので、栽培に集中することができる。一方、契約栽培や直売には、営業活動や販売などの時間が必要になる。

（執筆：渡辺新一）

表10　雨よけ夏秋どり栽培の経営指標

項目	
収量（kg/10a）	9,000
単価（円/kg）	320
粗収入（円/10a）	2,880,000
経営費（円/10a）	2,476,254
種苗費	180,000
肥料費	55,100
農薬費	65,000
動力光熱費	14,420
諸材料費	159,392
賃借料	17,500
出荷経費	1,074,600
共済金等	17,000
雇用費	362,700
建物費	232,000
農機具費	298,542
農業所得（円/10a）	403,746
労働時間（時間/10a）	704

ハウス半促成栽培（無加温）

1 この作型の特徴と導入

(1) 作型の特徴と導入の注意点

育苗は1～2月の低温・寡日照期、定植する2月は厳寒期、生育の前半はまだ低温に遭遇しやすい。このため、生育前半のポイントは太陽光を最大限に活用し、二重、三重の被覆資材で十分に保温することである。

3月下旬以降は、日射量が多くなるため草勢は安定しやすい。収穫が始まる5月以降は、一転、気温の上昇による高温障害への対策も重要になってくる。

(2) 他の野菜・作物との組合せ方

半促成栽培では、収穫段数を6～7段の7月中旬までの収穫とすると、7月下旬定植の秋作メロン（9月収穫）、夏秋キュウリ（8～9月収穫、本葉14～16枚摘心）、抑制トマト（9～11月収穫、6～7段収穫）、夏・秋まきホウレンソウなど、各種の作物との輪作体系が組める。

2 栽培のおさえどころ

(1) どこで失敗しやすいか

① 養水分管理の失敗

メガネともいわれる、茎の中心が幅広くなって穴があく異常主茎は、水や肥料の効かせすぎによって発生する（図10）。重症になると、生長点の壊死（心止まり）にもつながる。第3花房の開花期前後の、着果負担が少ないタイミングで発生することが多い。

定植後の初期管理に注意し、余分な灌水をせずに、第1～2花房は確実に着果させるようにする。

② 着果処理の失敗

この作型は初期が低温なので、トマトトーンによるホルモン処理が必要になる。トマト

図9　トマトのハウス半促成栽培（無加温）　栽培暦例（基本作型）

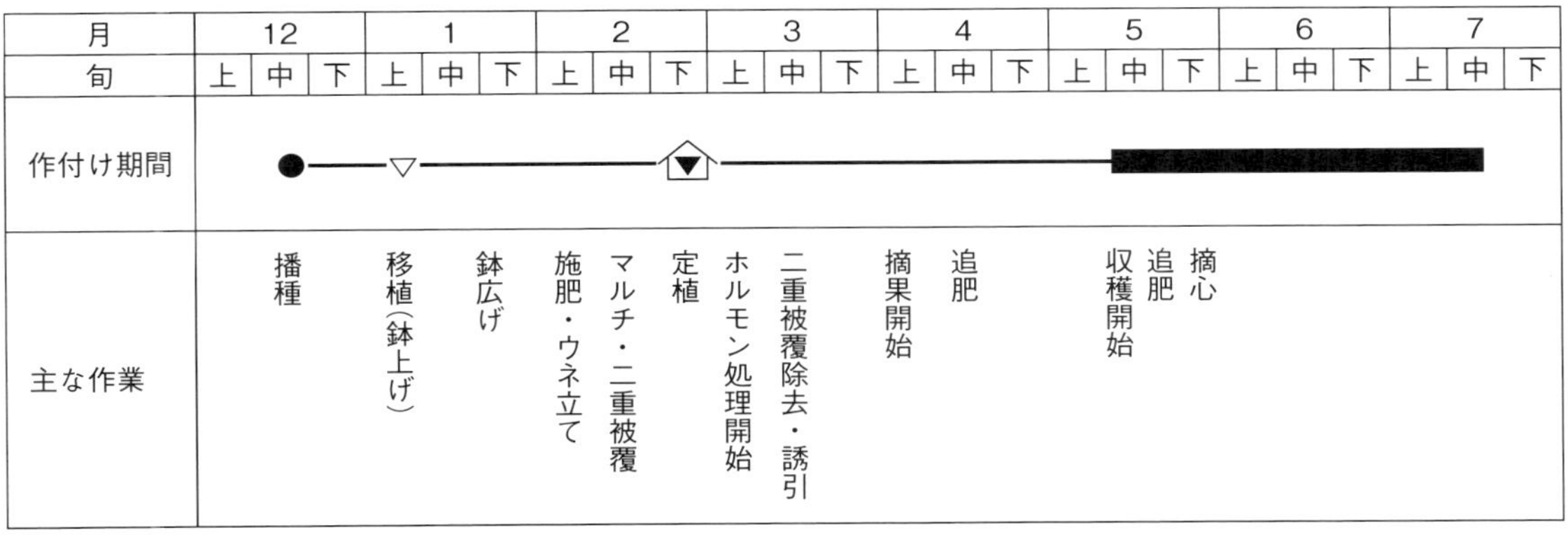

●：播種，▽：移植（鉢上げ），▼：定植，■：収穫，⌂：ハウス

図10　異常主茎（メガネ）

トーンの希釈倍率が薄い、スプレー液の付着が不均一になる、さらにハウス環境が低温すぎる場合は、着果不良になることが多い（図11）。

写真の着果不良果は、小さいころから光沢のある、「石玉」とか「ひかり玉」といわれており、肥大するとつやがなく、くすんだ状態の「つやなし果（くすみ玉）」になる

ハウス内の日平均気温が15℃以上になる、3月中下旬以降は、マルハナバチを利用した受粉もできるようになる。しかし、今度は6月以降の高温による、花粉粘性の低下などによる着果不良にも注意しなくてはならない。

図11　着果不良（石玉，ひかり玉）

トマトトーンの利用は既定どおり、低温時（20℃以下）50倍、高温時（20℃以上）100倍で希釈するが、重要なのは、花房の花全体にまんべんなく付着するように、ていねいにスプレーすることである。

③障害果の発生

この作型でとくに発生リスクの高い障害果は、低温と乾燥で発生が多いチャック果、それが重症化した窓あき果である（図12）。防ぐには、最低気温が8℃を下回らないよう、十分な保温が必要である。

図12　窓あき果

(2) おいしく安全につくるためのポイント

おいしいトマトは、果実内部に空洞がなく、ゼリーがいっぱいに詰まった張りのある果実である。こうしたトマトをつくるポイントは、光合成を盛んに行なえる健全な葉を維

表11　ハウス半促性栽培（無加温）に適した主要品種の特性

品種名	販売元	特性
桃太郎ネクスト	タキイ種苗	葉かび病の耐病性品種。果実の肥大が安定してよく，硬い。高温期でも肩部の着色がよい。果実は肉質が緻密で，甘味と酸味のバランスが良好
桃太郎ピース	タキイ種苗	黄化葉巻病，葉かび病の耐病性品種。短節間で葉がコンパクトで誘引作業の省力化が図れる。果実の甘味と酸味のバランスが良好。後半の果実肥大，果形が安定
りんか409	サカタのタネ	葉かび病の耐病性品種。着果性に優れ，果実肥大がよく多収性の早生大玉トマト。葉先枯れの発生も少ない。食味はきわめて良好で，秀品率が高い
麗月（れいげつ）	サカタのタネ	葉かび病の耐病性品種。果実形状の安定性が高く，食味のよい大玉トマト。着果性がよく，ごく硬玉で裂果の発生が非常に少ない。赤熟収穫が可能
有彩（ありさ）014	武蔵野種苗	黄化葉巻病，葉かび病の耐病性品種。果実は大玉で着果性に優れ，秀品率が高く，周年を通じて安定した生産が可能。果実食味がよい
TY みそら86	ヴィルモランみかど	黄化葉巻病，葉かび病の耐病性品種。中葉，短節間で栽培管理しやすい。空洞果が出にくく，果実肥大もよい。食味は甘味と酸味のバランスがよくコクがある

持する、果実に太陽光線をたっぷりと当てて果実温度を高め光合成でできた糖分を果実に集中させる、肥料や水が過剰にならないようにする、ことなどが重要である。

(3) 品種の選び方

栽培の初期は低温期なので、低温障害のチャック果・窓あき果が発生しにくいことや、密閉した多湿環境になりやすいため葉かび病の耐病性をもっていること、さらに生育後半は高温になるため、果実が軟化しにくく、着色がよいことが品種選定の要件になる。

近年、発生が多い黄化葉巻病は、生育初期は本病を媒介するコナジラミ類の発生が少なく、発病リスクは少ない。しかし、5月以降の発病リスクを想定すると、黄化葉巻病の耐病性をもっていれば安心できる。

3 栽培の手順

(1) 育苗のやり方

①播種と鉢上げまでの管理

播種量は、10a当たり2700～2800粒（2本仕立てなら半分でよい）。220穴か128穴のセルトレイに、セルトレイ用の育苗培土を詰めて播種し、種子がかくれる程度に覆土する。

播種後の灌水は、種子が流れないよう、ていねいに何度かに分けて行なう。その後、表土が乾かないように新聞紙で覆い、発芽までは床温を30℃に管理し、発芽後は早めに新聞紙を取り除く。

発芽後の温度管理は25℃を目標にする。その後は、移植（鉢上げ）まで徐々に20℃まで下げていく。

接ぎ木苗を利用する場合は、自家接ぎ木も可能であるが、温・湿度の管理には繊細な調節が必要になる。そのため、十分な施設がない場合は、接ぎ木苗を購入するのが簡便である。

②鉢上げ

本葉2～2.5枚期に、直径12cmのポリポットに移植する。ポット用の培土は、従来は、落ち葉堆肥、黒土、モミガラくん炭などを混ぜ合わせ、肥料を加えた自家製培土が一般的であった。しかし近年は、土壌病害の持込みや雑草種子の混入防止、さらに肥料の混ぜ合わせ労力の削減などから、購入培土を利用することが多くなっている。

移植前日には、ポットに十分灌水するとともに、培土温を高めておく。

鉢上げ後の灌水は、多めに行なっても徒長はしないので、心配ない。しかし、育苗後半になるにしたがって、灌水過剰が苗の徒長に直結するため、本葉6枚展開期以後は必ず1日分の吸水量にとどめ、朝灌水したものが夕方には乾く程度の量にする（図13）。

③育苗期の追肥

鉢上げから開花期の定植までに、1株当たり窒素成分で100～150mg程度は必要である。育苗中に肥料が不足すると、第1花房、第2花房の肥大に影響する。

育苗培土に、十分な肥料成分があれば不必要であるが、通常は、育苗後半に1～2回の追肥を行なう。肥料の種類は、3要素がほぼ等量に含まれている一般的な液肥を利用して、灌水と同時に施用する。

④鉢広げ

苗に均等に光が当たるように、鉢の間隔を広げる作業が「鉢広げ」である。地味ではあ

表12　ハウス半促成栽培（無加温）のポイント

	技術目標とポイント	技術内容
定植準備	◎圃場の準備	・土壌病害が発生したハウスでは，作付け前に土壌消毒を済ませておく
	◎施肥	・完熟堆肥を十分に施用して，深耕する ・土壌診断を行ない，過剰にならないように施肥量を調節する
	◎ウネ立て	・100cmのベッドをつくり，中央に灌水チューブを敷き，マルチをしておく。ベッドに内トンネルをつくり，ビニールで被覆する
育苗方法	◎播種準備	・ハウス内に電熱温床をつくる（播種床6m²，移植床60～70m²） ・播種箱に床土を詰め，灌水後，加温しておく
	◎鉢上げ	・本葉1.5～2枚期に直径12cmのポリポットに鉢上げする
定植方法	◎定植準備	・マルチに穴をあけ，植穴に殺虫剤（粒剤）を混和しておく
	◎定植	・播種後60日程度の若苗を定植する
定植後の管理	◎ホルモン処理	・ホルモン剤は，1花房に3～4花開花したときに処理する
	◎誘引	・支柱や誘引テープを用いて行なう
	◎摘心	・6～8段花房をつけたら，上葉を2枚残して摘心する
	◎摘果	・1段果房は3果，以後は4果を目安に摘果して，小玉化を避ける
	◎追肥	・第3花房の開花時から追肥を施用する
	◎防除	・灰色かび病が多発しやすいので，花弁，病葉，病果の除去と，防除薬剤のローテーション散布を行なう ・コナジラミ類やアブラムシ類はウイルス病を媒介するので，早期に防除する
収穫	◎収穫	・着色不良果，軟化玉を防ぐために，適期収穫を行なう

図13　育苗中の灌水の目安（午後3時の苗姿）

左：午後3時ごろには培土表面が乾き，葉がわずかに垂れる適正管理
右：萎れが著しい灌水不足。この程度では枯れはしないが，育苗後半のたび重なる萎れは，生育の遅延と第1～2段果房の小玉化につながる

るが、苗の徒長防止と花芽の充実には欠かせない作業である。

　しかし、この作型では、夜間に保温ができる温床線トンネルの面積にかぎりがあるのが一般的なので、十分な鉢広げはできない。やや早めの定植で対応する。

表13　施肥例

	肥料名	施肥量（kg/10a）	成分含有率（%）	成分量（kg/10a）		
				窒素	リン酸	カリ
元肥	完熟堆肥	2,000				
	CDU 入り BB-S444	140	14-14-14	19.6	19.6	19.6
追肥	BBnew 野菜追肥105	20×3回	12-2-15-Mg3	7.2	1.2	9
施肥成分量				26.8	20.8	28.6

図14　定植床のつくり方と保温の方法

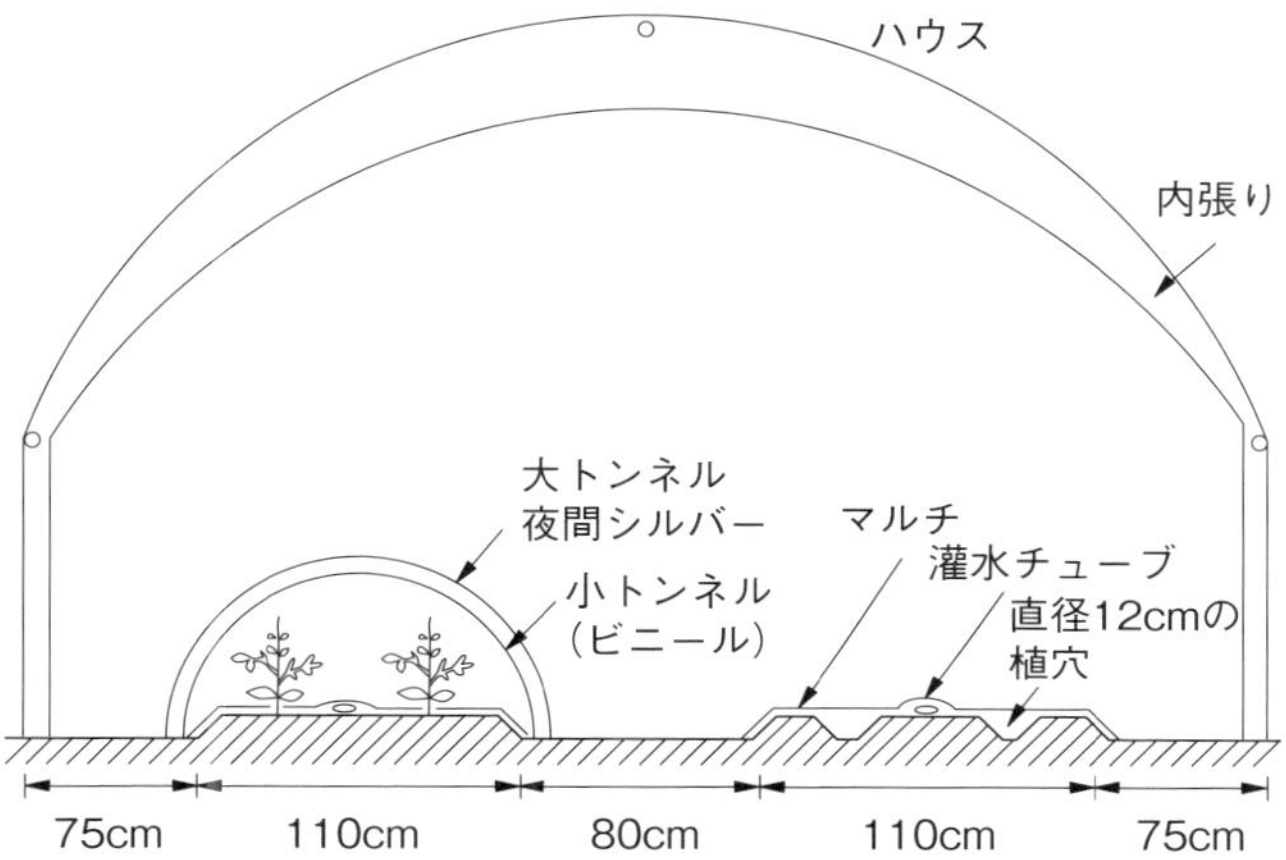

(2) 定植のやり方

①圃場の準備、ウネ立て

　定植の14日前を目安に、堆肥と元肥を施用（表13）して定植ベッドをつくる（図14）。地下水位の高い圃場や水田に囲まれた圃場では、15cm程度の高いベッドとする。ウネは幅110cm、通路80cmを目安とする。

　ベッド完成後は、中央に灌水チューブ（ドリップチューブの場合は株元に2本）を設置する。条間60～70cm、株間40cmで、直径12cmのポリポットが入る植穴をあけ、十分に灌水して透明マルチをする。さらに、内トンネルをつくり、ビニールで被覆して、定植前に密閉して地温を十分に上げておく。

②定植

　定植準備には、マルチに穴をあけ、浸透移行性のある殺虫剤（粒剤）を植穴の土とよく混ぜ合わせておく（定植後しばらくは防除効果が持続する）。着果処理（受粉）にマルハナバチを利用する場合は、農薬ごとに違うマルハナバチへの影響日数を確認して処理する。

　定植は、第1花房の出蕾期～開花期に行なう（若苗で定植すると、栄養生長過剰になりやすいので注意）。定植前の苗床で鉢土に十分灌水した苗を使い、定植後に多量の灌水をして、地温を下げないようにする。

　トマトの花房は、第1花房と同じ向きに第2、第3花房も出るので、定植後の作業がしやすいように第1花房を通路側に向けて定植する。

(3) 定植後の管理

①温度管理

　定植後3月上旬までは、夜間はトンネルのビニールとシルバーポリをかけて二重被覆にし、12℃以上を目標に保温する。最低温度が8℃以下になると、チャック果・窓あき果が多くなるため、できるかぎりの保温を行なう。

　日中は、23～25℃を目安に換気する。2～

3月の地温確保や、草勢を抑えたい場合は、昼温度を28℃程度まで上昇させることも効果的である。

②誘引と脇芽の処理

3月中下旬にトンネルを除去して誘引する。誘引の方法を大きく分けると、Ⓐ誘引ワイヤー線に結びつけたヒモを茎に巻いて吊り下げる方法、Ⓑ支柱に直立で茎を固定していく方法、Ⓒ支柱を幅80～120cm間隔で立てて、支柱間に高さ20～30cm間隔でポリテープを横に張って、茎をテープナーなどで固定する方法、など数種類ある（図15）。

定植後、根が活着すると脇芽の発生が盛んになる。脇芽は小さいうちに除去するように努める。

③ホルモン（トマトトーン）処理

トマトトーンによる着果処理は、花房の花それぞれにまんべんなく付着するよう、ていねいに行なうことを徹底する。

生長点に薬剤が付着すると、葉が縮れ症状になるので、散布には片手を添えて薬剤の飛散を防止する（図16）。

④摘果

花数が多く果実肥大のよい品種では、低段果房に多く着果すると、上段果房では草勢が弱くなり着果不良や小玉化する。そのため、1段果房は3～4果、以降の果房は4～5果程度になるように、形状のよい揃った果実を残し、チャック果・窓あき果などはピンポン玉大までに摘果する。

⑤摘葉

果実に光を当てるために、果房を陰にしている葉を摘除する。とくに2～3段果房には、太陽光がよく当たるよう部分摘葉を徹底して行なうことで、草勢を抑え、生殖生長（果実肥大）を促すことができる（図17、18）。

⑥摘心

収穫目的の最終花房が開花したら、最終花

図15　ハウス半促成栽培（無加温）の代表的な誘引方法

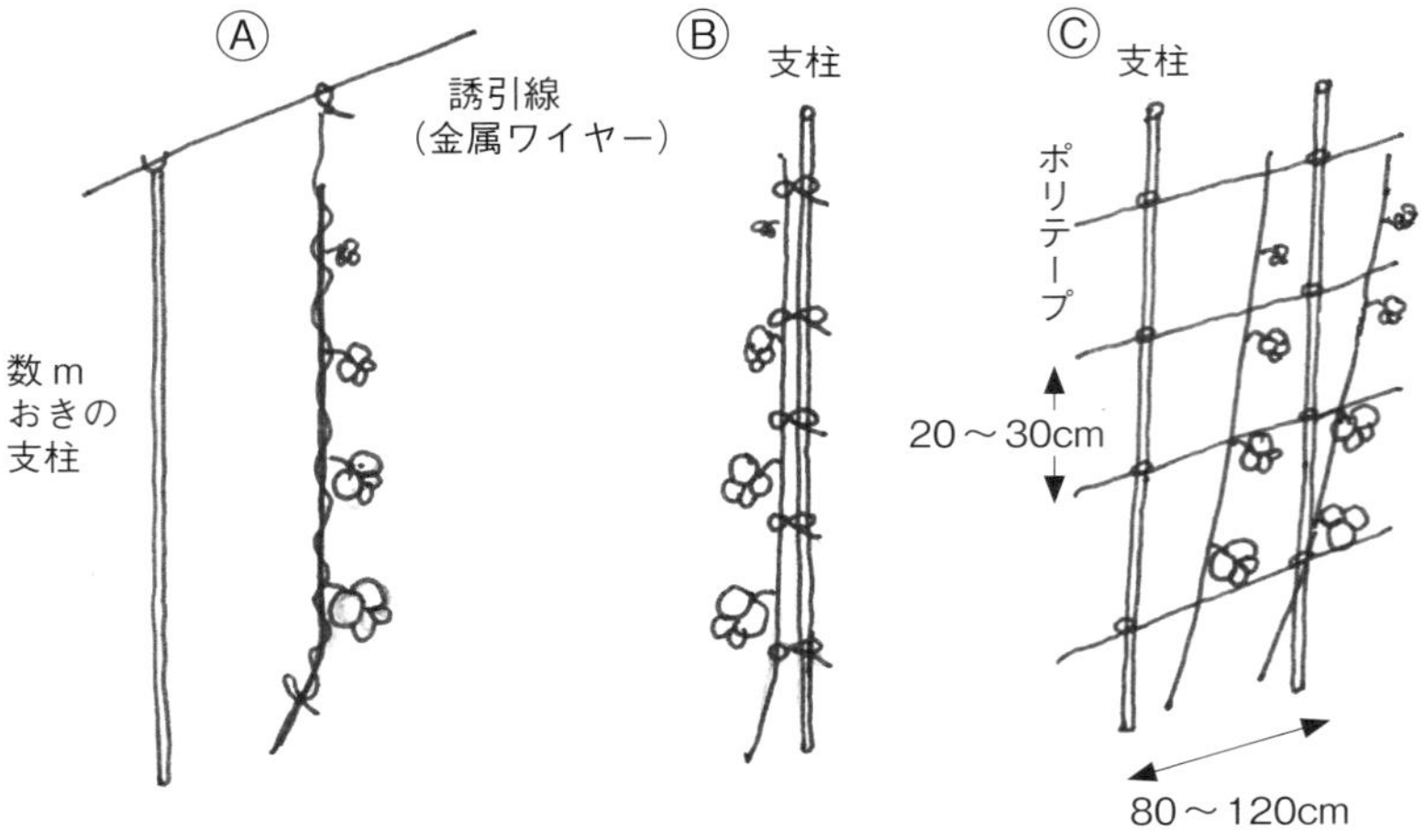

図16　ホルモン剤による葉の縮れ

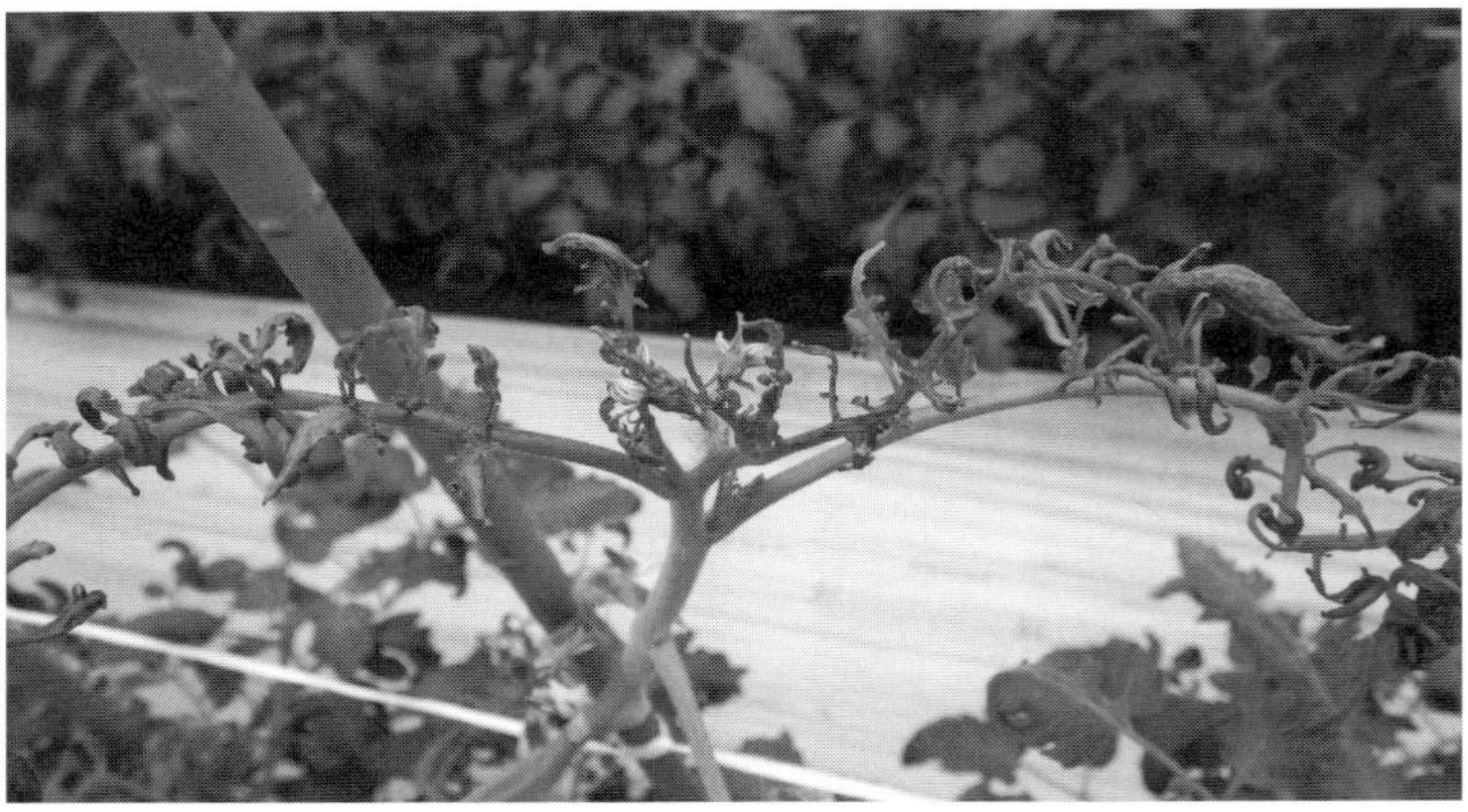

房の上２葉を残して摘心する。半促成栽培では６～８段花房で摘心し、短期栽培とするほうが作柄は安定する。

なお、後作の予定がある場合は、平均気温の予測から収穫終了予定日を計算して、収穫果房数を調整するとよい。トマトは開花から日積算温度１１００℃で収穫になるので、たとえば、平均気温が25℃の場合、１１００℃÷44日後に最終花房の収穫が始まり、それに花房内の最終果実が収穫できる日数10日を加えた、54日後が収穫終了予定日になる。

図17　部分摘葉は先端でも基部側でも可

⑦下葉かき

下葉かきは、地際の通風や光線透過をよくして、病害の発生を予防するために行なう。

１回目は第３花房の開花期に行ない、第１花房の下に２葉残して、その下の葉を取り除く。以後は、各果房が収穫始めになった時点で、それより下の葉を取り除く。

しかし、摘心後、中段以降の葉かきは控え、葉面積を確保する。この目的は、光合成能力を期待するだけでなく、昼間、葉からの蒸散によるハウス内湿度の保持、気化潜熱によるハウス内の冷却効果を期待するためである。

図18　中段果房付近の部分摘葉

⑧追肥

追肥は、生長点の色をみて、淡くなりすぎないように、第３花房の開花時から２～３週間間隔で行なう。とくに、果実の着色にムラが目立ったり、中段の葉の先端が黄色く枯れあがるのは（図19）、カリが不足しているためで、カリの割合が高い肥料で追肥を行なう。

図19　カリ欠乏による葉先枯れ

(4) 収穫

果実全体が着色した時点で収穫する。早取りすると、品種によっては酸味が残り、食べたときに酸っぱく感じてしまうことがあるので、着色の程度には注意する。

とくに販売方法が産直や直売では、生産者自ら食味や糖度のチェックを定期的に行ない、商品としての責任を常に意識して生産するようにする。

図20　適正な開花位置は生長点から10～15cm 下

図21　適正な茎径 10～12mm（生長点から 15cm 以下）

図22　生育コントロールの失敗例1（草勢が強すぎる）と対処方法

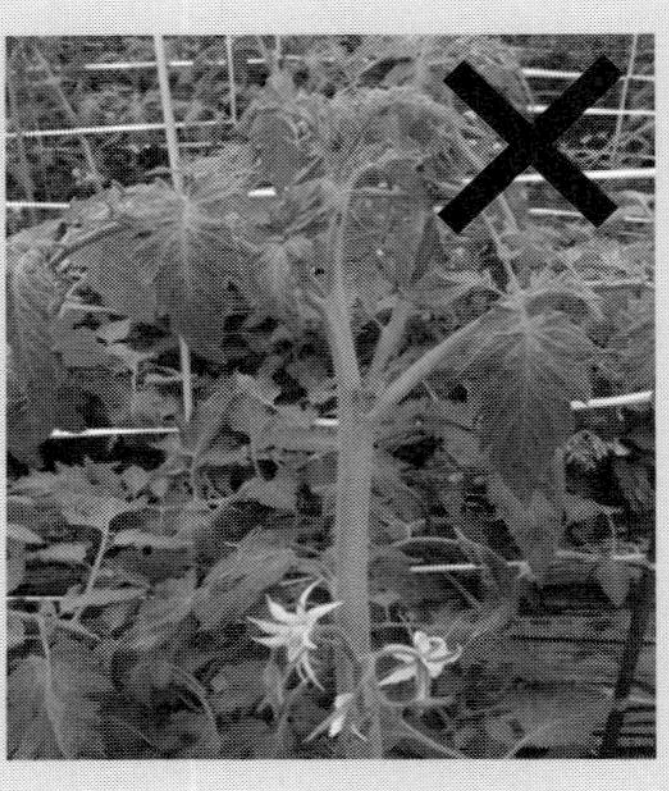

[症状]
- 茎が太すぎる（草勢が強すぎる）
- 開花位置が生長点から 20cm と低く栄養生長過多
- 花色が淡く貧弱

[改善策]
- 昼の温度を高める（温度の日較差で生殖生長へ）
- 中段の葉を中心に部分摘葉して果実に光を当てる
- ていねいなホルモン処理で着果させる
- 灌水を控える

(5) 生育のコントロール（第3花房開花以降）

① 生育指標

トマトの生育が安定する生育指標は、開花

図23　生育コントロールの失敗例2（草勢が弱い）と対処方法

[症状]
- 茎が細すぎる（草勢が弱い）
- 開花位置が生長点から５㎝と近く生殖生長過多

[改善策]
- 昼の高温は避ける（20～23℃）
- 夜間の温度 13℃程度（目標）
- 追肥と灌水を増やす

（以上3項目：温度の日較差を狭める）

- 摘果などで着果の負担を軽減する

注）生育初期で地温 15℃以下と低すぎる場合の対応は、地温確保を優先した温度管理とする

位置が生長点から10～15cm下で（図20）、茎の太さは生長点から15cm下で10～12mm（図21）である。

第3花房開花以降は、この指標を目安に生育をコントロールするとよい。しかし、本作型は無加温の簡易なパイプハウスを使用するため、環境の制御には限界もあるので、できる範囲の制御で対応する。

図24　果実（左）や茎（右）に発生する灰色かび病

②生育コントロールの失敗例と対処方法

失敗例と対処方法を図22、23に示した。

4 病害虫防除

(1) 基本になる防除方法

①灰色かび病（図24）

カビによって起こる病気で、低温・多湿の条件でよく発生する。胞子を空気中に飛び散らせ、水分があるところで発芽し、傷口などから侵入して発病させる。そのため、樹液が出る葉かき跡、芽かき跡、摘果跡、枯れた花でよく発生する。

図25　研磨したハサミでの滑らかな切り口

対策は、葉かき、芽かき、摘果を、傷口が夕方までに乾くように、晴れた日の午前中に済ませる。また、ハサミの刃は、よく研ぎ、切り口を滑らかにすると乾きやすくなる（図25）。

②葉かび病（図26）

カビによって起こる。カビは20～25℃の条件で発育し、夜間や朝の葉面につく露によって発芽し、気孔から侵入する。そのため、感染は葉裏から生じやすい。

対策は、抵抗性品種の利用や、過度の灌水や密植をやめ、換気をできるだけ行ない、多湿環境を避けることである。ドリップチューブによる灌水にかえることでも、発生を減らすことができる。

③コナジラミ類（図27）

とくにシルバーリーフコナジラミ（タバココナジラミ）は、トマトのウイルス病、黄化葉巻病を媒介する危険な害虫である。定期的な薬剤防除だけでなく、0・4mm目合以下の防虫ネットの展張、黄色粘着テープによる発

図26　葉かび病

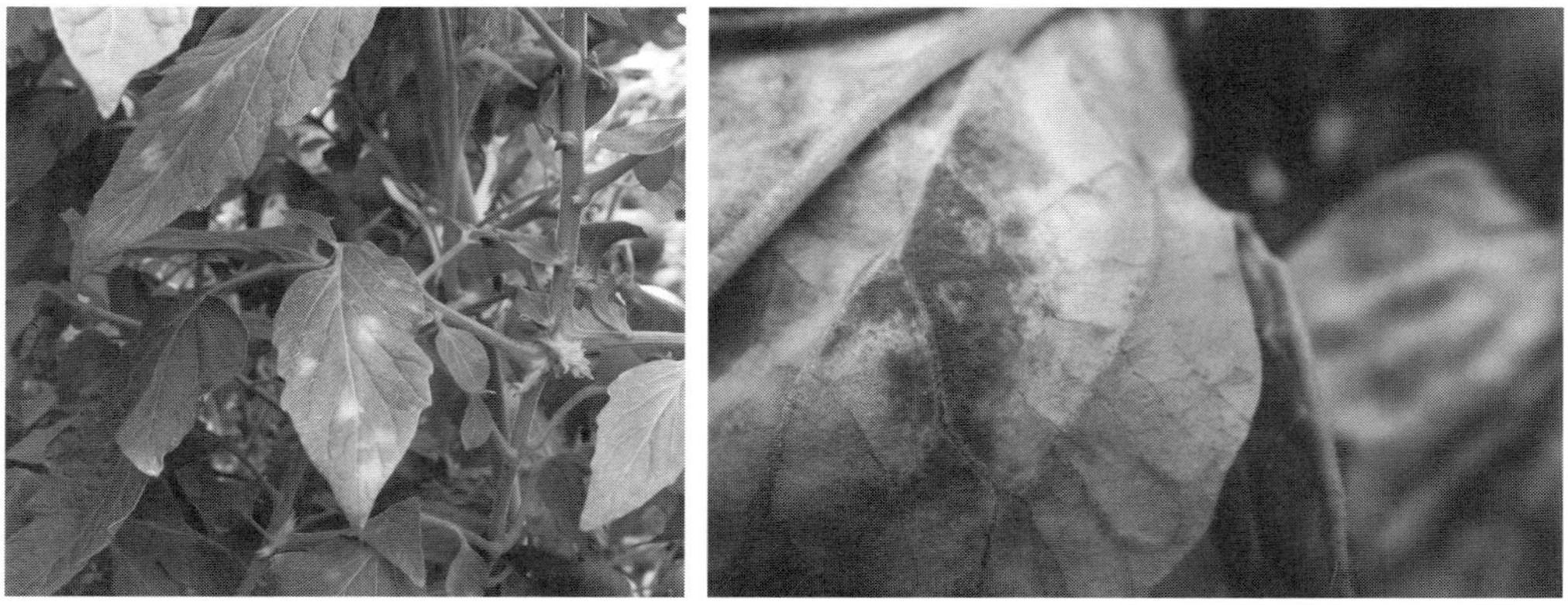

葉表（左）は黄色病斑，葉裏（右）に胞子をつくる

図27　タバココナジラミ（左）と黄化葉巻病（右）

図28　手づくり中間室

生密度の低下とモニタリングを実施する。

コナジラミ類は、作業者の扉の開閉による、空気の動きに合わせて侵入することも多い。そこで、ハウスの出入り口に簡易な中間室（扉と防虫ネットが離れていて、２枚同時に開けないことが重要）を設けることが、害虫侵入防止に効果的である（図28）。

なお、黄化葉巻病の対策には、耐病性品種の利用も効果的である。

(2) 農薬を使わない工夫

①ハウス外部（図29）

防虫ネットの展張　ハウスの換気口や入り口に防虫ネット（０・４㎜目合以下）を展張する。

粘着テープ、粘着板の設置　コナジラミ類には黄色、アザミウマ類には青色の粘着テー

図29　病害虫の侵入を防ぐハウス部の工夫

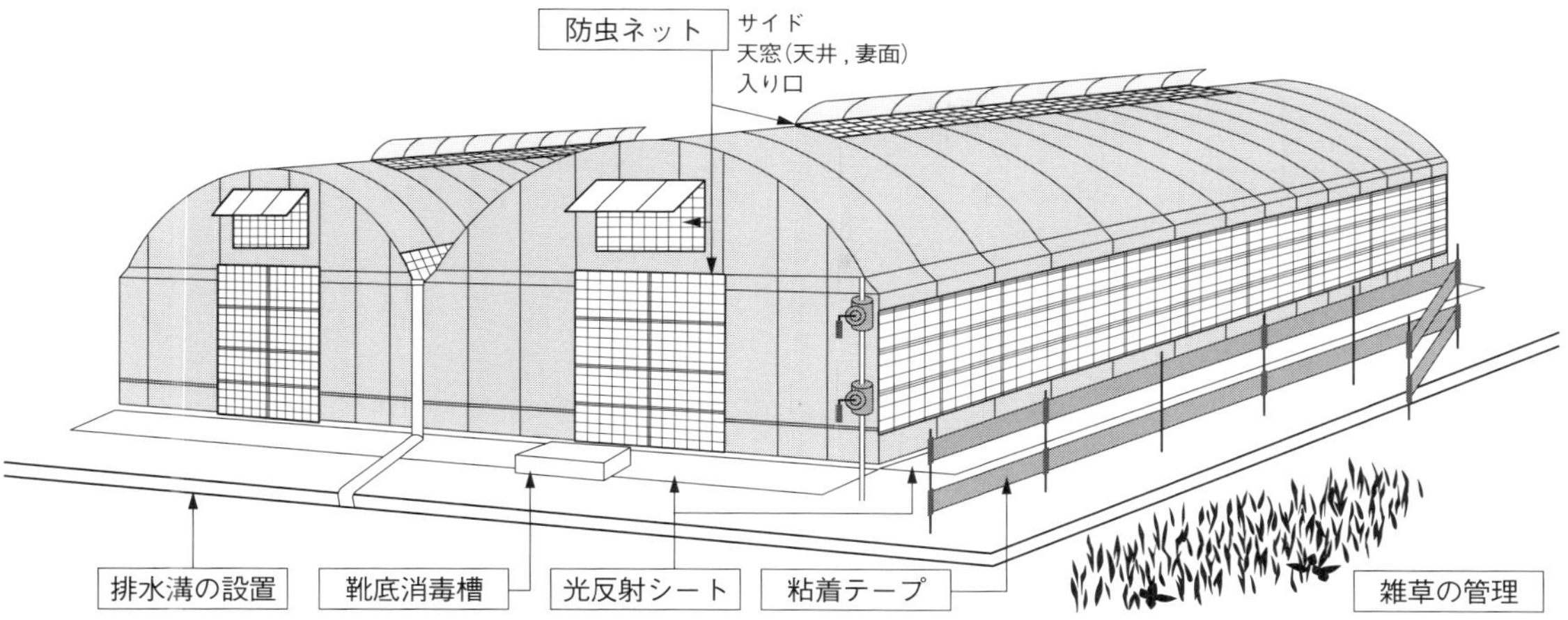

プを設置して、害虫発生密度を下げるとともに、発生のモニタリングに努める。

光反射シートの設置　出入り口や側窓付近の地面に光反射シートを設置することで、アザミウマ類やアブラムシ類の飛び込みを防ぐ。

雑草防除　周囲の雑草をなくすことで、近くでの害虫の増殖、飛び込みのリスクを低減する。

排水溝の設置　近年、増加傾向であるゲリラ豪雨時の雨水の侵入をなくすことで、青枯病菌の侵入防止、その後の多湿で発生しやすい灰色かび病、葉かび病などを防ぐ。

靴底消毒槽の設置　塩素系の消毒剤による、靴底の消毒を習慣づけることで、とくにかいよう病など危険病害の持込みリスクを軽減する。

②ハウス内部

天敵昆虫の利用　コナジラミ類を対象とした天敵オンシツツヤコバチや、アザミウマ類を対象とした天敵ククメリスカブリダニを放飼して、農薬の依存を減らす。

循環扇の設置　結露、葉水を早期に乾かし、湿気による病害を防止するため循環扇を設置するとよい。また、出入り口には、内側から外側に向けて工業用ファンを稼働させておくことによって、作業者の出入りのときの害虫持込みリスクを軽減できる。

殺菌剤、殺虫剤の選定　殺菌剤では、銅剤や硫黄など、殺虫剤では脱皮阻害系など、人体への影響の少ない薬剤を優先的に選定して防除する。

ドリップ（点滴）灌水の導入　ドリップ灌水法は、少量の水を時間をかけて与えるので、適正な水分量を根の深い層へ供給することができ、トマトの生育や果実の食味が安定する。さらに、土壌表面の過剰な湿気が減るので、病害のリスクも軽減する。

耐病性品種の利用　近年、さまざまな病害に耐病性のある品種が登場しているが、とくに品種の耐病性に期待する病気は、葉かび病、黄化葉巻病である。また、耐病性の台木品種を利用した接ぎ木苗によって、線虫や褐色根腐病、青枯病などの発生も抑制することができる。

5 経営的特徴

無加温の半促成栽培は、低温期から高温期

表14　ハウス半促成栽培（無加温）の経営指標

項目	
収量（kg/10a）	10,000
単価（円/kg）	300
粗収入（円/10a）	3,000,000
経営費（円/10a）	1,670,000
種苗費	77,000
肥料費	92,000
薬剤費	42,000
資材費	58,000
動力光熱費	118,000
農機具費	80,000
施設費（修繕，減価償却）	511,000
出荷経費	618,000
一般管理費	74,000
農業所得（円/10a）	1,330,000
労働時間（時間/10a）	900

へ向かう作型で、簡易なパイプハウスを用いることが多く、設備のほとんどは自動化していない。そのため、換気窓の開閉作業が毎日必要である。

また、日射量が増えて暖かくなる4月以降、生育速度は徐々に速まり、茎の誘引、脇芽除去、葉かき、収穫などの作業は増え、6〜7月には作業量がピークを迎える。労働時間は、10a当たり900時間が見込まれる。

必要経費は、施設費の安いパイプハウスで暖房費も必要としないため、促成作型より低い。しかし農業資材の価格は年々上昇しており、本作型の経費を試算すると10a当たり167万円が見込まれ、ここ20年で27%上昇したことになる（参考：農業物価指数）。

販売面では、出荷時期である5〜7月のトマトの市場単価は、近年、増加傾向にある企業的な大規模経営の促成長期どり作型と競合するため、苦戦している。そのため、市場出荷だけでなく、産直センターや直売などへ販路を広げる努力が望まれる。

目標とする経営指標（10a当たり）は、収量10t、販売単価300円/kg、粗収入300万円、所得133万円である（表14）。

（執筆：吉田　剛）

ハウス抑制栽培

1 この作型の特徴と導入

(1) 作型の特徴と導入の注意点

①作型の特徴

ハウス抑制栽培は7月に定植し、8〜9月から収穫が始まり、降霜期の11〜12月ごろまで収穫される。露地栽培でも可能な時期であるが、ハウス栽培は風雨を防ぎ、とくに台風対策として有効である。加えて、ハウスの開口部を防虫ネットなどで被覆することで、病害虫の発生を抑えることができる。

施設としては無加温のパイプハウスが多く、育苗も同ハウスの一部を使用し、常温で管理できる。

外気温や後作との関係もあるが、11月の降霜期に収穫終了するだけでなく、誘引したトマトを地面に寝かし、ハウス内で二重カーテンやトンネル被覆またはベタがけ資材で保温して、12月まで収穫することも可能である。

抑制栽培の収穫期間は短いが、北日本や高冷地の雨よけ栽培、西南暖地や北関東の促成栽培の間に位置し、台風の影響はあるものの比較的市場価格は安定している。

②導入の注意点

この作型は、春定植の作型に比べてトマトの生育が速く、定植後の管理作業と初期の収

図30　トマトのハウス抑制栽培　栽培暦例

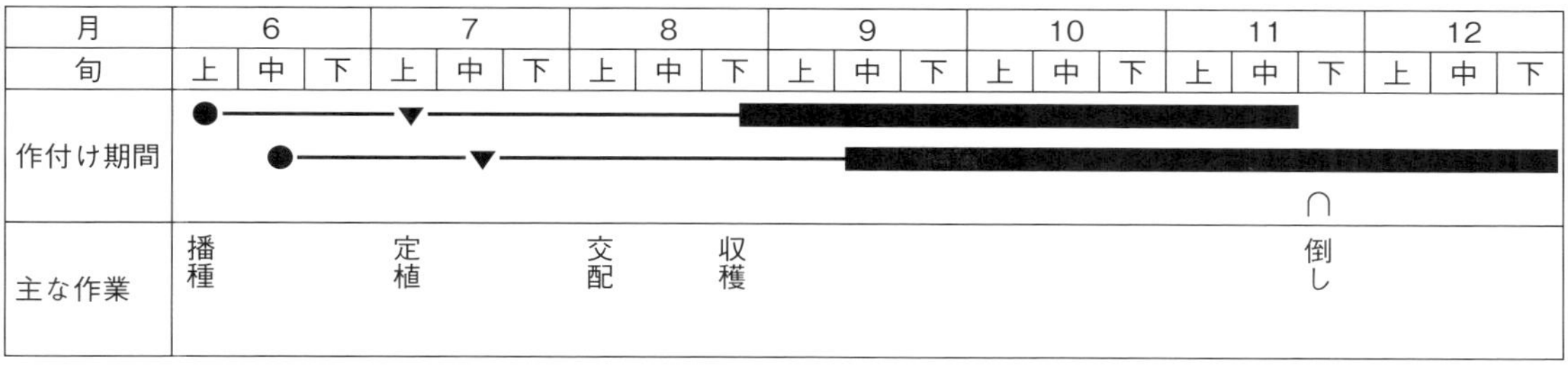

●：播種，▼：定植，■：収穫，∩：倒し

表15　ハウス抑制栽培に適した主要品種の特性

品種名	販売元	ToMV（トマトモザイクウイルス）	青枯病	黄化葉巻病	葉かび病	萎凋病		根腐萎凋病	斑点病	ネコブセンチュウ
						レース1	レース2			
TY 夏和恋	ナント種苗	Tm-2a		○	○	○	○		○	○
TY アルバ	丸種	Tm-2a		○	○	○	○	○	○	○
TY 秀福	カネコ種苗	Tm-2a		○	○	○	○		○	○
TY みそら109	ヴィルモランみかど	Tm-2a	△	○	○	○	○		○	○
みそら64	ヴィルモランみかど	Tm-2a	△		○	○	○		○	○
かれん	サカタのタネ	Tm-2a		○	○	○	○		○	○
麗妃	サカタのタネ	Tm-2a		○	○	○	○		○	○
りんか409	サカタのタネ	Tm-2a			○	○	○		○	○
桃太郎ホープ	タキイ種苗	Tm-2a		○	○	○	○		○	○
桃太郎ピース	タキイ種苗	Tm-2a		○	○	○	○	○	○	○
桃太郎グランデ	タキイ種苗	Tm-2a			○	○		○	○	○
桃太郎ネクスト	タキイ種苗	Tm-2a			○	○	○	○	○	○
桃太郎ワンダー	タキイ種苗	Tm-2a			○	○	○		○	○

台木用品種名	販売元	ToMV（トマトモザイクウイルス）	青枯病	褐色根腐病	萎凋病			根腐萎凋病	半身萎凋病	ネコブセンチュウ
					レース1	レース2	レース3			
根くらべ	カネコ種苗	Tm-2a	○		○	○		○	○	○
助っ人	カネコ種苗	Tm-2a	○	○	○	○		○	○	○
グランシールド	サカタのタネ	Tm-2a	○	○	○	○	○	○	○	○
シャットアウト	サカタのタネ	Tm-2a	○	○	○	○	○	○	○	○
アシスト	サカタのタネ	Tm-2a	○	○	○	○	○	○	○	○
キングバリア	タキイ種苗	Tm-2a	○	○	○	○	○	○	○	○
グリーンフォース	タキイ種苗	Tm-2a	○	○	○	○	○	○	○	○
ボランチ	タキイ種苗	Tm-2a	○	○	○	○		○	○	○

○：抵抗性あり，△：中程度の抵抗性あり
注）品種選定や各品種の抵抗性については，種苗会社のカタログ，ホームページを参考に表示

穫作業が集中すること、水田地帯では水稲の収穫期と重なることなどから労力不足になりやすいので、他の作物との労力配分を考えた栽培面積にする。

なお、生育後半、主枝を摘心した後は、気温の低下とともに果実の着色がゆっくりとなり、収穫や管理作業に余裕ができる。

(2) 他の野菜・作物との組合せ方

ハウスでの栽培期間は7月から11～12月の約半年なので、12～6月までのいろいろな野菜の作型と組み合わせることができる。

スイカ、メロン、カボチャなどの果菜類、ダイコン、ニンジン、ネギなどの根茎菜類、ホウレンソウ、コマツナなどの葉菜類、さらにスイートコーンやエダマメなどとも組み合わされている。南関東地域では、半促成栽培のウリ科の野菜の後作として栽培されることが多い。

ハウス半促成トマト（無加温）との組合せも可能だが、連作すると土壌病害虫の発生が多くなるので注意したい。

2 栽培のおさえどころ

(1) どこで失敗しやすいか

①育苗管理

育苗が6月の梅雨期なので、防虫ネットで通風が抑制されたり梅雨の合間の晴天によって、ハウス内が高温多湿になり、苗が徒長しやすい。循環扇や遮光ネットの設置などで気温の上昇を抑える工夫が必要である。

また、早めに苗の間隔を広げたり、ポットやセルトレイの底と地面の間に隙間をつくるなど、通風をよくすることも重要である。

加えて、病害虫を苗から本圃へ持ち込まないために、定期的な薬剤散布で病害虫防除を徹底する。

②定植後の管理

定植期は高温なので、前作終了後のハウスは乾燥しているため、施肥前の灌水は十分に行なう。活着後は草勢をコントロールするため、やや灌水を控えるが、施肥前の灌水が不十分だと萎れやすい。

生育初期は、梅雨明け後の強日照、高温になるため、灌水量が多くなりすぎると草勢が強くなり、異常茎や心止まりなどの生理障害が発生しやすい。逆に、灌水を抑えすぎると、尻腐れ果や心腐れ果など果実障害が発生しやすい。そのため、草勢をみながら灌水量を調整することが重要になる。

なお、10月以降、気温の低下とともに病害の発生が多くなるので、初期からの予防散布に心がける。

(2) おいしく安全につくるためのポイント

抑制栽培は、夏の高温期に定植し、気温が低下する秋冬に向かって収穫していく。生育初期は草勢を抑え、後半は草勢が維持できるように、土壌病害の心配のない地力のある圃場つくりが必要である。

定期的に土壌診断を行ない、有機質の投入を心がけ、ナス科野菜の連作を避けて輪作作物の検討を行なう。さらに、近年耐病性や抵抗性のついた品種が多く栽培されているが、穂木に土壌病害の耐病性がなく、後半まで草勢を強く維持したい場合は接ぎ木を検討する。

また、果実を安定して収穫するには、健全な葉の確保が重要であり、病害虫の防除にも心がける。

(3) 品種の選び方

栽培期間が6月から11月ごろまで続くので、耐暑性があり、耐病性を複数もっている品種が求められる。とくに生育初期に、黄化葉巻病、葉かび病、すすかび病に感染すると被害が大きいので、抵抗性品種がある場合は利用したい。また、青枯病や根腐萎凋病などの土壌病害については、抵抗性台木を用いるとよい。

3 栽培の手順

(1) 育苗のやり方

育苗にはポリポットやセルトレイを使用するが、近年は業者からの購入苗も多く利用されている。

表16　ハウス抑制栽培のポイント

	技術目標とポイント	技術内容
育苗	◎育苗ハウスの準備	・ハウス開口部へ防虫ネットの展張 ・遮光ネット展張
	◎ハウス内高温対策	・ポット，セルトレイの底上げ用コンテナ，垂木の準備 ・黄色粘着板の設置による予察
	◎病害虫防除	・定期的に予防散布 ・定植前に吸収移行性薬剤の苗灌注処理
圃場準備	◎土壌消毒	・前作の生育状況に応じて薬剤防除または太陽熱消毒
	◎灌水	・土壌表面だけではなく，30～40cm下まで水分確保
	◎高温対策	・遮光ネットの展張，または遮光剤の塗布
	◎施肥と薬剤散布	・土壌診断にもとづく施肥設計と殺線虫剤の施用
	◎ウネ立て	・周囲の環境を考慮して，平ウネか，冠水対策としての高ウネかを選択
	◎灌水チューブの設置	・株元またはウネ中央に設置
栽培管理	◎定植	・ウネ立て・ベッド作成後，圃場が乾かないうちに定植 ・地温抑制のため，ベッドを不織布，イナワラ，白黒マルチなどで被覆 ・定植初期は活着するまでこまめに株元に灌水
	◎ホルモン処理	・トマトトーン100～150倍＋ジベレリン5ppmを，3～4日おきに朝の涼しいうちに処理
	◎第3段花房開花まで	・1段果房が肥大してくるまでは少量灌水 ・側枝は一気に摘除せず，草勢をみながら摘除 ・朝夕の生長点の変化がなくなれば，適宜追肥と灌水 ・1～3段果房は奇形果を取り除き，4果程度に摘果 ・定期的に薬剤防除
	◎収穫	・気温と着色程度を考慮して収穫 ・1～3段果房収穫終了後の下葉は，通気性を図るため摘除
	◎第7～8段花房開花	・上位葉2枚残して摘心 ・10月以降，外気温が10℃以下になったら夜間はハウスを密閉 ・摘心後の上位葉の側枝は2～3芽残し草勢維持

図31　育苗ハウスの防除例

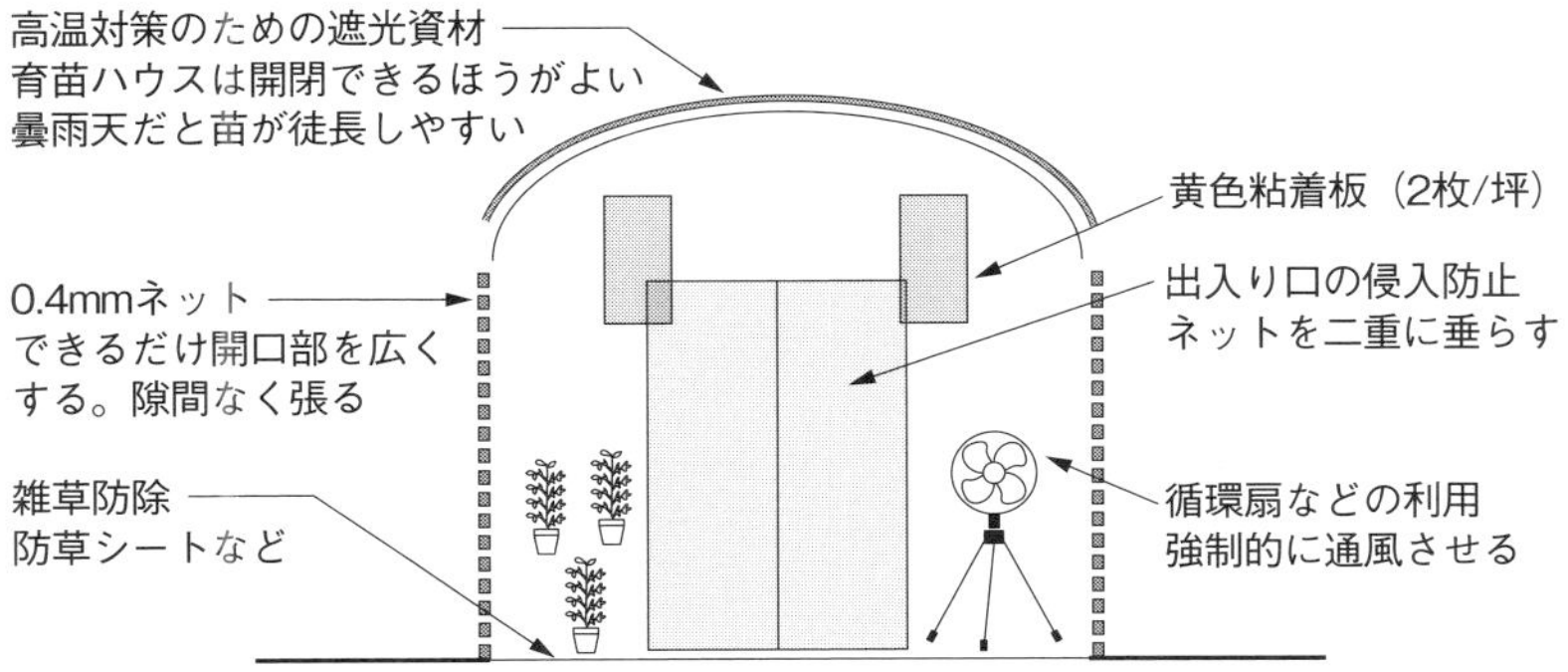

①育苗ハウスの準備

病害抵抗性のある品種もあるが、黄化葉巻病対策としてコナジラミ類の侵入を防ぐため、ハウス開口部には、0・4㎜目合いの防虫ネットを展張する（図31）。

ハウス上部に遮光ネットを展張するか遮光剤を塗布するとともに、循環扇などを設置して高温対策を行なう。

②セル成型苗の播種

近年、セル成型苗（以下セル苗と略）が主流になっている。セル苗は、30日育苗が一般的で、50穴前後のセルトレイに市販の培養土を詰め、1穴1粒播きにする。発芽するまでは、乾燥防止のため新聞紙などで覆っておく。

セルトレイは育苗期間によって、30日以上であれば50穴以下、25日以下であれば50穴以上のものを準備する。前作の後片付けなどで、定植期が遅れる心配がある場合は、穴数の少ないセルトレイを使う。

なお、穴数の多いセルトレイは、育苗資材のコスト削減になるが、育苗期間が短く稚苗での定植になるため、活着まで本圃での管理をこまめに行なう。

③ポット苗の播種と移植

ポリポットを使用するポット苗は、まず、60cm×30cmの育苗箱に長さ30cmの溝を10条つくり、1条に15～20粒を目安に播種し、薄く覆土する。

移植は、本葉1・5枚時に、市販の培養土を詰めた10・5cm前後のポリポットに行なう（50穴以下のセルトレイに移植することもできる）。

④共通の育苗管理

育苗後半（本葉5枚以降）は生育が速くなり、葉と葉が重なり徒長しやすいので、早めに苗の間隔を広げるようにする。葉が隣の株の葉と重なり合ってきたら、ポットの間隔を広げる。

セル苗の場合は、1穴ごとに間引いて別のセルトレイに移すことで、苗の間隔を広げる。

高温対策として、垂木やコンテナなどを利用して、ポットやセルトレイの底を地面から数十cm上げて隙間をつくり、苗底の通風をよくする。

また、育苗期に病害虫を発生させないよう、定期的に薬剤防除を行なう。

(2) 定植のやり方

①圃場の準備

前作の生育状況から、必要に応じて土壌消毒を行なうとともに、土壌診断を行ない施肥設計する。施肥は、定植後の草勢を制御するため、緩効性の肥料を主体にする（表17）。

施肥の前に圃場に十分灌水して下層部まで浸透させた後、堆肥や肥料を全面施用し、ロータリー耕する。

図32のようにベッドをつくり、株元やベッド中央のマルチの下に灌水チューブをセットする。地下水が低く排水性のよい圃場は、乾燥しやすいので、ベッドは低くする。逆に地下水が高く、豪雨時にハウス内が冠水しやすい圃場は、高さ20cm程度のベッドをつくる。加えて、ハウスの周囲に明渠を掘り、排水対策をしておくとよい。

高温期なので、育苗ハウス同様にサイドや

表17　施肥例

	肥料名	施肥量（kg/10a）	成分含有率（%）	成分量（kg/10a）		
				窒素	リン酸	カリ
元肥	堆肥	2,000				
	苦土石灰	100				
	苦土重焼燐	40				
	スーパーエコロング413	120	14-11-13	16.8	13.2	15.6
追肥	CDU タマゴ555	40	15-15-15	6	6	6

図32　間口4.5mパイプハウスの植付け例

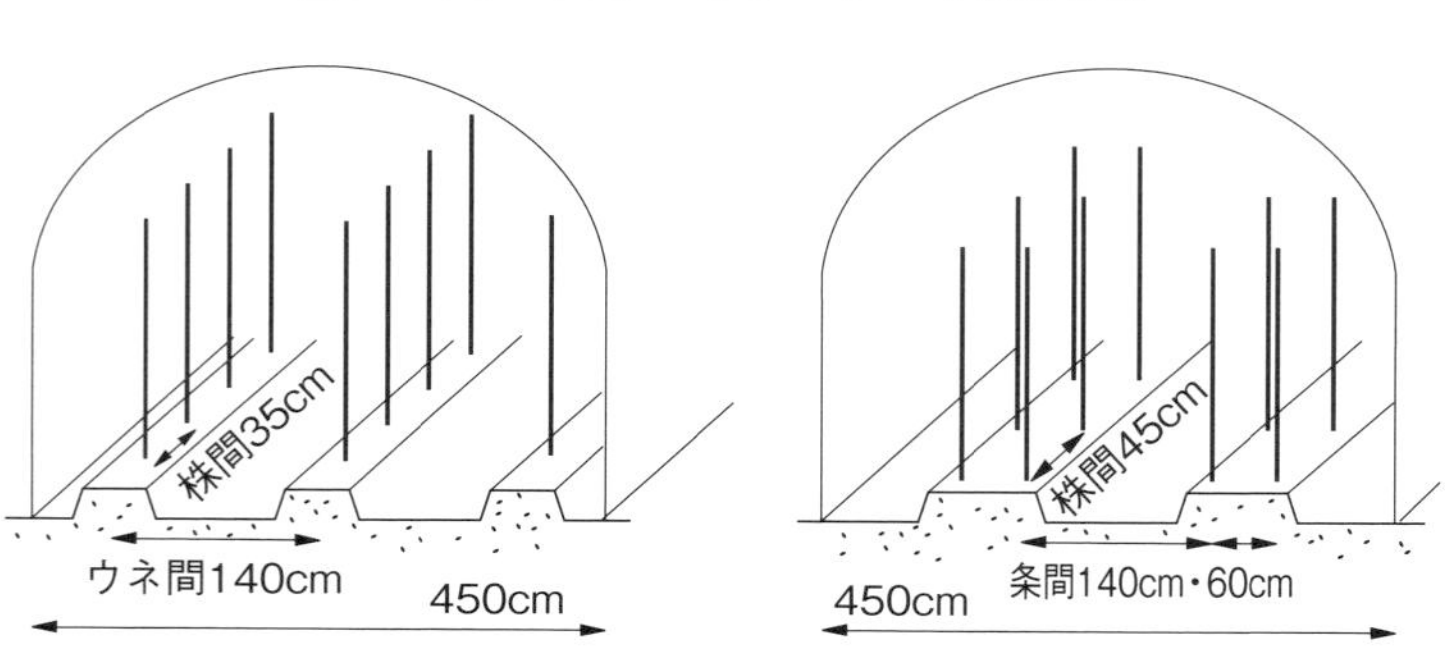

栽植株数1,904株/10ａ
1条植え・3ベッド

栽植株数1,976株/10ａ
2条植え・2ベッド

肩口はできるだけ開けておき、病害虫対策として開口部に0・4㎜目合いの防虫ネットを展張する。防虫ネットは、目合いの細かいほうが防虫効果に優れているが、通風が悪く高温になりやすい。

ハウス上部には遮光ネットを展張するか、遮光剤を塗布してもとよい。

②栽植密度

主枝1本仕立てで、坪（3・3㎡）6本植えが一般的であるが、近年、購入苗や接ぎ木苗の導入が進み、苗代や労力の節約から2本仕立ても増えている。2本仕立てでは、坪3本から4本植えが目安になる。

③定植

10・5cmポットで本葉7枚前後、50穴セルトレイで本葉5枚前後を目安に、第1段花房が確認できるようになったら定植適期である。

ベッド作成後、できるだけ圃場が乾かないうちに定植する。地温抑制のため、ベッドに不織布、イナワラ、白黒フィルム、シルバーフィルムなどでマルチするとよい（図33）。

苗は十分灌水してから定植する。植穴の深さは、鉢土の表面がかくれる程度にする。とくにセル苗は、鉢土が少なく乾きやすいので、浅植えにならないように注意する。

定植初期は活着するまでこまめに株元に灌水するが、活着後は灌水を控え、根張りを促す。

(3) 定植後の管理

①整枝・誘引

整枝は、主枝1本仕立てが基本だが、購入苗や接ぎ木苗の導入で2本仕立ても増えている。2本仕立ての方法には、3葉前後の主枝を摘心して側枝を利用する「側枝2本出し」と、主枝と第1段花房直下の強めの側枝を利用する「主枝と側枝の2本出し」がある。

主枝と側枝の2本出しの場合、主枝に比べ側枝の花房が1～2段遅れる。また、斜め誘引では側枝2本出しのほうが誘引しやすいので、誘引方法と定植位置に合わせて検討する。

第1段花房開花前後までに、支柱や誘引ヒモにクリップやテープ、ヒモなどで花房直下を固定する。その後、生育に合わせて徐々に主茎を固定していく（図34）。

側枝は小さいうちに摘除すると草勢が強くなり、長く伸ばしすぎると草勢が低下し着果不良になりやすいので、草勢をみながら行なう。とくに第3段花房開花までは草勢の変化が激しいので、伸ばしすぎや一気に摘除せず、草勢をみながら徐々に行なう。

②ホルモン処理

ハンドスプレーや専用噴霧器などを使用し、トマトトーン100～150倍＋ジベレリン5ppmの水溶液をつくり、朝の涼しいうちに、開花した花房に噴霧する。2度がけしたり生長点にかかると、奇形果や葉が縮れたり、生長が止まるホルモン障害が発生するの

図33　地温抑制のためシルバーマルチ

で注意する。
天候にもよるが、開花から収穫までの目安は8月で30日、9月で45日、10月で60日以上かかる。11月中下旬に収穫終了する場合は、9月中下旬を目安にホルモン処理を終了する。

図34　誘引方法の例

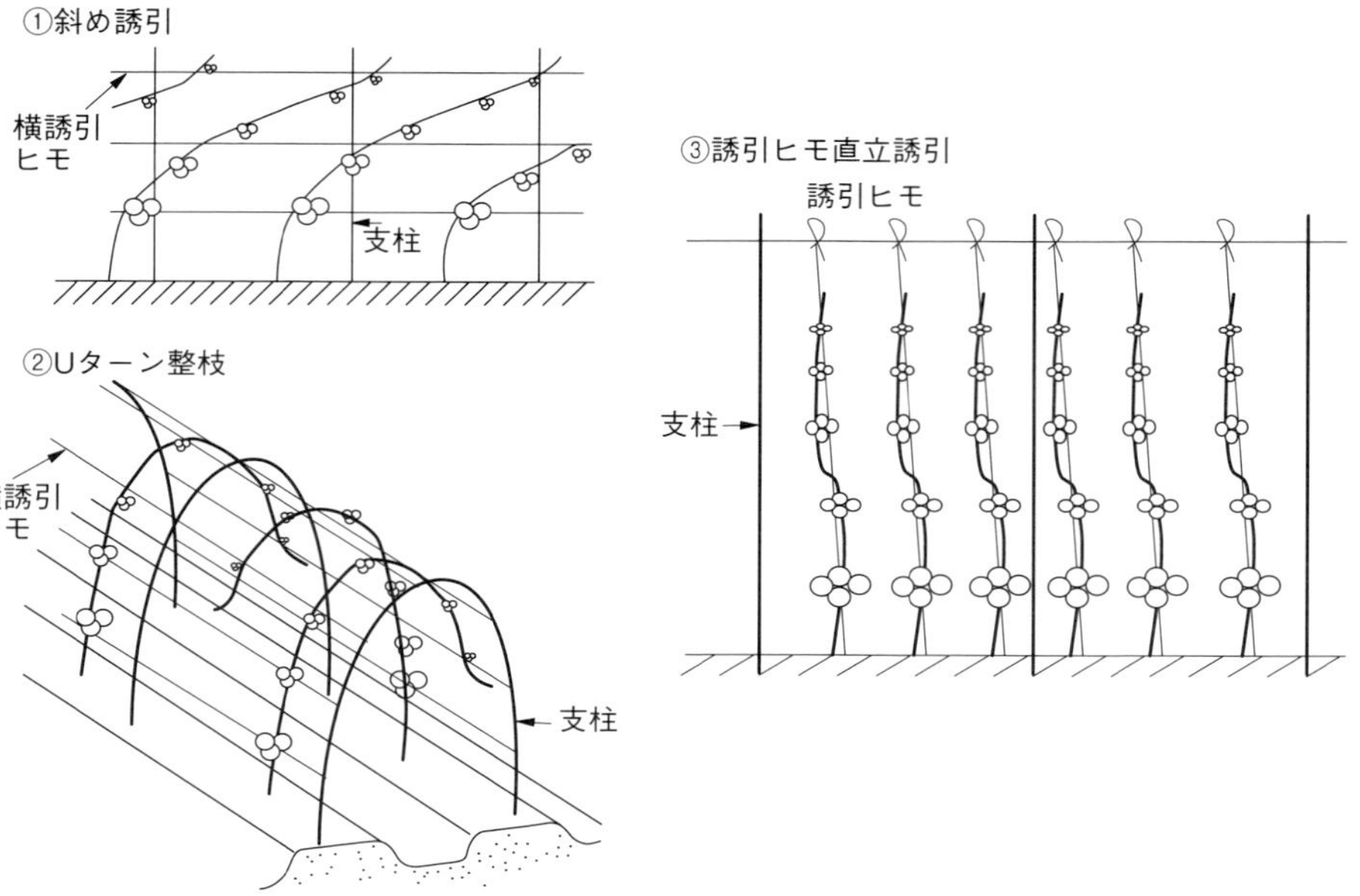

③摘果

第3段果房までは、草勢の変化が激しく奇形果の発生が多いため、小さいうちに摘果して、各段3～4果に揃える。

④灌水と追肥

活着後は草勢をコントロールするためやや灌水を控え、第3段花房開花前後で、第1段果房が肥大してくるころから灌水量を増やしていく。本格的な灌水をする前に、1～2回試し灌水をする。朝夕の生長点の変化（上位2～3葉の巻き具合）が、夕方前よりも巻かなくなれば、追肥（化成肥料の場合、窒素成分で3kg／10a前後）と本格的な灌水（1回当たり10mm前後、深さ15cmでpF1・8～2・3が目安）をこまめに行なう。

以後、草勢をみながら第5段花房開花前後を目安に2回目の追肥をして、10月上旬ごろまで灌水を行なう。灌水終了の目安は10月上旬とし、気温の高い場合は10月下旬まで延長する。

⑤摘心と整枝

ホルモン処理（収穫）終了予定の花房の上位2葉を残し、生長点を摘心する。摘心すると草勢が回復し、果実の肥大が促進されるため、開花前にできるだけ早く摘心する。

摘心後は草勢の維持を図るため、側枝は上位2～3芽を残し、それ以外は常時整理する。また、収穫終了果房の下葉は、葉の老化や病害虫の発生を助長するので適宜除去する（図35）。

⑥生育後半の温度管理

生育後半は、最高25℃、最低12℃を目標に管理する。10月以降、外気の最高気温が25℃以下になったらハウスサイドのビニールを下ろし、肩口の換気で調整し、最低気温が10℃以下になったら夜間は密閉し保温する。

11月以降の降霜後も収穫をめざす場合は、保温性を高めるため、二重カーテンやトンネル、ベタがけなどで被覆する。被覆は、生長点付近の葉を3枚、側枝を2本程度残し、主茎を地表面へ倒して支柱などを除去し、這い栽培にして行なうとよい。

(4) 収穫

収穫した果実は、果梗を残してコンテナなどに入れると、他の果実に当たって傷をつけやすいので、ハサミでできるだけ短く切り戻す。

8月の高温時には着色始めで収穫し、その後気温の低下とともに着色程度を進め、11月の低温時には8割以上着色してから収穫する。市場出荷の場合は、出荷基準にしたがい色回りを揃えて出荷する。

図35　収穫果房下の摘葉

4 病害虫防除

まず、前作の生育状況や後片付けのとき、病害虫の発生程度を確認して対策を行なう。とくに、ネコブセンチュウが発生している場合は、土壌消毒や殺線虫剤を使用する。

育苗期は、鉢上げ後の株間を確保し、風通しをよくする。0・4㎜目合い防虫ネットを展張し、コナジラミ類などの防除に努める。定植前の苗に薬剤の灌注処理を行ない、コナジラミ類、アザミウマ類などを防除する。

定植後は、草勢が低下すると病害が助長されるため、適期灌水、追肥により草勢の維持に努める。葉かび病、すすかび病は下葉から発生するため、葉かきを行なって風通しをよくする。曇雨天が続くと疫病、灰色かび病が多発するため、予防散布に努める。

害虫は、防虫ネットによる侵入抑制のほか、定期的な薬剤散布で、生育初期からの密度抑制に努める。

図36　主要病害虫の発生消長

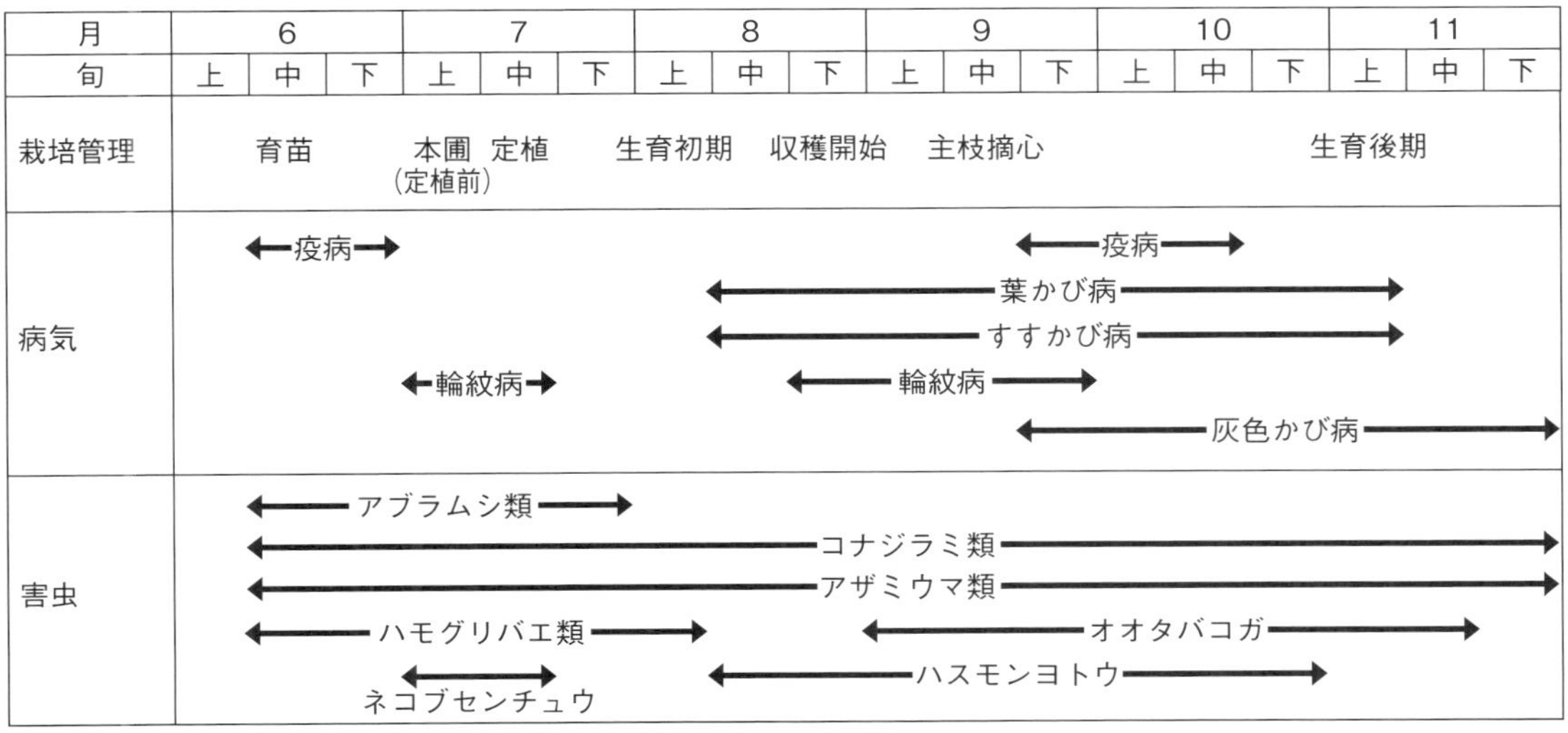

5 経営的特徴

労働時間は、10a当たり約700時間であり、購入苗や選果場を利用すると約130時間短縮される。そのほとんどは、収穫開始の8月下旬から収穫ピークの10月上旬で、約50%を占める。

その後は、気温低下とともに労働時間は短くなるため、他の露地野菜との複合が可能になる。ハウス抑制栽培は、無加温のパイプハウスが主流なので、施設費や光熱動力費が他の作型に比べ低く抑えられる。

経済性は表18に一例を紹介したが、資本装備や栽培方法、出荷・販売方法によって左右される。

（執筆：若梅　均）

表18　ハウス抑制栽培の経営指標

●経営費

項目	費用	金額（円 /10a）
生産部分	種苗費	57,020
	肥料費	66,480
	農業薬剤費	25,912
	生産資材費	72,417
	光熱動力費	10,667
	小農具費	43,427
	機械費（修繕見積含）	93,238
	施設費（修繕見積含）	525,556
共用	機械・施設費（修繕見積含）	52,800
	光熱動力費	5,330
出荷部分	出荷資材費	93,750
	運賃等従量料金	75,000
	手数料等従率料金	214,000
合計		1,335,596

●想定収量と単価，収益と費用

項目	
収量	5,000 kg/10a
販売単価	400 円/kg
粗収益	2,000,000 円/10a
経営費	1,335,596 円/10a
農業所得	664,404 円/10a

注）苗は種子からセル育苗し，出荷は選果場未利用

ミニトマトの雨よけ夏秋どり栽培

1 この作型の特徴と導入

(1) ミニトマトの特徴と導入のポイント

ミニトマトは大玉トマトに比べ着果性に優れ、草勢管理も容易で栽培しやすい。また、単位面積当たりの売上額も多いので、小規模から経営を始められる品目として人気が高い。

しかし、成熟した果実は水分にきわめて弱く、雨によって裂果や病害の発生が助長されるため、安定した生産を行なうには、雨よけハウス栽培が不可欠である。

(2) 適地と導入の注意点

ミニトマトの雨よけ夏秋どり栽培は、夏季冷涼な山間地や、緯度の高い東北、北海道など寒冷地が適地である。これらの地域では、温暖地や暖地からの出荷量が減少する7～10月に、安定した量のミニトマトを生産・出荷できるので、販売面のメリットも大きい。ただし近年では、こうした地域でも高温対策が不可欠になっている。

この作型は、育苗期から定植期の低温に始まり、梅雨期、盛夏期を経て、栽培後半の寡日照・低温まで、栽培期間中の温度や日照条件の変化が大きい。なかでも、生育が速い盛夏期の管理の遅れが、後半の生産に影響しやすい。このため安定生産には、生育量に合わせた計画的な管理が必要である。

したがって、ミニトマト栽培に初めて取り組む場合は、栽培面積を少なめにし、収穫が最大となる7～8月の作業量を基準に、労力や栽培技術に応じて面積を増やしていくのがよい。

図38　ハウスの外観

(3) 他の野菜・作物との組合せ方

夏秋作型の栽培期間は、5月から11月までの約半年である。そのため、定植期の前進化と後期の保温により、収穫期間をできるだけ長く確保することが、収益の向上につながる。

また、短期作型など栽培を早く切り上げる場合は、後作に栽培期間の短い葉菜類のホウレンソウやコマツナなどを組み合わせて、ハウスを有効利用するとよい。

図37　ミニトマトの雨よけ夏秋どり栽培　栽培暦例

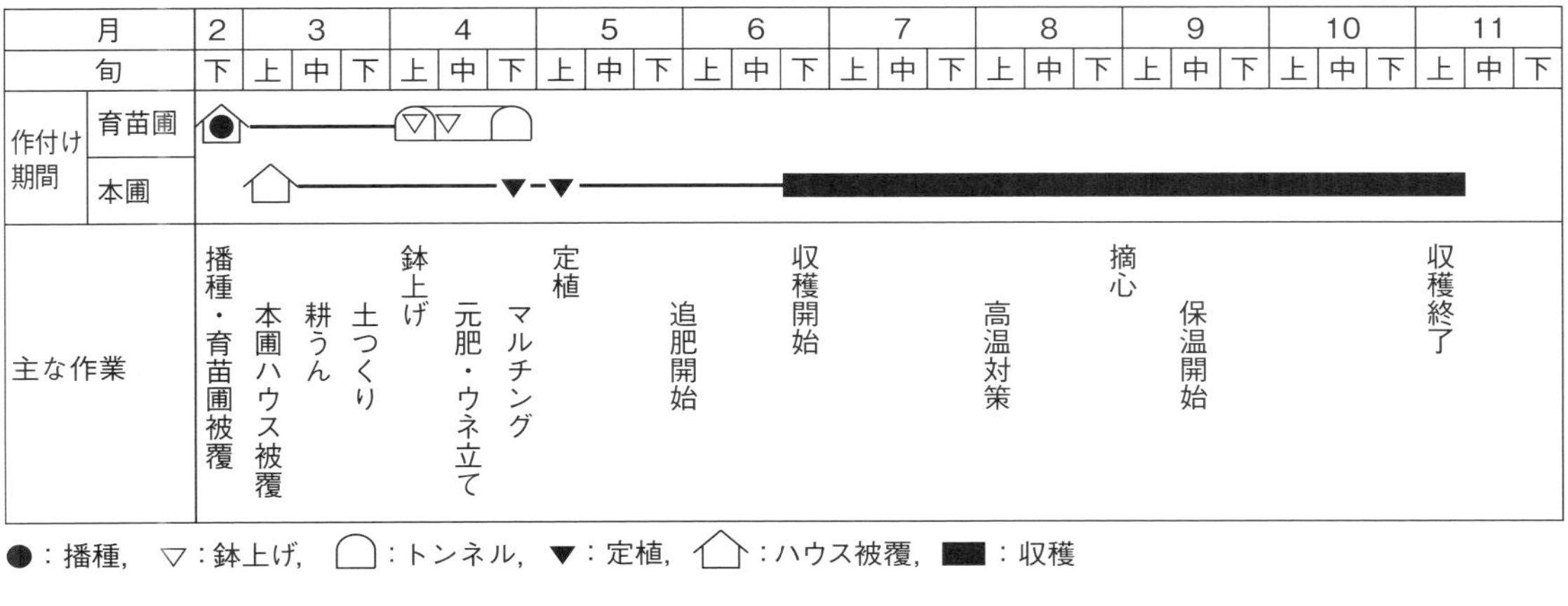

●：播種，▽：鉢上げ，⌒：トンネル，▼：定植，⌂：ハウス被覆，■：収穫

2 栽培のおさえどころ

(1) どこで失敗しやすいか

この作型は収穫初期に着果量がピークになり、着果負担の影響や、梅雨明け後の高温によって花芽の形成や茎の生長が抑えられ、10段以上の長期栽培では生育後半の収量低下が起きやすい。

排水不良圃場では根域が狭くなり、萎れなどが起きやすい。青枯病など土壌伝染性病害が発生すると、株の枯死によって減収する。また、無理な密植や栽培面積による管理の不徹底も、草勢や花質の低下によって収量を低下させる。さらに、8月下旬以降、気温が下がり湿度が高くなる時期に裂果が問題になる。

したがって、失敗しないためには以下の点が重要になる。①梅雨の多雨に備え排水対策を徹底する。作付け前までに粗大有機物の投入や深耕を行ない、土壌の通気性や透水性を高める。②梅雨明け後は寒冷紗などによる遮光や、サイドビニールや妻部を開放し、高温対策を徹底する。③連作圃場では抵抗性台木による接ぎ木栽培をする。④無理な密植や面積の拡大をせず、管理を徹底する。⑤できるだけ裂果の少ない品種を選定する。

(2) おいしく安全につくるためのポイント

日照不足、排水不良、過繁茂による空気の停滞は、裂果や病害虫の発生を助長する。また灌水不足では草勢の低下、過灌水では過繁茂や食味低下につながる。したがって、おいしくて安全なミニトマトつくりのためには、次の点がポイントになる。

①日照条件や排水のよい圃場を選定する。

②灌水が十分できる水源を確保する。

③果実への採光性や通気性を意識した茎葉管理を行なう。

④鮮やかな赤色に着色した適正な着色段階で収穫する。

(3) 品種の選び方

ミニトマトには果実の色、形、大きさなどさまざまな品種があり、近年はとくに色や形にバラエティーのあるミニトマトの栽培事例が増えている。

直接販売では食味に力点をおき、外観では果色や形などの特徴を出した品種選定を行なう。また、パックなどにも特徴をもたせるとよい。

共同販売による市場出荷では、葉かび病に抵抗性があり、草勢が生育後半まで比較的強く、丸型で果重が15～20g、果色は鮮やかな赤色、糖度が高く良食味で裂果しにくく、収量の多い品種を選定する。

経済栽培されている主な品種は表19のとおりだが、地域の病害発生状況によっては、黄化葉巻病抵抗性品種を利用する。

なお、連作圃場では、土壌伝染性病害の青枯病、萎凋病、かいよう病などが発生するため、発生病害に対応した抵抗性台木を利用する。

3 栽培の手順

(1) 育苗のやり方

①播種から鉢上げまで

ハウス内に電熱床（3.3㎡当たり250W）を設置し、トンネルで被覆しておく。適正な温度管理による一斉発芽、適正な温度・灌水管理、十分な採光性によるがっしりした苗つくりが重要である。

発芽の揃いは、地温や床土の水分、覆土の厚さに大きく左右される。低温は発芽を不均一にするので、夜間の地温確保（25℃）に努める。また、深播きも発芽の遅れを助長するので避ける。

床土には十分に灌水を行ない、水分を確保する。乾燥防止のため発芽までの数日は新聞紙などで覆う。表面がひび割れ、発芽し始めたらただちに被覆をはがす。

発芽後は、日中トンネル被覆を上げ通気する。灌水はやや乾き気味とする。また、夜温も徐々に下げ、苗の徒長を防ぐ。

播種20日後、本葉2枚ごろが鉢上げの適期である。12cmのポリポットに土を詰め、トンネル内などで十分暖めておき、晴天日に鉢上げする。

なお、育苗管理にかかる資材費や労力コストなどから、セル苗を購入したほうが安上がりになる場合も多いので、規模に応じて購入苗の利用を選択する。

②鉢上げ以降の管理

鉢上げ時に灌水したら、その後は発根を促進するため控え、表面が乾くようになったら行なう。温度管理は、初期は昼温を25℃、夜温は15℃とし、徐々に下げる。

葉が重なり合ってきたら、鉢と鉢の間隔を広げ、徒長を防止する。定植10日前から昼温20℃以下、夜温10℃まで下げて外気にならし、灌水もやや控え、締まった苗に仕上げる。

表19　ミニトマトの雨よけ夏秋どり栽培に適した主要品種の特性

品種	販売元	草勢	果形	果実重量（g）	裂果	黄化葉巻病抵抗性	葉かび病抵抗性
TY 千果	タキイ種苗	中	丸	15～20	少	○	○
CF 千果	タキイ種苗	強	丸	15～20	少	—	○
サマー千果	タキイ種苗	中	丸	20	極少	—	○
サンチェリーピュアプラス	トキタ種苗	強	丸	18	少	—	○
CF 小鈴	ヴィルモランみかど	強	丸	15～20	少	—	○
キャロル10	サカタのタネ	やや弱	丸	10～15	少	—	○
アイコ	サカタのタネ	強	楕円	18～25	少	—	○

(2) 定植のやり方

圃場の準備、ウネ立て、定植は表20に示したように行なうが、活着の良否がその後の生育や収量に大きく影響する。活着を促すためには、以下の点が重要である。

①定植の数日前にポリフィルムで被覆し、十分に地温を高めておく。

②定植は晴天の温暖な日を選び、午後2時ごろまでに終了する。

③老化苗は活着が遅れるため、第1花房第1花の開花直前の若苗で定植する。

(3) 定植後の管理

①追肥

ミニトマトは収穫開始までは比較的茎の太さが安定しており、草勢の低下を判断しにくい。しかも、着果が連続するため、草勢低下が確認できてからでは回復がむずかしい。したがって、長期に安定して収穫するためには、1段花房の着果ころから追肥を開始し、後半まで草勢を維持することが重要である。

表20　ミニトマトの雨よけ夏秋どり栽培のポイント

	技術目標とポイント	技術内容
定植準備	◎圃場の選定	・日照条件がよく，排水のよい圃場を選ぶ
	◎土つくりと排水対策	・完熟堆肥，またはイナワラ，カヤなどを圃場にすき込み，排水性や土壌物理性の改善を図る
	・排水不良圃場の対策	・圃場周辺に排水溝を設置し，雨水の浸入を防ぐ
	◎連作圃場での台木利用	・トマト類の栽培履歴のある圃場では抵抗性台木を用いる
	・適切な台木の選定	・土病害発生圃場では，発生病害に対応する台木を選定する
	・線虫対策	・線虫多発圃場では，作付け15日前までに土壌くん蒸剤を灌注。定植前に殺線虫剤を土壌混和する
	◎土壌診断にもとづく施肥	・施用量は表21を目安に土壌診断の結果にもとづき決定する
	◎適湿条件でのウネつくりとマルチング	・ウネつくりは，事前に十分灌水を行ない，適湿条件で行なう ・地温確保のため，定植数日前までにグリーンポリなどでマルチする。乾燥防止と防草のため，通路には切断したワラやカヤなどを敷き詰める
	◎誘引方式にもとづいた支柱，誘引ヒモの準備	・約3mごとに支柱を立て，長期栽培では斜め誘引とし，地面から25～30cmの位置に横ヒモを設置し，上部の番線と横ヒモとの間に縦ヒモを株当たり2本設置する（図39）
育苗方法	◎播種床，育苗床の準備	・パイプハウス内に，播種用の電熱床を本圃10a当たり3m^2，鉢上げ用の移植床を80m^{2}準備する ・電熱床に無病の市販の育苗培土を詰めた育苗箱を並べ，十分に灌水する。条間5cm，株間1.5cm程度で条播し，薄く覆土して軽く灌水する。発芽までは地温25～28℃，発芽後は20～25℃を目安に，夜間はトンネルに保温資材をかけて保温する
	◎鉢上げの準備	・鉢上げ用の移植床は床面を平らにし，板やビニールなどで覆う。低温対策のため周囲を板で囲い，トンネルと被覆資材を準備する
	◎温暖な晴天日に鉢上げ	・直径10.5～12cmのポリポットに肥料入りの育苗培土を詰め，ハウス内に入れて地温を確保しておき，鉢上げ前日までにたっぷり灌水し，鉢上げに備える。晴天日の午前中から鉢上げを行なう
	◎健苗育成のための管理	・鉢上げ後に1回たっぷりと灌水した後は活着促進のため灌水を控え，表面が乾いたら灌水を行なう。その後は吸水量の増加に合わせ灌水頻度を1日1回まで増やす
	・灌水管理	・灌水は午前中に行ない，夕方には表面が乾く程度の量にする ・定植1週間前からは灌水量を減らし，締まった苗に仕上げる
	・温度管理	・晴天日の日中は高温になるため，保温資材を外し，外気温20℃を目安にハウスのサイドを開けて温度を調節する。定植1週間前までに昼温15℃，夜温10℃まで下げ，外気にならす ・葉と葉が重なり合ってきたら鉢間隔を広げ採光性を確保する
	◎病害虫対策	・育苗ハウスにはネットを張り害虫の侵入を防ぐ ・育苗時の薬剤散布は薬害が出やすいため，登録範囲内で薄めの薬剤を用いる ・コナジラミ類の対策として，灌注剤や粒剤を処理する
定植方法	◎栽培環境に合わせた栽植密度	・栽植密度はウネ間1.8m，株間55～60cmの2条植え，3.3m^{2}当たり5.5～6.5株とし，過度の密植を避ける（図39）
	◎定植適期の苗	・第1花房第1花の開花直前（鉢上げ3～4週間後）の適期苗を定植する
	◎活着の促進	・深植えにならないように植え付け，株ごとに手灌水を行なう
定植後の管理	◎生育を揃える管理	・活着後はやや水を控え，根張りを促す。また活着程度を確認し，手灌水で生育を揃える。その後はチューブによる灌水を数日に1回行ない，生育に合わせて灌水頻度を増やしていく
	◎安定着果の促進	・第1～2花房は，トマトトーンで確実に着果処理を行なう。トマトトーンは1花房当たり3回に分け散布する。生長点にかからないように注意する
	◎適切な草勢管理	・追肥は第1花房の着果を確認したら開始する
	◎適切な誘引管理	・株が倒れる前に，株ごとの縦ヒモに誘引する。その後，茎が伸長し，隣の株のヒモに自然に届くころ，茎を斜めに倒し誘引する（図41）
	◎適切な茎葉管理	・脇芽は小さいうちにかき取る。とくに，花房直下は伸びが早いため早期にかき取る ・摘葉は，第1果房収穫開始時に果房直下まで，第2果房着色時に第2果房直下までとし，1回に3～4枚以下とする

（つづく）

	技術目標とポイント	技術内容
定植後の管理	◎適切な病害虫管理	・ハウスの開口部は防虫ネットを張り，害虫の侵入を防ぐ。また，黄色粘着板などで発生状況を確認し，薬剤散布の目安にする ・病害対策として初期から銅剤などの保護殺菌剤で予防散布を定期的に行ない，殺虫剤も混用する ・訪花昆虫導入後は影響の小さい農薬を選択する
収穫	◎適期収穫 ◎選別，パック詰め	・極端な若どり，収穫遅れは品質低下につながるので適期収穫する ・傷果や裂果などの不良果や，着色不良果などを除き，大きさ別に選別しパックに詰める

表21　施肥例　（単位：kg/10a）

	肥料名	施肥量	成分量		
			窒素	リン酸	カリ
元肥	完熟堆肥	2,000			
	苦土石灰	100			
	被覆肥量100日	120	16.8	14.4	16.8
	ナタネ油粕	40	2.0	0.8	0.4
追肥	有機配合液肥	100	6.0	8.0	8.0
	液肥2号	100	10.0	5.0	8.0
施肥成分量			34.8	28.2	33.2

注）愛知県新城設楽農林水産事務所農業改良普及課を加筆修正

図39　ミニトマト雨よけ夏秋どり栽培の定植床と支柱，誘引ヒモの設置例

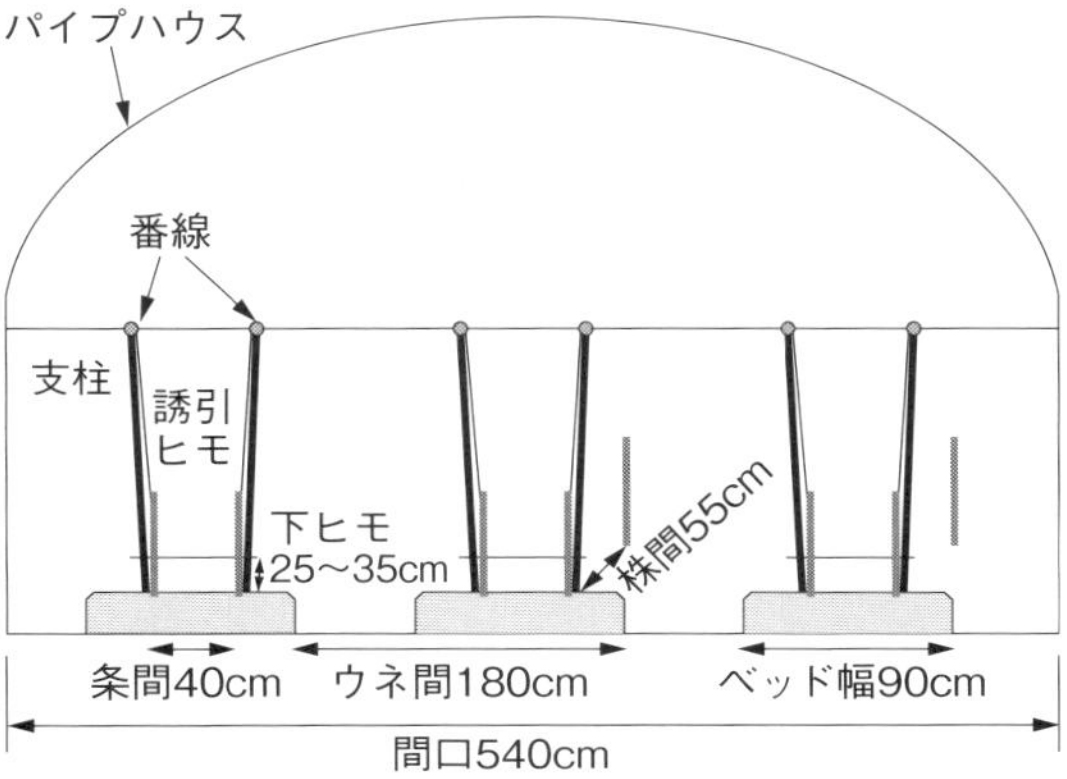

図40　初期生育の様子

追肥は、灌水2回に1回程度液肥を混入して行なう。灌水頻度は、初期は5日に1回程度、その後梅雨明けまでは2～3日に1回程度、梅雨開け後は1～2日に1回と増やすことで追肥量も増やしていく。液肥の種類は、収穫開始までは有機配合液肥とし、着果のピークである7月上旬からは、後半の着果負担による草性低下に備え、窒素成分の多い無機の液肥2号に切り替える。

その後、温度が下がり始める8月中旬以降は、灌水頻度をやや減らしていくため、追肥の頻度は8月中旬までは2～3日に1回程度、8月中旬以降は4～5日に1回程度、摘心後は1週間に1回程度とする。

②茎葉管理と摘房

また、茎葉が込み合わないように、脇芽かき、葉かき、誘引などの茎葉管理を適期に行ない、花房への採光性を高め、適正な花房の形成や着果を促す。とくに、収穫作業が忙しくなる収穫開始から収穫ピークにあたる7～8月の管理は、価格の向上が期待できる9月からの収量に影響するため徹底して行なう。

トリプル花房など、1花房の花数が多すぎる場合は、30花程度に摘房し着果負担を減らす。

③高温対策

梅雨明け後は、土壌の乾燥状況によっては通路灌水する。また、高温による生長点の萎れを防ぐため、寒冷紗による遮光や誘引位置を低くするなど対策を行なう。

(4) 収穫

収穫は果実全体が鮮赤色になる、完全着色期に行なう。適期収穫に心がけ、極端な若どりは食味の低下に、とり遅れは軟果や果汁の染み出し、裂果による品質低下につながるので注意する（図43）。

また、ミニトマトは通常、鮮度の目安としてヘタつきで販売するため、ヘタがとれないよう注意して収穫を行なう。

4 病害虫防除

(1) 基本になる防除方法

ミニトマトの主な病害虫は灰色かび病、うどんこ病、すすかび病、アブラムシ類、コナジラミ類、チョウ目害虫である（表22）。

病害は発生前の予防防除を徹底し、銅剤など保護殺菌剤を、生育初期から7～10日ごとに定期散布する。害虫は早期発見に努め、発生がごくわずかなうちに徹底防除する。増加が確認された場合は2～3日おきに連続散布し、低密度に抑える。

また、薬剤の系統をかえる、ローテーション防除によって薬剤の感受性低下を防ぐことも大切である。

図41　斜め誘引による誘引方法

・茎葉が伸び、隣の株の誘引ヒモまで届いたら、斜めに倒しクリップなどでヒモに固定する
・茎葉の伸長に応じて傾きを大きくし、斜め方向に誘引する
・茎が番線に達する前に、茎全体を下ろす「つる下ろし」を行なう

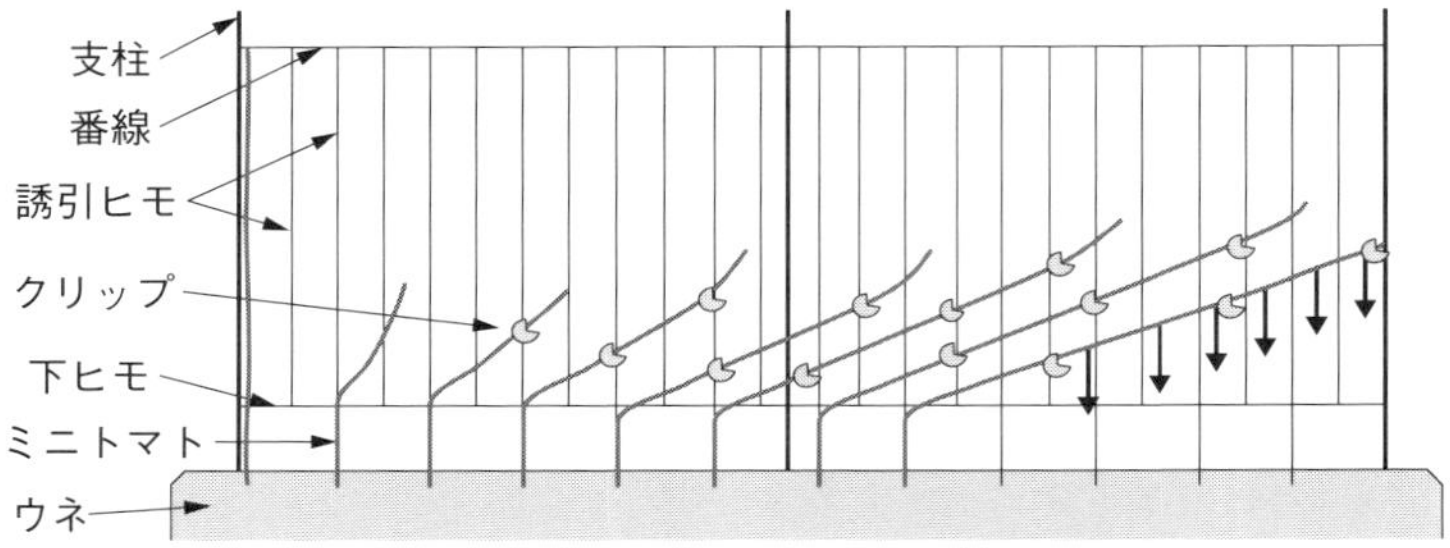

図42　ハウス内の栽培の様子

図43　着果の様子

収穫は完全着色期に行なう

(2) 農薬を使わない工夫

通気性をよくすることが病害発生を抑制する。適切な栽植密度で、適期に誘引や葉かき、脇芽かきを行ない、過繁茂を防ぐ。また、ハウスの周囲に排水溝を設置し、排水対策に努める。土壌伝染性病害には、発生病害に合った抵抗性台木を用いる。

害虫の侵入には、施設の開口部を1㎜以下の防虫ネットで被覆し、施設周辺の雑草（害虫の棲みか）を除去する。さらに、黄色粘着板などを設置し、侵入害虫の捕殺・予察に努める。

表22　病害虫防除の方法

	対象病害虫名	防除薬剤（希釈倍数）
病気	灰色かび病 うどんこ病	ベルクート水和剤（6,000） アフェットフロアブル（2,000），ダコニール1000（1,000）
	すすかび病	ペンコゼブフロアブル（1,000），トリフミン水和剤（3,000）
	疫病	Zボルドー（400～600），ランマンフロアブル（1,000～2,000）
害虫	アブラムシ類	スタークル顆粒水和剤（2,000～3,000），ウララDF（2,000～4,000）
	コナジラミ類	ラノーテープ[注)]（10～50m^2/10a），ディアナSC（2,500），コルト顆粒水和剤（4,000）
	ハモグリバエ類	トリガード液剤（1,000），プレバソンフロアブル5（2,000）
	オオタバコガ ハスモンヨトウ	フェニックス顆粒水溶剤（2,000～4,000），プレオフロアブル（1,000）
	トマトサビダニ	マッチ乳剤（2,000），コロマイト乳剤（1,500）

注）ラノーテープは蚕に長期間強い毒性があるため，地域により使用できない場合がある

5 経営的特徴

ミニトマトは、大玉トマトより収穫、パック詰めに時間が多くかかり、10ａ当たり労働時間は、15～18段摘心栽培で約２４００時間になる。とくに、夏秋作型は他の作型より生育が速いので、熟練した栽培者でも1人7～8ａが栽培面積の限界である。

また、収穫ピークの7～8月が労働時間の40％にもなるため、管理を徹底できる労力の確保が重要である。したがって、家族2名による余裕をもった経営であれば10～15ａ、短期雇用を活用した経営であれば、20ａ程度が栽培面積の目安になる。

経営指標は、10ａ当たり収量を６０００kg、販売価格を６６０円とした場合、粗収益は約４００万円となる（表23）。近年の原油高騰で資材や運送費が上昇し、経費負担が大きくなっているので、施設費や人件費など経営費の削減に努め、所得率40％以上をめざしたい。

販売方法は、共同販売や個人による市場出荷が主である。近年は、インターネットや直売などの直接販売もやりやすい環境になっている。直接販売では、価格を生産者が設定できる反面、販売管理にかかる人件費などのコストを考慮する必要がある。

（執筆：吉田圭介）

表23　ミニトマトの雨よけ夏秋どり栽培の経営指標

項目	
収量（kg/10a）	6,000
粗収入（円/10a）	4,000,000
経営費（円/10a）（人件費除く）	2,200,000
農業所得（円/10a）	1,800,000
労働時間（時間/10a）	2,400

注）愛知県新城設楽農林水産事務所農業改良普及課を加筆修正

ミニトマトのハウス半促成・抑制栽培

1 作型の特徴と導入

(1) 作型の特徴と導入の注意点

① この作型の導入のねらい

冬が温暖で日照が多い関東地域などに比べ、低温・寡日照になる山陰地域では、冬越し作型によるミニトマト栽培には多くの加温コストがかかるため、栽培可能な期間が限られる。

島根県内では、加温の必要がない4月に定植し、11月末ごろまで栽培する、夏越し長期どり作型が一般的である。しかし、ハウス内が高温になる夏には、灌水不足や着果不良が発生し、さらに病害などによって草勢維持が困難になるなど、高単価になる9月以降の収穫量が減少するといった問題があった。

そこで、2月から7月上旬まで栽培する半促成作型と、高温になる7～8月を若苗で越させる、抑制作型を導入することによって、単価の高い時期をのがすことなく、長期間の収穫が可能になっている。以降、それぞれの作型について紹介する。

② 半促成栽培

1月中旬に播種、2月中旬に定植し、7月上旬まで栽培する作型である。出荷時期は5月上旬から7月上旬である。

生育初期はやや低温になるため、補助的な加温が必要になる。しかし、3月以降はミニトマトの生育に適した温度や日照条件で栽培できるため、栽培しやすく収量、品質ともに優れる。

定植時期が遅いと、収穫期間が短くなることと、収穫後期の果実が高温の影響で品質が低下する可能性があるので、注意が必要である。

③ 抑制栽培

この作型は、6月下旬に播種、7月下旬に定植し、12月上旬まで栽培する作型である。半促成栽培に比べやや収量は低くなるが、9～12月と高単価な時期に収穫できるため、販売上のメリットが大きい。

しかし、生育初期は非常に高温になり、灌水不足による生理障害が発生する可能性があるため、十分な灌水管理が必要である。また、低段果房を中心に、着色不良や糖度不足が起こりやすい。

(2) 他の野菜・作物との組合せ方

ミニトマトの半促成と抑制の作型を組み合わせ、年1作の長期どり作型を超える収量、所得を上げている事例もある。

他の野菜・作物との組合せとして、ミニトマトが市場に多く流通する時期の出荷を避けるため、半促成栽培をキュウリ、ハウスメロン、スイカなど果菜類の栽培に置きかえることは可能である。

2 栽培のおさえどころ

(1) どこで失敗しやすいか

① 半促成栽培

半促成栽培では育苗が厳寒期になるため、温度管理にはとくに注意する。一方で、温床

図44　ミニトマトのハウス半促成・抑制栽培の栽培暦

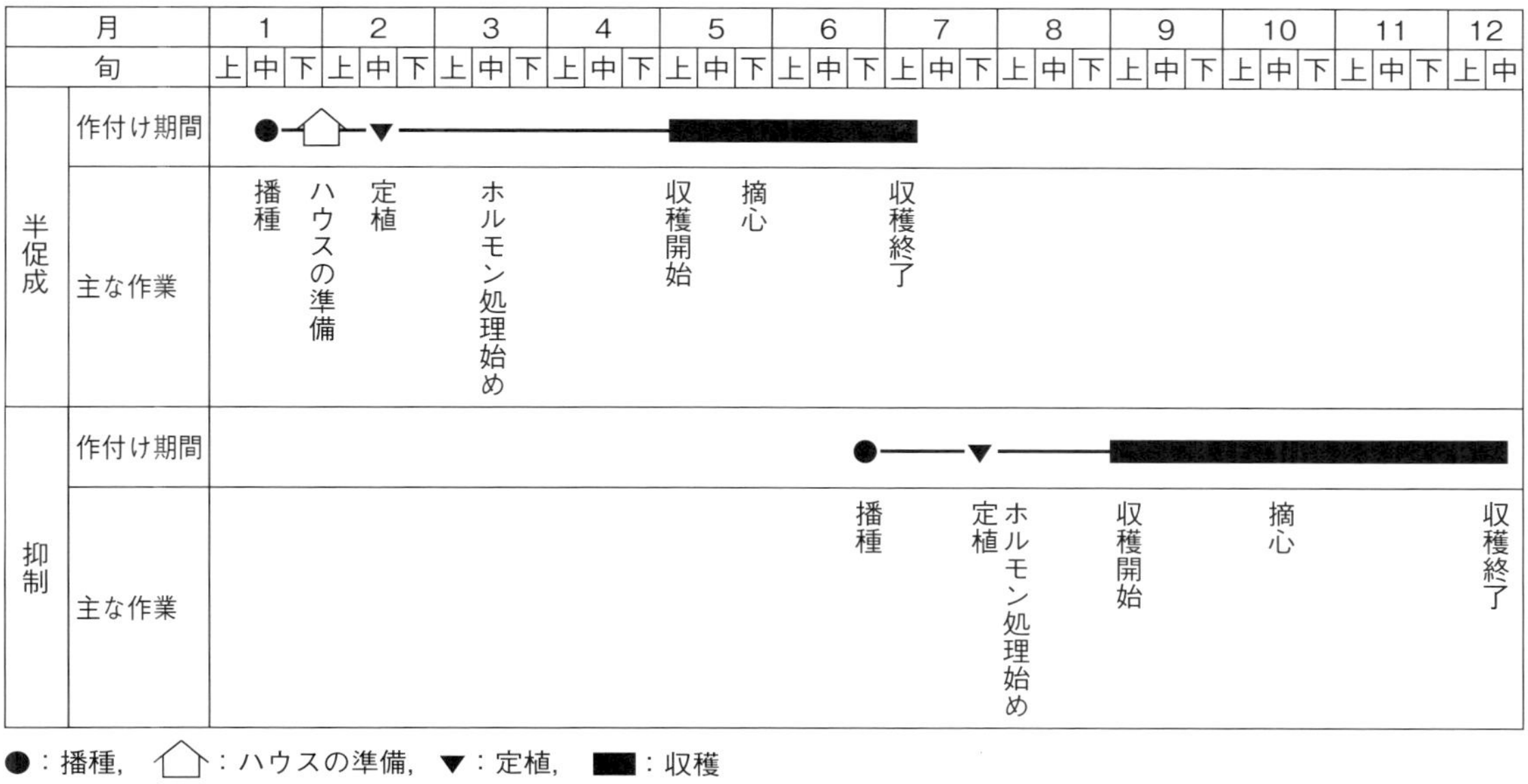

の温度が高くなると、徒長の原因になるため、とくに夜間の温床の設定温度に注意する。

低温条件での定植となるため、二重被覆などによって施設内の保温に努め、早期活着と初期生育の促進を図る。

②抑制栽培

抑制栽培では高温条件での育苗になるため、温度管理と灌水管理にとくに注意する。半促成栽培の育苗で用いた天井内張を遮光に切り替えるなど、急激な温度上昇を抑制する措置が必要になる。

育苗中に水が不足すると萎れが発生するため、灌水管理は注意して行なう。灌水の時間帯は、夕方には水をすべて吸収し、培土の表面が軽く乾く程度にしておくと徒長を防げる。

定植後も高温条件での栽培になるため、温度管理と灌水管理にとくに注意する。

(2) おいしく安全につくるためのポイント

半促成栽培では草勢が強くなりやすいため、葉かきなどを適度に行なうことで果実への採光性を高める。

抑制栽培では、高温によって低段の果実は着色不良や糖度不足になりやすい。適切な灌水管理で草勢を維持し、葉面積を確保すること、換気によってハウス内温度を下げることが大切である。

(3) 品種の選び方

ミニトマトは作型への適応性が高いため、作型に合わせて品種をかえる必要性は少ない。いずれの作型も、葉かび病や斑点病に抵抗性、耐病性のある品種が望ましい。

多収品種として、サンチェリーピュア（トキタ種苗）、サンチェリーピュアプラス（トキタ種苗）、良食味の品種として、アンジェレ（全農）、CF千果（タキイ種苗）などがある。

3 栽培の手順

(1) 育苗のやり方（自家育苗）

初心者や経験年数の少ない生産者は、購入苗を利用するとよい。ここでは自家育苗するときの手順を説明する。

半促成栽培の場合、育苗には電熱温床が必要である。「ジフィーポット」を設置した40穴セルトレイに購入培土を充填し、灌水した後、温床に置いてビニールや不織布で被覆し、播種まで加温しておく。

播種は1穴1粒播きとし、播種後は培土が濡れて色がかわる程度に灌水を行ない、ビニールや不織布で被覆する。

発芽までは温床温度を25～30℃、発芽後は昼22℃、夜15℃程度に設定する。発芽後は設定温度を下げ、最低夜温12℃を確保するように努める。夜温が高いと徒長するため、温度管理に注意する。

灌水は、夕方までにほぼ吸収できる程度に行ない、定植1週間前から市販の液体肥料をEC0・8（dS／m）程度に調整し、灌水がわりに施用する。徒長を防止するために、隣の株と葉が触れ合うようになったらずらしを行なう。本葉4～5枚期まで育苗する。

抑制栽培の場合は、高温条件での育苗になるため、温度管理と灌水管理に注意する。育苗ハウス内に遮光資材を張ったり、換気扇を回すなどして、急激な温度上昇を防ぐことが重要である。

(2) ハウスの準備

島根県では、間口を8mにしたパイプハウスを新たなモデルハウスとして設計し、実証を行なっている（図45）。間口を8mにすることで、栽植株数を増やすことができ、単収の向上が期待される（図46）。この高収益型ハウスの詳細な特徴を表25に示した。

以降はこの高収益型ハウスでの栽培を前提として記述する。

(3) 定植の準備と定植

ミニトマトの栽培様式の一つに、隔離床を用いた養液栽培があげられる。島根県では「島根型養液栽培」と呼ばれる栽培システムを導入しており、これ以降はこの栽培様式による栽培を前提として記述する。

島根型養液栽培の構成については図47に示

図45　間口8mのパイプハウス

図46　間口8mパイプハウスの栽植例

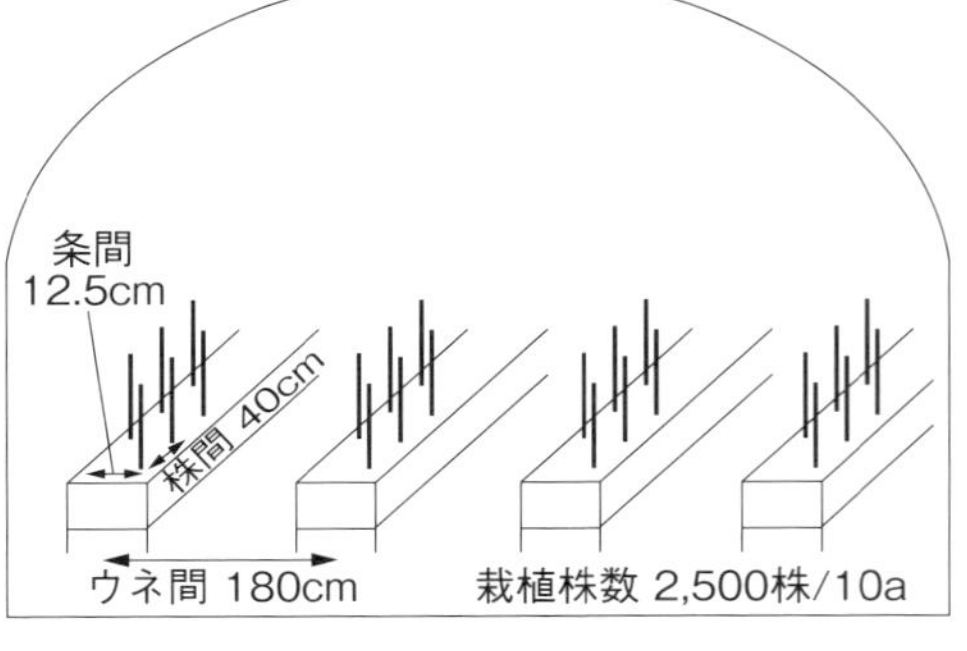

表24　ハウス半促成・抑制栽培のポイント

	技術目標とポイント		技術内容
半促成	育苗方法	◎播種準備	・ハウス内に電熱温床をつくる ・ジフィーポットを設置した40穴セルトレイに購入培土を充填し，灌水した後，加温しておく
		◎播種	・1穴1粒播き。播種後は培土が濡れて色がかわる程度に灌水し，ビニールや不織布で被覆する
		◎健苗育成	・発芽までは温床温度を25～30℃，発芽後は昼22℃，夜15℃程度に設定する ・夕方までにほぼ吸収できる程度に灌水する ・定植1週間前からECを0.8（dS/m）程度に調整した市販の液体肥料を，灌水がわりに施用する ・徒長を防止するために，隣の株と葉が触れ合うようになったらずらしを行なう
	定植準備	◎適切な栽培ベッドつくり	・図47に示した発泡スチロール製の専用の隔離ベッドに，ヤシ殻，ピートモス，活性炭など有機質資材を混合した軽量培地を充填する ・使用する専用培地は排水性がよいため，定植前に十分に灌水を行ない，乾燥させないよう注意する ・灌水は10cmピッチの点滴チューブ1本，あるいは20cmピッチの点滴チューブ2本を設置する
	定植方法	◎活着促進	・本葉4～5枚の若苗を定植
		◎目標収穫段数に合わせた栽植密度	・株間40cm，条間12.5cm，2条千鳥植えで定植（10a当たり2,500株）
	定植後の管理	◎適切な給液管理	・定植後は活着を促すため灌水は控える ・活着後は図48に示した給液計画を参考に給液管理を行なう ・給液が不足しないよう，常に排液の出るタイミングや量を観察しながら給液管理を行なう
		◎収穫段数に合わせた整枝・誘引	・11～12段収穫では，図49，50に示した斜め誘引を行なう ・あらかじめ目標収穫段数に達した段階での茎長がわかっていると，誘引ヒモの長さと設置角度が明確になる ・摘心は収穫終了期の約50日前に済ませる
		◎上物率の向上	・ハウスの通気をよくし，温度と湿度を下げ裂果を防止する ・糖度を確保するため，低段果房の果実周辺の葉の極端な摘葉は避ける ・ホルモン処理は，トマトトーン100～150倍を用いて，気温が高くなる前の午前中に行なう ・摘花果を徹底し，小玉を防止する
		◎病害虫防除の徹底	・7～10日間隔で予防散布を行なう ・収穫が終わった果房より下の葉を摘葉し，株元の通気性をよくする
抑制	育苗方法	◎健苗育成	・高温期の育苗になるため，水管理にとくに注意する
	定植後の管理	◎適切な給液管理	・生育初期はとくに高温になるため，給液不足にならないよう注意する

表25　高収益型パイプハウスの寸法

（単位：m）

	従来型ハウス	高収益型ハウス
間口	7.2	8.0
肩高	1.9	2.1
軒高	3.7	4.1
パイプ間隔	0.5	0.6

した。定植準備および定植の方法については表24に示したとおりである。

半促成栽培が終了したら、次の抑制栽培の準備をする。栽培終了後の株はジフィーポットごと刈り取り、培土を手で軽く耕し、太い残根は取り除く。培土が少なくなっている場合は、追加の培土を充填する。抑制栽培の植付けまで、マルチをかけ太陽熱消毒を行なう。

図47　島根型養液栽培の概略図　（単位：mm）

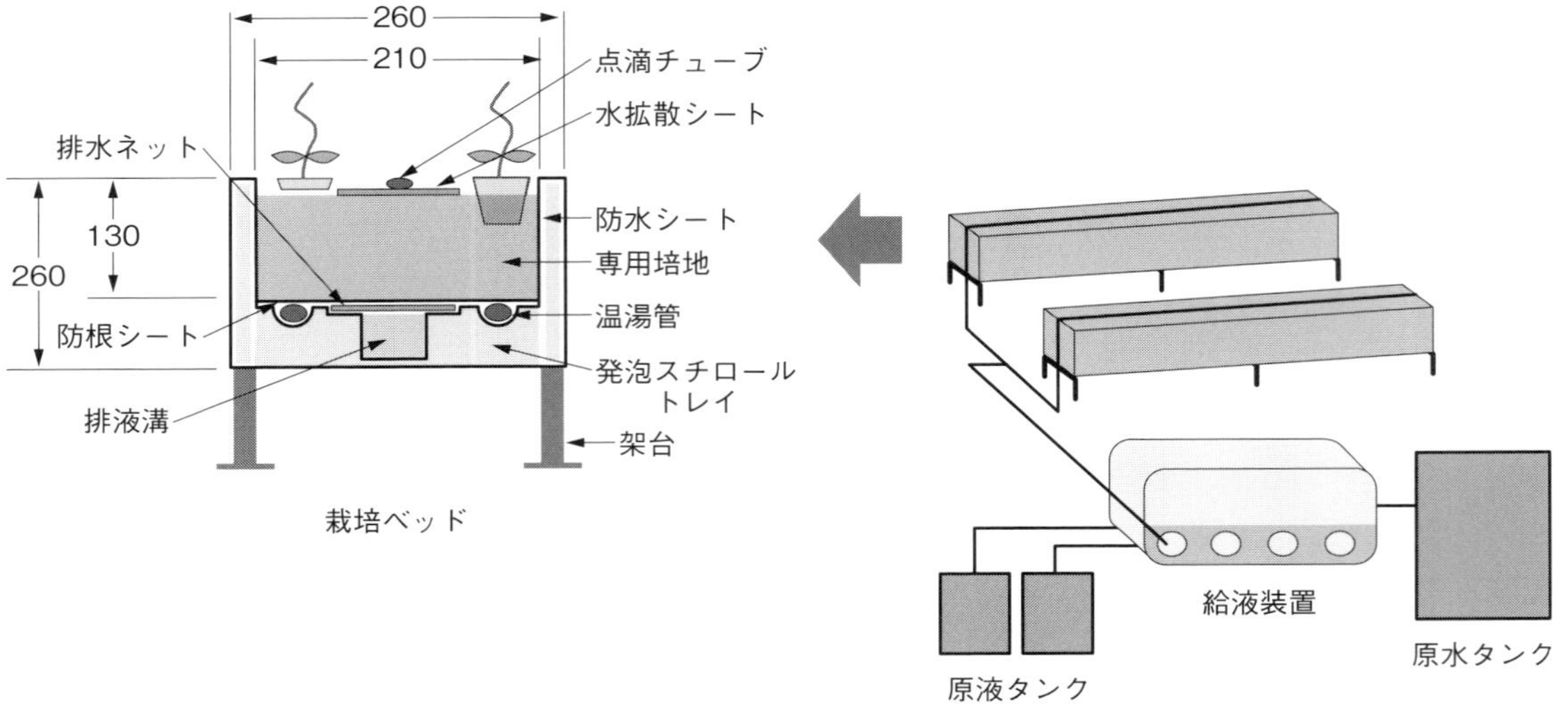

(4) 定植後の管理

①給液管理と生理障害対策

図48に半促成栽培と抑制栽培の給液管理の例を示した。

半促成栽培では、低温期に定植するため、初期の給液量は控えめにし、活着を促すとよい。

いずれの作型も活着後は徐々に給液量を増やし、生育を観察しながら給液計画を適宜見直すことが重要である。また、給液に対する排液量が適切かを常に確認することが重要で、排液量が少ないと培地内と排液のＥＣが上昇し、トマトが吸水しにくくなってしまう。その状態が長く続くと、カルシウム欠乏などの生理障害の発生につながる。

排液量は、排液を受けるバケツなどを地中に埋没し、排液溝から水道ホースなどでバケツに配管することで、簡単に計量することができる。

適切な給液管理を行なったとしても、長雨などの影響でトマトが吸水せず、果実だけでなく生長点に生理障害が発生する場合がある。対策には、カルシウム剤や微量要素の葉面散布剤を、定期的に散布することが重要である。

②誘引、脇芽かき

長期どりを行なう場合は、つる下ろし誘引が一般的だが、1年の栽培を半促成と抑制の2作型に分ける場合は、いずれの作型も図49、50に示した斜め誘引が適している。これは、最終的に達する茎長と同程度の長さの誘引ヒモを斜めに配置し、茎がヒモに沿うように斜めに誘引する方法である。

この方法ではつる下ろし誘引のようなずらす作業が必要なく、伸びた茎をテープナーでとめるだけでできるため省力的である。しかし、生育が進むほど高い位置での作業となるため、台車があると作業性が向上する。

1本仕立てとし、脇芽かきは適宜行なう。

③摘花果、摘葉、摘心

摘花果は、各果房20～30果程度の着果を目標にし、トリプル以上の複数花房が形成された場合は開花前にダブル花房にしておくと、摘花遅れによる小玉化が防止できる。

葉は収穫果房から下に2～3枚程度残し、それ以下は摘葉する。

収穫目標段数に達したら、最上位果房の上

図48　ミニトマトの半促成栽培，抑制栽培の給液管理の例

作型	生育ステージ	給液のタイミング（時刻）											
		6:00	7:00	8:00	9:00	10:00	11:00	12:00	13:00	14:00	15:00	16:00	18:00
半促成	定植				■		■		■		■		
	第１花房開花				■	■	■	■	■		■		
	第２花房開花	■		■	■	■	■	■	■		■		
	第３花房開花	■	■	■	■	■	■	■	■	■	■		
	第５花房開花	■	■	■	■	■	■	■	■	■	■	■	
	収穫開始	■	■	■	■	■	■	■	■	■	■	■	■
	摘心	■	■	■	■	■	■	■	■	■	■	■	■
抑制	定植				■		■		■		■		
	第１花房開花		■		■	■			■		■		
	第２花房開花	■		■	■	■	■		■		■		
	第３花房開花	■		■	■	■	■	■	■	■	■		
	第５花房開花	■	■	■	■	■	■	■	■	■	■	■	■
	収穫開始		■	■	■	■	■	■	■	■	■	■	■
	摘心			■	■	■	■	■	■	■	■	■	
	11月上旬			■	■	■	■	■	■		■		
	11月中旬			■		■	■	■			■		

注）液肥は生育を観察しながらEC 1.0～1.6（ds/m）程度で加減する

図49　斜め誘引の例

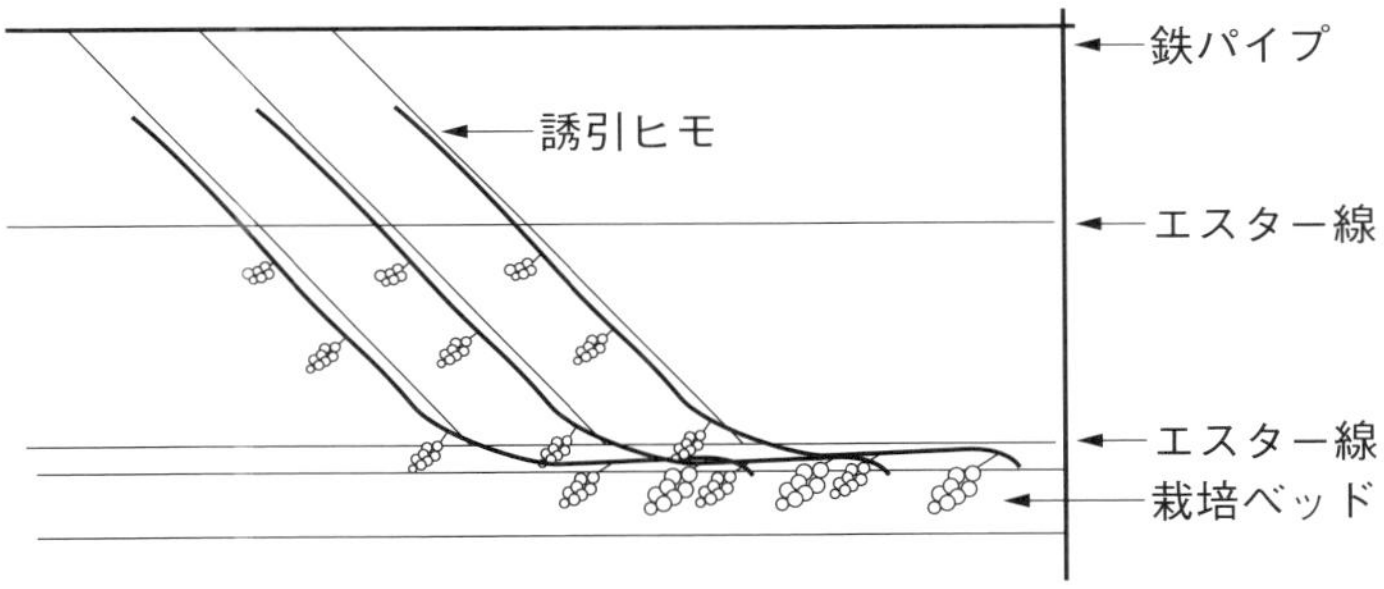

図50　斜め誘引の様子

2葉を残して摘心を行なう。

④**生育診断**

開花花房高と茎径を、1週間ごとに調査することで生育診断ができる。

開花花房高とは、生長点の位置から最上位開花花房までの長さのことである。この長さが10～15㎝であれば適切とされている。極端に短いと生殖生長気味なのでハウス内温度の日較差を小さくし、15㎝以上であれば栄養生長気味なのでハウス内温度の日較差を大きくするなどで対応する。

茎径は、前週に生長点があった位置の茎で計測する。9～11㎜程度が適切な値であり、それより細いと草勢が低下しているので、ハウス内平均温度を下げるなどで対応する。

毎週の生育調査で、生育に合わせた温度や給液管理を行なうことが重要である。

(5) 収穫

収穫は、果実全体が鮮赤色になる、完全着色期に行なう。

抑制栽培の低段果房の収穫は、高温期で着色が悪くなりやすいため、収穫果房下の葉を摘葉し果実への採光性を高めたり、ハウス内の換気に努める。

4 病害虫防除

(1) 基本になる防除法

病害虫の早期発見、積極的な予防散布に努め、7～10日間隔で定期的に防除するのが基本である。高温時の薬剤散布は薬害発生のリスクがあるため、晴天日の午前中か、夕方に散布する。

(2) 農薬を使わない工夫

病気の発生を防ぐためには、ハウス内の通気性を保つことが重要である。サイドの開閉や換気扇の使用はもちろん、下葉の摘葉で群落内の通気性を保つことが重要である。

今回紹介した半促成栽培と抑制栽培は、ずらし誘引を行なわないので、葉や茎が隣の株と重なる部分が少なく、適切に下葉の摘葉がされていれば病害発生のリスクが少ない。

害虫については、ハウスのサイドと妻面に目の細かい防虫ネットを設置して侵入を防ぐこと、ハウス周りの雑草を除草し、害虫の棲みかを除去することが重要である。

5 経営的特徴

ミニトマトの栽培には多くの労力が必要で、ハウス半促成・抑制栽培では約1800時間である。熟練者でも1人当たり10aが限界なので、2人で10～15aが余裕をもって栽培できる面積の目安である。

表26　ミニトマトのハウス半促成・抑制栽培の経営指標

項目	
収量（kg/10a）	8,340
単価（円/kg）	625.8
粗収益（円/10a）	5,219,172
経営費（円/10a）	3,969,738
種苗費	456,000
肥料費	144,000
薬剤費	75,265
動力光熱費	131,946
諸材料費	123,412
農機具費	13,305
販売経費	1,424,114
減価償却費	1,332,589
修繕費	193,746
その他雑費	75,361
所得（円/10a）	1,249,434
労働時間（時間/10a）	1,849

今回紹介した作型では斜め誘引としているので、ずらし作業の必要がないため、誘引作業時間の削減が可能である。

なお、抑制栽培は9～10月の高単価の時期に集中して出荷できるので、時間当たりの労働報酬は半促成栽培を上回っている。

（執筆：郷原　優）

ミディトマトの栽培

ミディトマトは、適度な果肉の厚み、滑らかな食感と甘さ、おいしさを兼ね備えたトマトである。大玉トマトやミニトマトより栽培面積は少ないが、手ごろな大きさで調理しやすく、食味もよいので、百貨店やスーパー、直売所で広く販売されるなど、その人気は堅調である。

福井県では、主に‘華小町’（福井シード）が栽培されており、ここでは‘華小町’を中心に述べる。

1 栽培のおさえどころ

(1) どこで失敗しやすいか

ミディトマトは作型への適応性が高いため、作型に合わせて品種をかえる必要性は低い。しかし、多くのミディトマトの品種は、青枯病や萎凋病への抵抗性をもっていない。そのため、土耕栽培では接ぎ木苗を使用する。台木の選定は、穂木の病害抵抗性や栽培する圃場の病害発生状況を考慮して行なう。

また、ミディトマトは、露地栽培では生産が著しく不安定になり、品質も低下するので、ハウス栽培を基本にする。

(2) おいしく安全につくるためのポイント

‘華小町’の品種特性を発揮させ、高糖度の果実を生産するには、節水栽培が有効である。しかし、生育初期からの極端な節水は、栄養生長を抑制し花芽の形成を阻害するため、半促成栽培（3月定植）では4段花房開花期、抑制栽培（7月定植）では3段花房開花期ごろから灌水を控える。ただし、その場合も草勢維持のため極端な節水は行なわない。極端な萎れは、落花の原因になるので注意する。

節水栽培は土壌水分pF2・3前後（深さ20cm）を目安に、テンシオメーターなどで確認しながら行なう。

施肥の窒素成分量は10a当たり、元肥で10

図51　‘華小町’の着果状況

図52　ミディトマト栽培の様子

kg程度、追肥で5kg程度を目安とする。

その他の栽培管理は大玉トマトに準ずる。

(3) 品種の選び方

ミディトマトのよさは、大きさと食味であり、果重は20～50g、糖度（Brix・%）は7～8程度、切っても果肉が崩れない（ゼリーが流れない）ことである。

近年のミディトマトの品種育成動向をみると、育成数が少なく、実用的に栽培されている品種は限られるが、ミディトマトの特徴である、高糖度、良食味品種の選択をおすすめする。

福井県では、糖度が高く食味のよい'華小町'（赤色）を主力品種として位置づけている。このほか、福井県農業試験場が育成した'福井1826号'（オレンジ色）や'福井1832号'（黄色）もあり、カラフルなミディトマトを楽しむことができる（'福井1826号''福井1832号'の栽培は福井県内に限定）。

2 病害虫防除

主な病害は、葉かび病、灰色かび病、うどんこ病である。葉かび病抵抗性を持たない品種を栽培する場合は、総合的な防除対策（草勢維持、湿度管理、防除の徹底、罹病部位の除去、圃場衛生管理）を徹底する。

その他の害虫防除対策については、大玉トマトと同様と考えてよい。

3 経営的特徴

ミディトマトの労働時間は半促成栽培、抑制栽培いずれも10a当たり900時間程度である。個選の場合は、出荷・調製作業に時間を要する。

福井県では、半促成栽培で4～7月、抑制栽培で8～11月に労働が集中する。両作型とも収穫期に雇用を導入すれば、1人で10a弱の栽培は可能である。

（執筆：渡邉紀子）

表27　ミディトマトの経営指標

項目	半促成	抑制
収量（kg/10a）	3,500	3,000
単価（円/kg）	818	811
粗収入（円/10a）	2,863,000	2,433,000
経営費（円/10a）	1,498,302	1,422,361
農業所得（円/10a）	1,364,698	1,010,639
労働時間（時間/10a）	936	912

注）「園芸品目経営指標　平成31年3月」（福井県農業試験場）より抜粋（一部修正）

クッキングトマト

表1　クッキングトマトの作型，特徴と栽培のポイント

主な作型と適地

作型	1月	2	3	4	5	6	7	8	9	10	11	12	備考[注)]
促成													関東以南
半促成													全国
露地													全国
抑制													関東以南

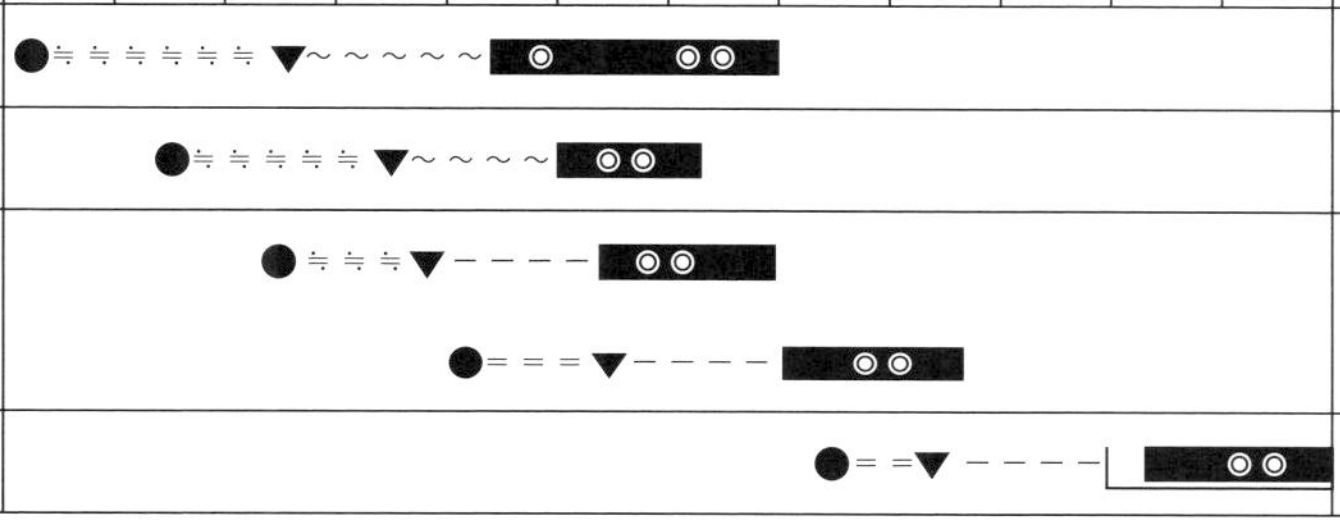

●：播種，≒：加温育苗，＝：育苗，▼：定植，～：不織布トンネルまたはハウス，－：露地，雨よけ，ハウス
■：収穫，◎：収穫盛期，└┘：暖房
注）寒冷地や高冷地の場合は，春の播種が1カ月程度遅れ，秋の収穫終わりが1～２カ月程度早まる

特徴	「特徴」は生食用トマトと同じ	
生理・生態的特徴	「生理・生態的特徴」も生食用トマトと同じ。ただし，以下の２項目のみ異なる	
	生長点の生育	心止まり性（有限伸張性）であり，頂芽も脇芽もある程度生育すると生長が自動停止する。このため，脇芽かきを行なうと花房数が少なくなって収量が上がらない。また，草丈も低いため，支柱への誘引は行なわない
	開花（着果）習性とジョイントレス性	早生の‘すずこま’は5～6節，中晩生の‘なつのこま’‘にたきこま’は8～10節に第1花房をつける。非心止まり性品種のように3節ごとに花房がつくわけではなく，第2花房以降節数が減っていき，最後は心止まりになる。また，果柄に節がない（ジョイントレス性）のため，省力的なヘタなし収穫が可能
栽培のポイント	主な病害虫	生食用トマトと同じ
	接ぎ木と対象病害虫・台木	病害虫：青枯病，根腐萎凋病，ネコブセンチュウ類など 台木：ヘルパーM
	他の作物との組合せ	葉物類（コマツナ，ミズナ，ホウレンソウ，サラダナ），ベビーリーフ，コカブ，イネ（育苗ハウス）

この野菜の特徴と利用

(1) 野菜としての特徴と利用

① クッキングトマトとは

日本ではトマトはほとんど生食されるため、品種も栽培技術も生でおいしい甘いトマトを生産することに特化して発展し、世界に誇れる生食トマト文化が育っている。一方で、生食用途を追求した結果、果肉色がやや淡く味も糖度以外は淡泊な方向に進み、加熱調理したときのトマトらしい色や風味を失ってしまった。

クッキングトマトの最大の特徴は、加熱調理したときの色合いや風味のよさ、つまりおいしさにある。「おいしさ＝甘さ」と理解されることが多いが、クッキングトマトにとって甘さは必須ではない。調理では甘さは加えることができるが、トマトの色や風味はトマト以外から加えることはできない。これが、加熱調理に用いるトマトに、甘さ以外の品質を求める理由である。

クッキングトマトは生食用トマトと同じ種《しゅ》に属する植物なので、原産と来歴は生食用トマトを参照されたい。

② クッキングトマトの品種と生育特性

１９９０年代後半にクッキングトマトという言葉を用いて、加熱調理用トマトが普及し始めた。当初は加工用トマト品種‘なつのこま’が転用されていたが、現在でも加工用トマトとクッキングトマトには同一品種や類似品種が使用されることが多い（表2）。

生育特性の大きな特徴は、図2に示した心止まり性（有限伸長性）、すなわち、葉が展開していくつかの花房を分化すると生長点が止まる性質である。心止まり性品種は、支柱栽培される生食用の非心止まり性（無限伸長性）品種と違い、頂芽も腋芽もある程度伸びると伸長が自動停止する。このため、腋芽かきと誘引作業はほとんど行なわず、横方向に生育させる。

加工用品種と共通するもう一つの特徴は、ジョイントレス性（節なし）である。ジョイントレス性の品種は、果実をひとひねりすると、ヘタは必ず樹側に残って果実だけが容易に収穫できる。使わないのがもったいない優れた省力形質である（図3）。

心止まり性で加熱調理におすすめといわれている品種には、他に‘凛々子®’（カゴメ）などもある。また、近年は「クッキングトマト」という言葉の響きのよさから、非心止まり性支柱栽培用のミニトマトや中玉トマト品種に「クッキングトマト」の名称が用いられることもある。‘シシリアンルージュ’（パ

図1　クッキングトマト結実の様子（品種：‘すずこま’）

表2　クッキングトマト栽培に用いられる心止まり性トマト品種

品種名	販売元	早晩性	植物体の大きさ（直径の目安）注1)	果実の大きさ注1)	果実の硬さ	備考	食味		
							生	加熱	コメント
なつのこま	大和農園	中〜やや晩	やや小（110cm）	やや小（50g）	やや硬	元は加工用に育成された固定品種。品種登録切れ	△	◎	比較的ジューシー
にたきこま	農研機構注2)	中〜やや晩	大（150cm）	中（70g）	硬	大株に育つ	×〜△	◎	生だと，食感パサパサ
すずこま	中原採種場 しずくいしチャレンジド	極早	小（80cm）	やや小（40g）	やや硬	小株でプランター栽培が可能。複数回播種して，複数回収穫に適する	△	◎	比較的ジューシー
凛々子®	カゴメ	不明	やや小（100cm）	中（80g）	不明	畑栽培向け	△	◎	香味・酸味があり，果皮は厚め

注1）いずれも目安の数字。育て方によって大きくかわる
注2）育成機関（問い合わせ先）

図2　心止まり性品種（左）と非心止まり性品種（右）
（原図：吉田）

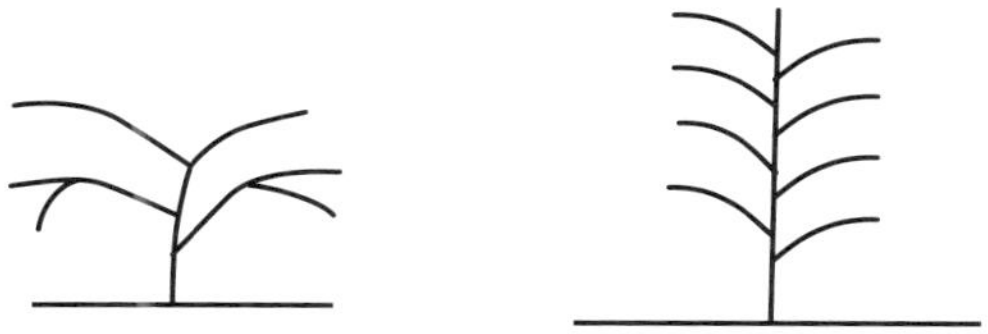

図3　節あり品種（左）とジョイントレス性（節なし）品種（右）
（原図：吉田）

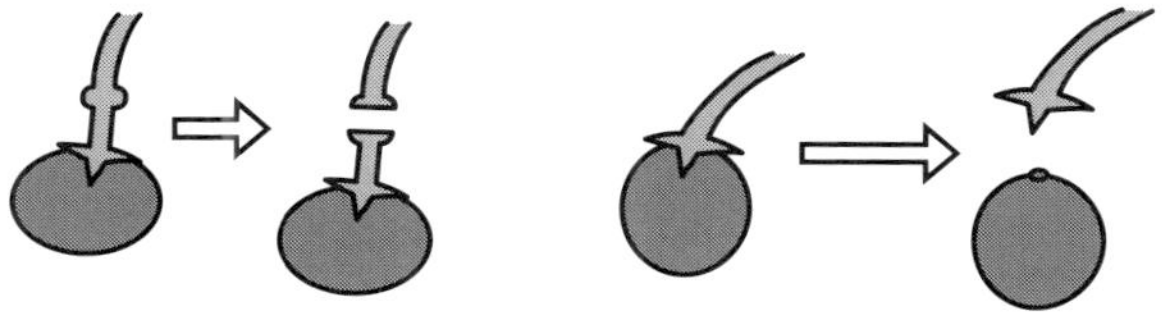

イオニアエコサイエンス株式会社）、'イタリアンレッド®'（日本デルモンテアグリ株式会社）、'パスタ'（カネコ種苗）、'ボンジョールノ'（トキタ種苗）などがその例である。これらの栽培管理は生食用のミニトマトや中玉トマトと共通なので、そちらを参照してほしい。

③クッキングトマトの利用と可能性

これまで、表2に示したクッキングトマト品種を、調理のプロから一般の方まで調理・試食してもらったが、多くの方から洋食にかぎらず、中華や和食にもよいと絶賛されている。焼く、炒める、焼き肉のタレや刺身醤油に混ぜ込むといったごく簡単な調理で、色合いやおいしさが発揮されることも歓迎されている。

現段階では、クッキングトマトの生産・販売についての統計はなく、どれだけ栽培されているかは明確ではない。種子の販売量などからは、そのよさを認識したごく限られた生産者が、産直や直接販売している程度と推定される。

日本では、トマトは人気も生産額も第1位を誇る野菜ではあるが、世界平均と比較すると1人当たりの消費量は少なく、まだまだ伸びる余地がある。その鍵をにぎるのが、多量消費を可能にする、トマトの加熱利用である。甘いトマトの生食だけでは開拓できなかった、新たな消費を喚起するためにも、クッキングトマトを普及させたい。

④リコペンの含量が多い

トマトの赤い色は、カロテノイド系の色素リコペンであり、赤色が濃いものほどリコペン含量が高い。リコペンは高い抗酸化活性をもち、油と調理することによって吸収がよく

なる。赤みが強いクッキングトマトは、生食用トマトよりリコペン含量が多く、油とともに食べればさらに多く摂取することができる。

(2) 生理的な特徴と適地

生理的な特徴と適地は生食用トマトと共通なので、そちらを参照されたい。

クッキングトマトは生で流通して、家庭や飲食店の厨房で加熱調理されることを想定しているため、生果実の長期安定出荷が求められる。従来の心止まり性品種は収穫期間が短く、さらに播種期をずらしても収穫期が大きくかわらないため、長期間の収穫はほぼ不可能で、作型の分化はほとんどなかった。しかし、表2に示した品種のうち、早生の〝すずこま〟は、播種時期を移動させて長期間の連続出荷をめざす作型に利用できる。

（執筆：由比　進）

地這い栽培

1 この作型の特徴と導入

(1) 作型の特徴と導入の注意点

熟期が中〜やや晩生の〝なつのこま〟と〝にたきこま〟は、播種時期をかえても収穫時期があまりかわらないため、作型はほとんど分化していない。寒冷地の露地栽培では、3〜4月に播種して加温育苗し、晩霜の心配がなくなった5〜6月に定植するのが標準である。関東以西では、これより約1カ月早くなる。

しかし、播種期の多少の移動と、雨よけハウスの利用は考えられる。また、例外的な栽培ではあるが、夏に播種して秋から初冬に、暖房したハウスやガラス室で栽培することもできる。

これに対して早生の〝すずこま〟は、複数回の播種を行なえば、寒冷地露地栽培で6月から10月まで収穫することができる。また、誘引や脇芽かきが不要なうえ草姿が小型で、定植後はあまり手のかからない栽培が可能である。そのため、雨よけハウスによるアブラナ科（コマツナ、チンゲンサイ、ミズナ、コカブなど）やヒユ科（ホウレンソウ）などの葉根菜類に似た栽培が可能で、輪作にも適している。さらに、ガラス温室での高設養液栽培も可能であるし、鉢やプランターで小株に育てれば、真っ赤な果実と緑葉が美しい食用兼観賞用にも使える。

なお、早生の〝すずこま〟と他の2品種とを組み合わせて、収穫期間を長くすることも可能である。また、雨よけ栽培すれば、腐敗や汚れを防いで商品化率を向上させ、より長期間収穫することができる。

栽培の歴史が浅いクッキングトマトの作型については、十分な知見が蓄積されていないため、本稿を参考に試行錯誤してほしい。

(2) 他の野菜・作物との組合せ方

草姿が小型の〝すずこま〟は生育期間が比較的短いので、ヒユ科のホウレンソウ、アブラナ科の各種ツケナ類（コマツナ、ミズナなど）、キク科のレタス類など小物葉菜類との輪作に適している。

また、田植えの後に使われていない水稲の育苗ハウスを利用して、雨よけ栽培すること

図4　クッキングトマト3品種の作型図（中間地注)）

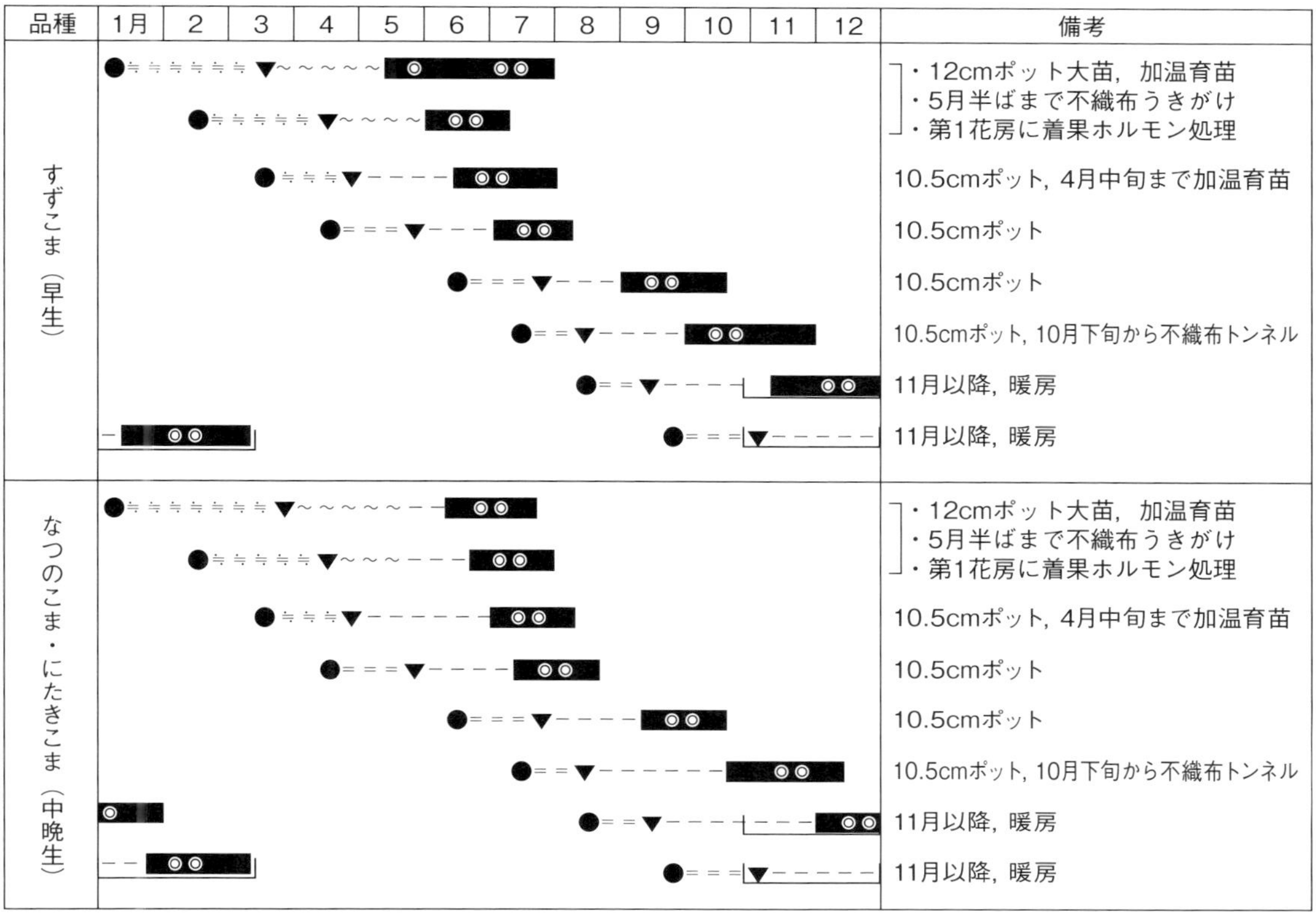

●：播種，≒：加温育苗，＝：育苗，▼：定植，～：不織布トンネルまたはハウス，－：露地，雨よけ，ハウス
■：収穫，◎：収穫盛期，└┘：暖房

施肥は窒素成分量1.5kg/a程度が目安

注）寒冷地や高冷地の場合は，播種が1カ月程度遅れ，収穫終わりが1～2カ月程度早まる

もできる。

2 栽培のおさえどころ

(1) どこで失敗しやすいか

過繁茂や着果不良の原因になるので、肥料（とくに窒素）過多にならないようにする。

心止まり性品種なので、脇芽かきはしない。脇芽を取り除いてしまうと、主枝もまもなく伸長を停止するので、花房数が増えないためわずかな収穫しか得られない。

心止まり性品種は、1回の播種で長期間収穫するのに向いていない。'なつのこま'、'にたきこま'と早生の'すずこま'を同時に播種すれば、2～3週間は収穫盛期をずらすことができる。また、'すずこま'を複数回播種して、収穫期間を長くすることも可能である。

心止まり性品種は、横方向に地面を這うように生育する。果実が地面に触れると腐敗や傷の原因になるため、敷ワラや水平に張ったマイカ線やフラワーネットなどで植物体が地面に触れないようにするとよい。

尻腐れ果の発生に注意する。直接的にはカ

ルシウム欠乏症状であるが、窒素肥料過多、過乾燥（場合によっては過湿）などによって誘発されることが多い。露地栽培では少ないが、乾燥しやすい高温期の雨よけ栽培ではしばしば発生する。窒素施肥量を守る、ウネ間に週1回程度の十分量の灌水、濃度0・3～0・5％の塩化カルシウム水溶液の葉面散布、などで防ぐことができる。

(2) おいしく安全につくるためのポイント

心止まり性品種は、ある程度繁茂すると散布した薬剤が中まで届きにくくなる。茎葉が生い茂る前に、病害虫防除を徹底する。

生食用大玉のピンク系トマトと違い、赤系が用いられるクッキングトマトでは、基本は完熟出荷を心がけたい。また、6～7分着色した果実を室温に置いておくと着色が進むが、こうして十分に熟成させたものが加熱調理に適するとの意見もある。

(3) 品種の選び方

品種の特性については「この野菜の特徴と利用」の項の表2、作型については表1に示した。

露地あるいは雨よけで、収穫期間が短くていい場合は、'なつのこま''にたきこま'を使うのもよい。'にたきこま'は多収で果実が比較的大きい。'なつのこま'の果実や草姿は少し小さいので、栽植密度を上げて収量を確保する。

'すずこま'は早生で草姿がコンパクトなので、さらに栽植密度を上げるようにする。「1-(1) 作型の特徴と導入の注意点」の項で述べたように、複数回の播種を行なって長期間収穫し続けるのに適している。

養液栽培の場合、'なつのこま''にたきこま'は植物体が大きく、培地で支えきれなくなる恐れがあるため、草姿が小さい'すずこま'を用いるのがよい。

3 栽培の手順

(1) 播種

播種はセルトレイ（50～128穴）か育苗箱に行なう。床土は、生食用トマトと同様に市販の用土を使うとよい。

セルトレイは、1穴1粒播きで、育苗箱の場合は条間7～10cmとり、2cm間隔で播く。播く深さは0・5～1cm未満で、深すぎないように注意する。播いたら覆土と鎮圧を行ない、トレイや播種箱の下から流れ出るくらい、十分量の水を与える。

(2) 育苗

① 鉢上げまでの管理

低温期には電熱マットの上に置くか、ポリエチレンや新聞紙をかける。発芽までは、昼30℃（28～32℃）、夜25℃（23～25℃）の地温維持に努める。

適温であれば3～5日で発芽する。発芽が始まったら、ただちにポリエチレンや新聞紙を撤去し、日光に当てる（徒長させないために重要）。

発芽後は日光が十分当たる場所に置いて、昼の気温23～25℃、夜15～17℃を目標に管理する。低温では生育が遅れ、8℃以下だと低温障害の危険がある。また、30℃を超える場合は、遮光や直射日光に当てる時間を短くするなどの対策をする。

水管理は、過湿を避けるため、夕方～夜には土が乾き気味になるように行なう。

②鉢上げから定植までの管理

播種箱の場合は、本葉2枚程度に生育したら鉢上げする。10〜12cmの鉢に、保水性と排水性に優れている市販培土などを詰めて移植する。セルトレイの場合は、老化苗にならない程度に育苗を続ける。

苗は子葉の近くまで埋め込んで移植するが、生長点に土がかからないようにする。移植したら、鉢の下から水が流れ出るくらい、十分な水を与える。

鉢上げ後、活着（発根して生育が再開する）までの2〜3日は、地温20℃程度に保ち、日光に当てる時間は短くする。活着後は、昼25℃前後、夜13〜15℃程度にする。

昼間は、日光が十分に当たる場所に置く。ただし、30℃以上になる高温期の育苗では、鉢土の温度が上がりすぎないよう、遮光や12〜15時ころは直射日光を避けるなどの注意が必要である。

水やりは午前中に行ない、夕方は土が乾く程度にする（多少萎れてもよい）。

生育が進み隣の株と葉が重なり始めたら、鉢をずらして株間を広げる。

本葉4枚以降、定植の数日前から気温を徐々に下げ、外気温に近づけておく。

表3　クッキングトマト栽培のポイント

作業名	作業のポイント
播種・育苗	・生食用トマトと同様。適温，適湿，十分な日射を心がける
栽培管理	・支柱誘引と脇芽かきは，原則行なわない ・過繁茂は着果不良や病害虫多発の原因になるので，とくに窒素の多肥を避ける ・排水のよい畑，あるいは高めのウネで栽培する ・敷ワラ，マイカ線，フラワーネットなどで，果実や茎葉が地面に触れないようにする ・盛夏には，果実の日焼け防止にワラ被覆する ・露地栽培も可能だが，品質と収量を高めるには雨よけ栽培。ただし，尻腐れに注意
収穫	・心止まり性のため，多数の花が一気に開花して，収穫期間が短い ・長期収穫するためには，早生の‘すずこま’を用いて，複数回の播種を行なう ・果柄に節がないジョイントレス性のため，省力的なヘタなし収穫できる ・生産，流通，消費いずれの立場の人にも利点がある，ヘタなし収穫・出荷をぜひ行ないたい ・生食用トマトより熟度を進めてから収穫する

表4　施肥例　（単位：kg/a）

	元肥	追肥
堆肥	200	−
苦土石灰	10〜20	−
窒素	1.5	0.3〜0.6
リン酸	2.0	−
カリ	1.5	0.3〜0.6
塩化カルシウム	−	尻腐れ防止注)

注）果実肥大期の尻腐れ防止に0.3〜0.5％の塩化カルシウム水溶液を葉面散布

(3) 定植のやり方

①畑の準備

心止まり性で横方向に生育して結実するため、表面に水のたまらない排水のよい畑を準備する。前作でトマト、ナス、ジャガイモ、ピーマンなど、ナス科作物を栽培した畑は避ける。

土壌酸度をpH6〜6・5になるよう、石灰などを施し矯正する。堆肥は1a当たり200〜300kgが目安。

施肥量は土壌の肥沃度によって変わる。生食用より少なめに、元肥は1a当たり窒素0・7〜1・7kg、リン酸1・5〜2・5kg、カリ0・7〜1・7kgが目安である。とくに、前作の残効があったり堆肥を多投している場合は、肥料過多にならないように注意する（表4）。

ウネつくりは、‘なつのこま’、‘にたきこま’はウネ間160〜180cm、ベッド幅65

～80㎝、‘すずこま’は、同150㎝、60㎝にする。品質を向上させて商品化率を上げるためには、黒マルチや白マルチ（盛夏期）をするのが望ましい。過湿畑の場合は15～20㎝の高ウネにする。

②定植

定植は、晩霜の心配がなくなってから行なう。

セルトレイ育苗の場合、ポットへ植え替える手間を省いて、小苗を直接定植することが考えられる。そのときは過繁茂にならないよう、元肥を3～4割減らすのが安全である。

ポットで育苗した場合、苗は本葉7～8枚（‘すずこま’は開花が早いので5～6枚）で、第1花房の開花直前～開花期が定植適期である。‘すずこま’を使った早どりでは、育苗施設内にできるだけ長期間おいて大苗に育て、着果・肥大が始まってから露地に密植する方法もある。

‘なつのこま’‘にたきこま’は草姿が開張性なので、65～80㎝のベッドに株間50～80㎝の1条植えにする。‘すずこま’も開張性だがコンパクトなので、幅60㎝のベッドに、株間40㎝、条間40㎝の2条植えを基本にする。

風が強い場合は、初めから苗を風下側に傾けて植えるか、短い仮支柱を添える。なお、3品種とも心止まり性なので、支柱誘引をしない地這い栽培が基本である。

(4) 定植後の管理

①ホルモン処理、脇芽かき

通常、着果のためのホルモン処理は必要ない。ただし、早植えで低温のときは、第1花房にホルモン処理を行なう。

脇芽かき作業は、下部をかく程度か、全く行なわない。とくに‘すずこま’は放任でよく、脇芽かきは行なわない。

②追肥

過繁茂になりやすいため、第1果房が着果するまで追肥はしない。着果後、草勢をみながら1～2回の追肥を行なう。1回の量は窒素成分で1a当たり0・3kg程度。また、生育後半の液肥の葉面散布も効果的である。なお、‘すずこま’は生育期間が短いので、元肥重点で栽培する。

尻腐れに対しては、塩化カルシウム水溶液を葉や果実に散布すると予防効果が高い。

③敷ワラ

枝がマルチ幅を越えて通路まで伸びる前に、敷ワラをする。敷ワラには、地温上昇防止、土壌水分の急激な変化抑制（肥大促進、裂果防止）、果実の汚れ防止などの効果がある。

敷ワラの代わりに、水平に張ったマイカ線やフラワーネットに葉茎や果実を引っかけ、地面から浮かせてもよい。

④日焼け防止

果実が真夏の直射日光に長時間当たると、日焼けして着色不良になる。盛夏期に、果実が葉陰にならない場合は、植物体の上に適量のワラをのせて直射日光を遮り、日焼けを防止する。

(5) 収穫

クッキングトマトは生食用品種に比べ、リコペン含量が高いうえに果皮が硬いので、樹上で真っ赤に熟してから収穫する。ただし、輸送や貯蔵する場合は、店頭の大玉トマトくらいの着色で収穫する。いずれにしても、ピンク系大玉トマトより熟度を進めてから収穫するのがポイントである。

収穫は週1～3回、茎葉を傷めないように注意して行なう。ジョイントレス性で果実からヘタが取れて樹に残るため（図3参照）、ハサミを使用することなく、簡単に手もぎ収穫ができる。

　省力形質であるジョイントレス性をもつクッキングトマトでは、食べられることのないヘタはつけずに収穫・出荷したい。消費者はヘタなしをほとんど気にしないし、生ゴミが出ないと歓迎する人も多い。一方で、トマトにかかわる業界では「ヘタなし＝規格外」との掟（？）が今も根強く、そのためにジョイントレス形質が活かされてこなかったのは残念なところである。

　なお、雨よけなど乾燥しやすいところで栽培すると、収穫時に果肉の一部がヘタと一緒にもげて、ヘタ跡部分に穴があいてしまうことがある。そのような場合は、ヘタを軽く押さえて果実を水平方向に回転させると、きれいに収穫することができる。

表5　病害虫防除のポイント

主な病害虫	病気：ウイルス病，疫病，灰色かび病 害虫：アブラムシ類，コナジラミ類，オオタバコガ，など
防除法の基本	予防，早期発見，早期防除
登録農薬	トマト（加工用）に登録のあるものを基本に，農業改良普及センターや JA などで最新情報を確認して使用する
農薬を使わない工夫	・早期発見・早期防除の徹底 ・草勢を適度に維持（施肥量を調節して，過繁茂や生育不良を防ぐ） ・敷ワラやマイカ線などに簡易誘引することで，果実を地面に触れさせない ・サビダニの発生に注意

4　病害虫防除

(1) 基本になる防除方法

　予防、早期発見、早期防除が肝要である。ウイルス病、疫病、灰色かび病、アブラムシ類、コナジラミ類、オオタバコガなどの防除を、必要に応じて行なう。過繁茂で風通しが悪いと薬剤が付着しにくくなり、病虫害の多発につながるので注意する（表5）。

　使用可能な農薬は、露地栽培で心止まり性品種を使うことが共通する「加工用トマト」に登録のあるものと考えられるが、もよりの農業改良普及センター、JAなどで最新情報を確認して使用する。

(2) 農薬を使わない工夫

　薬剤による防除以上に、早期発見、早期防除が重要になる。注意深く観察して、食痕をみつけたら早めに害虫を取り除く。また、施肥量の調整によって草勢を適度に維持し、過繁茂や肥料不足で発生しやすい病害虫を防ぐ。

　無農薬栽培すると、肉眼では見えない大きさのサビダニの被害が広がることがある。病害以外で植物体が枯れる症状が出た場合は、サビダニの可能性も検討する。

5　経営的特徴

　クッキングトマトの地這い栽培では、定植後の脇芽かきや誘引作業が不要なうえ、ジョイントレス性によって収穫時に簡単に手もぎできるなど、労力があまりかからない。また、マルチや敷ワラなどの安価なもの以外、必要な資材は少ない。そのため、野菜栽培経験のない新規就農者や、新たな品目に取り組もうとする農家には導入しやすい。

　出荷・販売には、生食で甘くておいしいだろうとの期待をもたれないよう、「クッキングトマト」あるいは「加熱調理用トマト」の表示を徹底し、調理レシピを添付したり、試食販売を行なうなどの工夫も必要である。ラベルなどに「そのまま食べてはもったいない、クッキングトマト」と書くと、消費者の興味をひくようである。加熱調理用のトマトと認知されれば、多くの消費者が日常的に使う食材となって定着するであろう。

また、加熱調理することを考えれば、多少の傷や変形などは問題にならない。外観にやや難がある果実も、価格を下げるなどして販売する工夫をしてほしい。心止まり性品種の特性から、どうしても収穫が短期間に集中する。生果実で販売しきれない場合は、そのまま冷凍したり、ピューレやドライトマトに加工して、長期間販売することも可能である。

私の知る範囲で、販売価格は加熱調理用にたくさん使ってもらえる100円／kg以下から、おいしさを活かして特別な商品に位置づける2000円／kg以上まで、さまざまであった。それぞれの経営の中で価格設定をしてほしいが、少なくとも生食用トマトと同等以上の価格を維持して、より長期の供給を行なうのが望ましいと考えている。

（執筆：由比　進）

ナス

表１　ナスの作型，特徴と栽培のポイント

主な作型と適地

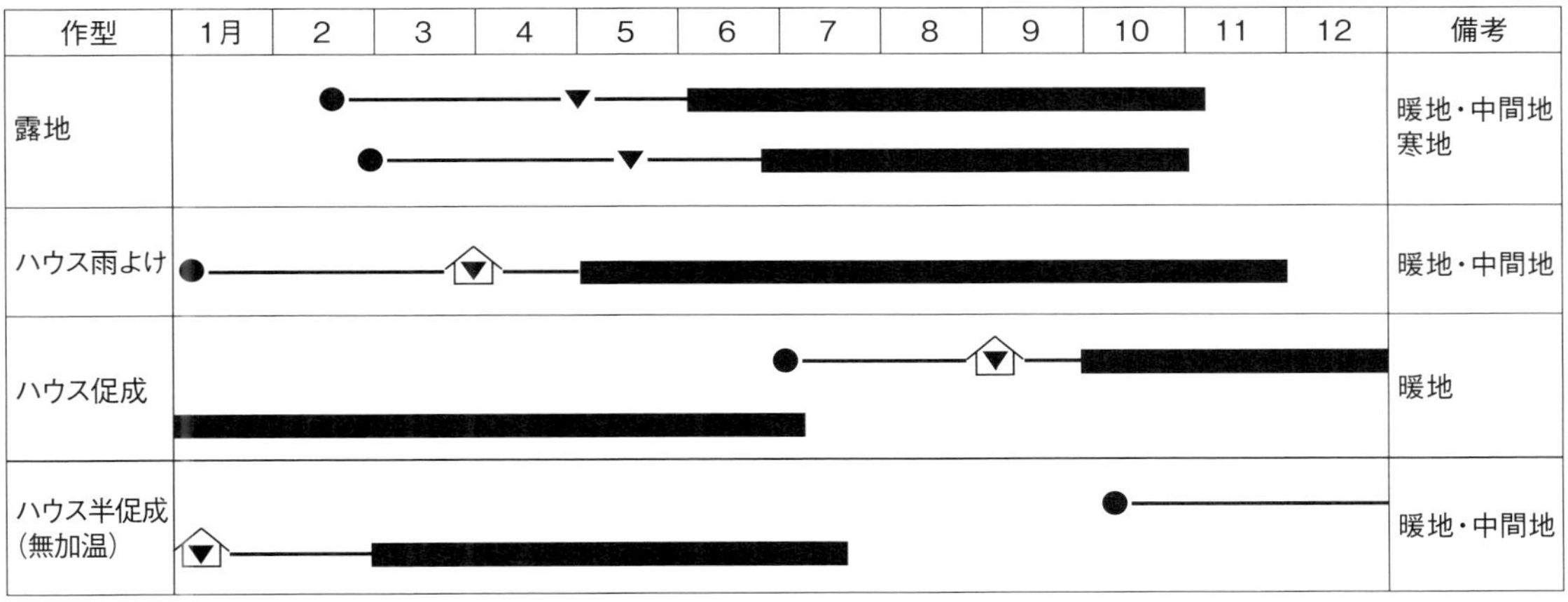

●：播種，▼：定植，⌂：ハウス，▬：収穫

特徴	名称	ナス（ナス科ナス属）
	原産地・来歴	インド原産。中国から渡来し，1200年の歴史。在来の地方品種が多く，地方の食文化を支えている
	栄養・機能性成分	カリウム，アントシアニン，コリンエステル
	機能性・薬効など	アントシアニン：抗酸化作用，コリンエステル：血圧上昇抑制
生理・生態的特徴	発芽条件	適温は25～35℃，恒温で発芽が悪いときは変温（16時間30℃，8時間20℃）
	温度への反応	生育適温22～30℃，17℃以下では生育がゆっくり。霜には非常に弱い
	日照への反応	光飽和点は4万lx
	土壌適応性	砂壌土から埴土まで広い適応性
	開花（着果）習性	本葉7～9枚で1番花が着生。以降2～3葉おきに花が着生する。花の直下の側枝の勢いがよく，葉が2～3枚出て次に花が着生し，以降2～3枚おきに花が着生する
栽培のポイント	主な病害虫	病気：青枯病，半身萎凋病，灰色かび病，うどんこ病，すすかび病，軟腐病 害虫：アザミウマ類，コナジラミ類，ハダニ類，チャノホコリダニ，アブラムシ類
	接ぎ木と対象病害虫・台木	青枯病：台太郎，トレロ，トナシム，トルバム・ビガー 半身萎凋病：トレロ，トナシム，トルバム・ビガー，耐病VF
	他の作物との組合せ	土地利用上はナス1年－水稲3～5年の輪作，経営上はホウレンソウ，レタス，ハクサイなどナス科以外の野菜と組み合わせる

この野菜の特徴と利用

(1) 野菜としての特徴と利用

①来歴と品種

ナスはインド原産の高温性の野菜のため、日本では夏から秋を中心に収穫される露地栽培が、全国で広く行なわれている。古い時代に中国から日本に伝わり、多くの農家の菜園でつくられている人気のある野菜である。

各地方で独特の品種が現在も栽培され、地域の食生活を根強く支えている。在来ナスとして、南のほうでは枝葉の大型な晩生種が、北にいくにしたがって枝葉が小さく分枝性で小葉の品種が残っている。

九州では果実の長さが40cm近い〝庄屋大長〟や〝新長崎長〟などがあり、肉質が柔らかく、焼きナスには欠かせない品種である。京都の〝賀茂ナス〟は丸ナス（Mは２４０ｇ、Lは２８０ｇ、２Lは３５０ｇ）で肉質が締まり、田楽などの京料理に用いられる。山形の〝民田ナス〟は小丸ナス（12ｇで収穫）で、一口ナスの辛子漬けや味噌漬けになくてはならないものである。

人気のある品種として、長卵形ナスの〝千両２号〟、〝千両〟（80～90ｇで収穫）、中長形ナスの〝筑陽〟、〝黒陽〟（１２０～１５０ｇで収穫）が、広く栽培されている。また、果皮が緑色の青ナス、白色の白ナス、ゼブラ模様のイタリアンナスなどがある。

②利用と栄養機能性

ナスの味は淡白で、漬け物や煮物にすると醤油など調味料の味がしみ込みやすく、味噌との相性もよい。揚げ物にすると油をよく吸い、天ぷら、肉はさみ揚げなどが人気料理である。また、中華料理では麻婆なすに、イタリア料理ではピザ、パスタに、そのほかカレーライスのトッピングにも利用される。

ナスはカリウムを多く含むため、体温を下げる効果が期待できるほか、ナスの紫色に含まれるアントシアニンは動脈硬化などを予防する抗酸化作用がある。近年、血圧上昇抑制効果のあるコリンエステルがナスに多く含まれることが発見され、新たな栄養素として注目されている。

表２　品種のタイプ・用途と品種例

品種のタイプ	用途	品種例
丸ナス	田楽，煮物	賀茂ナス
長卵形ナス	漬け物，煮物，揚げ物	千両２号，千両
中長形ナス	漬け物，焼きナス，煮物，揚げ物	筑陽，黒陽
大長形ナス	焼きナス，煮物，揚げ物	庄屋大長，新長崎長
米ナス	田楽，煮物	くろわし
小ナス	漬け物，揚げ物	春鈴，十市ナス
白ナス	田楽，煮物	味しらかわ
イタリアンナス	田楽，煮物	ゼブラ

(2) 生理的な特徴と適地

ナスの生育適温は22～30℃で、17℃以下では生育がゆっくりとなる。霜には非常に弱く、マイナス２℃で凍死する。ハウス内の換気温度を昼間は25～28℃を目安にし、夜間16～20℃に保つと生育が最も優れる。したがって、これ以下に温度が下がる時期には保温に努める。

種子の発芽適温は25～35℃であるが、一定温度にするよりも16時間30℃にし、その後8時間20℃と変温にするほうがよく揃う。花粉の発芽適温は20～30℃である。開花前7～15日に15℃以下の低温や30℃以上の高温にあうと、不稔花粉が生じて落花しやすい。土壌が乾燥すると雌しべの発達が悪くなり、雄しべより短い短花柱花が多くなる。

日照不足には耐えるが、軟弱徒長しやすく、花の発育が悪くなり、果皮の着色が劣る。密植にすると果実が葉に隠れて果皮の色が劣るようになり、芽の発育も悪いため、こまめな摘葉や整枝が必要である。

土壌の適応性は広く、砂壌土から壌土で生育がよい。しかし、乾燥には弱く、適度な土壌水分を好む（pF1・7～

図1　基本になるナスの仕立て方

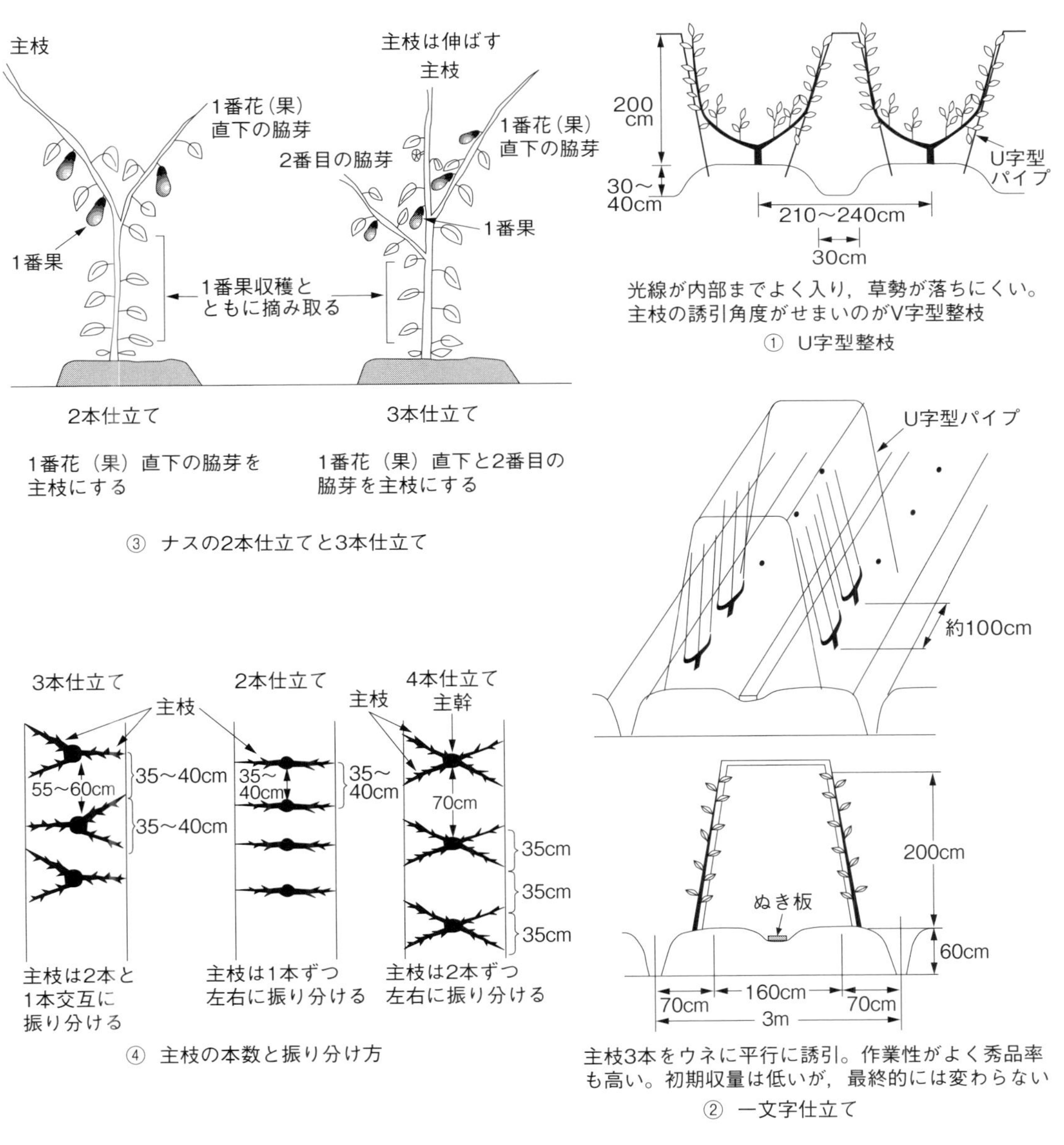

光線が内部までよく入り，草勢が落ちにくい。主枝の誘引角度がせまいのがV字型整枝
① U字型整枝

主枝は2本と1本交互に振り分ける
主枝は1本ずつ左右に振り分ける
主枝は2本ずつ左右に振り分ける
④ 主枝の本数と振り分け方

2)。土壌のpHは6～6・8がよい。ナスは生育期間が長く、施肥量が比較的多い野菜である。開花、結実の盛んな時期に窒素、カリの吸収が著しい。不足すると、花器の発達が悪く、短花柱花が増加する。

露地栽培では、排水のための高ウネ、排水路の整備、石灰資材による土壌酸度（pH）の矯正、土壌病害にやられないための接ぎ木が大切。ハウスの雨よけ栽培では、これに加えて適正な温度管理、土壌水分管理が大切である。

露地栽培では晩霜の影響がない時期から初霜までが栽培期間になる。ハウス雨よけ栽培では露地栽培の約1カ月前に定植し、収穫は初霜よりさらに1カ月後までできる。

なお、ナスの基本的な仕立て方について図1に示した。

（執筆：古賀　武）

長卵形ナスの露地普通栽培

1 この作型の特徴と導入

(1) 作型の特徴と導入の注意点

長卵形ナスの露地普通栽培は、1月に種を播き、育苗した苗を5月に定植し、6月から霜が降りる11月上旬ころまで収穫する。

栽培期間が長いので、栽培管理や収穫・調製作業に多くの労働時間が必要で、1人で栽培できる面積は10aが目安になる。近年、育苗作業の手間を省くため、購入苗（接ぎ木苗）の利用が増えている。

また、長い収穫期間中、果実を安定してとり続けるためには、草勢を維持しなければならない。それには、肥料を切らさない施肥管理と、土壌を乾燥させないことが重要で、灌水施設や用水路が近くにある圃場を選ぶことが必要である。

ナスは、他の野菜と同じように連作を嫌う。青枯病や半身萎凋病などの土壌病害を回避するには、ナス科以外の作物と3～4年の輪作体系を組むのが望ましい。そのためには、栽培面積の3～4倍の圃場面積を確保しなければならない。

(2) 他の野菜・作物との組合せ方

圃場は4月から11月までナスの栽培に利用されるので、組み合わせられるのは、冬から春にかけて栽培できるホウレンソウ、レタス、カリフラワー、ブロッコリーなどになる。

2 栽培のおさえどころ

(1) どこで失敗しやすいか

①土壌病害を防ぐ

ナスは、青枯病や半身萎凋病などの土壌病害に感染すると甚大な被害を受ける。これを避ける方法の一つに輪作がある。ただし、トマトやピーマンなどのナス科の作物はナスと

同じ土壌病害に感染するので、輪作作物として好ましくない。必ず、ナス科以外の作物と

図2　長卵形ナスの露地普通栽培　栽培暦例

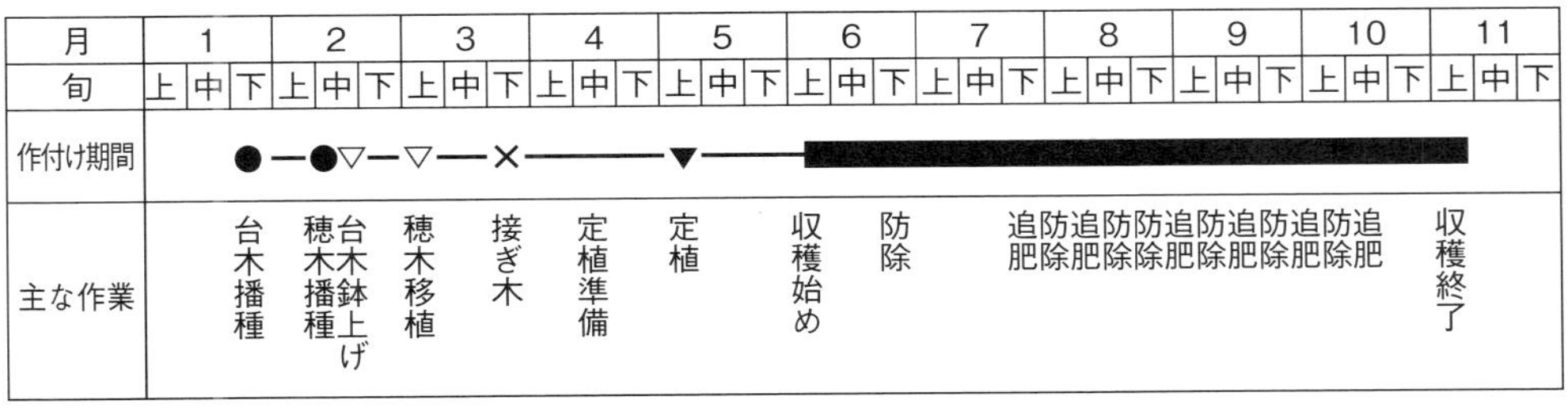

●：播種，▽：移植（鉢上げ），×：接ぎ木，▼：定植，■：収穫

の輪作を行なう必要がある。

② 作業は晴天の日に行なう

鉢上げ、移植、接ぎ木、定植、整枝などの作業は、晴天の日を選んで行なう。

この栽培では、育苗期間が低温・寡日照の時期になる。鉢上げ、移植、接ぎ木作業を曇天や雨天の気温が低い日に行なうと、ナスの活動が鈍く、苗の活着や接ぎ木がうまくいかない。

定植時期は、高温性のナスにとって、まだ気温が低い5月上旬なので、定植は晴れて風がなく暖かい日に行なう。

③ 初期の窒素過多と後半の肥料切れに注意

この栽培で安定した生産を上げるには、草勢の維持がポイントになる。そのためには、適切な肥培管理が必要になる。生育初期に窒素過多にすると、枝の徒長や花の落下につながるので、元肥には緩効性肥料を用いる。そして、栽培後半には、肥切れしないように追肥する必要がある。

栽培中盤は、高温・乾燥期にあたり、ナスも大きくなっている。この時期に土壌を乾燥させると草勢を悪化させ、ひいては果実品質の低下につながる。

また、このころには枝葉が密生してくるので、枝の間引きをしないと採光性が悪くなり、着色不良果の発生が増えるとともに、通気性も悪くなるので病害が発生しやすくなる。

(2) おいしく安全につくるためのポイント

ナスをそのまま食べることは少ないが、漬け物、煮物、焼き物にして食べるため、果実の重さ、色、光沢などの外観が重視される。

しかし、栽培の中盤以降、枝葉が密生してくると、果色や光沢が悪くなったり、病害虫が発生しやすくなったりする。そこで、枝の間引きを適宜行なうと、採光性、通気性、薬剤の散布効果などが改善され、品質の高い果実が収穫できる。

ナスの果実は、枝葉とこすれ合うと傷がつきやすい。圃場まわりに防風ネットを張ることで、台風などの強風による傷果の発生を少なくすることができる。

(3) 品種の選び方

この作型に求められる品種特性は、生育旺盛で、耐暑性・耐病性に優れ、なり休みが少なく、6月から11月上旬までの長期間、形のよい揃った果実を安定して収穫できること

表3　長卵形ナスの露地普通栽培に適した主要品種の特性

	品種名	販売元	特性
穂木	千両２号	タキイ種苗	トゲがなく，生育が旺盛で，耐暑性・耐病性に優れ，なり休みが少なく，長期間の収穫に適している。果色は濃黒紫色で光沢があり，果皮は柔らかい
台木	トルバム・ビガー	タキイ種苗 カネコ種苗 渡辺採種場	青枯病，半身萎凋病，半枯病，ネコブセンチュウに抵抗性がある。養水分の吸収能力が高く，高温・乾燥による草勢の低下が少なく，長期間の収穫に適している。発芽や初期生育は遅く、育苗に長期間を用する

である。

〝千両2号〟はこの作型の定番品種として、半世紀以上、数多くの産地で栽培されており、市場における評価も高い。

また、土壌病害対策と草勢強化による増収を目的に、接ぎ木栽培を行なう。この目的に合う台木として〝トルバム・ビガー〟が用いられており、青枯病や半身萎凋病などの土壌病害に抵抗性があり、根張りが強く生育が旺盛である（表3）。

図3　育苗作業の日程

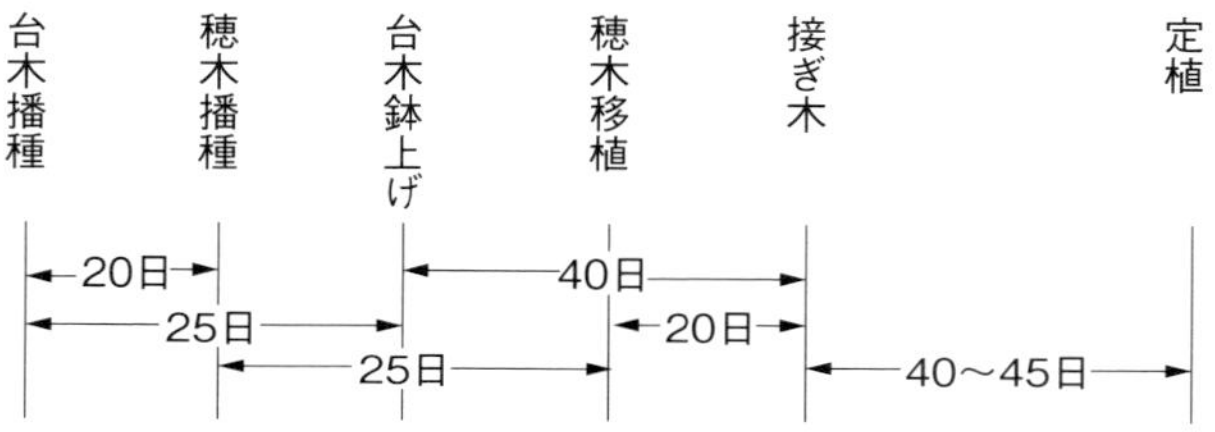

3 栽培の手順

(1) 育苗のやり方

① 育苗日数

ナスの栽培では、苗の良否がポイント。質の高い苗をつくることによって、よい成果を上げることができる。健全な苗は、育苗用土、温湿度管理、灌水、適正な鉢間隔によって育成される。

育苗日数は、台木の播種から定植まで、105〜110日が目安になる（図3）。無理な短期間の育苗では、高めの温度管理になるので、軟弱徒長など苗質の低下につながる。

② 育苗用土

長期間の育苗になるため、育苗用土は保水性、通気性に優れた肥沃なものを用意する。用土を自作する場合、土：砂：有機物を容積比5：2：3で混合する。

自作は、材料の確保や混合に手間がかかるので、市販の用土を使用するのもよい。

③ 播種

種子数は、定植に必要な苗数の30％増しを用意する。この割増し分を見込んだ10a当たりの種子数は、台木の〝トルバム・ビガー〟、穂木の〝千両2号〟とも900〜1200粒である。

播種時期は、台木が1月下旬、穂木が2月中旬である。播種は、育苗箱に5〜6cmの間隔で条播きにする。灌水をしてから、土が乾かないように新聞紙などで覆う。

発芽を揃えるため、サーモスタットを用いて変温管理をする。目安は、日中28〜30℃、

表4　長卵形ナスの露地普通栽培のポイント

	技術目標とポイント	技術内容
定植準備	◎圃場の選定と土つくり ・圃場の選定 ・土つくり（作土は20～25cmを確保） ◎施肥基準 ・石灰や苦土欠乏が出やすい作物なので注意する ・生育初期の窒素過多，後期の肥料切れで作柄が不安定になる ◎ウネつくり ・ウネつくり，根域や地温の確保 ・マルチ	 ・ナスやトマト，ピーマンなどのナス科の作物を3年以上栽培していない圃場を選定する。土壌病害が多発したことのある圃場では，作付け前に土壌消毒を行なう ・排水がよく，作土の深い圃場を選定する ・堆肥を10a当たり1t程度施用して深耕する ・石灰質肥料や苦土質肥料などを施用。pHは，6～6.5を目標にする ・生育初期の肥効を抑えるため，緩効性肥料を主体に定植の20～30日前に施す ・ウネ幅180～230cm（通路幅60cmを含む）とし，定植2週間前までにかまぼこ型のウネをつくり，マルチングを終え，地温を高めておく ・アブラムシ類，アザミウマ類対策として反射マルチを使用
育苗方法	◎播種準備 ・ビニールハウス内育苗 ・コーティング種子と変温管理による発芽の斉一化 ◎移植 ・保温と光調節による活着促進 ◎接ぎ木 ・適切な温度管理，温度調節，光調節による活着促進 ・接ぎ木方法は割接ぎとする ◎健苗の育成 ・硬く締まった苗つくり ・病害虫防除 ・定植に向けた苗の順化	 ・育苗箱に5～6cm間隔に条播きする。温床で（電熱線250～300W/3.3m²），サーモスタットを用いて日中28～30℃，夜間20～22℃の変温で管理する ・穂木，台木とも，本葉2～3枚で移植する ・台木は直径12～15cmのポットに鉢上げ，穂木は育苗箱に9cm×9cmの間隔で移植する ・移植直後は苗床を密閉して活着を促進し，活着後は光を十分に当てる ・温度は日中28℃，夜間20℃を目安に管理する ・穂木は本葉4～5枚，台木は5～6枚で接ぎ木する ・接ぎ木後4日はビニールと寒冷紗で二重に被覆し，苗床の温度を日中25～28℃，夜間22℃，湿度90％程度に保つ ・5日目から朝夕日を当てるようにし，その後徐々に日を当てる時間を長くし，10日目以降は寒冷紗を完全に取り除いて光を十分に当てる ・苗の生長に合わせて，鉢の間隔を葉が重ならない程度に広げる ・アブラムシ類，アザミウマ類，コナジラミ類の防除を行なう ・定植1週間くらい前から育苗温度を下げ，苗を順化する
定植方法	◎栽培法に合わせた栽植密度 ◎適期定植 ◎順調な活着の確保 ◎害虫の初期防除	・ウネ幅180～230cm，株間60～80cm ・定植は晩霜の心配がなくなる5月上旬に，晴天の日を選んで行なう ・苗は1番花が咲き始めたものを植える ・ナスが風にあおられないよう，支柱を立てて固定する ・アブラムシ類，アザミウマ類防除のため，殺虫剤の植穴処理を行なう
定植後の管理	◎適正な受光態勢の確保と草勢の維持 ・3本仕立て・誘引 ・整枝・摘葉 ・追肥 ◎病害虫防除	 ・主枝と，1番果の上下の強い脇芽2本を伸ばして3本仕立てとし，V字形に立てた支柱に誘引する ・V字の谷間に地面と水平に2段にネット（20cmマス目）を張り，伸びてきた枝を潜らせる。また，ナスの生長に応じて，25cmの間隔でテープを張り，枝が垂れ下がらないようにする ・栽培後半，密生部の枝のせん定や枯れ葉を摘み取り，株内の採光と通気を確保する ・7月中旬以降，草勢をみながら20日程度の間隔で追肥を行なう ・病害の予防散布を徹底する。害虫の早期発見・早期防除に心がける
収穫	◎果実の温度が低い時間に収穫 ◎ニーズに合った大きさで収穫	・ナスの果実は呼吸や蒸散作用が活発なので，果実の温度が低い早朝に収穫する ・地域によって好まれるサイズが違うので，出荷先のニーズに合った大きさで収穫する

表5　病害虫防除の方法

	病害虫名	防除法
病気	うどんこ病	薬剤散布：フルピカフロアブル トリフミン乳剤，アミスター20フロアブル，ベルクートフロアブル，アフェットフロアブル，ジーファイン水和剤
	褐色腐敗病	薬剤散布：ランマンフロアブル，フォリオゴールド，プロポーズ顆粒水和剤，ホライズンドライフロアブル
	すすかび病	薬剤散布：ダコニール1000，トリフミン乳剤，アフェットフロアブル，アミスター20フロアブル
	灰色かび病	薬剤散布：ゲッター水和剤，フルピカフロアブル，アフェットフロアブル
	青枯病	抵抗性台木（'トルバム・ビガー' など）を用いる ナス科以外の作物との輪作（連作を避ける） 圃場の排水性をよくする 土壌消毒（クロルピクリン）を行なう 発病株は早期に抜き取る
	半身萎凋病	耕種的防除は青枯病に準ずる 薬剤散布：発生初期にベンレート水和剤を灌注する
害虫	アブラムシ類	反射マルチなどで忌避を図る 定植時の植穴処理：アドマイヤー1粒剤 薬剤散布：アドマイヤーフロアブル，ダントツ水溶剤，モスピラン顆粒水溶剤，チェス顆粒水和剤，コルト顆粒水和剤
	ハダニ類	薬剤散布：アファーム乳剤，コロマイト乳剤，コテツフロアブル，モベントフロアブル
	チャノホコリダニ	薬剤散布：アファーム乳剤，カネマイトフロアブル，コテツフロアブル，パルミノ
	アザミウマ類	反射マルチなどで忌避を図る 定植時の植穴処理：アドマイヤー1粒剤 薬剤散布：アドマイヤーフロアブル，スピノエース顆粒水和剤，モスピラン顆粒水溶剤，ディアナSC，ファインセーブフロアブル
	ハスモンヨトウ	大量誘殺剤：フェデロンSL 薬剤散布：アファーム乳剤，プレバソンフロアブル5，アニキ乳剤，フェニックス顆粒水和剤
	オオタバコガ	薬剤散布：アファーム乳剤，プレバソンフロアブル5，アニキ乳剤，フェニックス顆粒水和剤

夜間20～22℃に保つ。30℃以上の高温が続くと発芽が遅れ、不揃いになるので注意する。

台木の'トルバム・ビガー'は発芽が揃いにくいので、セル成形苗を購入し、利用するのも一つの方法である。セル成形苗は、穂木の播種10日後に到着するように注文する。

④移植（鉢上げ）

穂木、台木とも播種後25日ころ、本葉2～3枚の苗を移植する。穂木は、育苗箱に9cm×9cm間隔で移植し、台木は直径12～15cmのポットに鉢上げする。

⑤接ぎ木

接ぎ木方法は、活着のよい割接ぎとする。接ぎ木時期は3月下旬で、このときの苗の大きさは、台木が本葉5～6枚、穂木が本葉4～5枚を目標にする。

接ぎ木の手順は、まず、台木の本葉2枚を残して切断し、茎に1・2～2cm程度の深さに割り込みを入れる。穂木は、生長点と展開葉を2～3枚つけて切断し、基部をくさび状にそぐ。台木の切り割った部分にくさび状の穂木を差し込み、接ぎ木クリップではさんで固定する。

接ぎ木後3～4日は、ビニールに黒の寒冷紗を重ねた、二重被覆のトンネルで苗床を密閉する。トンネル内の温度は、日中25～28℃、夜間22℃、湿度は90％程度で管理する。

接ぎ木5日目からは、寒冷紗をまくって朝と夕方日を当てるようにし、徐々に日を当てる時間を長くしていく。

10日目以降は寒冷紗を完全に取り除き、一日中日が当たるようにする。ハウス内の温度は、日中25～28℃、夜間22℃に管理する。苗が徒長しないように、換気に十分気をつける。

⑥育苗後半の管理

苗の生長に合わせて、それぞれの葉が重な

らないように鉢の間隔を広げる。
鉢土の肥料が切れる時期になるので、葉の色が淡くなり始めたら、液肥を灌水代わりに施用する。

⑦育苗期間中の病害虫防除

主に発生する害虫は、アブラムシ類、アザミウマ類、コナジラミ類、ハダニ類である。多発すると苗がダメージを受けるので、少ないうちに薬剤を散布して防除する（表5）。

(2) 定植のやり方

①定植準備と施肥

ナスの根系は土中深くまで入り込むので、十分な根群域を確保しなければならない。そのため、作土は少なくとも20〜25cm程度の深さが必要になる。ナスは有機質に富んだ肥沃な土壌を好むので、ナスを定植する圃場には、前作終了後に良質の堆肥を10a当たり1t程度施し、深耕しておく。

定植の2週間前に元肥を施し、耕うんしてからウネをつくり、マルチを敷いて地温を上げておく。元肥は緩効性肥料を主体に、追肥はナスの草勢をみながら速効性肥料を施用する。また、肥料成分の初期の溶出が少なく、溶出日数の長い肥料を使い、窒素、リン酸、カリの全量を元肥で施用し、追肥をしない施肥方法もある。

生育初期に肥料が効きすぎると、徒長や過繁茂、花芽の落下につながり、初期収量が低下するので、過度の施用は避ける。また、ナスは苦土や石灰の欠乏が出やすいので、苦土肥料や石灰肥料を元肥として施用する（表6、7）。

ウネはかまぼこ型につくり、排水の悪い圃場では高ウネにし、乾燥しやすい圃場では平ウネにする。ウネ幅は通路幅（60cm）を含め、180〜230cmにするとよい。

マルチは、保温効果があり、アブラムシ類、アザミウマ類などの害虫が嫌う反射マルチを使用する。

②定植方法

定植は、5月上旬の天気がよく風のない日を選んで行なう。栽植密度をウネ幅180〜

表6　施肥例（追肥型タイプ）（単位：kg/10a）

	肥料名	施肥量	成分量		
			窒素	リン酸	カリ
元肥	堆肥	1,000			
	CDU化成（15-15-15）	80	12.0	12.0	12.0
	マグゴールド	60			
	みどりマグ	60			
	種粕（5.3-2.1-1.0）	100	5.3	2.1	1.0
	硫酸加里（0-0-50）	20			10.0
	サンライム	120			
	FTE	8			
追肥	千代田化成（15-15-10）	140	21.0	21.0	14.0
施肥成分量			38.3	35.1	37.0

表7　施肥例（元肥一発追肥無用）（単位：kg/10a）

	肥料名	施肥量	成分量		
			窒素	リン酸	カリ
元肥	堆肥	1,000			
	CDU化成（15-15-15）	80	12.0	12.0	12.0
	マグゴールド	60			
	みどりマグ	60			
	種粕（5.3-2.1-1.0）	100	5.3	2.1	1.0
	硫酸加里（0-0-50）	20			10.0
	ダブリン（0-35-0）	60		21.0	
	サンライム	120			
	FTE	8			
	スーパー（NK）エコロング（20-0-13）	100	20.0	0.0	13.0
施肥成分量			37.3	35.1	36.0

図４　栽植様式と支柱の立て方

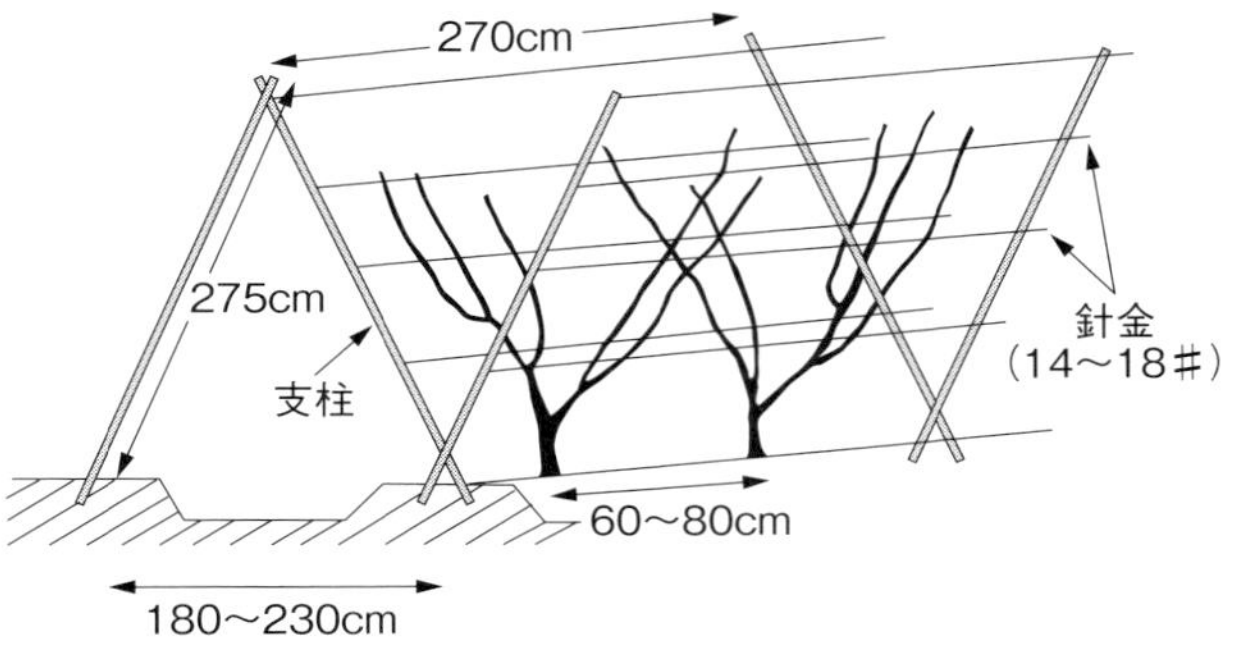

図６　３本仕立ての方法

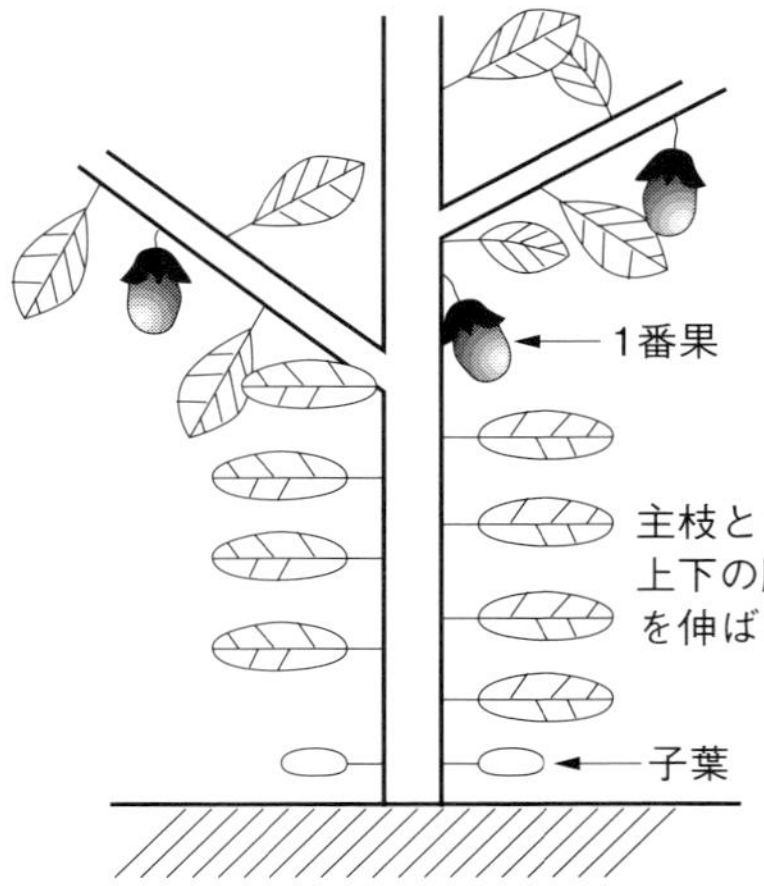

図５　テープとネットの張り方

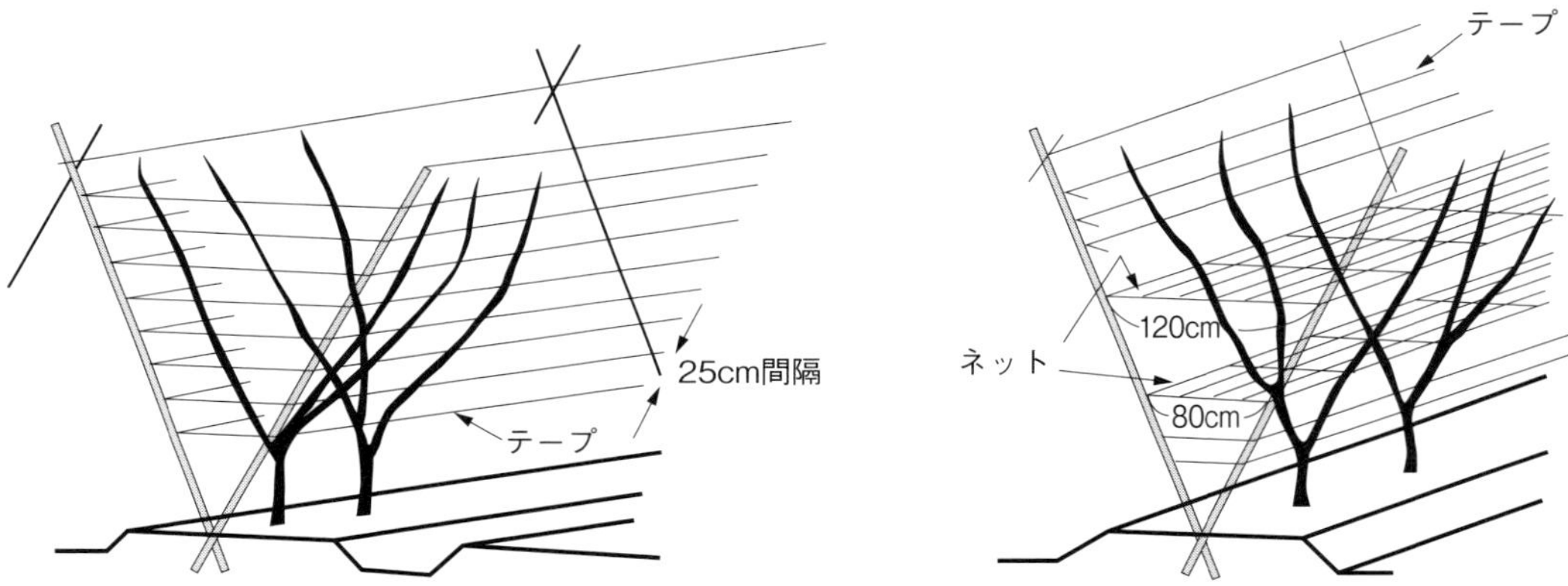

テープの張り方　　ネットの張り方

２３０cm、株間60～80cmにすると、10ａ当たりの植付け本数は６５０～９００本になる（図４）。

第１花が開花し始めた苗を定植する。このとき、アブラムシ類やアザミウマ類の防除のために、殺虫剤を植穴に処理しておく。定植後、苗が風にもまれないよう、長さ80cm程度の支柱を立て、ヒモで支柱に固定する。

(3) 定植後の管理

①支柱立て

支柱は、長さ２７５cmの鉄パイプをＶ字型に、２７０cm間隔で立てる。針金などで各支柱の上部を連結し、両端は地面に打った木杭などに結んで固定する。

支柱には、枝を誘引するためのビニールテープかネットを張る。ビニールテープはナスの生長に合わせて、25cmの間隔で地面と水平に張っていく。ネットは、支柱のＶ字の谷間に地面と水平に張る横張りと、Ｖ字面に沿って張る縦張りがある（図５）。

②仕立て方と整枝・摘葉

主枝と、１番果の上下の脇芽２本を伸ばして、３本仕立てにする（図６）。３本の枝は左右に振り分け、ビニールテープまたはネッ

図7　整枝・摘葉で採光と通気を改善

整枝・摘葉なし

整枝・摘葉を実施
▽部に空間ができ採光性と通気性が改善

トに誘引する。

生育の中期から後期にかけて枝が繁茂してくるので、密生した部分の弱い枝をせん定したり、下部の古い葉を除去して、採光性と通気性をよくする（図7）。

図8　着花位置と花質からみた栄養状態

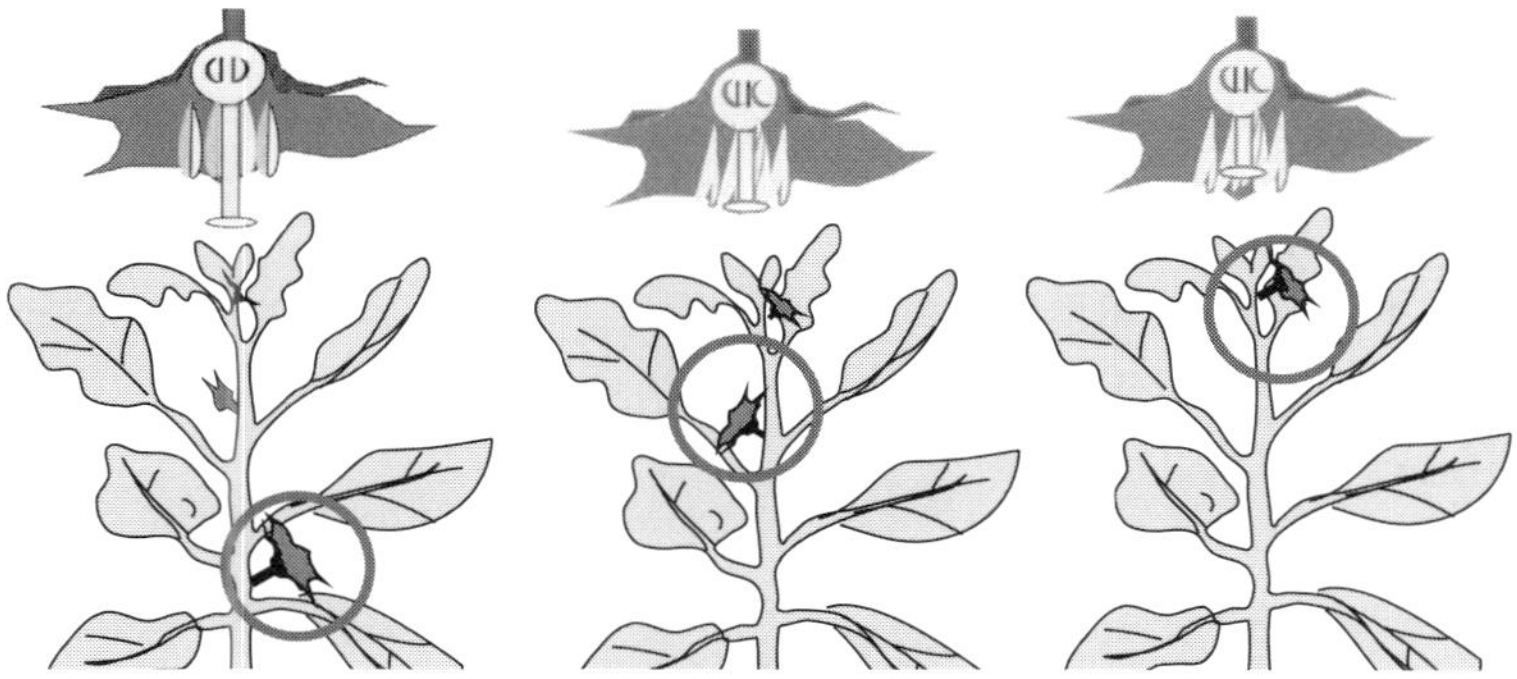

③追肥、灌水

追肥は、花の咲く位置や花質で草勢を確認しながら、7月中旬から20日程度の間隔で速効性肥料を施す（図8）。施肥量は窒素成分で10a当たり2～3kg。

土壌が乾燥するときは、灌水を行なう。ウネ間に引き水する場合は、日中を避けて夕方に行なう。地温の高い日中の引き水は根を傷める。

(4) 収穫

収穫は、気温の低い早朝に行なう。気温が高いときに収穫すると果実の温度が高く、呼吸や蒸散作用が活発に行なわれるため、収穫後、著しく品質が低下する。

収穫する果実の重さは70～120g程度で、夏の最盛期には毎日収穫する。なお、80g前後の果実を中心にする出荷先と、これより大きい100g前後の果実を中心にする出荷先を組み合わせることで、収穫を1日おきにすることができ、収穫労力が軽減できる。

4 病害虫防除

(1) 基本になる防除方法

①病気

病害の発生時期をふまえた予防散布に重点をおく。主な病気は、うどんこ病、褐色腐敗病、すすかび病、灰色かび病、青枯病、半身萎凋病などである。防除は、薬剤防除と耕種的防除を組み合わせて行なう（表5参照）。

薬剤防除の留意点は、葉の裏側にも薬剤がかかるよう十分な量を散布すること。また、耐性菌が発生しないよう、異なる系統の薬剤による交互散布を行なう。

耕種的防除には、ナス科以外の作物との輪作、圃場の排水をよくする、高ウネ、マルチ、通気性確保のための整枝、接ぎ木などの方法がある。とくに、青枯病や半身萎凋病などの土壌病害は、特効薬がないため、耕種的防除が主体になる。

②害虫

梅雨明け以降、夏の高温期を中心に多くの害虫が発生する。この時期になるとナスは枝葉が密生してくるため、均一な薬剤散布がむずかしくなってくる。それに、いったん害虫を多発させると防除が困難になるので、早期発見、早期防除がポイントになる。

主な害虫は、アブラムシ類、ハダニ類、チャノホコリダニ、アザミウマ類、ハスモンヨトウ、オオタバコガである。これらのいくつかは、薬剤抵抗性を身につけた難防除害虫と呼ばれる害虫で、薬剤による防除と反射マルチ、防虫ネットの設置など耕種的防除を組み合わせることが必要である。また、薬剤の耐性がつかないよう、異なる系統の薬剤を交互散布する。

(2) 農薬を使わない工夫

長卵形ナスの露地普通栽培は、病害虫の発生が多い時期の作型なので、農薬を使わない栽培はむずかしい。

しかし、農薬の使用回数を減らす方法はいくつかある。輪作、接ぎ木、反射マルチ、高ウネ、排水路の設置なども農薬を減らす一つの方法である。また、薬剤には複数の病気や害虫に防除効果をもつものがあるので、これらの薬剤の特徴をふまえ、複数の病気または害虫を同時防除できれば、防除回数を少なくできる。こうした防除以外に、次のような方法がある。

黄色蛍光灯　オオタバコガ、ハスモンヨトウなどの害虫に忌避効果がある。ただし、10a当たり10万円程度の初期投資が必要になる。

誘引テープ　アブラムシ類は黄色に、ミナミキイロアザミウマは青色に誘引される。圃場に黄色と青色の粘着テープを設置し、成虫を誘引・捕殺する。

フェロモン剤　フェロモン剤で雌雄の交信をかく乱して交尾率を下げ、次世代の密度を下げようとするもの。ナスの害虫では、ハス

表8　長卵形ナスの露地普通栽培の経営指標

項目	
収量（kg/10a）	10,000
単価（円 /kg）	240.4
粗収入（円 /10a）	2,404,000
経営費（円 /10a）	990,296
種苗費	48,800
肥料費	74,779
薬剤費	52,143
資材費	89,612
動力光熱費	26,599
農機具費	2,740
修繕費	15,157
償却費	64,982
流通経費	460,425
荷造経費	50,560
その他（水利費）	4,500
農業所得（円 /10a）	1,413,704
労働時間（時間 /10a）	960

注）「山梨県農業経営指標」より抜粋

モンヨトウを対象としたフェロモン剤が開発されている。ただし、広い面積で設置しないと、他の場所で交尾した雌成虫が飛び込んできて、十分な効果が得られない。

5 経営的特徴

長期間の栽培なので、収穫、出荷・調製、整枝などに多くの労力がかかり、10a当たりの労働時間は９６０時間で、１人で可能な作付け面積は、10a程度である。

経営費は、露地栽培なので固定費は少ないが、肥料費や出荷経費などの変動費の割合が大きい。10a当たりの経営費は99万円程度になる。

収量は10a当たり10tが目標になる。粗収入は約２４０万円で所得は約１４１万円、所得率は60％程度になる（表８）。出荷形態は、５kg詰めの段ボールが一般的である。

（執筆：千野浩二）

長ナスの露地栽培

1 この作型の特徴と導入

(1) 作型の特徴と導入の注意点

①作型の特徴

ナスの露地栽培は、４月下旬から５月中旬に定植して、５月下旬から６月中旬ころに１番果が着果・肥大し、その後10日から14日遅れて２番果以降の収穫が始まる。

生育初期は、春から初夏にあたり、地温がゆっくり上昇する時期にあたる。生長量が大きくなるころに梅雨を経過し、梅雨明け後に収穫盛期になって、８月下旬まで果実の肥大も速く収穫量も多い。９月には生育適温になり、高品質の秋ナスが生産され、徐々に生育量がゆるやかになる。10月になると果実の肥大速度が遅くなって収量が低下し、霜によって収穫が終わる。

②導入の注意点

栽培期間は約６カ月と長いうえ、梅雨時期の湿潤、梅雨明け後の高温乾燥条件などもあるので、順調な生育を確保するためには健全な根づくり、きめこまかな整枝、定期的な防除が重要になる。

露地栽培は８月が最も大きな収量の山で、次いで７月、９月が多い。９月以降は、栽培期間も長くなってくるため、草勢が低下しやすくなる。草勢が低下すると、うどんこ病などの病害が入りやすくなり、さらに草勢が低下する。梅雨時期には、土壌水分が多くて窒素が効きすぎるときに綿疫病が発生しやすい。梅雨時期から梅雨明け時期には乾燥害や多雨による湿害で根が傷み、尻腐れ症が発生する。

露地栽培では、施設栽培と違い、毎年作付ける場所を変更できる。また、マルチ栽培が主で、転換畑では灌水チューブを設置しない場合が多い。そのため、排水がよく周囲の水田からの水分に影響を受けにくいことと、通路灌水ができる水利の便のよいことが適地の条件になる。畑では、水の便がよい場所を選

図9　長ナスの露地栽培　栽培暦例

月	旬	作付け期間	主な作業
2	上	⌂	
	中	●	播種（育苗はハウス内）
	下		
3	上		
	中		
	下		
4	上	×	接ぎ木
	中		
	下		畑の準備
5	上	▼	定植
	中		
	下		着果処理始め
6	上		支柱立て・誘引
	中		
	下	■	収穫始め・追肥・防除
7	上	■	着果処理終了
	中	■	整枝・追肥・防除
	下	■	
8	上	■	整枝・追肥・防除
	中	■	
	下	■	整枝・追肥・防除
9	上	■	
	中	■	整枝・追肥・防除
	下	■	
10	上	■	整枝・追肥・防除
	中	■	
	下	■	
11	上	■	収穫終了
	中		
	下		

⌂：育苗ハウス，●：播種，×：接ぎ木，▼：定植，■：収穫

び、灌水チューブを利用して生産を安定させる必要がある。

(2) 他の野菜・作物との組合せ方

ナスを中心に経営を考えると、土壌病害を回避するための輪作が重要になる。土地利用の面から青枯病を回避するため、水田ではナス作付け後に、ナス科作物を避けて水稲を作付けし、3～5年後に再びナスを作付けるような輪作を行なう。土壌病害が発生した圃場にどうしても作付けしなければならない場合は、病害に合わせた抵抗性の台木を用いる。

土地利用の面からみたナスの後作には、4月から11月までナスに利用するため、11月、12月に作付けできる作物（タマネギ、タカナなど）を選択する。

ナスは夏を中心に労働が集中するため、収穫量が低下してくる10～11月に収穫できるホウレンソウ、レタス、ハクサイなどと組み合わせるのが有効である。温暖地では、12～5月どりのレタス、キャベツも組み合わせることができる。

2 栽培のおさえどころ

(1) どこで失敗しやすいか

①青枯病を少なくする

水田でも、3～5年以上ナス科作物を栽培していない圃場を選ぶことと、耕土が深く、灌水や排水が容易な圃場にしておくことが、青枯病を少なくするポイントになる。また、連作圃場では青枯病に対して抵抗性のある台木‘トルバム・ビガー’や‘台太郎’に接ぎ木した苗を用いる。

青枯病菌は高温性で、地下20～30cmに多く分布し、乾燥に弱い。そのため、地下20～30cmに耕盤があると、排水不良によるナスの根傷みから青枯病が発生しやすい。青枯病対策からも耕盤を破砕する必要がある。また、有機物の補給は健全な根を張らせるだけでなく、青枯病菌に拮抗する有用微生物を増殖させる効果もある。

②草勢を長持ちさせる

草勢維持の対策は、土つくりの面からいうと根傷み防止の湿害対策が主で、そのためには深耕と有機物補給が中心となる。有機物と

しては、秋から冬の間に10a当たりイナワラを0・5～1tか、堆肥を2～3t施用し、深耕する。

ナスは多肥作物といわれるが、窒素が多すぎると葉が大きく、茎が太くなり、節間も長くなって着果が悪くなり、石ナスの発生が懸念される。また、露地ナスでは梅雨明け時に石灰欠乏が発生しやすい。とくに'新長崎長'など大長形品種では石灰欠乏による尻腐れ症が発生しやすい。石灰欠乏は、石灰が不足する場合だけでなく、土壌の過乾燥、加湿、高地温など根が傷む条件で、一時的に吸収が抑えられて発生するので、石灰質資材の補給とともに、深耕と有機物投入、高ウネ、排水溝の整備などの湿害対策をとる。また、定植後は敷ワラなどによる乾燥防止・昇温抑制の対策を講ずる必要がある。

図10　側枝の整枝法（側枝の摘心，芽整理，切戻し整枝，収穫）

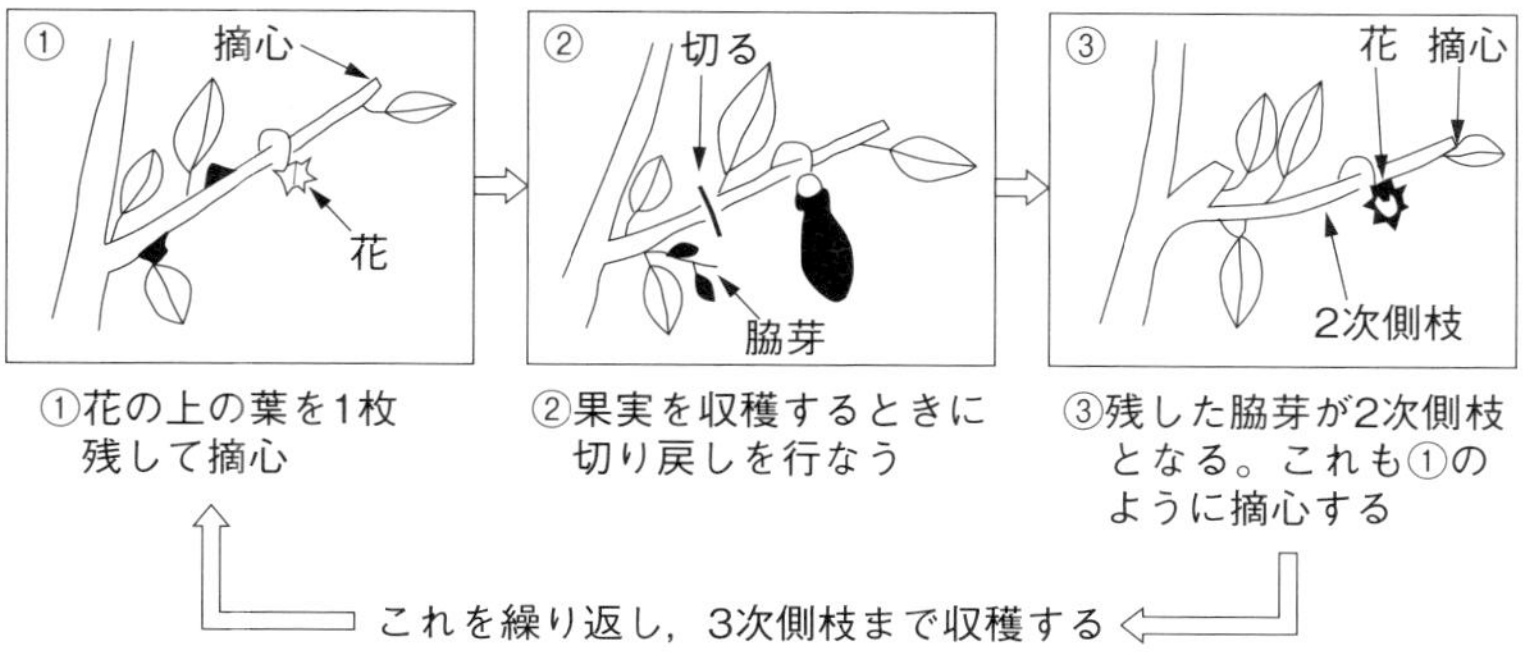
①
摘心
花
①花の上の葉を1枚残して摘心
②
切る
脇芽
②果実を収穫するときに切り戻しを行なう
③
花
摘心
2次側枝
③残した脇芽が2次側枝となる。これも①のように摘心する
これを繰り返し，3次側枝まで収穫する

③色の濃いナスをとる

以下のような枝の管理を行なうと、側枝の芽先に光がよく当たり、花の素質もよくなり、果実の色も濃くなる。

植付け間隔を広めにとり、主枝を2～4本にし、主枝の間隔を35cm以上確保して誘引する。残りは側枝として、1番目の花の上に1枚の葉を残して摘心する。側枝の花の下には2～3つの脇芽（幼い側枝）があるので、一番下にある脇芽を1つ残して将来の側枝にする。そのため、他の脇芽は早めに除去する（図10）。

④光沢のあるナスをとる

光沢のある果実を収穫するためには、土壌の水分ができるだけ変化しないように管理することが大切で、夕立後の排水や、乾燥が続く梅雨明け後の通路灌水によって、根傷みを少なくする。

また、主枝を摘心する時期になると、蒸散量が最も多くなるので、土壌が乾燥傾向になる。過度に乾燥すると、光沢のない「ツヤなし果」になる。小さい果実は蒸散が少ないが、収穫サイズの70%を超えるころから蒸散が激しくなり、水分をほしがるので、過度に乾燥しないように注意する。

(2) おいしく安全につくるためのポイント

ナスは淡白な味で、果皮の厚さから感じられる硬さ、肉質の締まりなどの違いが、食感として品種ごとに特徴づけられ、料理の用途に合わせて用いられている。

露地栽培のナスでは、自然に受粉して種子ができ、種子のまわりで生成される生長ホルモンが果実を肥大させるといわれている。ところが施設栽培のナスは、訪花昆虫や風がないため、自然受粉では果実が肥大しない石ナスになりやすい。そのため、人工の生長ホルモンが着果促進のために利用されたり、着果

図11　長ナスの露地栽培

促進処理が不要な単為結果性品種が用いられる。

また、種子の入ったナスはやや甘味を感じるという評価もあり、気温の日較差の大きい時期の秋ナスは、その中でも一段とおいしく感じられるのだろう。

表9　長ナスの露地栽培に適した主要品種の特性

品種名	販売元	特性
筑陽	タキイ種苗	果実は首部が太く，尻太りが少ない長形で，曲がり果の発生が少ない。果皮の光沢がよく，肉質は緻密で焼きナス，揚げナス，漬け物に適する。草姿は中開性，葉の大きさは中程度の極早生品種
黒陽	タキイ種苗	果実は長形の濃黒紫色であり，‘筑陽’よりやや長め。肉質は緻密で焼きナス，揚げナス，漬け物に適する。草姿は中開性，葉の大きさは中程度で，‘筑陽’より側枝の発生が多い
庄屋大長	タキイ種苗	果実長35～40cmの大長形で，曲がり果の発生は少ない。果肉は柔らかく，とくに焼きナスに適する。草姿は立性で，葉は大きく，高温に強い晩生品種
新長崎長	八江農芸	果実長35cm程度の大長形。果皮色は光沢に優れた黒紫色。果肉は柔らかく，種子の入りは果実の先端部に集中し比較的少ない。草姿は立性で，葉は大きく，高温に強い晩生品種

病害虫防除においては、薬剤散布に加えて、土着天敵（カメムシ類）の利用が普及し始めている。

(3) 品種の選び方

露地栽培では、暑さや風に強く着果のいい品種が求められる。暖地では長ナスの〝筑陽〟（タキイ種苗）が多く利用されている。本品種は首部が太く尻太りが少ない長形で、草勢が良好であれば曲がり果の発生が少なく正品率が高い。肉質は緻密で焼きナス、揚げナス、漬け物などさまざまな用途に適する（表9）。

果実長が35cm以上になる大長形ナスでは、〝庄屋大長〟や〝新長崎長〟が代表品種である。これらの品種は晩生であり、着果数は少ないが果肉は柔らかく、とくに焼きナスに適している。

3　栽培の手順

(1) 育苗のやり方

購入苗を利用する場合が多く、幼苗接ぎ木のセル苗を購入して鉢上げする場合と、ポット苗を購入する場合がある。苗はがっちりした生育で無病のものを選ぶ。なお、育苗する場合の手順は表10に示した。

表 10　長ナスの露地栽培のポイント

	技術目標とポイント	技術内容
定植準備	◎圃場の選定と土つくり ・圃場の選定 ・土つくり ◎施肥基準 ◎ウネ立て ・耕うん時の土壌水分 ・マルチ張り ◎防風対策	・連作を避ける ・排水良好，水利便利 ・完熟堆肥 ・苦土石灰 ・元肥には緩効性肥料 ・ウネ幅 180 ～ 220cm，高さ 20cm 以上の高ウネ ・定植 1 週間前にウネ立てとマルチ張り ・防風ネットもしくはソルゴーで防風対策を行なう
育苗方法	◎播種準備 ・ビニールハウス内育苗 ・発芽の均一化 ・幼苗接ぎ木 ◎健苗育成 ・鉢上げ後の水分管理 ・順化 ・病害虫防除	・72 穴セルトレイに播種，温床利用，発芽まで 28 ～ 30℃に保つ（催芽種子利用） ・台木は穂木より早く播種（トルバム・ビガー，トレロ，トナシムは 20 日前，台太郎は同日） ・接ぎ木苗購入が望ましい ・鉢上げは 12 ～ 15cm ポットへ ・鉢上げ後の灌水は根鉢中心に過湿にならないように ・定植 7 日前から昼間は換気を十分に行ない，外気とほぼ同じ温度で管理 ・灌注剤で防除
定植方法	◎品種に合わせた栽植密度 ◎適期定植 ◎順調な活着	・主枝間隔は 35cm 以上とし，3 本仕立てで株間 55cm，4 本仕立てで株間 70cm 以上とする ・根が回りすぎない状態で定植するが，晩霜害にあわない時期とする ・根鉢中心に十分灌水し，活着を促進する
定植後の管理	◎誘引・整枝 ◎草勢維持 ・灌水 ・追肥 ◎ホルモン処理 ◎敷ワラ ◎病害虫防除	・定植後，仮支柱にとめる ・本支柱はできれば各主枝ごとに立てる ・灌水チューブを設置し，通路が乾かないよう灌水する ・追肥は第 2 果収穫始めの時期から 2 週間おきに行なう ・元肥一発施肥なら追肥が省力できる ・トマトトーン 50 倍液を開花当日に処理（6 月上旬まで） ・梅雨明け時にマルチ上に敷ワラ ・アザミウマ類，コナジラミ類，ハダニ類の防除 ・ソルゴーやマリーゴールドを植えると土着天敵を誘因しやすい ・うどんこ病，綿疫病，すすかび病の防除
収穫	◎品種・用途に合わせた収穫サイズ ◎鮮度保持	・側枝は，側枝上の果実の収穫と同時に切り戻しを行なう ・1 ～ 3 日ごとに収穫する ・収穫コンテナ上を新聞紙などで覆い，果実からの蒸散を防ぐ

(2) 定植のやり方

①水稲や夏作後の耕うん

4～5月の定植までに堆肥を土に十分なじませるため、水稲や夏作物の後に堆肥を施用し、パワーディスクやプラウで反転して荒起こしする。こうすると冬の間に凍結、融解を繰り返して、土の中に十分空気が入ることになる。

②完熟堆肥、石灰資材の施用

定植を予定の1カ月前に完熟堆肥を施用し、耕うんを行なう。堆肥や有機物は種類によってC／N比（炭素と窒素の比）が違うので、C／N比30～40の堆肥を施用する。

ムギワラやイナワラを施用する場合は、C／N比がやや高く、分解するのに窒素が多く

表 11　長ナスの露地栽培の定植前作業

定植前日数	定植前作業
30 日前	完熟堆肥施用
20 日前	石灰資材施用
15 日前	元肥（緩効性肥料）施用
7 日前	ウネ立て，マルチ張り
前日	植穴掘り，灌水
当日	定植，灌水

表12　施肥例（追肥型タイプ）　（単位：kg/10a）

	肥料名	施肥量	成分量		
			窒素	リン酸	カリ
元肥	牛糞堆肥	4,000			
	炭酸苦土石灰	100			
	CDU 複合燐加安 S555	100	15	15	15
追肥	燐硝安加里 S646（7回）	210	34	8	34
施肥成分量			49	23	49

必要なので、石灰窒素を10a当たり40kg程度施用して、ムギワラやイナワラが分解する期間をとる。もっとC／N比の高い有機物を利用するときは、窒素成分の高い肥料を配合して、半年以上堆積・発酵させてから利用する。

石灰資材は、定植の15～20日前までに、土のpHが5・5～6になるよう施す。おおよそpHを1・0上げるためには、10a当たり炭酸苦土石灰が砂壌土では100kg、壌土では150kg、埴壌土では200kg必要である。

③元肥施用とウネ立て、マルチ張り

元肥は緩効性肥料も利用して、定植10～15日前に施し、耕うん・ウネ立てする。耕うん・ウネ立ては、土壌水分が適度なときに行なうことによって土壌が膨軟になり、生育が安定する。多湿な状態で耕うんからウネ立てまで行なうと、定植後の活着が悪く、生育が遅れてしまう。

畑では、乾燥時の耕うんが連続すると、土の構造が単粒化しすぎ、かえって活着が悪くなることがあるため、土質に応じた適度な水分で耕うん・ウネ立てするように心がける。

マルチは土壌の膨軟な状態を維持し、土壌水分の変化を少なくする効果が高い。また、マルチの施用によって地温が上昇し、透明マルチ以外は雑草防除の効果も高い。

露地栽培では灌水チューブを設置しない場合が多いが、畑地では灌水チューブを設置することで土壌水分の変化を小さくできる。

④排水対策

圃場の排水性を高めて湿害を避けるには、本暗渠、弾丸暗渠、心土破砕などを行なう必要がある。造成畑では、山中式土壌硬度計で22を超えるような硬い層があり、その部分に排水させるため、心土破砕機械による深い層の部分耕起、弾丸暗渠などの対策を行なう。

水田転換畑では、水稲作付け期に周囲から水の浸透があるため、高ウネにして表面排水を重視する。同時に、圃場周囲の排水路（明渠）を整備する。

⑤定植の方法

地力の低い圃場では、苗数を多く必要とするが、2本仕立て、3本仕立てを採用するとよい。主枝間隔が35～40cmとなるように株間、苗数を決める。

4本仕立てでは株間を70cmとし、主枝をウネと直角の方向になるように定植し、仮支柱を設置して固定する。

(3) 定植後の管理

①通路灌水などの水分管理

ナスは深根性で、地下1m以上の縦型の旺盛な根系を伸ばす。強勢の'トルバム・ビガー'や'トレロ'、台木などを使用すると、さらに根が深く張る。

乾燥に弱く、土壌水分が多く有機質に富む、耕土の深い土壌を好む。そこで、水田転換畑では、活着期の手灌水の後は通路に水をため、毛管水としてウネに吸わせる方法がよい。そのためには、通路が均平で排水性がよいことが理想である。

②整枝

主枝、側枝の茎葉、花、果実に十分に光が当たるように、支柱に各主枝を誘引し、側枝の整枝、摘葉をこまめに行なう（図12）。

着果している近くの上下2枚の葉は果実の肥大に重要なので残し、下の古い葉を摘除する。摘葉は1回に1株当たり5～6枚程度とする。

図12　支柱の立て方と主枝の仕立て方

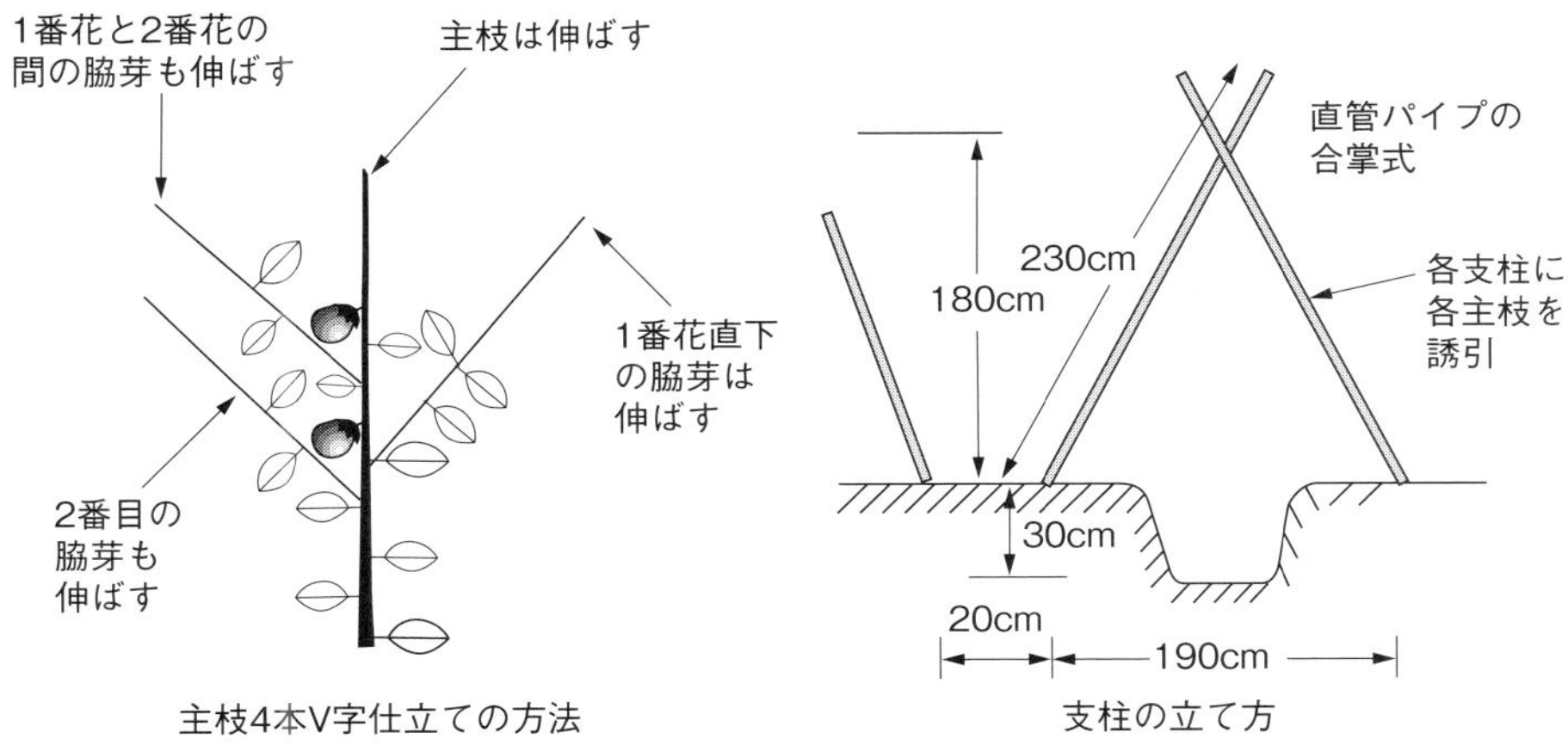

開花している花の雌しべが雄しべより長い花を長花柱花といい、草勢が強い状態を示す。逆に雌しべが雄しべより短い短花柱花が増えたり、側枝の伸びが悪くなるなどは、草勢が弱まる兆候である。乾燥、肥料切れ、着果過多のなり疲れなど、原因を判断して対策をとる。

(4) 収穫

品種によって決まった収穫サイズがあるため、それに合わせる。収穫は毎日が基本だが、収穫の間隔を延ばすと、十分肥大したものから小さいものまで収穫できる。

収穫サイズが小さい小ナスでは毎日収穫が前提で、長卵形の品種も毎日が望ましい。これに対して中長形、大長形品種は、2日に1回でも十分である。

果実の温度が高いほど、収穫した後の呼吸が盛んで鮮度が落ちやすいため、果実の温度が低い朝方に収穫する。収穫後は、圃場だけでなく、箱詰め場所でも水分が逃げないような工夫が必要になる。

ナスの鮮度を保つには、主に水分を逃がさないこと、10℃以下の低温にあわせないことが重要である。

4 病害虫防除

(1) 基本になる防除方法

土壌伝染性病害の青枯病、半身萎凋症、半枯病は、発生時に診断をして病害に応じた抵抗性台木を選択し、次年度以降は接ぎ木苗を利用する。また、できるだけ新しい圃場に作付けし、病害が発生した圃場の土壌が持ち込まれるのを避けるため、トラクター、支柱の洗浄を必ず行なう。

地上部に発生するうどんこ病は、寒暖差が大きい時期、風通しの悪いとき、乾燥時、さらに秋に草勢が低下したときにも多い。予防防除で発生を蔓延させないように心がける。

梅雨時期から夕立の多い夏場にかけて、窒素肥料が効きすぎたときに果実に発生する綿疫病は、収穫時に見分けがつかず、市場に届いたときに箱内で白いカビがみつけられる。梅雨時期には窒素肥料を極度に効かせないようにするとともに、予防散布に心がける。

害虫のアザミウマ類が多くなると果実や葉が傷つき、コナジラミ類が多くなると葉が黒いすすに覆われる。また、ハダニ類は増殖が

表13　病害虫防除の方法

	病害虫名	防除法
病気	青枯病，半身萎凋病 うどんこ病，綿疫病，すすかび病	接ぎ木，連作を避ける 薬剤散布（予防散布）
害虫	アザミウマ類，アブラムシ類，コナジラミ類，ハダニ類	天敵温存植物を植える（ソルゴー，マリーゴールド，クレオメ），薬剤散布

表14　長ナスの露地栽培の経営指標

項目	
収量（kg/10a）	8,000
単価（円 /kg）	250
粗収益（円 /10a）	2,000,000
経営費（円 /10a）	1,316,000
種苗費	110,000
肥料費	74,000
薬剤費	50,000
資材費	133,000
動力光熱費	10,000
農機具費	148,000
施設費	91,000
流通経費（運賃・手数料）	360,000
選果経費	340,000
農業所得（円 /10a）	684,000
労働時間（時間 /10a）	780

速く被害が拡大しやすい。

病害虫は予防的に薬剤散布を行なうことが基本である。

(2) 農薬を使わない工夫

アブラムシ類などを回避するためには、シルバーマルチを利用する。アザミウマ類の場合は、タイリクヒメハナカメムシやカスミカメ類などの土着天敵を用い（土着天敵を誘引しやすい植物を植える）、天敵に影響が少ない選択性農薬を利用することによって、農薬散布を少なくすることができる。

5 経営的特徴

この作型では10a当たり8～12t程度の収量が得られる。単価は品種によっても違い、中長形品種は1kg当たり180～210円。

露地栽培の生産経費は、購入苗、支柱代が大きく、販売経費（個別選果、4kg段ボール詰め、運賃、市場などの手数料）を含めて10a当たり約90万円程度になる。

販売先は市場、市場・仲卸を通した相対販売（漬け物業者、イタリアンレストラン、和風料亭、中華料理店など）、直売所がある。段ボール箱詰め、ビニール袋詰めなどで取引される。

10a当たりの労働時間は780時間必要で、8カ月の栽培期間のうち7～9月の3カ月間で、その50%を占める。1人当たり10a程度の作付けが可能だが、7～8月の収穫、選果、箱詰めには雇用または外部委託を考えないと、労力が不足しがちになる。

（執筆：古賀　武）

米ナスの露地栽培

1 この作型の特徴と導入

(1) 米ナスとは

米ナスは、アメリカ産の大きくて丸い'ブラックビューティ'を日本で改良した品種で、'くろわし'がその代表品種。果実のヘタが緑色なのが大きな特徴で、肉質は緻密で締まっており、種子が少なく大型で長卵形をしている。

バター焼きや、比較的煮くずれしにくいので煮物にも使えるなど、さまざまな料理に活用できる。

(2) 作型の特徴と導入の注意点

米ナスは露地での栽培が一般的だが、灰色かび病などの病害を防ぐためにも、できれば簡単な雨よけを行ないたい。また、収量を上げるには、いかに高温期をのりきって、秋まで草勢を維持するかがポイントになる。

(3) 他の野菜・作物との組合せ方

水田転作物として、施設投資のできない農家にも受け入れられやすい品目である。ただし、排水不良の畑では根の先が腐敗しやすいので、水田転作畑ではとくに排水対策に注意したい。

図13　米ナス

注）写真提供：長野県北アルプス農業支援センター

図14　米ナスの露地栽培　栽培暦例

月	2			3			4			5			6			7			8			9			10			11		
旬	上	中	下	上	中	下	上	中	下	上	中	下	上	中	下	上	中	下	上	中	下	上	中	下	上	中	下	上	中	下
作付け期間		●			×					▼	▼				■	■	■	■	■	■	■	■	■	■	■	■				
主な作業		播種			苗接ぎ木		畑の準備		（接ぎ木苗購入）	定植	保温		支柱立て		収穫始め	追肥	枝整理									収穫終了				

●：播種，×：接ぎ木，▼：定植，■：収穫

図15　米ナス栽培圃場

注）写真提供：長野県北アルプス農業支援センター

明渠として溝をつくり、圃場内に水がたまらないようにする。水田に戻さないのであれば、カットブレーカーなどで耕盤破砕をあらかじめ行なっておきたい。こうした対策を行なっていない、排水の悪い圃場ではとくにウネを高くする。

連作障害も出やすいので、輪作体系をとるようにする。輪作品目として米ナスと組み合わせるには、ネギなどがよいと考えられる。

図16　簡易接ぎ木法と順化装置

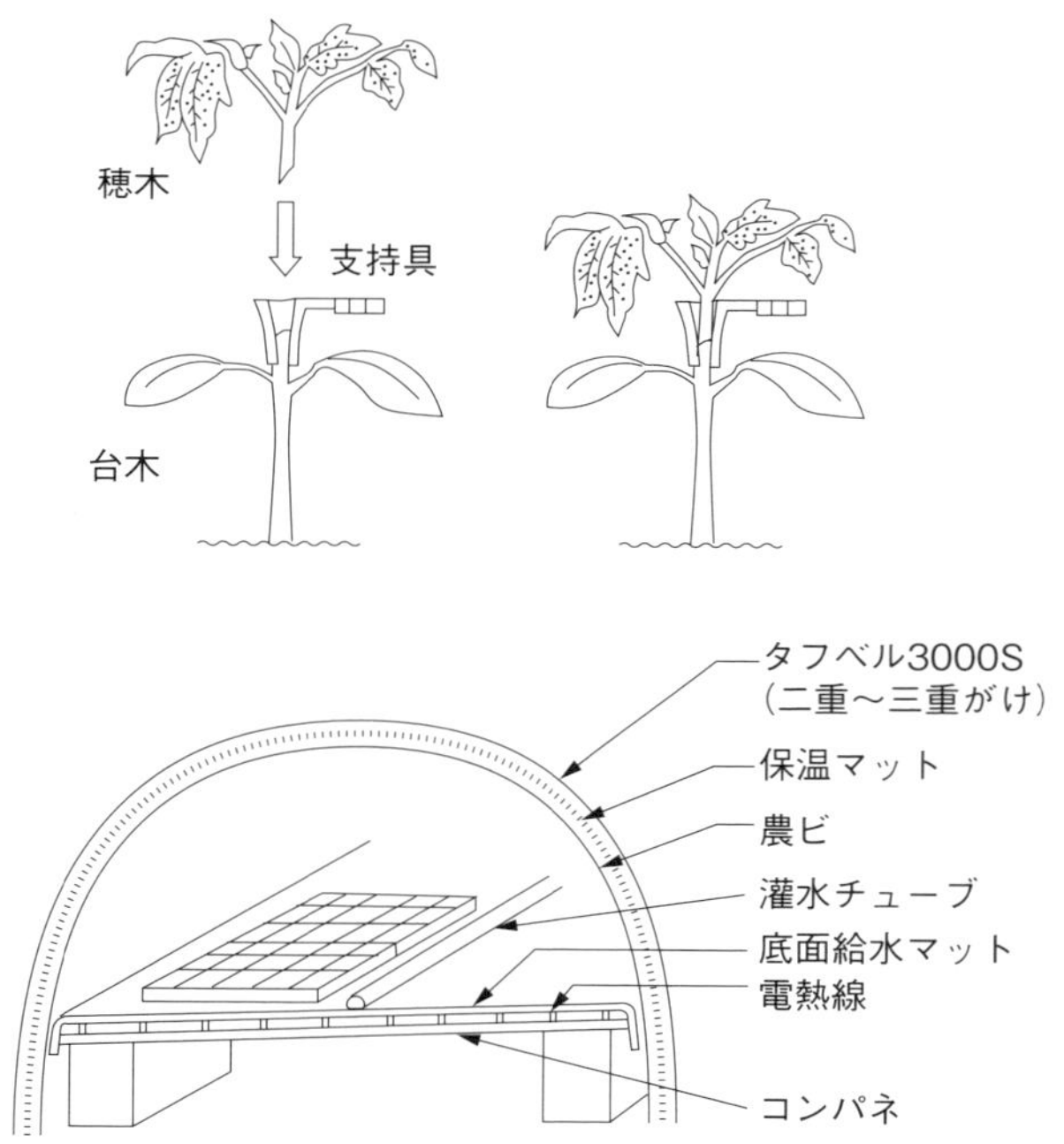

2 栽培のおさえどころ

(1) どこで失敗しやすいか

米ナスは強勢で主枝も太く、葉も大型になる。ヘタぶりが大きく深いので、花弁が離れにくい欠点がある。そのため、他のナスと違って灰色かび病が発生しやすい。

また、草勢が強いため過繁茂になりやすい。早め早めの枝葉の整理を心がける。

(2) おいしく安全につくるためのポイント

過繁茂を防ぐために、肥料は元肥を抑え気味にし、追肥重点とする。枝葉の整理をこまめに行ない、とくに株元が繁りすぎないようにする。こうすることで、光が株元にまで十分行きわたるだけでなく、風通しがよくなって病害の発生も少なくなる。

3 栽培の手順

(1) 育苗のやり方

接ぎ木苗を購入するのが最もよい。

①播種、接ぎ木

自分で接ぎ木苗をつくる場合は、2月中旬に播種する。台木（‘トルバム・ビガー’など）は穂木の播種より2週間程度早める。台

表15　米ナスの露地栽培のポイント

	技術目標とポイント	技術内容
定植準備	◎圃場の選定と土つくり	・有機質に富み，保水力のある耕土の深い肥沃な沖積土壌が最も適する。米ナスは深根性なので，地下水位の高い排水不良な圃場では根が腐敗しやすい。耕土の浅い粘土質土壌も適さない ・適応する土壌pHは6～7
	◎施肥基準	・堆肥300kg/a，苦土石灰15kg/a，窒素6kg/a（うち2kg/aは緩効性肥料とする）。リン酸4.5kg/a，カリ5kg/a ・定植初期から窒素が効きすぎると初期生育に茎葉が過繁茂になり，結実不良となるので注意する
	◎ウネつくり	・ウネは日当たりのよい南北方向とする ・とくに排水の悪い圃場では，高さ30～40cmの高ウネとする ・ウネ幅は180～200cm，株間は60～80cm
育苗方法	◎播種 （接ぎ木苗購入がよい）	・2月中旬播種 ・接ぎ木を行なう場合，台木（‘トルバム・ビガー’‘耐病VF’）は穂木の播種より2週間程度早める
	◎健苗育成	・鉢上げ1週間前には土詰めし，十分灌水してビニールで覆い，培土の温度を上げてから鉢上げする ・温度管理は昼25℃，夜17℃とし，十分日光に当てる ・灌水は晴れた日の午前中に行ない，夕方には土の表面が乾く程度とする ・定植1週間前から灌水を控え，夜間もできるだけ外気にならす
定植方法	◎栽植密度	・ウネ幅は2m程度，株間は60～80cmとする ・マルチは土が湿っているときに行ない，早めに設置して，あらかじめ地温を高めておく
	◎適期定植	・育苗中に苗の40％の第1花が開花したら定植適期 ・理想的な苗質は草丈25～30cm，茎の太さ0.8～1cm ・仕立てと誘引がしやすいように，1番花を同じ方向にして定植する ・老化苗ではやや深植えとするが，接ぎ木部分が土中に埋もれないようにする
	◎順調な活着確保	・定植後は仮支柱を立てて誘引し，苗の倒伏を防ぐ ・定植後，気温の低いときにはパオパオなどの保温資材で被覆する ・主枝と1番花の上下の側枝を伸ばして3本仕立てとする
定植後の管理	◎適正な茎葉整理	・1番果は，草勢の強いときだけ着果させるが，一般的には早めに摘果する。主枝から発生する側枝は花の上1枚の葉を残して摘心する
	◎支柱立てと簡易雨よけの実施	・長さ3mほどのパイプをウネの両肩から斜めに交差するように立て，隣のウネのパイプと上部を結ぶ。こうした支柱を4～5株ごとに立て，ウネ方向に20～25cm間隔でテープを張り，そこにナスの枝を誘引する。支柱の上部にビニールを張り，簡易雨よけとすることができる ・茎葉が後半に過繁茂になりやすい。密生部分の枝を除去するとともに古い葉を摘葉し，光の透過と通気をよくする ・灌水は，少量をできるだけ回数を多くやるように心がける
	◎除草と敷ワラ	・梅雨明け前に敷ワラをする
	◎病害虫防除	・定植時にオンコルなどの粒剤を株元に十分散布しておく
収穫	◎温度に合わせた収穫回数	・週1回以上，高温期は頻繁に収穫。収穫とあわせて古い葉の除去など茎葉整理をする ・収穫とあわせて病害虫の発生状況を確認→スポット散布の実施

木の本葉が2～3枚になったときに、胚軸の太さが同じ程度の穂木を接ぎ木する。

このとき台木の接ぎ木部分と穂木を斜めに切断するが、胚軸の太さが違うと活着が悪くなる。そのため、生育が遅い台木の場合は、台木の播種日を早める必要がある（図16）。

②接ぎ木後の管理と鉢上げ

接ぎ木後は、湿度85％以上、温度25～30℃、照度3000lx程度の環境に置き、3～4日密閉して活着させる。活着後は寒冷紗を被覆するだけで、徐々に外気にならしていく。

接ぎ木後15日ほどしたら、12cmポットに鉢上げする。鉢上げの1週間前に鉢に培土を詰め、十分灌水してからビニールで覆い、培土の温度を上げてから鉢上げする。培土には無病のものを用いる。

③鉢上げ後の管理

鉢上げ後、または購入後の苗

表16　育苗培土の配合例

培土材料	混合重量比
ピートモス	6.0
園芸培土	10.0
完熟堆肥	10.0
ソフトシリカ	3.0
苦土石灰	2.0
過リン酸石灰	0.3
化成肥料（BBO42）	0.3

注）ピートモスと苦土石灰をよく混ぜてから水を入れ，よくなじませておく。残りの材料を入れてよく混合する

表17　有機質主体の施肥設計例（単位：kg/a）

肥料名	施肥量	元肥・追肥
良質堆肥（微生物資材含む）	300	元肥
有機673	48	元肥・追肥
骨粉	6	元肥
粒状草木カリ	4	元肥
ナタネ油粕	4	元肥・追肥

の温度管理は昼25℃、夜17℃とし、日光に十分当てる。灌水は晴れた日の午前中に行ない、夕方には土の表面が乾く程度にする。

定植1週間前から灌水を控え、夜間もできるだけ外気にならす。

(2) 定植のやり方

① 畑の準備

施肥　ナスは一般的に多肥を好む。しかし、生育の初期に窒素が効きすぎると茎葉が過繁茂になり、結実不良になる。

施肥量は、堆肥を1a当たり300kg、苦土石灰15kg、窒素6kg（うち2kgは緩効性肥料とする）、リン酸4・5kg、カリ5kgを基本にする（表17）。

ウネ立てとマルチ　ウネは、日当たりのよい南北方向とする。とくに排水の悪い圃場では、高さ30～40cmの高ウネにする。

マルチは、土が湿っているときに行ない、あらかじめ地温を高めておく。散水チューブをマルチの下に設置し、散水時に過湿にならないようにする。

栽植密度　ウネ幅2m程度、株間は多少広くとって60～80cmにする。

② 定植

苗の40%の第1花が開花したら、定植適期と判断する。定植期の理想的な苗質は、草丈25～30cm、茎の太さ0・8～1cm程度でがっちりしたものがよい。

仕立てと誘引がしやすいように、1番花（第1花）を同じ方向にして定植する。老化苗はやや深植えにするが、接ぎ木部分が土の中に埋もれないように、やや浅植えが基本である。

(3) 定植後の管理

① 活着促進

順調に活着させるために、定植後に仮支柱を立てて誘引し、苗の倒伏を防ぐ。定植後、気温の低いときにはパオパオなどの保温資材で被覆し、初期生育を進める。梅雨入り前に敷ワラをする。

敷ワラは、干ばつ時には土壌の乾燥を防ぐことができる。また、降雨時には雨水の跳ね上がりを防ぎ、結果として病害の発生を抑えることができる。なお、通路灌水ができるような畑では、敷ワラは行なわない。

② 仕立てと側枝の整枝、1番果の摘果

この作型では、主枝と1番花の上下の側枝を2本伸ばして3本仕立てにする。主枝から発生する側枝は花の上の葉を1枚残して摘心する。果実収穫後は2枚残して切り戻すようにする（図17）。

1番果は草勢の強いときだけ着果させて草勢を抑えるが、ふつうは早めに摘果して樹をしっかりつくるようにする。初期から着果させると果形が乱れやすい。

③ 追肥

窒素とカリを主体に20日間隔くらいで追肥

する。1回の追肥の量は、窒素、リン酸、カリの各成分量で1a当たり0・3〜0・5kgを基準にする。生育状況をみて追肥間隔と追肥量を決め、生育がよければ間隔を長く、量を少なくする。

温度が上がる6月以降は、雑草の抑制もかねて石灰窒素の追肥もできる。土壌が湿った状態で1回に1a当たり2〜4kg程度をウネ間に表面施用する。この場合、追肥間隔は10〜15日とする。

④支柱立て

6月上旬に、長さ3mほどの鉄パイプを、ウネの両肩から斜めに交差するように立て、隣のウネのパイプと上部を結ぶ。こうした支柱を4〜5株ごとに立てる。ウネ方向にテープを20〜25cm間隔に張り、そこにナスの枝を誘引する。フラワーネットも活用できる（図17）。

図17　支柱の立て方と摘心

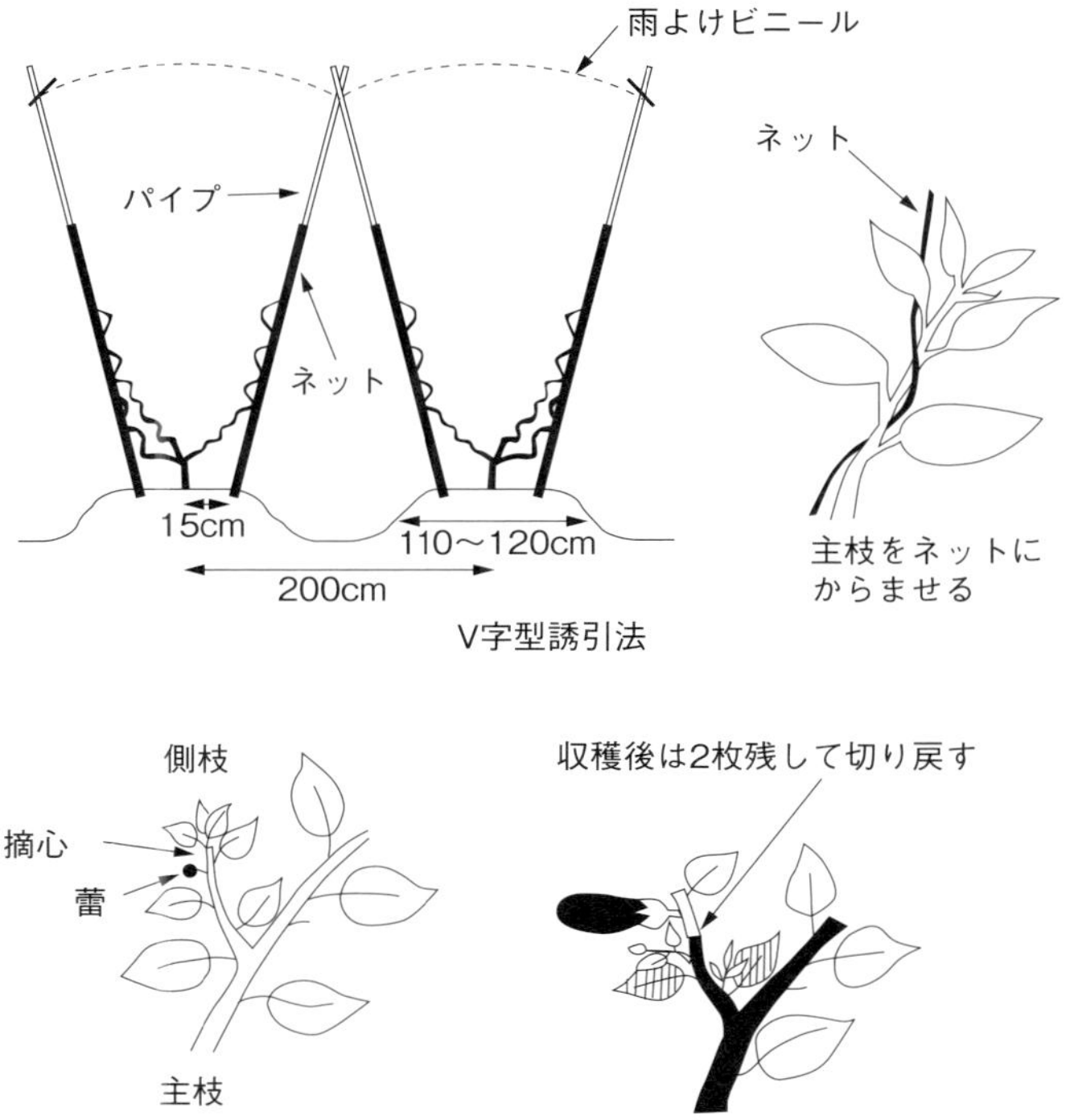

この支柱の上部にビニールを張って、簡易雨よけにすることもできる。ただし、風に弱いのでしっかり固定する。

⑤枝の整理と摘葉

生育の後半、とくに7月以降、茎葉が過繁茂になりやすいので、密生部分の枝を除去し、古い葉を摘葉して、光の透過と通気をよくする。

なお、側枝の摘心は8月中旬ころまでとする。

⑥灌水

ナスは水分を多く必要とする野菜だから、とくに収穫期以降に乾燥が続くと果実の肥大が劣るばかりでなく、果実の色や光沢が悪くなり、商品価値が落ちてしまう。

したがって、少量の水をできるだけ回数多くやるように心がける。高温・干ばつ時には通路灌水も検討する。

(4) 収穫

開花後およそ30日で、果実の重さが300gになったら収穫となる。収穫は、週1回以上、高温期は頻繁に。収穫とあわせて古い葉の除去など、茎葉の整理をする。

収穫のときに病害虫の発生状況を確認し、発生密度の高い株を中心に薬剤散布をするように心がける。

4 病害虫防除

(1) 基本になる防除方法

苗のときから、病害虫を持ち込まないよう十分注意したい。この作型ではアブラムシ類、アザミウマ類、ハダニ類の被害が大きいから、殺虫剤を中心に薬剤散布を行なう。

まず、定植時に必ずオルトラン粒剤などの殺虫剤を株元に十分に入れ、土となじませておく。量は登録内容にしたがって、過不足のないようにする。なお、ネキリムシ類の被害が心配な場合は、ダイアジノン粒剤5をあらかじめ土壌混和しておく。

アブラムシ類にはスミチオン乳剤などを、アザミウマ類にはスピノエース顆粒水和剤などを散布する。ハダニ類には、コテツフロアブルなどがよい。ハダニ類は高温・干ばつ時に発生が多くなる。

灰色かび病は、発生がみられたら罹病した果実や葉を除去した後、ただちにベンレート水和剤やトップジンM水和剤を散布する。耐性菌の発生が心配なときは、フルピカフロアブルなどの薬剤を用いる。

うどんこ病は、日照不足、多肥、整枝・せん定の不徹底などによって、株が軟弱徒長、過繁茂になると発生が助長されるので、まず健全な生育を確保する栽培管理がポイントになる。それでもだめならアミスター20フロアブル、モレスタン水和剤などで防除する。

(2) 農薬を使わない工夫

耕種的防除　問題になるアザミウマ類などの害虫を圃場に入れないように、環境をきれいにすることがまず大切である。具体的には、害虫の巣になる圃場周辺の雑草などを、こまめに刈り取るようにする。さらに、防虫ネットなどを設置して、害虫の侵入を防止する。

天敵利用　アザミウマ類の天敵にヒメハナカメムシがある。在来のヒメハナカメムシの活用やタイリクヒメハナカメムシの放飼などを検討する。

資材の活用　アブラムシ類には、シルバーストライプフィルム（ムシコンマルチなど）でマルチをしたり、銀色テープを張ったりする。

灰色かび病の発生抑制　土壌表面をマルチや敷ワラで覆い、土壌面からの水分の蒸発を抑えて、圃場内が過湿にならないようにする。また、通気性や作業性を考慮して茎葉の整枝を徹底する。とくに米ナスでは花弁が残りやすく、そこから灰色かび病にかかりやすくなるので、花弁の除去（花抜き）をこまめに行なう。

その他の病害の抑制　うどんこ病などの病害も、近くに罹病している雑草などがあると発生しやすくなるので、除去する。

5 経営的特徴

この作型では10a当たり3～6tの収量が得られる。単価は1kg当たり200円程度である。経費的には、他のナスの露地栽培と同様で90万円程度である。

（執筆：松木宏司）

ハウス半促成栽培（無加温）

1 この作型の特徴と導入

(1) 作型の特徴と導入の注意点

ナスの半促成栽培は、暖房機による加温を行なわないハウス栽培である。全国的には1月定植が一般的であるが、愛知県では、高単価で取引される時期の出荷量の増加をめざして、定植時期を12月と早め、収穫期間を1〜7月としている。

促成栽培に比べて栽培期間が短いため、葉物野菜や果樹などとの複合経営が多い。

定植から収穫開始ころにかけては低日照・低温の厳寒期なので、初期の栽培管理、とくに温度の確保に気をつける必要がある。

この作型では、暖房機による加温・送風を行なわないので、ハウス内の温湿度管理がむずかしい。そのため、灰色かび病など、結露（高湿度）が発生要因になっている病害に注意が必要である。

4月から7月に出荷量が増大し、短期間に集中して労働力が必要となるため、導入の検討には労働力の確保にも留意することが重要である。

(2) 他の野菜・作物との組合せ方

ナス半促成栽培の補完作目としては、ホウレンソウ、コマツナなどの葉物野菜が導入できる。葉物野菜は7月下旬から8月中旬に播種し、8月下旬から10月上旬に収穫する。同じハウスでも栽培できるが、ナスに土壌病害虫が発生した場合は夏期に土壌消毒を行なうため、別の圃場を用意する必要がある。

野菜以外では、夏から秋に収穫する果樹（カキなど）との複合経営も可能である。

図18　ナスのハウス半促成栽培　栽培暦例

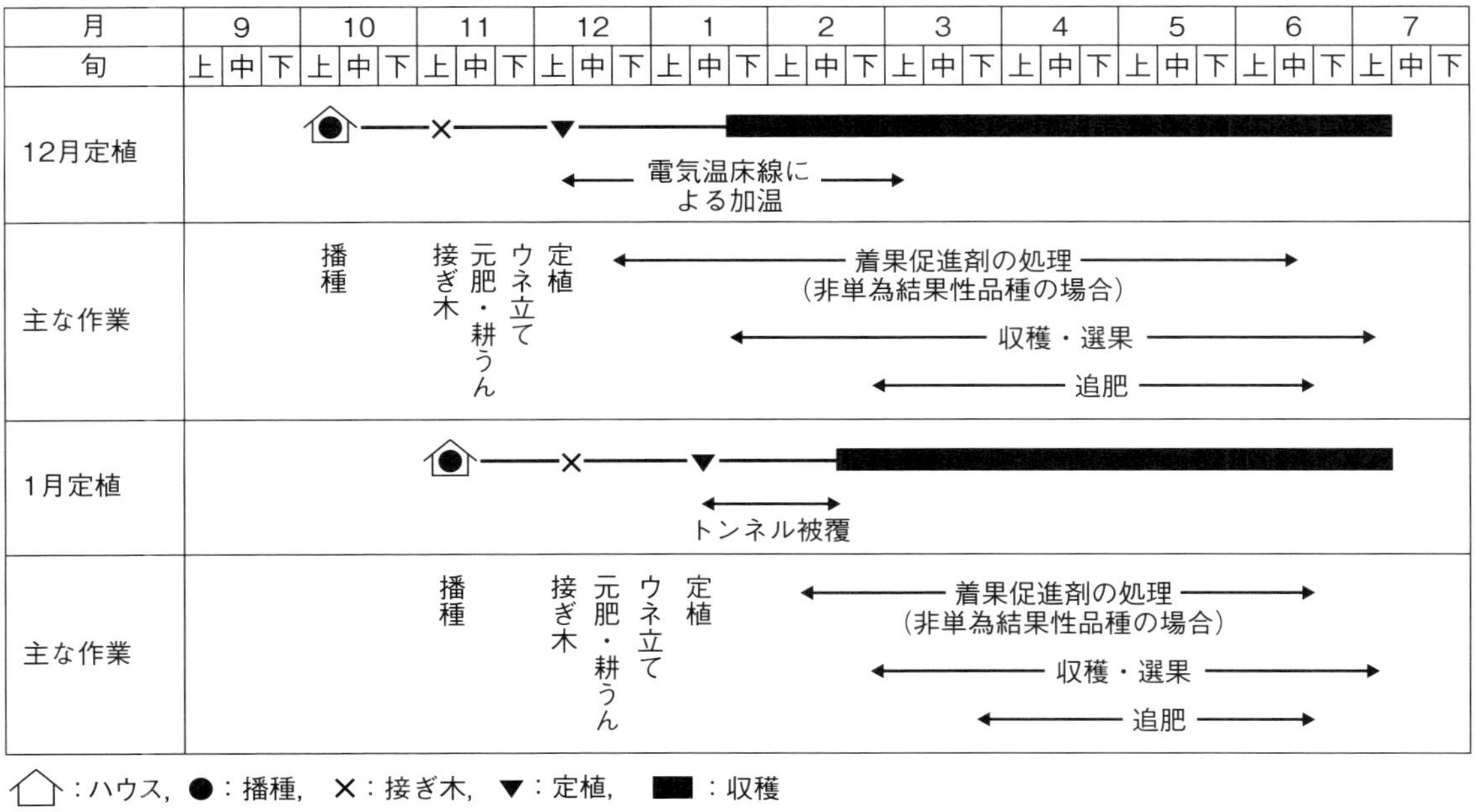

図19　ハウス半促成栽培の三重被覆
（外張り１枚，内張り２枚）

2　栽培のおさえどころ

(1)　どこで失敗しやすいか

定植後の温度管理はとくに重要である。三重被覆（図19）に加えて、12月に定植する場合は、ウネの上に電気温床線を設置して温度を確保する。電気温床線を用意できない場合は１月定植とし、定植後に苗を囲うようにトンネルを設置する。

表18　ハウス半促成栽培に適した主要品種の特性（愛知県）

品種名	販売元	特性
千両	タキイ種苗	果形は長卵形。皮が柔らかく，どのような料理にも向く。多収性で，とくに４月以降の高温期に収量が増える。単為結果性ではないため，着果促進剤の処理や訪花昆虫の導入が必要。トゲあり品種
とげなし輝楽	愛知県種苗協同組合	果形は長卵形。皮が硬く，光沢に優れる。節間が長いため作業性に優れるが，収量はやや少ない。単為結果性なので，着果促進剤の処理や訪花昆虫の導入は不要。トゲなし品種

３月以降は高温・乾燥による障害果（日焼け果、ツヤなし果）が発生しやすいため、ハウスの換気程度や灌水量に注意する。

(2)　おいしく安全につくるためのポイント

ナスの生育には多量の水が必要なので、水田転作畑など水もちのよい粘質土壌が適している。定植前にバーク堆肥を10ａ当たり２ｔ程度施用して、保水性、透水性を高める。

また、深耕したり、大きなウネをつくると根張りがよくなり、低温に強く、高温期にもバテにくいナスの樹をつくることができる。

(3)　品種の選び方

穂木品種には、愛知県では長卵形の‘千両’や‘とげなし輝楽’が用いられる（表18）。‘千両’は高温期の収量の多さと、どのような料理にも向く点が、‘とげなし輝楽’は果皮の光沢のよさと、単為結果性、とげなし性により栽培しやすい点が評価されている。

台木品種は、‘トルバム・ビガー’‘トナシム’‘赤ナス’‘耐病ＶＦ’‘台太郎’などが主に利用される。とくに、病害抵抗性、低温伸長性、収量性を考慮して選択する。

3　栽培の手順

(1)　育苗

作業時間や労力軽減のため、接ぎ木した購入苗の利用をおすすめする。

播種、接ぎ木、育苗を行なう場合は、低温

期の作業になるため、育苗施設の確保と適正な温湿度管理が必要になる。具体的には、ナス種子の発芽には変温管理（日中28～30℃、夜間20～23℃）、接ぎ木後の養生時には湿度90％以上の多湿環境が求められる。

(2) 畑の準備

前作終了後、7月中旬から8月下旬の高温期に太陽熱消毒を行なう。太陽熱消毒は、土壌にイナワラなどの有機物と石灰窒素をすき込み、土壌表面をビニールなどで被覆してハウスを密閉し、20～25日放置する土壌消毒法である。

前作で土壌病害虫が発生した場合は、クロルピクリンによる土壌消毒や有機物を利用した土壌還元消毒を行ない、病害虫密度の低減を図る。

定植1カ月前に、牛糞堆肥やバーク堆肥を10a当たり2t程度施用し、物理性を改善する。そして、定植1週間前に、元肥を全層施

図20　ナス品種‘千両’

図21　ナス品種‘とげなし輝楽’

表19　ハウス半促成栽培のポイント

	技術目標とポイント	技術内容
圃場準備	◎土壌消毒	・7月中旬から8月下旬に太陽熱消毒を行なう
	◎土壌改良	・定植前にバーク堆肥を10a当たり2t程度施用して保水性，透水性を高める。深耕し，大きなウネをつくる
定植方法	◎温度の確保	・三重被覆，電気温床線，トンネル被覆を活用し，厳寒期のハウス内温度（地温13℃以上）を確保する
	◎適期苗	・1番花開花前後の苗を定植する
	◎栽植密度	・ウネ幅180cm，株間45～50cm前後を目安にする
定植後の管理	◎主枝2本仕立て	・1番花直下の側枝を第2主枝とする。ウネに平行に設置したワイヤーに向けて，2本の主枝を誘引ヒモで誘引する
	◎着果管理	・非単為結果性品種を栽培する場合は，着果促進剤（トマトトーン）の単花処理や訪花昆虫を導入する
	◎収穫・せん定	・側枝の果実収穫時に，主枝に近い1芽を残して切り戻す（1芽切り戻しせん定）
病害虫防除	◎灰色かび病	・系統の異なる農薬を用いたローテーション防除を行なう ・適度な摘葉や循環扇による送風などで風通しをよくする ・古い花弁は早めに除去する
	◎コナジラミ類 アブラムシ類	・系統の異なる農薬を用いたローテーション防除を行なう ・（温暖地の場合）土着天敵のタバコカスミカメを活用する

用する（表20）。

表20　ハウス半促成栽培の施肥例　（単位：kg/10a）

	肥料名（成分）	施肥量	成分量		
			窒素	リン酸	カリ
元肥	エコロング413-140（14-11-13）	150	21	16.5	19.5
	有機666（6-6-6）	150	9	9	9
	苦土石灰	100	—	—	—
追肥	ユーエキ1号（8-3-6）	160	12.8	4.8	9.6
施肥成分量			42.8	30.3	38.1

(3) 定植のやり方

①ハウスの被覆と地温の確保

ハウスは、外張り1枚と内張り2枚の三重被覆で保温する。内張り2枚は、固定式より開閉式のほうが昼間の光量確保の点で望ましい。

適度な土壌水分状態のときにウネを立て、マルチをする。ナスの地下部の健全な生育には、最低地温13℃程度が必要である。定植後、地温を確保するため、マルチ上に電気温床線を設置する。電気温床線を用いない、または十分な温度を確保できない場合は、定植から2月中旬まではトンネル被覆する。

②定植と栽植密度

定植前日に植穴にあらかじめ灌水しておき、1番花開花ころの適期苗を定植する。

セル苗など若苗で定植すると初期生育が旺盛になりすぎ、1番花、2番花の落花や乱形果が発生しやすくなる。セル苗で購入した場合は、直径9cmポットなどへの鉢上げを行ない、1番花開花前後まで育苗するとよい。

栽植密度はウネ幅180cm、株間45～50cm前後とし、10a当たり1000～1100株程度とする。定植時に、1番花の向き（株の向き）をウネの向きに揃えると、その後の枝が伸びる方向が揃うため、主枝の誘引や収穫などの栽培管理がしやすくなる。

(4) 定植後の管理

仕立て方（誘引の仕方）は、主枝2本仕立てとすると草勢が強くなるため、収量増加が期待できる（図22）。1番花直下の側枝を第2主枝とする。ウネに平行に設置したワイヤーに向けて、2本の主枝を誘引ヒモで誘引する（図23）。主枝は、作業者の背丈を考慮して、160cm程度で摘心する。

半促成栽培は、暖房機による加温や送風を行なわないので、灰色かび病など低温や高湿度で発生しやすい病害に注意する必要がある。具体的には、適度な摘葉や循環扇による送風などで、風通しをよくするとよい。とくに灰色かび病は、開花後の花弁から感染することが多いため、古い花弁は早めに除去する。

〝千両〟などの非単為結果性品種を栽培する場合は、着果促進剤（トマトトーン（50倍希釈））の単花処理や、ミツバチなどの訪花昆虫の導入が必要になる。着果促進剤の処理作業は、全作業時間の2割にもなるので、省力化のため、近年では単為結果性品種の導入が進んでいる。

追肥は、3番果収穫ごろ（2～3月）から施用する。

図23　ハウス半促成栽培の生育状況
（誘引ヒモで誘引，２月）

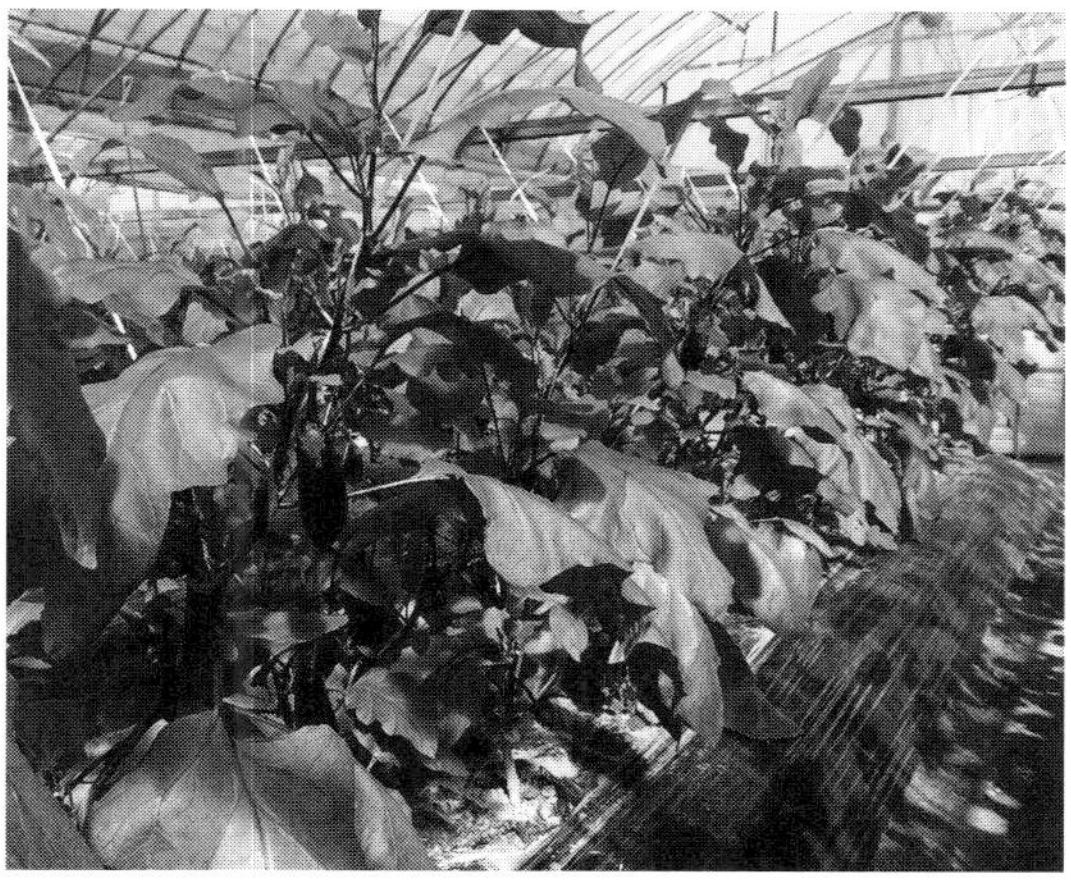

図22　ハウス半促成栽培の主枝の仕立て方

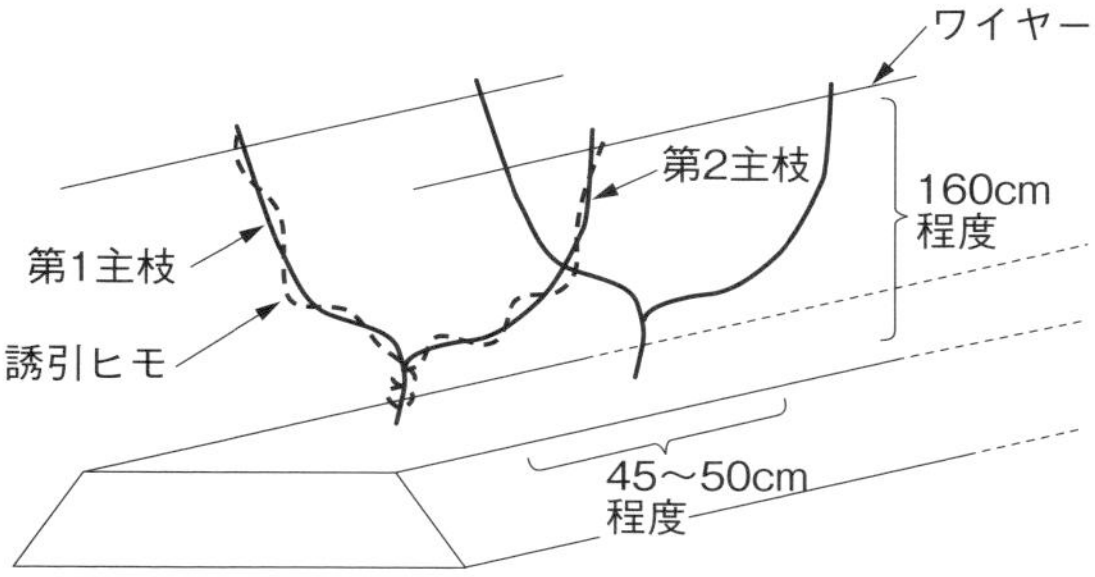

１株から主枝２本を誘引して，主枝２本仕立てとする。
１番花直下の側枝を第２主枝とする

図24 ナスの側枝のせん定方法（1芽切り戻しせん定）

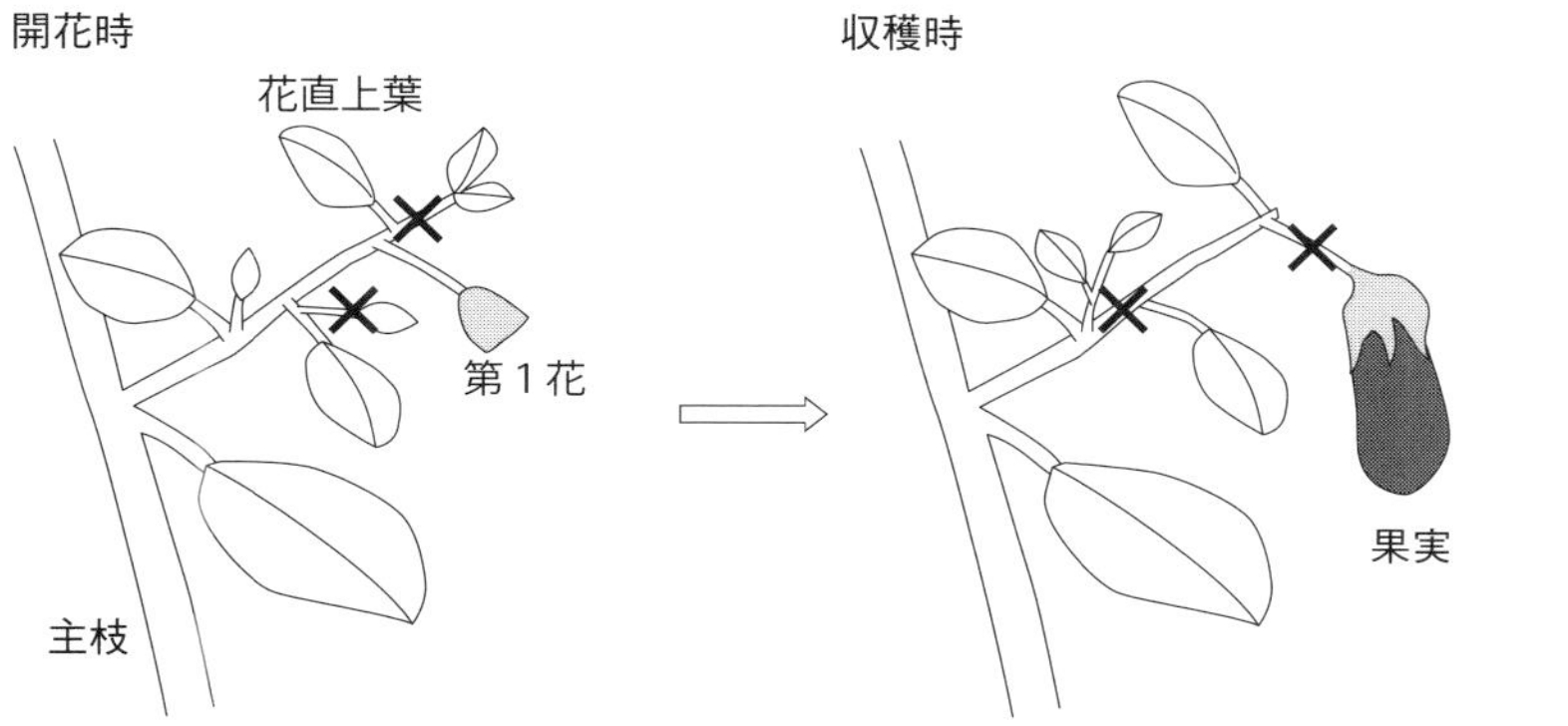

側枝第１花開花時に，花直上葉を1枚残して摘心する。花直下の芽も摘み，主枝に近い1芽を残す

収穫時に主枝に近い1芽を残して切り戻す

(5) 収穫

①収穫適期

ナスはキュウリなどと同じく未熟果で収穫するので、収穫適期は果実の大きさ（長さや重さ）を目安に判断する。消費者の好むナスの大きさは地域によって違い、中部地域では古くからナスの一本漬けが好まれており、一本漬けに適した長さ15～20㎝、重さ120g前後（100～150g）が出荷の目安になっている。120g前後で収穫する場合、厳寒期は開花から20～25日、高温期は15～20日で適期になる。

②収穫と側枝の切り戻しせん定

ナスは、収穫と側枝の切り戻しせん定を同時に行なう。まず、側枝の第1花開花時に、花直上葉を1枚残して摘心する。同時に花直下の芽も摘み、主枝に近い1芽を残す。その後、果実収穫時に、主枝に近い1芽を残して側枝を切り戻す（図24）。

1芽を残して切り戻すため、1芽切り戻しせん定という。栽培期間中、すべての側枝でこのせん定を繰り返す。

4 病害虫防除

(1) 基本になる防除方法

青枯病や線虫類などの土壌病害虫対策は、栽培前の土壌消毒と抵抗性台木を利用した接ぎ木が有効である。また、栽培期間中に問題

表21　ハウス半促成栽培の病害虫防除の方法

	病害虫名	防除法
病気	青枯病	高温で発病しやすい土壌病害である。前作で発病した圃場では，作付け前にクロルピクリンやバスアミド微粒剤による土壌消毒や，有機物を用いた土壌還元消毒などで菌密度を低減する。抵抗性台木に接ぎ木する。地上部10cm程度の高さで接ぎ木した，高接ぎ木苗は発病を遅らせる効果が期待できる。収穫などの管理作業によって地上部でも伝染するため，せん定バサミの消毒や交換なども被害拡大抑止効果がある
	灰色かび病	施設内温度が20℃前後，湿度が90％以上のときに多発する。適度な摘葉や循環扇による送風などで風通しをよくする。開花後の花弁から感染することが多いため，古い花弁は早めに除去する。多発圃場では，ボトキラー水和剤の予防散布や，発病初期にピクシオDF，セイビアーフロアブル20などを散布する
	うどんこ病	窒素過多による軟弱な茎葉は発病を促進する。多発すると被害を抑えられなくなるため，初発生を的確にとらえて農薬を散布することが大切である。アミスター20フロアブル，カリグリーンなどを散布する
害虫	ハダニ類	20～28℃が発生適温で，乾燥を好む。発生源となる施設周囲の雑草を除草する。初発生を的確にとらえて農薬を散布することが大切である。抵抗性系統が出現しないよう，系統の異なる殺虫剤をローテーションで用いる。カブリダニ類などの天敵製剤を利用する
	コナジラミ類 アザミウマ類	施設外からの飛び込みによって発生するため，発生源となる施設周囲の除草を行なう。また，施設の開口部に目合い0.4mmの防虫ネットを張り，侵入を防止するとよい（アザミウマ類は0.8mm目合いの赤色系防虫ネットを使うとよい）。初発生を的確にとらえて農薬を散布することが大切である。中部地域以南の暖地では，タバコカスミカメなどの土着天敵を活用すると，薬剤抵抗性の有無にかかわらず発生を抑制できる

になる病害虫は、多湿時に発生する灰色かび病、高温乾燥時に発生するうどんこ病、気温の高い時期にハウス外からの飛び込みによって発生するハダニ類、コナジラミ類、アザミウマ類などがある（表21）。

農薬防除を行なう場合は、早期発見・早期防除が基本である。農薬によっては連用すると病害虫が耐性をもつので、系統の異なる農薬を用いたローテーション防除を行なう。

(2) 農薬を使わない工夫

農薬使用の有無にかかわらず、病害虫防除の基本は「発生させない」「入れない」「増やさない」である。

地上部、地下部ともに健全なナスをつくる。葉が込み合うと、通気性が悪くなって病害の発生を助長したり、虫害の発見が遅れたりするため、定期的に葉かきを行なう。

出入り口や側窓、天窓に赤色系防虫ネットを利用すると、アザミウマ類が忌避するため効果的である。

天敵利用は、コナジラミ類、アザミウマ類の対策に、土着天敵のタバコカスミカメが有効であり、経費の大幅な削減にもなる。タバコカスミカメを利用する場合は、栽培期間外（夏期）に増殖を維持するための温存ハウスを用意するとよい。

表22　ハウス半促成栽培の経営指標
（12月定植，非単為結果性品種の場合）

項目	
収量（kg/10a）	12,000
単価（円/kg）	310
粗収益（円/10a）	3,720,000
経営費（円/10a）	1,955,000
所得（円/10a）	1,765,000
所得率（%）	47.4
労働時間（時間/10a）	1,500
所得（円/時間）	1,177

5 経営的特徴

労働時間は10a当たり約1500時間である。そのうち半分の750時間は4～7月に集中するので、規模拡大のためには短期従業員など労力の確保が必要である。
目標収量は12ｔ／10ａとする。平均単価を３１０円／kgとすると、粗収益は３７２万円、経営費を除いた所得は１７６万５０００円（所得率47・４％）が見込める（表22）。
（執筆：宇佐見　仁）

一口ナス（民田ナス）の栽培

１　一口ナスの特徴と導入

(1) 野菜としての特徴と利用

① 一口ナスとは

一口ナスとは、ナスを大きさ30ｇ以下のごく幼果の状態で収穫したもので、小ナスとも呼ばれる。なかでも、果形が卵型のものは丸小ナスと呼ばれる。代表的な品種は山形県の‘民田《みんでん》ナス’であるが、京都府の‘モギナス’や高知県の‘十市《とおち》ナス’など、各地に在来品種がある。新潟県の‘エンピツナス’など、大果と小ナスの両方に用いられる品種もある。

各種苗会社でも小ナス用品種を販売しており、‘梵天丸ナス’や‘真仙中長’などがある。

一口ナスの利用は、漬け物用が多いが、丸ごと煮物や天ぷらなどに使われる品種もある。今回は、その中で代表的な‘民田ナス’を主に紹介する。

② ‘民田ナス’

‘民田ナス’は漬けナス用の小ナス（一口ナス）で、江戸時代の初期から栽培され、その名前は生産地の山形県鶴岡市民田の地名に由来する。現在の主産地も鶴岡市である。

果皮の色は通常のナスと同じで、果実は丸形。果実の大きさ約10ｇ程度で収穫される（図25）。果肉は締まり、果皮は小果の中では柔らかいが、収穫後短時間で硬くなりやすいのが特徴。浅漬けや辛子漬け、粕漬け、味噌漬けなどに加工される。地元では浅漬けのビール漬けがおいしいとされている。また、１５０ｇ程度まで肥大したものは煮ナスとしても食べられる。

なお、種子は山形県庄内地方の種苗店で購入できる。

図25　収穫適期の‘民田ナス’

(2) 生理的な特徴と適地

草丈は１ｍくらいで、早生系ナスに属する。葉は小さく、草姿は繁茂性で、根が浅いため干ばつに弱く、また半身萎凋病に弱い特

図 26　一ロナス　栽培暦例（山形県での基本作型）

月	2			3			4			5			6			7			8			9		
旬	上	中	下	上	中	下	上	中	下	上	中	下	上	中	下	上	中	下	上	中	下	上	中	下
作付け期間			●	―	―	●	―	▽	×	―	▼	―	―	―	―	■	■	■	■	■	■	■	■	■
主な作業			台木播種			穂木播種		鉢上げ	接ぎ木	定植準備	定植					収穫始め								収穫終了

●：播種，▽：鉢上げ，×：接ぎ木，▼：定植，■：収穫

性がある。

着果習性は他のナス品種と同様で、花芽のすぐ側方に新しい生長点が脇芽として分化する。葉が2枚分化すると、その生長点の最頂部に再び花芽が分化してくる。

主に露地畑で栽培され、定植は晩霜のなくなる5月中旬以降になる。排水がよく肥沃な土壌が適する。

(3) 導入の注意点

収穫期間が長いため、完熟堆肥や土つくりのための肥料を十分に施す。また、土壌の目標pHが6～6・5になるように石灰資材を施用する。

他のナス品種と同じように土壌病害が発生しやすいため、輪作を行なう。

夏は、草姿が過繁茂にならないように、老化した下葉の摘葉やふところ枝のせん定を行なう。また、窒素分が不足すると短花柱花が多くなるので、それらを防ぐためきめ細かな灌水を行なう。

(4) 他の野菜・作物との組合せ方

水田の転換畑で4～5年の輪作を行なう。初年目はダイズを栽培し、土壌の排水性がやや改善した2年目以降にナスを作付けることが多い。その後は、カブ類などと輪作して栽培する。

2 栽培のおさえどころ

(1) 土壌病害に注意

一ロナスは、かつては自根で栽培されていたが、半身萎凋病や青枯病に弱く収量が低下するため、主に接ぎ木栽培が行なわれている。台木は、両方に抵抗性のある〝トルバム・ビガー〟が主に使用されている。

(2) 高温乾燥期にきめ細かな灌水が必要

梅雨明けの7月下旬～8月中旬は高温乾燥になりやすいため、土壌の水分状態が果実の品質に影響する。つまり、高温期に土壌が乾燥すると生育が停滞し、果皮が硬くなってしまう。そのため、きめ細かな灌水によって、よい生育状態をつねに保つことが重要になる。

(3) ホルモン処理はしない

1番果は6月中旬ごろから収穫できるが、春先の低温などで石ナスになりやすい。しかし、ホルモン処理は効果が低く、労力もかかるため行なわない。

表23　一口ナス栽培のポイント

	技術目標とポイント	技術内容
定植準備	◎圃場の選定と土つくり ・圃場の選定 ・土つくり ◎施肥基準 ◎ウネつくり	・連作を避け，4～5年の輪作体系にする ・排水がよく作土の深い圃場を選定する ・干ばつ防止のため，灌水設備のある圃場がよい ・完熟堆肥を2t/10a以上施用して深耕する ・苦土石灰などを施用（pH6～6.5が目標） ・接ぎ木苗の場合はウネ幅130cm，露地でのウネの高さを15～20cmとする ・定植約10日前にウネつくり，マルチを完了しておく
育苗方法	◎播種準備 ・ビニールハウス内で育苗 ◎健苗育成 ・鉢上げは適期に ・順調な活着とやや硬めの苗つくり	・バットや温床（電熱線250～300W/m^2）などに播種し，発芽まで30℃前後で保温。発芽後は25℃で管理する ・鉢上げは直径9～12cmポットに行なう ・定植約5日前から外気温にならす ・アブラムシ類の発生に注意し，発生が確認されたら薬害に注意して農薬を散布する
定植方法	◎適切な栽植密度 ◎適期定植 ◎順調な活着の確保	・自根苗・接ぎ木苗とも，ウネ幅150cm，株間75cmの1条植え（1,040株/10a） ・播種後約60日の第1花開花前が定植適期。定植期には地温15℃以上を確保する ・温暖な晴天日にていねいに定植する
定植後の管理	◎草勢維持と過繁茂の回避 ・せん定 ・追肥 ◎土壌水分管理 ◎病害虫防除	・3本仕立て栽培 ・老化した下葉の摘葉や，ふところ枝のせん定 ・ホルモン処理はしない ・花型（短花柱花があるかないか）に注意し，開花している花の先に展開葉が3～4枚あるように灌水管理する ・梅雨明けの7月下旬～8月中旬の高温期は，灌水時間や灌水間隔，通路灌水を組み合わせるなどきめ細かな灌水で生育を良好に保つ ・病害虫防除は早期発見による早期防除が大切
収穫	◎適期収穫	・開花後約10日，10～14gに肥大した果実を毎日適期収穫する ・高温期には鮮度の低下が早いため，出荷する直前に収穫する

3 栽培の手順

(1) 育苗のやり方

穂木の播種時期は3月下旬で、台木は穂木より20日ほど早く播種する。種子を一昼夜ぬるま湯に浸漬して芽出しをした後、30℃前後に保温したバットや温床に播種する。発芽後は25℃くらいに保温し、生育の促進を図る。

本葉2～3枚ごろに、直径9～12cm程度のポットに鉢上げする。苗床で葉が込み合ってきたら鉢ずらしを行ない、葉と葉が重ならず、光が十分当たるように管理する。

定植の約5日前から、活着をよくするために、育苗用のトンネルを除去したり、電熱温床線のスイッチを切り、外気温にならしていく。

(2) 定植のやり方

定植の約10日前に、完熟堆肥や土つくり肥料などの元肥を施用して、定植準備を行なう。地力に応じて、窒素成分で10a当たり約15～20kg程度の元肥を施用し（表24）、耕うんしてマルチをかけ、地温の上昇を図る。

表24　施肥例　（単位：kg/10a）

	肥料名	施肥量	成分量		
			窒素	リン酸	カリ
元肥	完熟堆肥	2,000			
	苦土石灰	60			
	BMようりん	60		12.0	
	CDU複合燐加安S682号	100	16.0	8.0	12.0
追肥	燐硝安加里S604	60	9.6	6.0	12.0

表25　病害虫防除の方法

	病害虫名	防除法
病気	褐紋病	適用薬剤がないため，発病部位を圃場外に搬出するなどで対応する
	半身萎凋病	輪作の実施，抵抗性台木に接ぎ木する
	青枯病	輪作の実施，抵抗性台木に接ぎ木する
害虫	アブラムシ類	土壌処理剤を定植時に植穴施用する
	ハダニ類	発生を確認したら，薬剤をローテーション散布する
	ヨトウムシ類	

定植には15℃以上の地温が必要なので、5月中旬以降の温暖な日にていねいに行なう。ウネ幅150cm、株間75cmの1条植えとする。

(3) 定植後の管理

主枝と第1花の下の側枝2本を伸ばし、3本仕立てにする。葉が小さいため光が十分当たるので、着果や着色はよい。

自根苗は草丈が1mくらいと、通常のナスより低いため、収穫終了まで誘引はしない。しかし、接ぎ木苗は草勢が強く草丈も高くなるため、ウネの両サイドに支柱を立ててマイカー線を張り、枝を誘引する。

過繁茂になると着色不良や病害虫の発生を助長するため、老化した下葉の摘葉やふところ枝のせん定を行ない、草姿を改善する。

(4) 追肥

開花や結実が多くなるころには、窒素がやや不足気味になり、花芽の発育が悪くなる。そのために短花柱花が多くなり、収量・品質が低下するので、花型や草勢をみながら、マルチ脇に追肥する。

1回の追肥は、窒素成分で10a当たり2kgを目安に行なう。なお、降雨のない時期には通路灌水を行ない、肥効を高めるようにする。

(5) 収穫

開花後10日目ころに、10～14gに肥大した果実を収穫する。1日遅れると漬け物用規格外のサイズになってしまうため、毎日収穫する必要がある。また、高温期には光沢がなくなるなど鮮度の低下が早いため、早朝に収穫を行なうようにする。

安定して収穫できるのは7月上旬からで、収穫打ち切りは9月末ごろだが、夏季の高温や台風の被害程度で左右される。

収量は10a当たり2～2.5tで、他のナス品種に比べて低い。

4 病害虫防除

(1) 基本になる防除方法

病害では褐紋病や疫病、虫害ではアブラムシ類やハダニ類の発生が多い。よく観察して病害虫の診断を的確に行ない、早期発見と早期防除に努める（表25）。

(2) 農薬を使わない工夫

病害虫の発生状況を観察しやすくするため、支柱に設置したマイカー線などに枝を誘引する。また、誘引した枝を結束するヒモなどは、アブラムシ類の寄生を防ぐため黄色のものは使用しない。

5 経営的特徴

一ロナスの栽培では、毎日収穫するためやや労働力がかかる（表26）。

収穫されたナスは農協を通じて地元の加工業者に引き取られ、浅漬けや辛子漬け、粕漬け、味噌漬けに加工され、一部は、砂糖で漬け込む菓子の原料になる。

また、地元の八百屋との取引や、生産者自らが浅漬けしたものを直接販売する引き売りなども行なわれており、初夏の味覚を代表する地域の風物詩になっている。

（執筆：千葉更索）

表26　一ロナス栽培の目標経営指標

項目	
収量（kg/10a）	2,000
単価（円 /kg）	460
粗収入（円 /10a）	920,000
種苗費	7,700
肥料費	70,492
薬剤費	19,312
資材費	130,493
光熱動力費	21,553
農機具費	21,119
流通経費（運賃・手数料）	165,140
荷造経費	47,317
農業所得（円 /10a）	436,874
労働時間（時間 /10a）	522

ピーマン

表１　ピーマンの作型，特徴と栽培ポイント

主な作型と適地

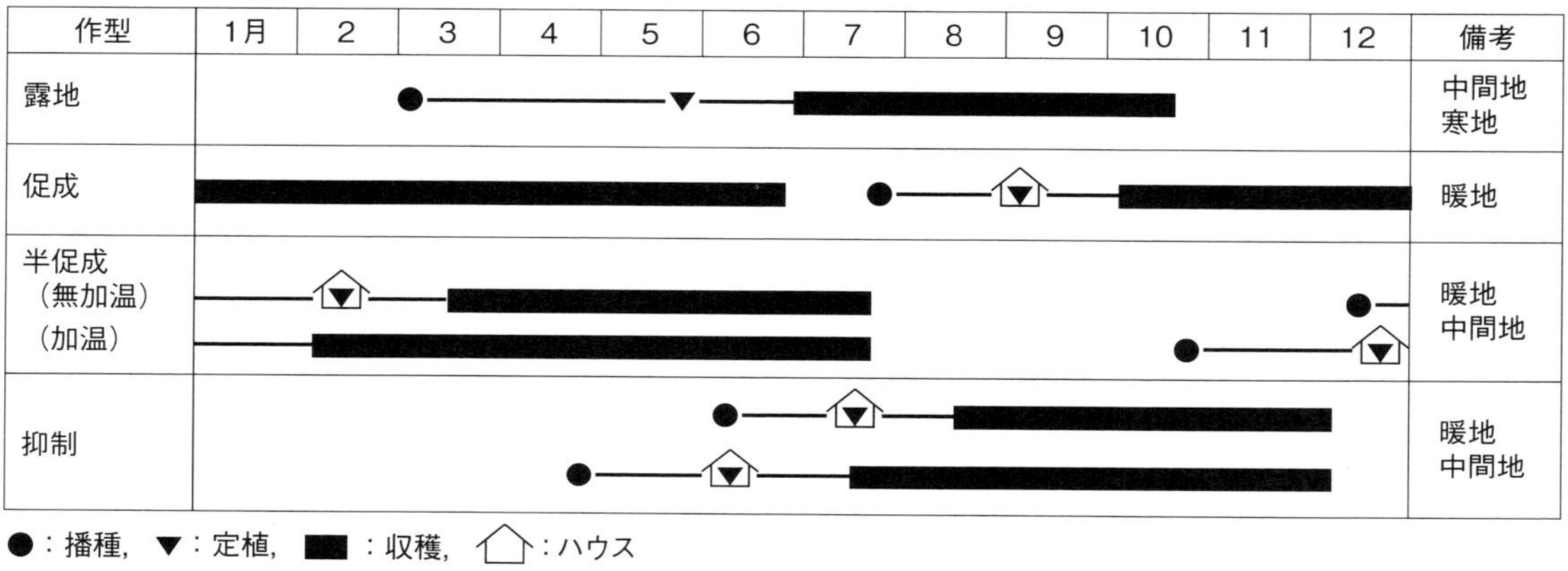

特徴	名称	ピーマン（ナス科トウガラシ属）
	原産地・来歴	中央アメリカ，南アメリカ
	栄養・機能性成分	ビタミンA・B_1・B_2・C・D・P，鉄，カルシウム，カロテン，食物繊維などを含み，とくにビタミンCが豊富
生理・生態的特徴	発芽条件	発芽は地温25～30℃が適温である。20℃を下回ると発芽にばらつきが出る
	温度への反応	最適温度は昼間25～30℃，夜間18～20℃，15℃を下回ると生育が悪くなる
	日照への反応	光飽和点は3万～4万lxでトマトの半分程度だが，トマトより茎葉が繁茂している位置に着花するため，ハウス内の照度が低下しないよう注意する
	土壌適応性	砂土や沖積土など土質の適応性は広い。ただし，乾燥や多湿に弱く，土壌水分は常に湿潤状態を保つことが重要
	開花（着果）習性	10節前後が第1分枝で，その基部に第1花が開花。第1分枝から2本の分枝が伸長し，各1節に1花ずつ開花。以後これを繰り返す
栽培のポイント	主な病害虫	病気：うどんこ病，斑点病，黒枯病など。害虫：アザミウマ類，タバコガ類など。ウイルス病（PMMoVなど）や土壌病害（疫病など）は，発生すると被害が甚大になる
	施肥・灌水管理	肥料分が持続的に効くよう，元肥の選択や追肥を行なう。土壌は湿潤状態を保ち，乾燥や多湿を防ぐ
	温度管理	15℃以下の低温になると生育が悪くなるので，保温管理が重要である。温度とともに湿度の管理も重要である
	他の作物との組合せ	果菜類，葉菜類など幅広い組合せができる。ただし，土壌病害の発生状況や残肥を考慮して品目を選択する

この野菜の特徴と利用

(1) 野菜としての特徴と利用

①栽培の始まり

ピーマンはトウガラシの一種で学名は*Capsicum annuum* L. Grossum groupである。パプリカとは学術上の区別はなく、果皮の厚さや形状で市場での呼び方が分かれている。辛味がなく、円錐形に近い中小型の薄皮のものをピーマンと呼んでいる。

ピーマンの原産は中南米で、ヨーロッパを経由して世界に広がった。日本では、戦後アメリカ軍の清浄野菜として生産が始まり、食事の洋風化とともに日本中で食べられるようになった。野菜生産出荷安定法の指定野菜であり、生産量、消費量が多い、日本の主要な野菜になっている。

②野菜としての特徴と栄養

日本でピーマンの生産が始まった当初は、パプリカに近い形状をしていたが、中国の獅子型のピーマンや日本の在来ピーマンとの掛け合わせが行なわれ、現在のような形状になった。近年では、長さが15cm以上になる大型の品種や5cm程度の小型の品種、種なしの品種など、バリエーションが増えてきている（表2）。

ピーマンの栄養成分はビタミンA・B_1・B_2・C・D・P、鉄、カルシウム、カロテン、食物繊維などが含まれている。とくにビタミンCが豊富で、含有量は100g中に約80mgで、完熟して赤ピーマンになるとその約2倍になる。

③生産量と利用

ピーマンの日本での産出額は2020（令和2）年現在で597億円であり、主要農産物の中では25位にランクされている。日本の主な産地は茨城県、宮崎県、鹿児島県、高知県で、この4県で産出額の約61％（2020年）を占める。

ピーマンの出荷量は2020年現在で12万7400tである。1973年には12万8100tあり、1989年に15万5400tまで増加したものの、その後、微減傾向と

表2　形状・特徴別ピーマンの品種例

販売形状	品種	特徴
緑ピーマン（通常）	みおぎ（園芸育種研），京鈴（タキイ種苗），他	通常のピーマン
緑ピーマン（大型）	とんがりパワー（ナント種苗），ジャンボピーマンGG（カネコ種苗），他	大きさ15cm以上の大型ピーマン
緑ピーマン（種なし）	タネなっぴー（横浜植木）	タネがほぼ入っていない。形状は通常
カラーピーマン	L3シグナル（園芸育種研），フルーピーレッド（タキイ種苗），他	カラーピーマン専用品種
ミニピーマン	プチピー（トキタ種苗），ミニパプ（丸種），他	大きさ5cm程度のカラーピーマン

なり現在にいたる。

食材としては、和食、洋食、中華料理と幅広く使われる。子供の嫌いな野菜の代表格としてあつかわれるが、ピーマン産地や料理レシピサイトでは、ピーマンの苦手な子供でもおいしく食べられる新たな調理法が日々紹介されており、苦手だからと敬遠せずぜひ食べてほしい食材である。

(2) 生理的な特徴と適地

① 発芽の条件

ピーマンの発芽は地温25～30℃が適温である。20℃を下回ると発芽にばらつきが出る。

光が当たっていると発芽しにくくなるため、覆土は厚さ1cm程度とし、浅くならないように注意する。播種後5日程度で発根が始まり、7日程度で出芽が始まる。出芽始めから出芽揃いまでは、3日間程度かかる。

発芽を揃えるには、温度と土壌水分が重要である。発芽がばらつく場合は、温度（とくに最低温度）や灌水方法（乾燥または多湿）をチェックする。

② 生育適温と湿度、日照の影響

ピーマンの生育適温は、昼間25～30℃、夜間18～20℃である。昼間の高温には比較的強く、35℃程度なら問題なく生長する。一方、夜温には敏感で、15℃以下になると生育が悪くなり、収量が落ちる。

また、ピーマンの生育には湿度が重要である。温度が25℃の場合、湿度は80％程度あるとよい。

日長の影響は少ないといわれており、生育には温度や湿度の影響のほうが大きい。光飽和点は3万～4万lxで、トマトの半分程度である。ただし、ピーマンは脇芽で収穫するなど、トマトより繁茂している位置に着花するので、ビニールの汚れなどでハウス内の照度が低下すると、着果が悪くなるので注意が必要である。

ピーマンはナス科のため、トマトに類似した栽培がよいと勘違いされることがある。しかし、光よりも温度や湿度の管理が重要になるなど、トマトとの違いが多くあり、むしろキュウリに近い管理になる。

③ 土壌条件

土壌は適応性が広く、水はけのよい砂土や水田など

図1　ベッド内の根の様子

図2　養液土耕栽培

の沖積土でも栽培できる。ただし、乾燥や多湿に弱く、土壌水分は常に湿潤状態を保つことが重要である。

ピーマンの根はトマトと比べ、細根が多く浅根である。ピーマンのウネの断面を切ると、細根がベッド内いっぱいに広がっている（図1）。そのため、乾燥や湛水、極端な多肥は根を傷め、生育に悪影響を与える。そのためか、土壌が常に湿潤状態にあり、肥料も灌水と同時に補充される、養液土耕栽培とは相性がよい（図2）。

④ピーマンの作型

ピーマンの主な作型は、9月に定植し翌年6月末まで栽培する促成栽培、12月末～2月末に定植（12～1月定植は加温）し翌年6～7月まで栽培する半促成栽培、7月に定植し12月上旬まで栽培する抑制栽培、5月中下旬に定植し10月まで収穫する露地栽培がある。

なお、近年は重油代の高騰などの影響により、5月定植の抑制栽培も行なわれるなど、作型の幅も広くなってきている。

（執筆：小川孝之）

露地夏秋どり栽培（トンネル早熟栽培）

1 この作型の特徴と導入

(1) 作型の特徴と導入の注意点

この作型は、寒冷地などで、夏秋期の比較的冷涼な気候を活用して、露地でピーマンを栽培する方法である。ビニールハウスなどの施設を用いないため、初期投資が比較的少なく済み、新規就農者などにも取り組みやすい作型である。

また、栽培施設を用いないので、土地さえ確保できれば圃場の移動が容易である。そのため、土壌病害や連作障害などが発生した場合でも、無病の圃場に移動してリセットできるという利点がある。

露地栽培はハウス栽培に比べ、整枝や誘引作業に必要な労力は少ないが、収穫作業が8～9月にピークになる。また、生育はその年の気候条件などに大きく左右されるため、収量や品質の年次間差が比較的大きい。

(2) 他の野菜・作物との組合せ方

岩手県の場合、露地栽培は、5月中下旬に定植し、10月までが収穫期間なので、水稲作業とは比較的重ならない。また他の果菜類に比べ収穫適期が長いので、水稲などの他作物との相性がよく、複合経営に適した品目といえる。

2 栽培のおさえどころ

(1) どこで失敗しやすいか

ピーマンは土壌の過湿に弱いため、圃場の排水性が悪いと生育が停滞するほか、疫病や軟腐病の発生を助長する原因になる。そのため、排水良好な圃場を選定することが最も重要である。

とくに水田転換畑でピーマンを栽培する場合は、適切な排水対策を行なう必要がある。

図3　ピーマンの露地夏秋どり栽培　栽培暦例

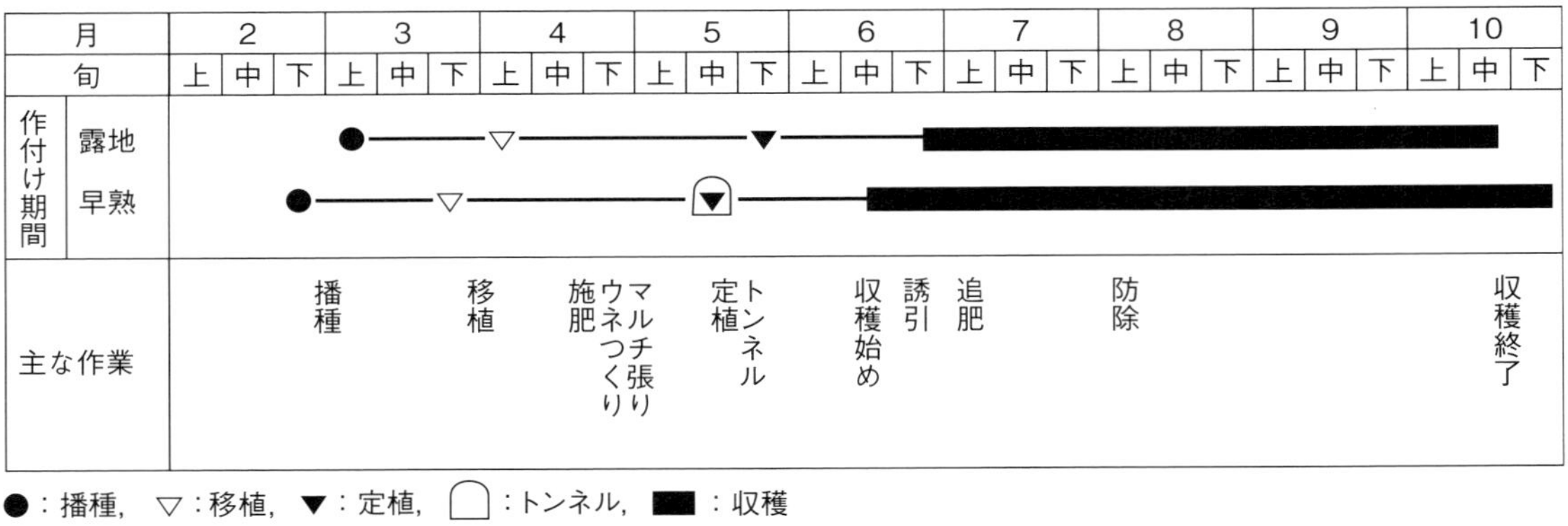

暗渠などの抜本的な対策ができれば、ある程度の改善が見込まれる。しかし費用と労力の面で実用的ではない場合もあるので、可能なかぎり排水性のよい圃場を選ぶべきである。

露地栽培の定植は、晩霜限界期より5日程度遅い時期が適する。夜温が低いと生育が停滞するため、無理な早植えは避けるべきである。

定植後に強い風が吹き、葉が揉まれて傷むと生育が抑制されやすい。風当たりの強い圃場では、圃場まわりに防風ネットを設置するなど、防風対策を行なうことが望ましい。

(2) おいしく安全につくるためのポイント

ピーマンの露地栽培で発生するさまざまな病害虫を防ぎ、品質のよい果実を収穫するためには、農薬を用いた防除が必要になる場合がある。農薬を使用する前には、必ずラベルを確認して、記載されている使用基準などを遵守し、適正かつ安全に使用しなければならない。

(3) 品種の選び方

露地栽培では、基本的に整枝管理を行なわず放任するため、同時に多くの果実がなり着果負担が大きくなる。そのため、比較的草勢の強い'京ひかり'や'みおぎ'などの品種が適する（表3）。

また、青枯病や疫病などの病害対策には、両病害に抵抗性をもつ台木品種'バギー'などの接ぎ木苗の利用も有効である。なお、接ぎ木を行なうには、接ぎ木親和性や耐病性を考慮して品種を選定する。

3 栽培の手順

苗は購入するか、育苗する場合は、次節のハウス半促成栽培（無加温）の育苗のやり方（119ページ）に準じる。

(1) 畑の準備

露地栽培10a当たりの施肥量は、窒素、リン酸、カリともに成分量で30kg程度必要である。リン酸はほぼ全量を元肥で施用するが、窒素とカリは半量の15kgを元肥として定植前に施用し、残り半分は収穫が始まってから追肥として施用する。

窒素とカリの1回目の追肥は収穫開始ごろ

表3　露地栽培に適した主要品種の特性

	品種名	販売元	品種特性
穂木	京ひかり	タキイ種苗	・草丈は‘京鈴’よりも伸びやすく，‘京ゆたか’と同程度である ・商品果収量は‘京鈴’と同程度～やや多い ・黒変果の発生が少ない
	みおぎ	園芸育種研究所（旧：日本園芸生産研究所）	・‘京ゆたか7’より草勢はやや強め ・商品果収量は‘京ゆたか7’と同程度～やや多いが，変形果が多い ・黒変果の発生が少ない
台木	バギー	タキイ種苗	・疫病，青枯病の両方に対して抵抗性がある ・PMMoVに対するL^3抵抗性遺伝子をもっている（L^3品種） ・草勢は中強
	台助	園芸育種研究所（旧：日本園芸生産研究所）	・青枯病に対して抵抗性がある ・PMMoVに対するL^3抵抗性遺伝子をもっている（L^3品種） ・草勢はやや弱い
	台パワー	ナント種苗	・疫病，青枯病の両方に対して抵抗性がある ・PMMoVに対するL^3抵抗性遺伝子をもっている（L^3品種） ・初期生育がやや遅くなる

表4　露地栽培のポイント

	技術目標とポイント	技術内容
定植準備	◎圃場の選定	・排水性の良好な圃場を選定する ・明渠や暗渠など，必要に応じて適切な排水対策を実施する
	◎土つくり	・前年秋，または定植の1カ月以上前を目安に，完熟堆肥4t/10a程度と，てんろ石灰を土壌pHに応じて施用する（目標pH6.5程度）
	◎施肥	・施肥基準や土壌診断結果にもとづき，適量の肥料を施用する
	◎ウネ立て	・定植までに地温を確保するため，定植の1～2週間前までにウネ立てとマルチ張りを実施する
定植方法	◎定植適期	・露地栽培の定植適期は，平均終霜日より5日程度遅く，日平均気温17℃以上が目安であり，無理な早植えは禁物である
	◎初期防除	・定植後の強風に備え，防虫ネットを設置するなどの対策を行なう ・定植時に効果のある殺虫剤を施用し，初期害虫の防除に努める
	◎定植	・定植は，根鉢が1cm程度ウネ面から出る浅植えにする ・定植後は苗の倒伏防止のために仮支柱に誘引するとともに，活着するまでの間は株元に手灌水を行なう
定植後の管理	◎トンネル被覆（トンネル早熟）	・定植後は，日最低気温が17℃を超えるまでを目安に，トンネル被覆を行なう ・トンネル被覆期間中，トンネル内が33℃以上の高温状態にならないよう，適宜換気を行なう ・トンネル内は乾燥しやすいため，灌水チューブの設置が必要である
	◎脇芽かき	・脇芽は長さ10～15cm程度を目安に，数回に分けて除去する
	◎整枝管理	・基本的には整枝管理を行なわず放任にするが，第3分枝の内側を摘心すると，その後の作業性が向上する
	◎誘引	・活着後は，早めに誘引の準備をする
収穫	◎収穫適期	・収穫適期である30～40g程度で収穫することで，株にかかる着果負担を一定に保つ
	◎ハサミの使用	・病害防除のために，収穫に使用するハサミは常に清潔に保つ

とし、2回目以降はおおよそ2週間間隔で行なう。また、収穫打ち切りの1カ月前が追肥を終了する目安になる（表5）。

露地では、天候によって、施肥や耕起、ウネ立て作業などが予定どおりに実施できないことも多い。しかし、ウネ立てが定植直前になると地温が十分に確保できず、定植後の活着と初期生育が劣るので、早めにウネ立てとマルチの展張を済ませ、地温の確保に努める必要がある。

(2) 定植のやり方

定植はできるだけ晴天で風のない日に行なう。苗は定植前に十分灌水しておく。

植穴が苗の根鉢より深いと深植えになり、湿害や病害の発生が助長される。そのため、ポット苗の根鉢がウネ面から1cm出る程度の浅植えになるよう、植穴の深さを調節する。植穴と根鉢の間に隙間があると根が伸びないので、隙間ができないように土を寄せる。また、株元に軽く盛り土をしてマルチの穴をふさぐことで、マルチ内からの熱風で苗が傷むことが防げる。

定植後はただちに仮支柱に誘引して、風の影響などによる倒伏を防止する。仮支柱を挿すとき根を傷つけないよう、根鉢部分を避けて斜めに挿す。

これらの作業が終了後、根鉢と植穴の間の土がなじむよう、ジョウロなどで株元に灌水する。

なお、栽植様式は表6を参照されたい。

表5　施肥例　（単位：kg/10a）

	肥料名	施肥量	成分量		
			窒素	リン酸	カリ
元肥	てんろ石灰	100	—	—	—
	苦土重焼燐	40	—	14	—
	燐硝安加里 555 号	100	15	15	15
追肥	野菜追肥 S535	100	15	3	15
施肥成分量			30	32	30

表6　露地・トンネル作型の栽植様式

作型	株間（cm）	ベッド幅（cm）	通路（cm）	栽植密度（株 /10a）
露地	45	60 ～ 90	70 ～ 100	1,587
トンネル早熟	45 ～ 50	80	70 ～ 100	1,428 ～ 1,587
小トンネル	45 ～ 50	60 ～ 90	70 ～ 100	1,428 ～ 1,587

図4　露地栽培の様子

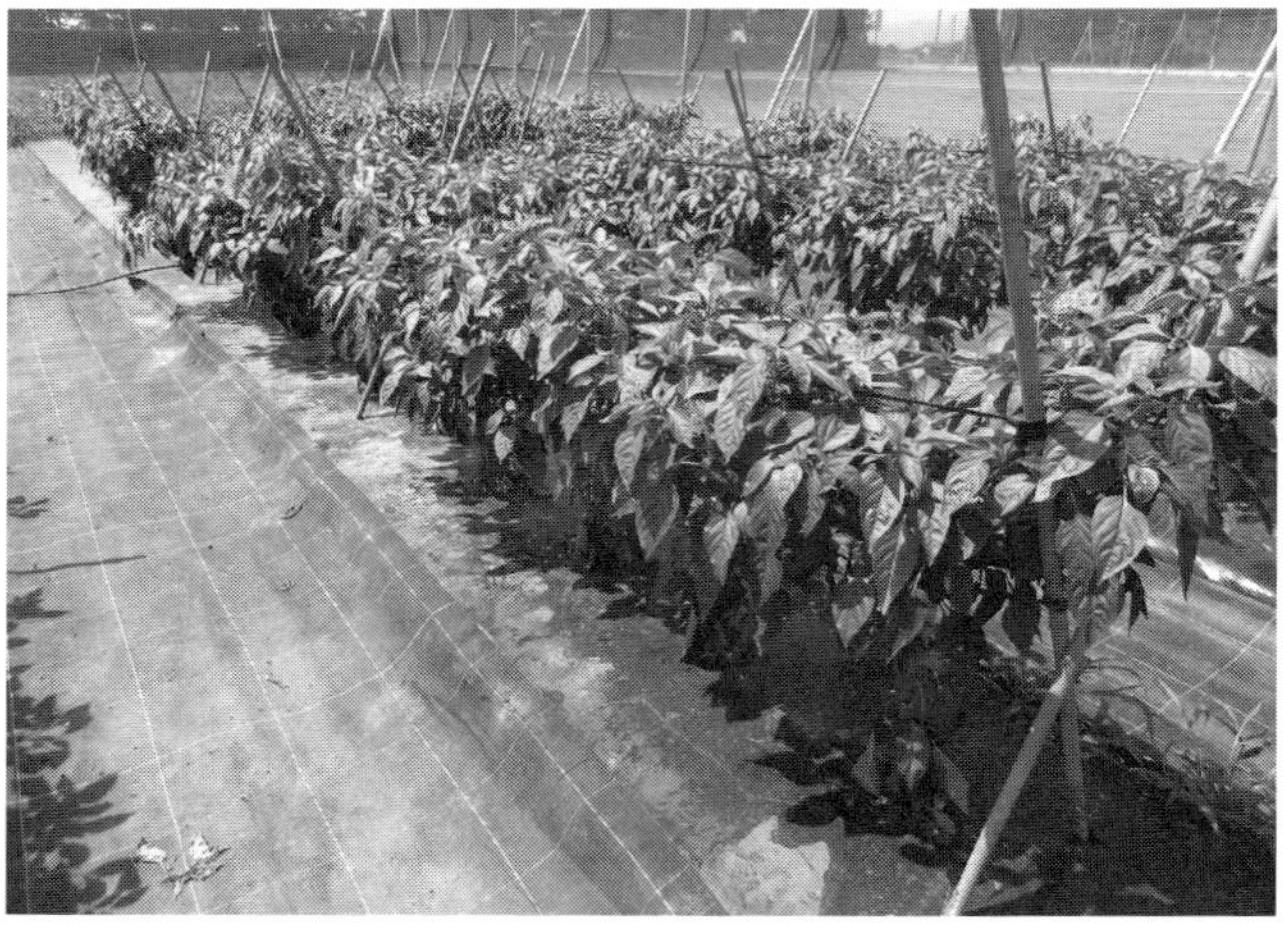

(3) 定植後の管理

① 分枝の整理、摘花、脇芽の除去

第1分枝が3本に分かれた3本分枝苗は、早めに1本摘心して2本分枝に整理する。

1番花を結実させると株に大きな着果負担がかかり、初期生育が劣るので、1番花は開花中に摘花する。初期の草勢が劣る場合などは、必要に応じて2～3番花も摘花して、初期生育の確保を優先する。

活着後に、分枝部分より下位節に発生する脇芽は、小さな脇芽までていねいに除去したり、1回ですべての脇芽を除去すると根張りが遅れる。このため、脇芽は長さ10～15cm程度を目安に、数回に分けて除去する。ただし、主枝の生長点より高く伸びた脇芽は、すみやかに除去する。

露地作型では、整枝管理を行なわず放任にするのが基本だが、第3分枝の内側の分枝を摘心すると、その後の作業がやりやすくなる。

② 誘引

活着後は、早めに誘引作業の準備を行なう。まず、鉄パイプや木材、イボ竹などの支柱をウネの両脇に180～200cmの間隔で立てる。次に、株元から高さ40～60cmの位置にフラワーネットやマイカ線などを水平に張る（図5）。枝が垂れたり風でバタついたりしないよう、草丈50cm程度を目安に、フラワーネットやマイカ線に誘引する。

株の生育状況に応じて、上にもう1～2段フラワーネットやマイカ線を張る。なお、フラワーネットを利用すると、誘引作業は比較的らくにできるが、栽培後半に株の中心が込み合うため、収穫作業などがやりづらくなる。

図5　露地栽培の支柱とフラワーネットの張り方（例）

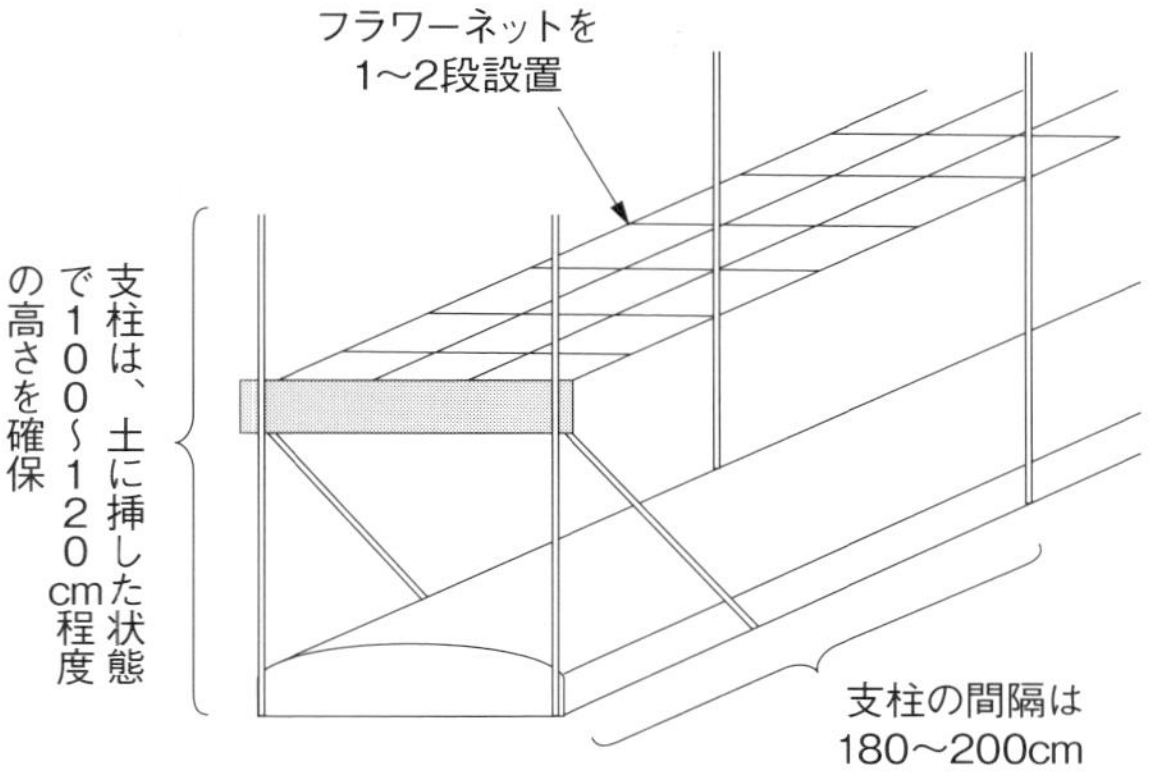

(4) 収穫

①適期収穫を守る

収穫適期である30～40g程度で収穫すれば、株にかかる着果負担を一定に保つことができる。とくに、収穫初期は株つくりを優先させるため、30g程度と早めに収穫するように心がける。収穫作業が遅れると、着果負担によって草勢が低下する。そして、大きくなった果実を一気に収穫すると、その反動で栄養生長にかたよってしまう。その結果、収穫に大きな山と谷ができ、収量が安定しなくなる。

②衛生管理に注意

圃場の土が付着するなど、汚れたハサミを使用して果柄を切ると、傷口から雑菌が侵入してヘタ部分が腐敗することがある。そのため、毎日の収穫作業終了後には、使用したハサミを洗って乾燥させるなど、衛生管理に注意しなければならない。

また、青枯病やモザイク病などは、ハサミなどに付着した罹病株の汁液によって、健全株へと感染が拡大するため注意が必要である。

4 病害虫防除

(1) 基本になる防除方法

①病気

露地栽培で発生しやすい病気は、灰色かび病、疫病、軟腐病、青枯病などがあげられる。

青枯病は、夏の高温期にとくに発病が多い、急性の萎凋性病害である。発病すると、生長点付近の葉が日中に萎れ、夕方や曇天になると回復するのを繰り返す。やがて株全体が萎れる青枯状態になり、枯死する。

青枯病が発生したら、発病株は放置せず、すみやかに抜き取って処分する。ただし、株が大きくなってから抜き取ると、隣接株の根を傷つけることがあるので、状況に応じて地上部のみ切断することも検討する。本病が発生した場合、次作は圃場の移動を検討する。やむを得ず同一圃場で栽培する場合は、抵抗性台木品種の'台助'や'バギー'を利用した接ぎ木苗の導入を検討する。

軟腐病は、収穫後の果柄や摘果後の傷口が水浸状に腐るほか、病気が進行すると軟化し、繊維のみを残して腐敗する。特徴的な腐敗臭を出すので、市場クレームの原因になる。露地栽培で、降雨中や降雨直後、果実に雨滴が残ったまま収穫・出荷すると本病の発生が助長される。果実や茎葉が乾いた状態で収穫するよう努める。

②害虫

ピーマンの露地栽培で発生しやすい害虫は、アブラムシ類やタバコガ類である。

アブラムシ類は防除が遅れて多発すると、排泄物（甘露）によって葉が汚れるとともに、生育が遅延する。また、CMV（キュウリモザイクウイルス）を媒介し、少数個体の寄生でもモザイク病を発生させるので、効果のある殺虫剤による初期防除に努める。

タバコガ類は、幼虫が果実の内部に食入し、未成熟種子や果肉を食害しながら成長する。幼虫1匹で多数の果実を食害するだけでなく、食入による傷口や幼虫の歩行移動によって病原菌が拡散され、軟腐病の発生が助長される。効果のある殺虫剤による定期的な防除を実施する。

表7　病害虫防除の方法

	病害虫名	防除法
病気	疫病	・抵抗性台木を用いた接ぎ木苗を導入する ・排水対策を実施するほか，高ウネ栽培とする ・効果のある殺菌剤を散布する
	青枯病	・抵抗性台木を用いた接ぎ木苗を導入する ・発病株は放置せず，すみやかに抜き取り処分する ・発病圃場への作付けを避ける
	モザイク病（CMV）	・媒介者であるアブラムシ類の防除を徹底する ・発病株は放置せず，すみやかに抜き取り処分する ・栽培管理にともなう，発病株からの二次伝染（汁液伝染）に留意する
	斑点細菌病	・過繁茂にならないよう，適宜整枝を行ない，通気性を確保する ・発病葉はすみやかに摘葉し，圃場外へ持ち出し処分する ・本病の常発圃場では，効果のある殺菌剤で定期的な予防散布を実施する
	軟腐病	・降雨中や降雨直後で，果実が濡れた状態のまま収穫しない ・果実の表面が乾いた状態で収穫・出荷する ・効果のある殺菌剤で，定期的に予防散布する
害虫	アブラムシ類	・圃場をよく観察し，早期発見と防除に努める ・CMV（キュウリモザイクウイルス）によるウイルス病を媒介するため，定植時に効果のある殺虫剤で処理するなど，生育初期から防除を徹底する
	タバコガ類	・発生時期は年や地域によって違うので，地域の発生予察情報を参考にして防除を行なう ・丸い食入痕のある果実を発見したら，内部に幼虫が寄生している可能性があるため，潰して処分する
	ヨトウガ類	・卵塊や幼虫は，発見しだい捕殺する ・老齢幼虫になると殺虫剤の効果が劣るため，若齢幼虫や食害をみつけしだい，効果のある殺虫剤で防除する

(2) 農薬を使わない工夫

疫病は、台木の種類によって抵抗性に差がみられるので、台木の選定が重要である。岩手県では、疫病と青枯病の両方に抵抗性のある〝バギー〟や、青枯病に抵抗性のある〝台助〟などが利用されている（表3参照）。

斑点病や灰色かび病などは、内枝が込み合い風通しが悪くなって発生が助長される。可能な範囲で内枝を整理して風通しをよくするなど、病気が発生しづらい環境をつくる。

5 経営的特徴

ピーマンの露地栽培は、ビニールハウスなどの施設を使わないので、初期投資がハウス栽培と比較して少なく、取り組みやすい作型である。

岩手県の生産技術体系（2020年版）による指標では、雨よけハウス作型に比べ費用が61%、労働時間が45%と、低コストかつ省力的である。ただし、生育や収量が天候に大きく左右されることと、栽培期間が短いため、収量は雨よけハウス作型の56%（10a当たり5t）、粗収益は53%程度にとどまる（表8）。

表8　露地栽培の経営指標　（10a当たり）

収　量：5,000kg 粗収益：1,895,000円			
費用（円）		労働時間（時間）	
種苗費	25,740	2月	6.13
肥料費	59,717	3月	12.58
農薬費	22,459	4月	16.89
光熱動力費	6,865	5月	9.48
材料費	143,716	6月	68.05
農機具費	309,725	7月	69.34
建物施設費	78,848	8月	130.71
出荷流通経費	738,975	9月	114.48
		10月	28.24
		11月	11.62
合計	1,386,045	合計	467.52

注）岩手県生産技術体系2020年版より

6 トンネル早熟栽培

(1) トンネル早熟栽培とは

露地栽培では、低温や遅霜を避けるため定植時期が遅くなり、収穫初期の6～7月の収量が少ないことが欠点である。そこで、定植から生育初期にかけて、トンネル被覆で保温する栽培方法が、トンネル早熟栽培である。

　トンネル早熟栽培は、U字状の支柱パイプを用いて骨組みした上から、不織布など通気性のある被覆資材と有孔透明農ポリ（穴あきフィルム）を被覆して保温する（図6）。露地栽培と同時期に定植しても、初期生育が促進されるので、収量を高めることができる。

図6　トンネル早熟栽培の支柱とフラワーネットの張り方（例）

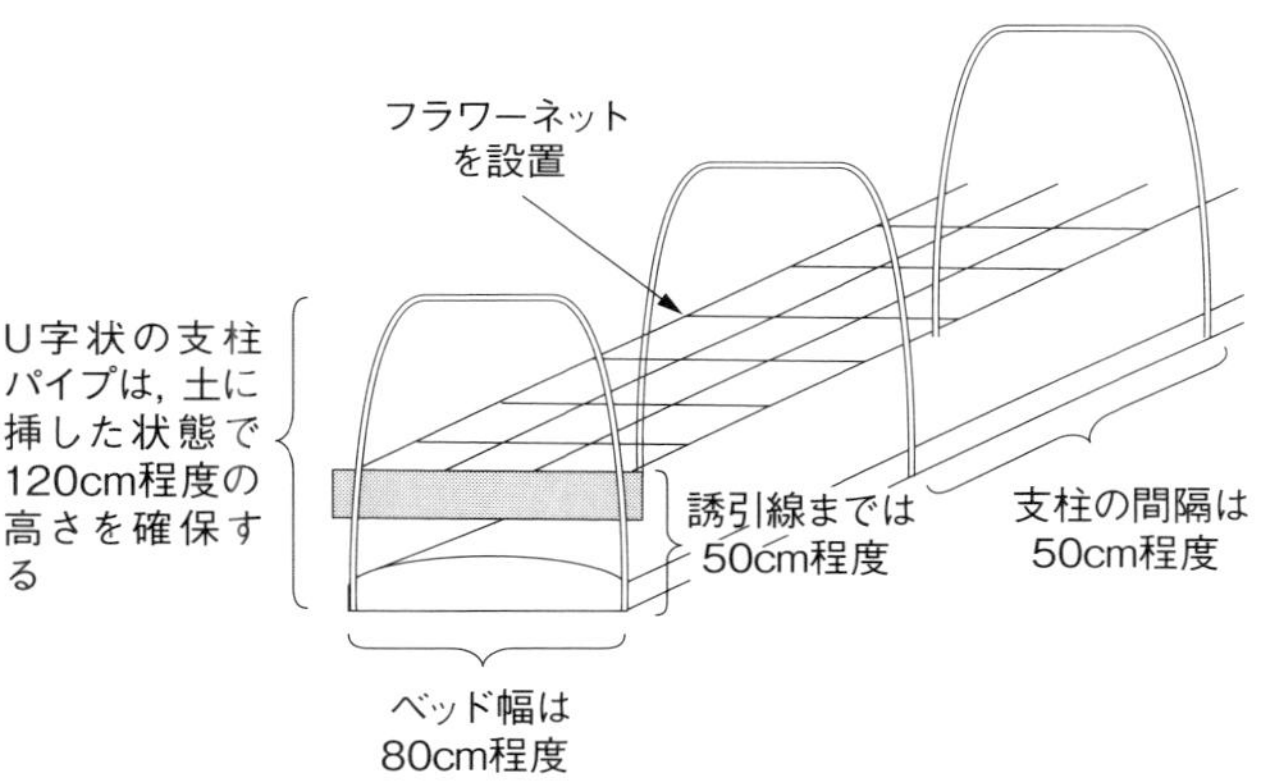

(2) 栽培管理のあらまし

　基本的な栽培管理は、露地栽培とほぼ同じである。定植時期は露地栽培より10日前後早めることができ、収穫開始は14日程度早くなる。トンネル被覆期間は、定植日から最低気温が17℃以上になる日までが目安になる。ただし、その後も低温が続くときは、被覆期間を延長する。逆に、トンネル内が33℃以上の高温になると落花するので、換気を行なうか被覆を除去する。

　トンネル内は外気よりも温度が高く乾燥しやすいため、灌水チューブの設置が必要である。また、トンネル被覆除去後の支柱は、そのままピーマンの支柱として利用することが可能であり、フラワーネットなどを張って枝が垂れないよう誘引する。

(3) 小トンネル栽培

　トンネル栽培を簡素化し、省力化と低コスト化を図ったのが小トンネル栽培である。小トンネル栽培では、カラー鉄線と有孔透明農ポリを用いて小さなトンネルをつくる。有孔透明農ポリの裾は埋め込むが、上部に換気孔があいているため、日々の開閉作業は省略できる。また、定植後に活着するまでの灌水は、上部の穴からジョウロの蓮口やホースの先端を入れて行なう。

小トンネル栽培では、1番花の摘花や脇芽の除去などは、有孔透明農ポリを撤去した後で実施する。なお、小トンネルを撤去する目安は、トンネル栽培と同様に、日平均気温が17℃になるころである。小トンネル撤去後の管理は、基本的に露地栽培と同様である。

（執筆：松橋伊織）

ハウス半促成栽培（無加温）

1 この作型の特徴と導入

(1) 作型の特徴と導入の注意点

①低温期から高温期に向かう栽培

この作型の特徴は、ピーマンの生育適温に対して、播種から生育初期は低温、生育後半から終盤は高温になることである。そのため、ステージごとにまったく違う管理が求められる、むずかしい作型である。

とくに、ピーマンは15℃以下になると生育が悪くなるにもかかわらず、二重トンネルや水封マルチなどによる保温しか温度の維持方法がないため、生育初期の管理の失敗が全体の収量に大きく影響する。

この作型の利点は、暖房施設がいらないため、簡易的なパイプハウスでも栽培可能なことである。さらに、生育中期から後期は、気温がピーマンの生育適温と合致するため、栽培しやすい利点もある。

一般的には、播種は12月下旬、定植は2月中旬、収穫期間は3月下旬から7月上旬までである。露地栽培より2カ月程度収穫時期を前進することができ、茨城県では2月中旬定植で10a当たり6tの収量が見込める。

②初期収量より総収量を高める

以前は、6~7月の収穫最盛期に単価が落ち込むため、初期収量を高める栽培をめざした。しかし近年、6~7月の単価の落ち込み

図7 ピーマンのハウス半促成栽培（無加温） 栽培暦例

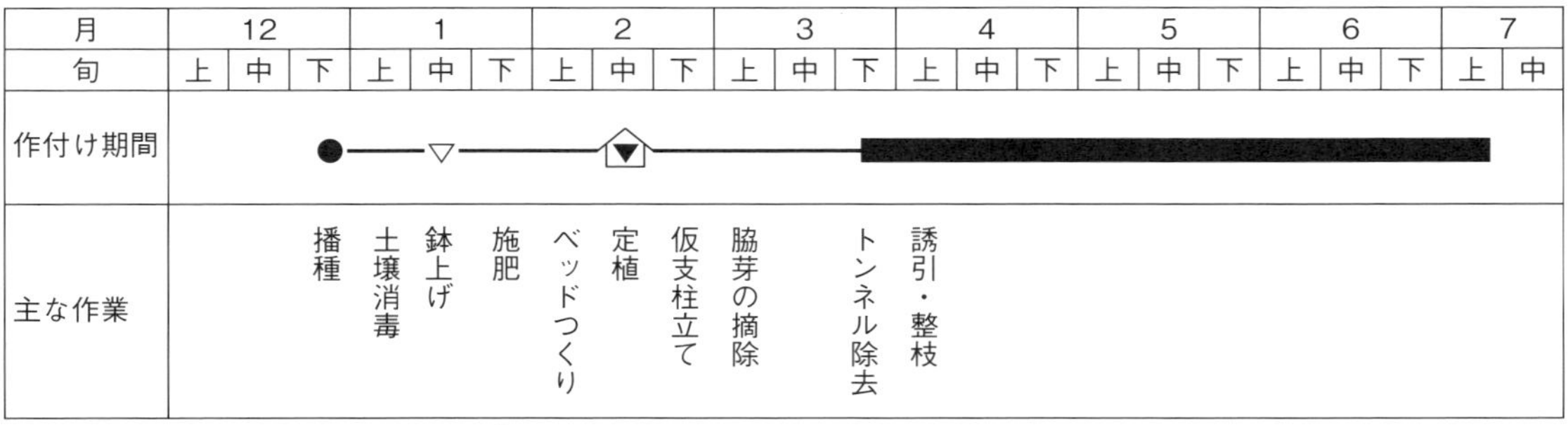

●：播種，▽：鉢上げ，▼：定植，⌂：ハウス，■：収穫

は以前より小さくなり、総収量を高める栽培にシフトしてきている。

導入の注意点は、本来は収穫時期の前進をめざした作型なので、「いかに早く収穫するか」が目標とされがちであるが、そこにこだわりすぎると生育停滞をまねき、結果として収量が少なくなり、収益が落ちてしまう。生育初期は株を充実させることに力点をおき、基本を遵守するのは当然であるが、場合によっては第1～2果の摘果など、初期の収穫を捨てても株の充実を図る。

(2) 他の野菜・作物との組合せ方

ハウス抑制栽培が行なえる品目が導入できるので、果菜類、葉菜類などと幅広い組合せができる。ただし、ネコブセンチュウや疫病など前作の土壌病害の発生状況や、ピーマンの残肥を考慮して品目を検討する必要がある。

たとえば、ネコブセンチュウが発生している場合、半促成栽培後に土壌還元消毒を実施し、消毒終了後の10月に元肥なしで12月どりリーフレタスを定植するなどである。

2 栽培のおさえどころ

(1) どこで失敗しやすいか

①播種

播種時に失敗しやすいのが、温度不足と灌水である。温度不足の要因としては、電熱線の配置の粗さやトンネルの被覆不足があげられる。電熱線上部と電熱線間の土壌に、それぞれ温度計を挿し、日の出時の温度を確認する。

灌水は、常に土壌中の水分が適度に湿った状態を保つようにする。とくに、発芽中に土壌を乾燥させると発芽にばらつきが出るので、天気のよい日は土壌が乾燥しないかこまめにチェックする。また、床土の種類によって水分の含み方が変化するので、発芽のばらつきが常に出るときは床土を替えるなど、自分の灌水方法に合ったものを選ぶ。

②育苗

育苗時のポイントとして重要なのは、定植までに苗を老化させないことである。とくに育苗期後半は、床土の肥料分が抜けるため老化しやすい。定植20日前から、生育に応じて液肥の灌注や葉面散布を行なう。老化すると子葉が黄色くなり始めるので、黄色くなる前に早めに追肥する。

また、移植（鉢上げ）後、分枝下の脇芽が盛んに伸び出すので、脇芽の葉が展開する前に早めに摘み取る。展開前の脇芽は目立たないため、見落としやすいので注意が必要である。

③定植から収穫初期

この時期のポイントは、生育停滞をできるだけ起こさせない管理である。

一つ目のポイントは定植後の管理である。定植時は気温が低いため、完全に活着するまでは株の老化が起こりやすい。定植後2週間くらいは、株が老化しないよう、とくに注意し、株元への灌水や液肥の施用を行なう。さらに、不良果の除去や脇芽の整理などを早めに行ない、草勢確保に努める。

二つ目のポイントは換気である。この時期、昼間のハウス内温度を適温に維持しようと早めの換気をし、結果としてハウス内の温度と湿度を下げてしまうことがある。換気は35℃を目安に、冷風が直接株に当たらないよう、風向きに注意しながら少しずつ天窓や側窓を開ける。また、換気のタイミングが遅れ、ハウス内の温度を40℃近くに上げてしまった場合は、無理に換気せず温度と湿度を保つように努める。

④収穫初期から収穫中期

この時期は、ハウス内の温度がピーマンの最適温度に近づき、生育や着果が一気に進む。そのため、草勢を落とさないよう、収穫や整枝などが遅れないように管理することがポイントになる。

とくに、根が通路に伸び出す時期に着果負荷がかかると、心止まりを起こしやすくなる。収穫間隔は7日以下にして着果負荷を減らすとともに、追肥や誘引、整枝は遅れないように行なうなど草勢管理に努める。

また、この時期から病害虫の発生が多くなるため、第1分枝下の老化葉など樹の状態をよく観察し、早めの防除を行なう。

⑤収穫中期から収穫後期

この時期は梅雨にあたるので、黒枯病や斑点病など病害の発生が多くなる。外気の温度が高く、ハウス内の温度がピーマンの最適温度に維持できるときは、換気を十分に行ない、過度な蒸し込みは行なわないようにする。さらに、曇天が3日以上続くなど、病害の発生が心配なときは、薬剤の予防散布を行なう。

また、栽培終了時期前に収穫のピークがくるよう、逆算して栽培管理を行なう。たとえば生長点の摘心をする場合、この時期の開花から収穫までの期間は約20日なので、栽培切り上げの40日前には摘心して、収穫できる開花数を多くする。

(2) おいしく安全につくるためのポイント

ピーマンは、えぐみが少なく色が濃くてみずみずしいものが好まれる。果肉は、柔らかいものや肉厚のものなど、各産地で特徴がある。

苦味は消費者の好みで嗜好が分かれるが、苦味の少ないピーマンはマスコミなどで取り上げられるなど、消費PRの一つになっている。

ピーマンは窒素過多によって苦くなるイメージがあるため、施肥を抑えると軽減できると思われがちである。しかし、筆者の試験では、施肥が過剰でも不足でも苦い果実が多くなるという結果だった。したがって、施肥を控えるより、生育に合った施肥を行なうことが、結果的にピーマンの苦味を抑えることになる。

(3) 品種の選び方

ピーマンの品種は、草勢の強弱、発生するB品果実の多少、販売先の嗜好を考慮に入

表9　ハウス半促成栽培（無加温）に適した主要品種の特性

品種名（販売元）	草勢	果実の大きさ注1)	果肉	果色	ウイルス抵抗性	
					PMMoV	TSWV
みおぎ（園芸育種研）	強	M～L	薄	濃	L^3	無
TSR みおぎ注2)（園芸育種研）	弱	M	やや厚	淡～濃	L^3	有
L4 みおぎ注2)（園芸育種研）	弱	M	やや厚	淡～濃	L^4	無
京鈴（タキイ種苗）	弱	M	やや厚	淡～濃	L^3	無
京ひかり（タキイ種苗）	強	M～L	やや厚	淡～濃	L^3	無
はばたき３号（横浜植木）	弱	M	厚	濃～極濃	L^3	無

注１）出荷規格で表示　M：果実重約30g，L：果実重約40g
注２）‘L4みおぎ’‘TSRみおぎ’は抵抗性打破の危険があるので，抵抗性対象ウイルス発生圃場以外では使用しない

れ、自分の圃場に合った品種を選定する。

たとえば、草勢の強い品種（例〝みおぎ〟）は、収量性は高いが、残肥が多いなど草勢が強くなる圃場では、変形果などの発生が多くなることがある。そうした圃場では、草勢は弱いが変形果の少ないタイプの品種（例〝京鈴〟）を選ぶ（表9）。

また、販売先でも、柔らかい果肉のタイプを好む場合と、肉厚でしっかりとした形のタイプを好む場合があるので、販売先まで考えて品種を選定する。

ピーマンの主要な産地では、〝みおぎ〟など果肉が柔らかくて果実が30～40gと大きくなりやすい品種と、〝京鈴〟など肉厚で30g前後に果実が揃う品種の2タイプが栽培されている。

3 栽培の手順

(1) 育苗のやり方

①播種

育苗には加温が必要なので、電熱線を設置した温床を用意する。電熱線の間隔は10～15cmであるが、外側は冷気が入りやすいので間隔を狭くする。温床の上はトンネルで被覆する。

床土は、果菜用など窒素分の高いもの（窒素が150～200mg／ℓ）を選ぶ。床土の土質の違いによって生育が変わるので、できれば土質の違う床土を2～3種類試して、自分の栽培に合ったものを選ぶ。

②移植（鉢上げ）

移植のポットは直径10・5cmか12cmのものを選ぶ。この作型は定植後、活着するまで2週間程度かかるので、大鉢のほうが活着までの老化を防ぎやすい。

移植後のずらしは、隣の苗の葉が触れ合わないうちに早めに行なう。とくに本葉6枚目ごろから、苗が大きくなるので注意が必要である。ずらしを行なうときは、分枝下の脇芽かきも行なう。

③温度管理と灌水

温度管理は、播種から発芽までは30℃、発芽揃い後は25℃。移植後は25℃から2～3日間隔で1℃ずつ電熱線の設定温度を下げ、定植時には定植ハウスの地温より下回る程度（約15℃）にする（表11）。

播種床の灌水は、常に土壌の表面がうっすら黒くなる程度で維持し、乾燥したり過湿にならないようにする。とくに、発芽時の土壌の乾燥や過湿は、発芽のばらつきを激しくするので注意する。

移植後は、朝、ポット内に灌水する。灌水量は、灌水時にポットの下穴から水が出て、夕方土壌表面がうっすら黒くなる程度にする。樹上からシャワーで灌水すると老化苗になりやすいので、葉に水がかからないよう、塩ビパイプなどでポットの縁から行なう（図8）。

定植20日前から液肥などで追肥し、老化苗になるのを防ぐ。

(2) 定植のやり方

①土壌消毒

土壌消毒は、D-D剤では定植40日前には行ない、ガス抜き期間を20日程度はとる。低温時なので、ガス抜きが十分でないと薬害が発生しやすい。定植前に刺激臭がする場合は無理に定植せず、刺激臭がなくなるまで先送りする。薬害は、枯死以外にも、生育不良など判断しにくい場合もあり注意が必要である（図9）。

表10　ハウス半促成栽培（無加温）のポイント

	技術目標とポイント	技術内容
播種	◎技術目標：播種後約10日で発芽揃い ◎温度管理：昼間30℃，夜間25℃ ◎水分管理：乾燥，多湿を避ける	・電熱線の配置，トンネルの被覆程度 ・晴天時の乾燥チェック，床土の選定
育苗管理	◎技術目標：老化していない苗 ◎温度管理：育苗開始25℃→定植時15℃ ◎肥培管理：育苗後半の肥料不足回避 ◎栽培管理：脇芽摘除，苗のずらし	・定植15日前より2～3日に1℃ずつ電熱線の設定温度を下げる ・定植20日前からの苗姿チェック，液肥施用 ・早めに脇芽の摘除と苗のずらしを行なう
定植～収穫初期の管理	◎技術目標：生育停滞の抑制 ◎温度管理：最大限の保温，換気のタイミング ◎肥培管理：活着までの管理	・保温資材の選定（マルチ，トンネルなど） ・定植前の蒸し込みによる地温確保 ・夜間の温度維持を考えた昼間の換気 ・活着までの株元への灌水，液肥の施用
収穫初期～中期の管理	◎技術目標：草勢を落とさない管理 ◎栽培管理：整枝，誘引，収穫管理 ◎肥培管理：追肥 ◎病害虫管理：うどんこ病，アザミウマ類など	・分枝は3節目で摘除，収穫終了した分枝は早めに1節目で除去 ・収穫間隔は7日以下にする ・7日に1回の目安で窒素成分1kg/10aの液肥をやる ・葉裏まで薬液がかかるように薬剤散布 ・第1分枝下の老化葉など、病害虫の発生チェック
収穫中期～後期の管理	◎技術目標：最大限の収量を得るための管理 ◎栽培管理：栽培終了時期に合わせた摘心など ◎病害虫管理：黒枯病など、梅雨時期の病害	・頂芽の摘心（収穫終了の約40日前。摘心後の着花が栽培終了までに収穫できるよう逆算（この時期の開花～収穫は約20日） ・曇天前の薬剤散布

表11　育苗中の温度と栽培管理

管理ステージ（日数）	播種 ←10日→ 発芽 ←10日→ 鉢上げ ←40日→ 定植
生育ステージ	発芽揃い／本葉1枚／本葉6枚／第1花蕾
温度管理（℃）昼温	30　25　25　25　25
温度管理（℃）夜温	25　20　20　20 2～3日で1℃ずつ下げる 15　15
栽培管理とポイント	覆土1cm／ポット土詰め→育苗床でポット保温（鉢上げ1日前）／葉が触れ合う前に鉢をずらす　分枝下の脇芽摘除／灌水（乾燥注意）／液肥（老化苗に注意）

②元肥の施用とベッドつくり

元肥は、地温の上昇とともに肥料分が溶出するロング肥料や有機化成肥料など、緩効性のものを選択する。施用量の目安は、10a当たり窒素成分で20kg、リン酸、カリは窒素と同等以上の成分量にする（表12）。

栽植密度は、ウネ間130cm、株間50cm、ベッド幅80cmを目安とする（図10）。ベッドはできるだけ平らになるようにし、灌水チューブを設置する。水はけのよい圃場では、湿度確保のためベッド上と通路に灌水チューブを設置する。

灌水チューブ設置後、試験的に灌水を行なう。水がかからない部分や地面に湛水する部分があれば、チューブの位置などを調整してからマルチをする。マルチ後は灌水を十分に行ない、土壌を湿らせる。

③保温と定植

地温確保のため、定植10日前にはマルチとトンネルを設置し、ハウスを密閉する。マルチは、透明など保温効果の高いものを選ぶ。トンネル

図9　D-D剤の薬害による生育不良（右2鉢）

ポリポットに床土を充填してD-D1mℓを添加後、農PO（0.075mm）を被覆し1昼夜放置。放置後に刺激臭があることを確認し，ピーマン苗（'みおぎ'）を移植した，再現試験。左2鉢は慣行。写真は移植17日後

図8　塩ビパイプを利用した育苗時の灌水

表12　施肥例　（単位：kg/10a）

	肥料名	施肥量	成分量		
			窒素	リン酸	カリ
元肥	堆肥 有機化成肥料 苦土石灰	1,000 330 40	20	20	20
追肥	有機化成液肥	500倍希釈，窒素成分1～2kg/回，7日間隔	20	26	26
施肥成分量			40	46	46

図10　ウネ間、株間と誘引ヒモの状態

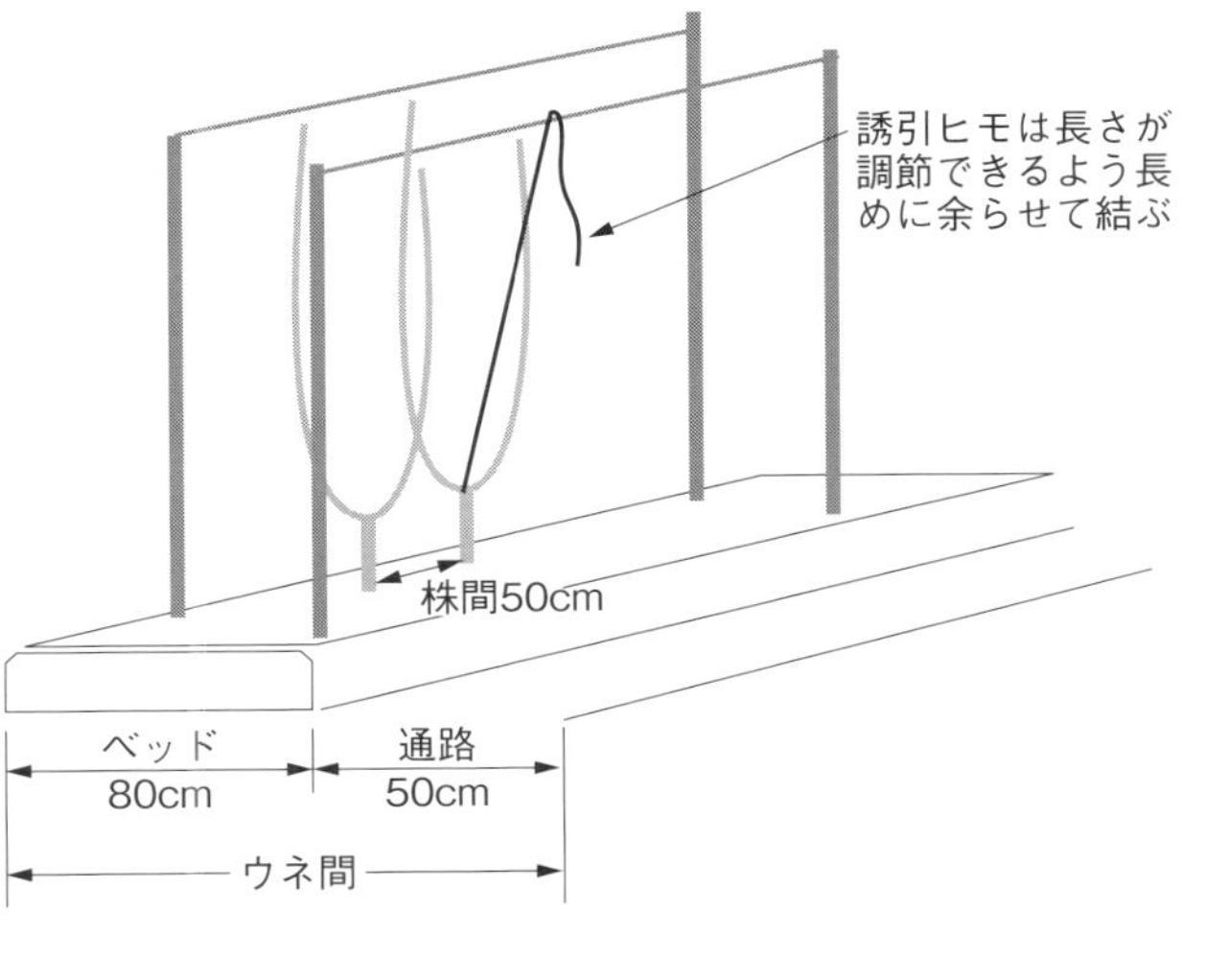

は二重トンネルとする。水封マルチを利用するとさらに保温効果が高まる。

定植は天気のよい朝に行なう。定植後は仮支柱を立てて、テープナーで苗を固定する。

(3) 定植後の管理

①初期の管理

定植から活着まで2週間程度かかる。その期間は、根鉢に灌水や液肥を施用するとともに、脇芽、不良果の摘除などを行ない、苗が老化しないよう十分管理する（図11）。

ハウスの換気は、35℃を目安に行なう。冷風によって温度と湿度が急激に下がらないよう、風向きを考えながら少しずつ開けるようにする。トンネルは、晴れの日は朝、東側を開き、午後2～3時ころには閉じて保温に努める。

②仕立て方

3月下旬以降、頂芽がトンネルに触れそうになったら、トンネルを除去し誘引を行な

図11　活着した苗（定植２週間後）

図12　誘引と仕立て方（主枝４本仕立て）

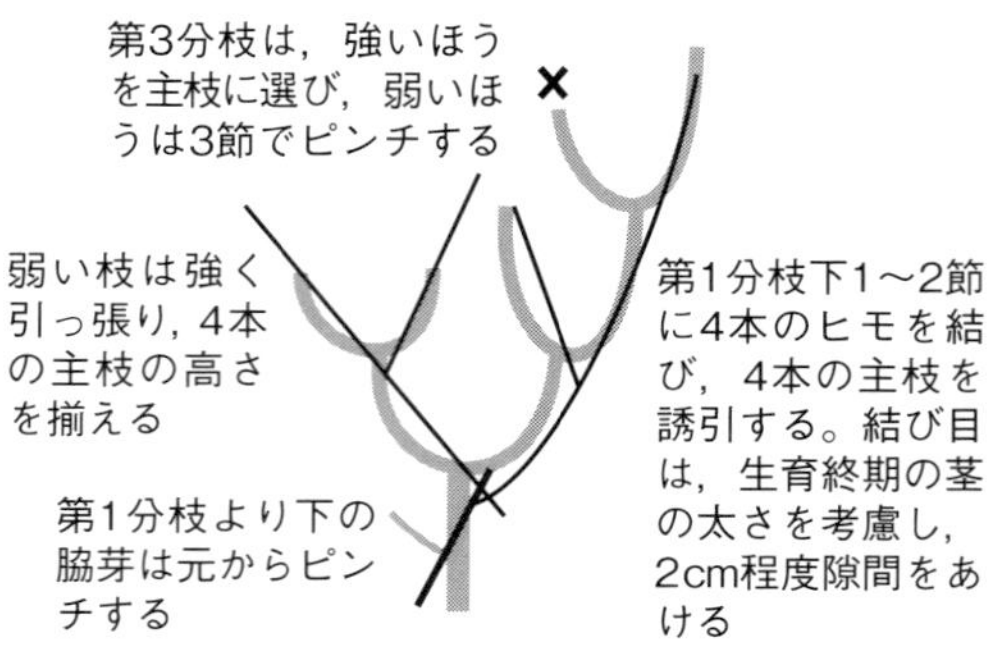
第3分枝は，強いほうを主枝に選び，弱いほうは3節でピンチする
弱い枝は強く引っ張り，4本の主枝の高さを揃える
第1分枝下1～2節に4本のヒモを結び，4本の主枝を誘引する。結び目は，生育終期の茎の太さを考慮し，2cm程度隙間をあける
第1分枝より下の脇芽は元からピンチする

う。

主枝を誘引ヒモで誘引しながら仕立てるが、主枝４本仕立てが基本である。図12のように、第１分枝の下にビニールなどの誘引ヒモを結び、第１と２分枝は２本とも誘引ヒモを巻きつけて主枝として誘引する。第３分枝からは、２本のうち勢いの強いほうを主枝として誘引ヒモを巻きつけていく。こうして４本主枝に仕立てる。

誘引ヒモは、ハウス上部の誘引線に長さが調節できるよう、余分に垂らして結ぶ。４本の主枝の高さが揃うように、弱い枝は強く引っ張って誘引ヒモを巻きつける。その後は、主枝の生育に合わせて長さを調節しながら誘引ヒモを巻きつける。

主枝以外の分枝は、３節目を目安に摘除する。収穫が終わった分枝は１節目で摘除し、樹内の風通しをよくする。

③灌水と追肥

灌水は、土壌表面がやや黒くなる程度を維持するよう、こまめに行なう。また、湿度も必要なので、ハウス内は乾燥させないようにする。

追肥は定植１カ月後を目安に行なう（活着までの液肥は別）。液肥の場合は、７日間隔を目安に、10ａ当たり窒素成分１～２kgを500倍程度に薄めて灌水パイプで流す。

固形肥料の場合は、14日間隔を目安に、10ａ当たり窒素成分２kgをベッド脇や通路に施用する。固形肥料は根が焼けやすいので、ベッド内施用などで根に直接当たらないよう注意する。

(4) 収穫と草勢管理

収穫は30ｇ程度のＭ果を中心に行なう。収穫間隔は、経営規模に合わせて３～７日で行なう。収穫間隔が短いほど樹の負担が少なくなるので、できるだけ短い間隔に設定したほうが栽培しやすい。

着果が多くなって樹の負担が大きくなると、生長点付近が開花するようになるので、生長点の３節下の開花を基準にして草勢管理する。着果を減らすことが樹の負担を少なくする最善策なので、生長点付近に開花位置が迫った場合は、いつもより収穫間隔を短くしたり、少し小さめの果実を収穫する。

収穫初期は開花から収穫までの期間は約30日なのに対し、中期から後期は20～25日と短くなる。そのため、４月上旬から５月下旬にかけて一時的に着果が多くなる時期があるの

図13　収穫後期のピーマンの株

で、着果負荷がかからないようとくに注意する（図13）。

生長点が誘引線を越えたときは、生長点をピンチして脇芽で収穫する。

4 病害虫防除

(1) 基本になる防除方法

ピーマンの主要な病害は、うどんこ病、斑点病、黒枯病などである。うどんこ病は生育全期間で発生しやすく、斑点病や黒枯病は生育後期の長雨時に発生が多い。虫害ではアザミウマ類、タバコガ類などが問題になる。防除はいずれも薬剤散布が主で、７～10日に１回、葉裏までしっかり薬剤がかかるよう散布する。

発生した場合に甚大な被害が生じるのが、ＰＭＭｏＶやＴＳＷＶなどによるウイルス病と、青枯病や疫病などの土壌病害である。ＰＭＭｏＶやＴＳＷＶは抵抗性品種、青枯病や疫病は耐病性台木がある。ただし、台木は自根より生育が弱くなる傾向があるので、トマトのように草勢を強くする目的では利用しない。

また、疫病などの土壌病害の発生がある場合は、次作のことを考慮し、早めに栽培を切り上げて土壌還元消毒などの期間を十分にとる。

(2) 農薬を使わない工夫

ピーマンは、スワルスキーカブリダニやタイリクヒメハナカメムシなどの天敵の導入が進んでいる。ハウス半促成栽培の場合は、気温の上がってくる3月下旬から放飼し、アザミウマ類やコナジラミ類を防ぐ。

タバコガ類は、ハウスの天窓や側窓、出入り口に防虫ネットを展張することで、成虫の侵入を防ぐことができる。

栽培終了後は次作のための消毒をするが、疫病などの土壌病害には土壌還元消毒が効果的である。砂地など水はけのよい土壌でも、追加灌水することで十分効果が得られる。

5 経営的特徴

茨城県では、この作型での収量の目安を10a当たり6tとしている。近年は6月の単価が以前より落ち込みが小さく、東京中央卸売市場の全国平均の6月単価は、２００２～２００４年が２０１～２９０円なのに対し、２０１９～２０２１年では３７２～５０５円になっている。そのため、早期出荷をめざすより、総収量を上げる管理に重点をおいたほ

表13　ハウス半促成栽培（無加温）の経営指標例
（10a当たり）

項目	
収量（kg）	6,000
単価（円/kg）	400
収入（円）	2,400,000
生産費（円）	
種苗費	73,000
肥料費	154,000
農薬費	100,000
光熱水費	69,000
諸材料費	265,000
販売費（円）	704,000
雇用労賃（円）	235,000
費用合計（円）	1,600,000
所得（円）	800,000

うがよい。

この作型は暖房設備のないパイプハウスで栽培できるため、比較的容易に取り組むことができる。家族3人とパート1人で30aの栽培が目安である。

（執筆：小川孝之）

カラーピーマンの栽培

1 カラーピーマンの特徴

(1) 野菜としての特徴と利用

① カラーピーマンの呼び方と種類

成熟してから収穫するピーマンは、「パプリカ」「ジャンボピーマン」「カラーピーマン」などと呼ばれているが、これらに明確な区別や定義はない。

以前は、着色して収穫するピーマンについて、果実の大小にかかわらず「カラーピーマン」と呼んでいたこともあったが、現在では、果実がベル型で大型タイプのものを「パプリカ」、小さいものを「カラーピーマン」と呼ぶことが多い。ここでは、成熟してから収穫するピーマン全体を「カラーピーマン」とし、その中で果重150～200gほどでベル型の品種を「パプリカ」と呼ぶことにする。

カラーピーマンは、さまざまな色の果実が特徴であり、直売所でも人気の商品である。赤と黄が主流であるが、この他にオレンジ、紫、白、茶などがある。果実の大きさも、輸入品でよくみかけるパプリカから、通常のピーマンよりも小さいタイプまで、さまざまな品種が流通している。

② 栄養と利用

糖度は8度前後で甘味が強く、未熟で収穫する一般的なピーマンのような、苦味やくせがない。栄養価も高く、赤色果の100g当たりレチノール活性当量（ビタミンA）は88㎎、ビタミンCは170㎎と、それぞれ一般的なピーマンの2・7倍と2・2倍含まれている。

炒め物などの調理で熱を加えても、ビタミン含量や果実色がほとんど変化しないという長所をもっている。このため、サラダのような生食だけでなく、炒め物やカレーなどのような加熱調理にも向く。

③ 輸入と国内生産

カラーピーマンは、1993年の輸入解禁以降、急速に日本の食生活に浸透してきた。近年は、輸入量3万～4万t、輸入額120億～150億円で推移している。

国内では、大型温室による生産が増えているものの、数千t程度であり、国内流通量の20%に満たない水準である。多くの野菜が、輸入品によって国産品のシェアが奪われている状況にあるが、カラーピーマンは輸入品によって国内市場が形成され、国産品が徐々にシェアを伸ばしている珍しい野菜である。

業務筋だけでなく、直売所などでもニーズの高い野菜であり、国産品の安定供給が期待されている。

(2) 生理的な特徴と適地

① 作型と品種選択

カラーピーマンの中でもパプリカ品種は、

図14　カラーピーマン　栽培暦例

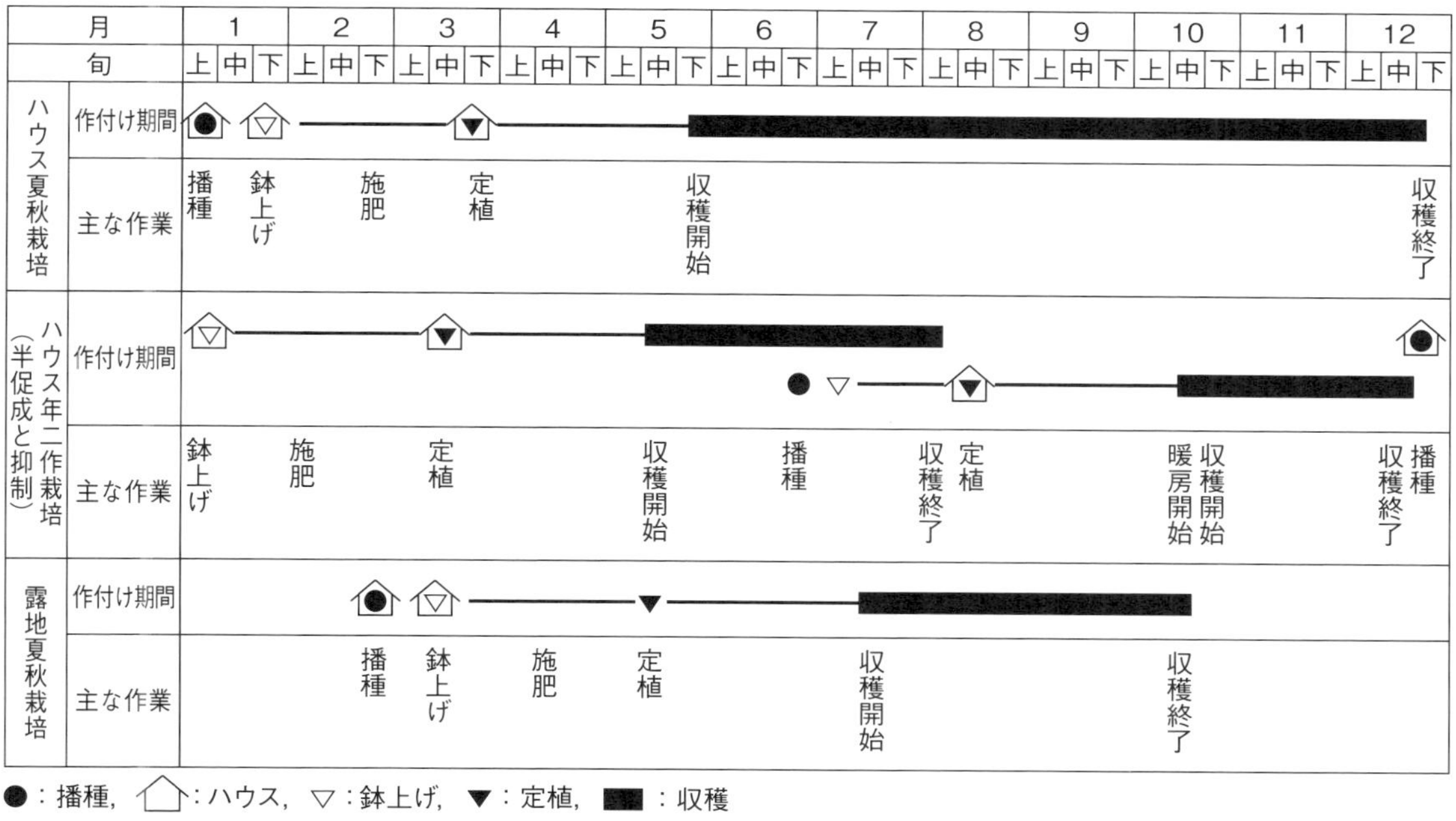

着果から収穫まで2カ月以上かかるなど、栽培期間が長いためハウスで栽培する必要がある。

栽培適期が限られる露地栽培に取り組むには、成熟日数の短い小型の品種を選択する。

②生育温度と果実品質

カラーピーマンの生育は、通常のピーマンと同じように気温に大きく左右される。夜温が13℃以下だと生長がほぼ止まってしまう。茎葉の生長のみであれば、日中の最高気温は35℃程度までは問題ない。しかし、着果時の日中の適温は16～30℃とされ、夜温は23℃以下であることが望ましい。

温度が低いと果頂部が尖ったり、やや長い形の変形果が発生したりする。また、高温が続くと花粉稔性が低下して着果しにくくなる。

なお、定植から2週間程度は、活着と主枝と根の伸長を促すため、平均気温24℃程度の高温管理に努める。

③草勢に応じた摘果が必要

未熟果で収穫する通常の緑ピーマンは、開花から15～20日程度で収穫できる。しかし、カラーピーマンの成熟日数はその3倍以上必要であり、着果負担が大きい。このため、カラーピーマンを持続的に収穫するには、適切な摘果による草勢維持が必要である。

とくに、初期の摘果を適切に行なわないと、1～2個の立派な果実が着果し、その後、心止まりを起こす。また、生育中に草勢が低下すると、その後は変形果が多くなる。

カラーピーマンの成熟日数は品種によって違うが、最低でも小型の品種で45日以上、ベル型のパプリカ品種では60日以上必要である。ただし、気温による変化があり、晩秋期以降のように、気温が低い日が続く場合にはさらに着色が遅れる。

④作型の選択

成熟日数が長いことを考慮すると、最低でも雨よけハウスで栽培することが望ましい。

全面的に被覆されているハウス栽培の場合は、夏秋栽培を基本としつつ、定植時期の前倒しや収穫期間の延長が可能になる。また、暖地や中間地の場合は、半促成栽培や早熟栽培と抑制栽培の組合せも可能である。

露地栽培を行なうとすれば、気温が上昇する春期に定植し、夏から秋にかけて収穫する夏秋栽培に限られる。夏の収穫は夜温が低いほうが有利なので、中山間地域や高冷地に向く。しかし、平均気温の低い地域では、栽培適期が短くなるので収量が少なくなる。

2　カラーピーマンのハウス栽培

(1) 作型の特徴と導入の注意点

気温が上昇した春に定植し、夏から秋にかけて収穫する夏秋栽培は全国的に取り組める。

ハウス内にトンネルによる保温を行なえば、東北地方でも3月下旬には定植できる。暖地や中間地では、半促成栽培と抑制栽培を組み合わせた、年2作も可能である。詳細は図14を参照していただきたい。

(2) 栽培のおさえどころ

① どこで失敗しやすいか

カラーピーマン栽培で最も重要なことは着果管理である。

第1次分枝（着花第1節）から着花するが、低段位から着果させると草勢が低下するだけでなく、分枝の間に果実がはさまって変形果になるので、着果第3節までは摘果する（図15）。着果第4節以降は、基本的に主枝のみに着果させる。側枝への着果は、主枝の上位節と競合したり、果実肥大後期に枝折れの危険性があるため極力行なわない。

果実の大きさ（品種特性）によって若干違うが、カラーピーマンは第4～6節は着果しやすく、それ以降は落果と着果を繰り返す。そのため、第6節、第7節にも着果した場合は摘果してもよい。

なお、変形果や日焼け果などの理由で、人為的に摘果した場合は側枝に着果させてもよいが、主枝から生理落果した場合は、株の栄養状態が悪いことが原因なので、無理に側枝に着果させない。

カラーピーマンは、着果と落果を周期的に繰り返す作物であり、連続して着果させることはむずかしい。このため、継続的な出荷を行なうためには、定植時期をずらしたり、同色でも複数の品種を定植することが望ましい。

② 品種の選び方

カラーピーマンは、品種によって成熟した

図15　摘花（果）と摘心の方法

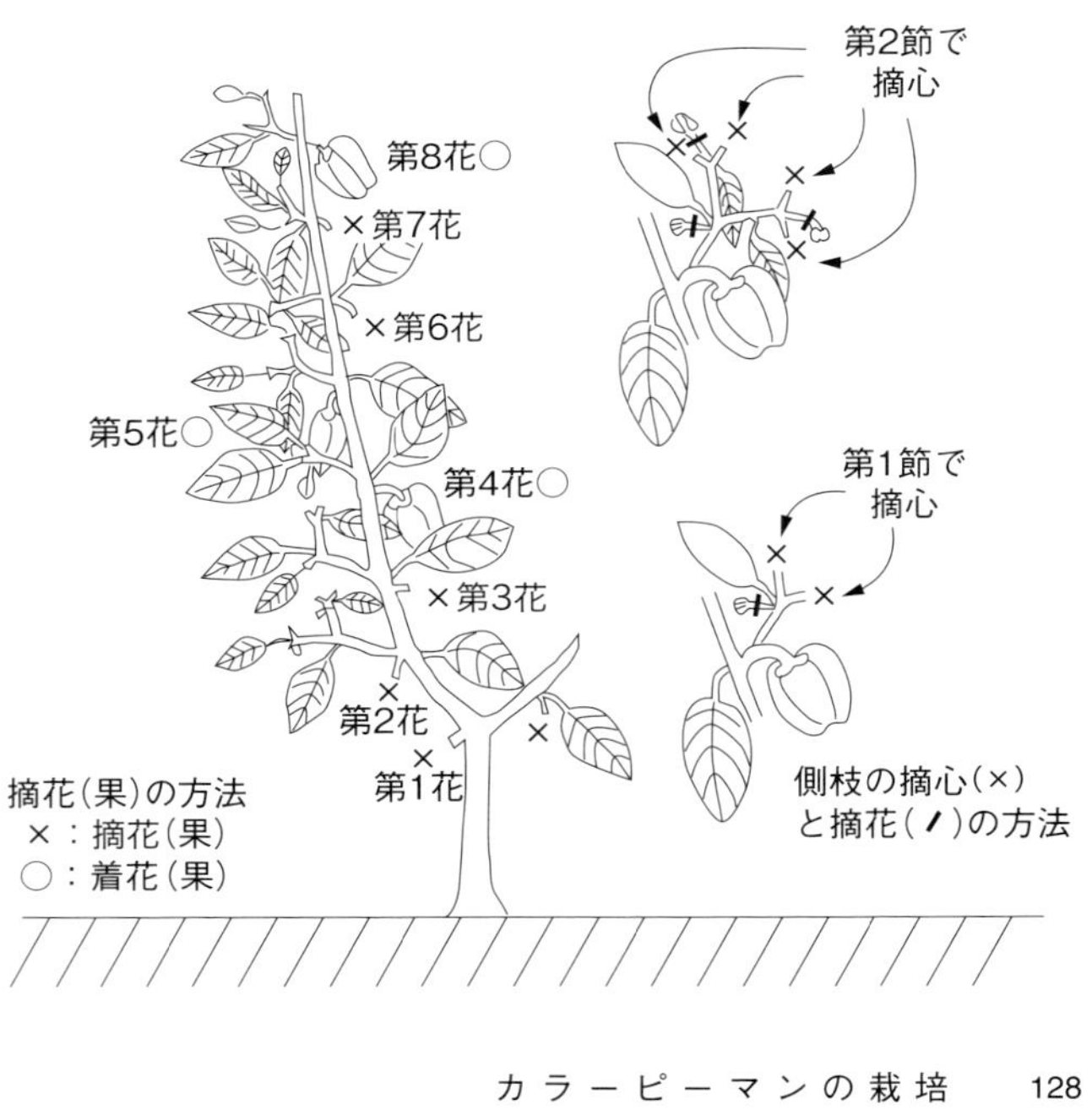

ときの果実の色や大きさが決まっている。品種は、出荷先（消費者）のニーズに合わせて選定する。市場向けは主力の赤色と黄色だけを求められることが多く、直売所向けでは果実色などのバリエーションを豊富にしたほうが喜ばれることが多い。

果実の大きさが同じでも、果実の色によって開花から収穫までの日数が違い、黄色より赤色のほうが長くなる。このため、黄色と赤色を同量出荷したい場合は、黄色品種よりも赤色品種をやや多く作付ける必要がある。

果実が大きく重い品種ほど、開花から収穫までの日数が必要である。このため、中山間地や高冷地のように平均気温が低く栽培適期が短い地域では、小型の品種を選定したほうがよい。

(3) 栽培の手順

①育苗のやり方

営利栽培の場合は、土壌病害対策として接ぎ木苗の利用が望ましく、この場合は接ぎ木した幼苗を購入して、鉢上げ以降の2次育苗から行なうのが現実的である。

育苗床はハウス内に設置する。育苗床は、底面に発泡スチロールなどの断熱資材を敷き、1㎡当たり50W以上の電熱線を配線し、農ビなどの保温性の高いフィルムでトンネル被覆する。

出芽までは28℃で管理し、出芽した後は徐々に管理温度を下げ、最終的には定植時のハウス内最低気温と同程度で管理する。

鉢上げ後は、生育に合わせて、隣の株の葉と重なり合わないように鉢ずらしをする。最終的に、1株当たり20cm×20cmのスペースが必要である。

②定植のやり方

元肥の施用は、表15を基準に行なう。なお、窒素成分の半分程度を、硝酸カルシウムが主成分になっている肥効調節型肥料（ロングショウカル140）で施用すると、尻腐れ果の発生が軽減されるので必ず利用する。

本葉が10枚程度展開したのちに第1花が着生し、分枝する。この第1花開花期前後が定植適期なので、半促成栽培や夏秋栽培では、それまでにマルチ被覆をして地温を確保しておく。

定植後に風などであおられると植え傷みが発生するため、定植したらすぐに仮支柱を立てて、麻ヒモやテープなどで分岐部よりも下の位置を固定することが望ましい（図16）。

③定植後の管理

新葉が展開し始めたら、整枝作業を開始する。仕立て方は、品種特性によって、V字主枝4本仕立てかV字主枝2本仕立てにする。基本的に外側に向かう分枝が強勢なので、それを主枝として残す。

主枝が決まり、第4節の果実着果が確認されたら、早めにナイロンヒモなどによる誘引作業を行なう。分岐部付近にナイロンヒモを軽く結び、伸びた主枝に巻きつけながら、あ

図16　定植後の仮支柱立て

表 14　カラーピーマン栽培のポイント

	技術目標とポイント	技術内容
定植準備	◎圃場の選定	・経済行為として栽培する場合は，ハウス栽培が必須 ・可能なかぎり連作を避け，やむを得ず連作する場合は，接ぎ木苗を用いたり冬場に異なる品目を栽培したりする（とくにパプリカ品種は青枯病や疫病などの土壌病害への抵抗性がない）
	◎土つくり，施肥	・pH6 を目標に苦土石灰を施用する。栽培期間が長いため堆肥も施用する ・窒素成分の半分程度を被覆硝酸石灰（ロングショウカル 140）で施用すると尻腐れ果の発生を軽減できる
	◎ウネつくりと灌水チューブ	・ハウスの間口にもよるが，ウネ間 1.8m（ベッド幅 0.8 ～ 1.0m）を基本に，排水が悪い圃場や地下水位が高い圃場では高ウネにする
	◎マルチ	・ウネ上に灌水チューブを設置し，マルチ被覆する。保温性と抑草効果が期待できる黒マルチが基本。定植後の根の伸びが緩慢なので，灌水チューブは植穴に近い位置に設置する ・高温期の定植では，白黒ダブルマルチなど地温を下げる効果のあるマルチを選択する
	◎誘引用のパイプの設置	・カラーピーマン栽培の誘引ヒモにはトマトと同程度の荷重がかかるため，しっかりしたパイプにするか，エスター線をウネと同じ方向に設置する
育苗方法	◎播種準備	・自根栽培であれば自家育苗も可能であるが，接ぎ木栽培の場合は，苗を購入して 2 次育苗するのが現実的である ・接ぎ木苗を育苗する場合は，防ぎたい土壌病害に対応した台木品種を準備する
	◎播種，発芽	・水稲用育苗箱など浅い容器にバーミキュライトか，それが主体に配合されている市販の育苗用土を充填し，十分灌水してから種子の厚みの 3 倍程度の深さの溝を切り，播種後に覆土する ・接ぎ木苗の育苗の場合は，台木品種を穂木の 5 ～ 10 日早く播種する ・播種後は，イネの育苗器や，発芽用に電熱線を敷いた発芽床などに置いて 28℃で管理する。約 1 週間程度で発芽するが，品種によって差があるため，播種後 4 日目以降は 1 日 2 回確認して，覆土から子葉が見え始めたら，ただちに発芽床から取り出して育苗床に並べる。取り出しが遅れると徒長して，その後の育苗管理が煩雑になるので注意する
	◎育苗管理	・育苗器から取り出した直後は 25℃程度で管理し，1 週間程度かけて徐々に 18 ～ 20℃程度まで温度を下げる ・子葉が展開したらポットに鉢上げする ・ポット内の水分状態をみながら 1 日 1 回灌水する ・接ぎ木する場合は，1 カ月程度育苗した後に接ぎ木用チューブを用いた幼苗接ぎが適する ・管理温度が高すぎると徒長し，低いと生育停滞や，収穫初期の果形が乱れるので注意する ・本葉の展開に応じて，隣のポットの葉と重ならないように徐々にポットをずらす（定植までに 2 ～ 3 回）
定植方法	◎定植準備	・V 字 4 本仕立ての場合は株間 40cm，V 字 2 本仕立ての場合は株間 20cm とする ・灌水チューブが植穴に近い位置に設置してある場合は，ホーラーなどの作業で傷つけないように注意する ・カラーピーマンは栽培期間が長いため，植穴土壌混和できる薬剤を施用する
	◎定植作業	・可能なかぎり晴天日の午前中に行なう。接ぎ木苗を用いる場合は，ポットの土が 1cm くらい露出するような浅植えを心がけ，接ぎ木部が土壌に触れないように注意する
定植後の管理	◎整枝作業	・定植から 1 週間程度は根の伸長を促すため，整枝作業は行なわない。ただし，開花している花があれば早めに摘除する ・側枝は，夏秋栽培と半促成栽培の場合は第 1 節で摘心してよいが，日射量が多い時期の定植になる抑制栽培では，日焼け果対策として第 2 節摘心としたほうがよい
	◎灌水・追肥作業	・早朝の生長点付近の状態を確認しながら，新葉の展開が緩慢になったら灌水量を増やす ・追肥は，第 4 節の果実が鶏卵大まで肥大したら開始する
	◎マルチの重ね張り	・夏秋栽培のように低温期から高温期に向かう作型の場合は，定植時は黒マルチを被覆し，梅雨明けころをめどに白黒ダブルマルチの重ね張りを行なうと効果的である。この作業を行なわないと，地温が上昇し土壌の乾燥も進むため尻腐れ果が増加する。また，マルチからの反射による果実の着色促進効果も期待できる。なお，通路にも展張すると効果が高い
	◎遮光資材の展張	・梅雨明け前までに遮光率 30％程度の資材を屋根フィルム上に展張する。遮光率が高い資材を用いると落果する期間が長期化する ・秋であっても，遮光資材を撤去すると急激な日射量の増加によって日焼け果が発生する危険性があるため，栽培終了まで継続展張することが望ましい。継続展張によって，ひび割れ果の発生も抑制される

（つづく）

	技術目標とポイント	技術内容
収穫と追熟	◎光照射追熟	・光照射追熟とは，着色途中で収穫したパプリカ果実に，光を照射して着色を進める技術であり，ポイントは以下のとおりである ①果実の条件 【着色10%以上】光照射追熟が行なえる果実は，表面の10%以上が着色したものである。赤色果実では，着色途中の茶色や黒色ではなく，完全に赤くなった部分が果実表面の10%以上になったものを用いる ②光照射条件 【袋に入れる】収穫した果実は，透明なポリ袋に入れて光照射棚の下に置く。パプリカは，乾燥に弱いので袋の口は折り込んで閉じる 【光を当てる】光照射棚に置くときは，できるだけ果実同士が重ならないように1段に並べて，すべての果実に光が当たるようにする。光が当たらなかったり弱かったりすると，着色が進まなかったり色が薄くなったりする。なお，光照射は24時間連続照射が基本である 【温度を保つ】光照射追熟に適した温度は15～20℃なので，ポリ袋内に温度計を入れて確認する。20℃以上の高温になると軟化やエイジングスポットの発生がみられる。温度が低い場合には，着色の進みが遅くなる。蛍光灯からの発熱があるため新たな熱源は不要であるが，光照射棚の周囲をビニールや断熱材で覆うとともに，隙間を調整して適温になるように調整する ③光照射日数と出荷 【5日が目安】果実表面が10%程度着色していれば，光照射を行なうことで3～5日程度で90～100%まで着色が進展する。それよりも日数がかかる場合，上記の「②光照射条件」のどれかがずれている可能性がある。また，光照射をすると，果実からの蒸発でポリ袋内に水滴がたまる。出荷の際には，これらの水分を十分にふき取ってから出荷する

らかじめ用意したベッド上のパイプかエスター線などに結びつける。なお、仮支柱はこの段階で除去してもよい。

ナイロンヒモでの誘引が遅れると、果実肥大によって株が傾き、根傷みするので早めに行なう。

④追肥

1回目の追肥は、最初に着果させた第4節の果実が鶏卵大まで肥大したら、窒素成分で10a当たり1～2kgを目安に行なう。その後は、生長点付近の葉色を確認しながら、2～3週間に1回程度施用する（表15参照）。

⑤収穫

カラーピーマンは、着色や果実軟化の進み方がトマトより緩慢なので、春や秋は1週間に2回程度、盛夏期でも1週間に3回程度の収穫間隔でよい。

収穫は、収穫のための専用ナイフ（通称：パプリカナイフ）を用いて、茎と果梗の間に形成されている、離層に沿って半分程度切れ込みを入れ、ナイフをひねって切り離す。ハサミを使ったり、離層以外の場所で切除した

表15　施肥例　（単位：kg/10a）

	肥料名	施肥量（現物量）	成分量		
			窒素	リン酸	カリ
元肥	堆肥	3,000			
	マルチサポート	60			
	ロングショウカル140	80	12.0	0.0	0.0
	有機アグレット673号	160	6.0	7.0	3.0
	苦土重焼燐	25	0.0	35.0	0.0
	パームアッシュ	50	0.0	2.0	30.0
追肥（1回分）	住友液肥2号	20	2.0	1.0	1.6

図17　収穫始期の生育状況

表16　病害虫防除の方法

	病害虫名	防除法
病気	青枯病	・トマトなどの青枯病と同様な症状 ・連作を避けるとともに，抵抗性台木を用いた接ぎ木栽培を行なう
	疫病	・地際部が暗褐色で水浸状に柔らかくなり萎れる ・高ウネ栽培にするなど，排水対策を行なう。連作を避けるとともに，抵抗性台木を用いた接ぎ木栽培を行なう ・ユニフォーム粒剤の株元散布，ランマンフロアブルなどの茎葉散布
	うどんこ病	・葉裏に霜状のカビが発生し，病害が進展すると葉表が黄変する。さらに病状が進むと落葉し，生育やその後の収穫に多大な被害を与える ・過繁茂にならないよう適期に整枝作業を行なうとともに，換気に心がける ・初期防除がきわめて重要な病害。ダコニール1000，ストロビーフロアブル，パンチョTF顆粒水和剤などの茎葉散布
	灰色かび病	・はじめ花弁が罹病し，それが葉や茎，果実に付着して発生することが多い ・前作の残渣が発生源になるため，適切に処理する。多湿条件で多発するため換気を心がける ・アミスター20フロアブル，ロブラール水和剤などの茎葉散布
	菌核病	・地上部では茎の分岐部分から発生しやすく，初期は水浸状から褐色の症状を示し，のちに白色のカビが生じる ・ハウス栽培特有の病害であり，低温多湿条件で発生しやすい ・ロブラール水和剤，スミレックス水和剤などの茎葉散布
害虫	ミカンキイロアザミウマ（アザミウマ類）	・体長は1～1.7mm。新葉が奇形するとともに，多発時には食痕によって果実表面の光沢がなくなる ・シロツメクサなどのハウス周囲の雑草に生息しているため，除草を心がける。幼虫期は花粉を好むため，開花中の花内に生息していることが多い ・アーデント水和剤，コテツフロアブル，スピノエース顆粒水和剤などの茎葉散布
	アブラムシ類	・体長は2mm程度。新葉や葉裏に生息していることが多い ・ウイルス病を媒介するとともに，多発時には排泄物による汚染が生じる ・防虫ネットの利用。ベストガード粒剤の定植時植穴処理土壌混和。モベントフロアブル，アディオン乳剤の茎葉散布
	チャノホコリダニ	・体長は0.1～0.5mmと非常に小さく，肉眼での確認はむずかしい。生長点付近が黒変して伸長が停止する ・モレスタン水和剤，コロマイト乳剤などの茎葉散布
	ハダニ類	・体長は0.5mm程度で主に葉裏に生息している。多発すると葉が黄変するとともに，クモの巣に似たコロニーを形成する ・ダニトロンフロアブル，マイトコーネフロアブルなどの茎葉散布
	タバコガ類など	・幼虫は果実に穴をあけて内部の種子を食害する。8～9月に発生が多い ・果実内部に侵入すると薬剤散布による防除ができないので，侵入した穴のある果実を発見したら，もぎ取って駆除する ・防虫ネットの利用。アファーム乳剤，フェニックス顆粒水和剤などの茎葉散布

りすると、果梗から腐敗が生じるので注意する。

夏秋栽培の収穫後半になる晩秋期は、気温の低下にともなって着色進展が緩慢になるので、光照射追熟技術を利用して着色を促進させる（表14参照）。

(4) 病害虫防除

① 基本になる防除方法

ハウス栽培の場合、タバコガ類、ハスモンヨトウなどは、ハウス開口部に防虫ネットを張ることで耕種的に防除することもできる。防虫ネットの目合いを1㎜まで細かくするとアブラムシ類を、0.4㎜まで細かくするとアザミウマ類まで防除することができる。しかし、目合いを細かくするほどハウス内が高温になる。

化学農薬を利用した防除は、定植時に植穴処理剤を施用し、その効果が低下するタイミングで、茎葉散布による防除に切り替えるとよい。いずれの病害虫とも、初期防除が重要であり、日ごろの観察を心がける。表16に示した、主な病害虫の観察と防除のポイントを参考に早めに行なう。

パプリカを中心に、カラーピーマン品種は土壌病害に弱い。とくに、青枯病と疫病が主要な病害なので、これらの病害汚染が懸念される圃場での栽培は避けるとともに、極力連作しないようにする。

ハウス利用の関係で連作せざるを得ない場合は、接ぎ木苗の利用を検討する。なお、接ぎ木苗に使われている台木は、品種によって抵抗性を示す病害が違うので、防除したい病害に応じた台木品種を選定する（表17）。また、台木品種を選定するには、穂木品種とPMMoV抵抗性の遺伝子型を一致させる必要がある。

表17　主な台木品種と耐病性

品種名	抵抗性	耐病性	
	PMMoV	青枯病	疫病
ベルマサリ	L^3		○
台助	L^3	○	
台パワー	L^3	○	○
L4 台パワー	L^4	○	○

②化学農薬を使わない工夫

前述のとおり、防虫ネットを利用した害虫防除は、農薬を使わない技術として効果的である。一方で、アザミウマ類を防除できるほど目合いが細かい防虫ネットを展張すると、ハウス内が高温になる。

近年は、アザミウマ類の防除に効果が期待できる天敵農薬が市販されているので、防虫ネットと天敵農薬を組み合わせることで、化学農薬の利用を低減することができる。なお、一部の天敵農薬は低温期の活動が緩慢な場合があるなど、それぞれ特徴があるので、それに応じて利用する。

表18　経営指標　（10a当たり）

項目	露地 夏秋栽培	ハウス 夏秋栽培	ハウス 半促成と抑制
収量（kg）	3,000	6,500	8,000
単価（円/kg）	500	500	550
粗収入（円）	1,500,000	3,250,000	4,400,000
種苗費[注)]	325,000	325,000	650,000
肥料費	100,000	120,000	200,000
農薬費	35,000	33,000	35,000
資材費	74,000	74,000	74,000
動力光熱費	15,000	30,000	50,000
小農具費	56,000	56,000	56,000
施設機械費（償却）	10,000	490,000	520,000
流通経費（運賃・手数料）	212,000	460,000	566,000
荷造経費	12,000	26,000	32,000
農業所得（円）	661,000	1,636,000	2,217,000
労働時間（時間）	1,000	1,300	1,500

注）接ぎ木の購入苗利用で試算（1,300株×250円）

(5) 経営的特徴

市場出荷でも、直売所であっても、国産カラーピーマンは比較的高値で取引されている。しかし、開花から収穫までの期間が長いこと、着果負担が大きく草勢の維持がむずかしいことなどから、栽培管理によって収量に大きな差が出る。一般のピーマンより種苗費や肥料費も高いため、一定以上の収量が得られないと経営的に成立しない。

整枝などの栽培管理は、トマトより省力的である。収穫労力も一般のピーマンより少なくて済む。しかし、時期によって収量の変動が大きく、収穫・調製作業が集中する場合がある。安定的な出荷のためには、定植時期をずらしたり、同色でも複数の品種を組み合わせたりするなどの工夫が必要である。

3 カラーピーマンの露地栽培

(1) 作型の特徴と導入の注意点

施設が不要で手軽に始められるが、成熟（着色）するまで着果させなければならないため、未熟果で収穫する一般的なピーマンとはまったく違う野菜と考える必要がある。

ピーマン同様に暖かい気候が適するので、早植えは控える。暖地でも5月中旬ごろに定植する。また、露地栽培は生育適期が短いので、パプリカなどの大型品種の栽培は困難なので、近年、各種苗メーカーから発表されている、小型の品種であれば栽培しやすい。

露地栽培は、収量の予測が困難であり、計画出荷ができないため、直売所などでの販売に向いている。

(2) 栽培のおさえどころと手順

①どこで失敗しやすいか

開花から収穫までの日数が長いため、入念な病害虫対策（化学農薬を含めた病害虫防除）が必要である。害虫では、タバコガ類、ハスモンヨトウ、ネキリムシ類、ナメクジなどの大型害虫から、アブラムシ類、アザミウマ類などの被害を受けやすい。

とくに、アブラムシ類、アザミウマ類の中には、CMV（キュウリモザイクウイルス）や、TSWV（トマト黄化えそウイルス）などのウイルス病を媒介するものもいるため、発生初期に感染するとまったく収穫できない場合もある。

一般的なピーマンよりも果実が大きいため、しっかりした誘引による風対策が必要である。着果管理はハウス栽培と同様に行なう。

②品種と定植までの管理

露地栽培は、栽培期間が短いので、可能なかぎり小さい果実の品種を選定する。

育苗から定植までは、基本的にハウス栽培と同じである。生育期間が短いため、株間を狭くしてV字主枝2本仕立てにしてもよい。

③定植後の管理

定植直後に風などにあおられると活着が遅れるため、風が強い地域では風よけなどで覆うとよい。整枝作業は、ハウス栽培と同様に進める。ナイロンヒモなどによる誘引作業は、主枝が決まりしだい、早めに行なう。

追肥と収穫はハウス栽培と同じ考え方で行なう。

④病害虫防除

ハウス栽培と違い、防虫ネットを展張できないので、タバコガ類、ハスモンヨトウ、ネキリムシ類、ナメクジなど大型害虫からアブラムシ類など小型害虫まで、多くの害虫による被害を受けやすい。

表16の病害虫防除の方法を参考に、発生初期から防除を心がける。

（執筆：古野伸典）

シシトウ

表1　シシトウの作型，特徴と栽培のポイント

主な作型と適地

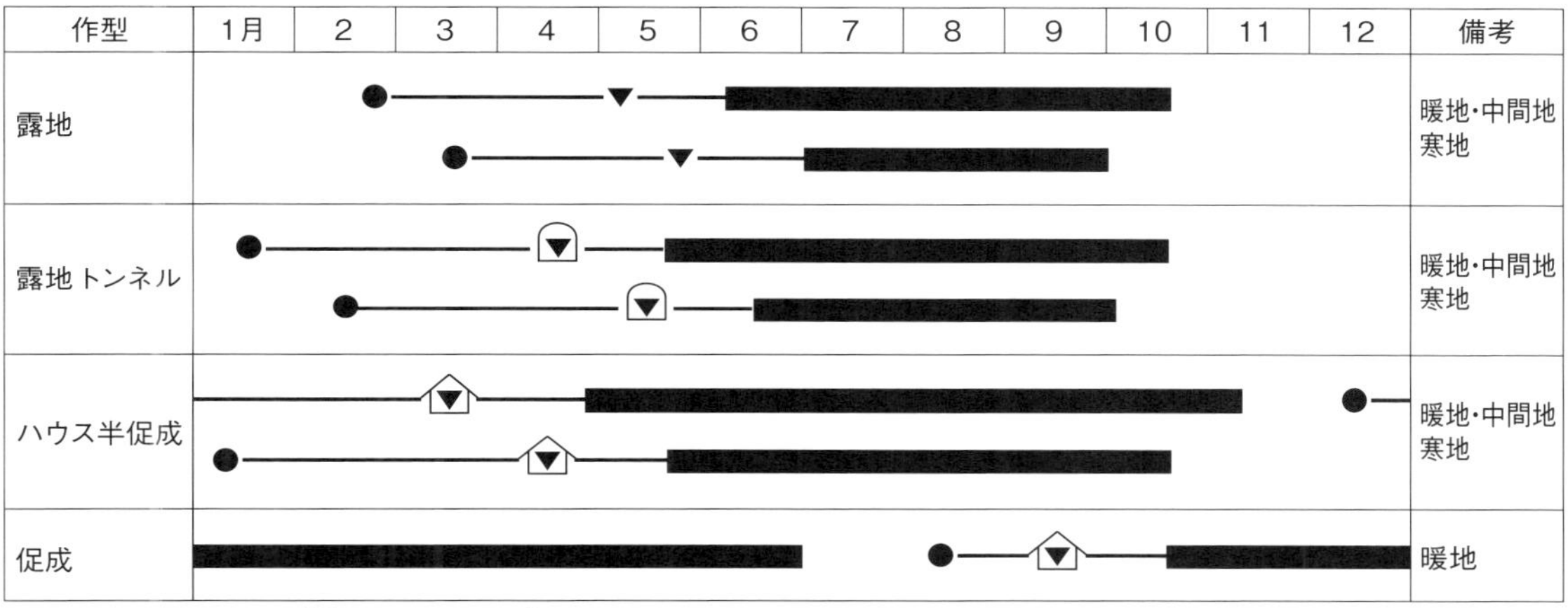

●：播種，▼：定植，トンネル，ハウス，■：収穫

特徴	名称	シシトウ，植物名としてはトウガラシ（ナス科トウガラシ属）
	原産地・来歴	中南米原産
	栄養・機能性成分	ピーマンとほぼ同じ，ビタミンCが多い
生理・生態的特徴	発芽条件	適温30℃
	温度への反応	昼間28～30℃，夜間20～23℃が適温
	日照への反応	低照度にも比較的耐えるが，多収のためには高照度が必要
	土壌適応性	微酸性（pH6～6.5）がよい，過湿と過乾燥に弱い
	開花（着果）習性	風媒花であり，受粉作業は必要ない。開花に日長は無関係
栽培のポイント	主な病害虫	青枯病，疫病，うどんこ病，黄化えそ病，モザイク病，タバコガ類，ハスモンヨトウ，アザミウマ類など
	接ぎ木と対象病害虫・台木	自根
	他の作物との組合せ	1年1作の長期どりが基本

この野菜の特徴と利用

(1) 野菜としての特徴と利用

シシトウは、植物の種としては、ピーマンやトウガラシと同じである。3～4gの小さな果実を収穫して食用に用いるが、生食はあまりせず、天ぷらや炒め物の材料に利用する。

果実の形はトウガラシと似ているが辛くない。まれに辛味のあるものが混じっていることがあるが、辛味はないほうがよいとされているので、この点ではトウガラシと逆の作物といえる。通常は100gパックの中にきれいに並べて出荷する。

シシトウは長期どりができる作物で、パイプハウスでは、1作で1株当たり10kg（3000果）以上の果実が収穫できる。1株でも毎日10果くらい収穫できるので、直売所などで他の野菜といっしょに販売するつもりなら、数株植えておくだけで十分だろう。

収穫やパック詰めの作業に手間がかかるので、シシトウを専業で作付けする場合、作業者1人当たりの栽培面積は3～5aほどである。株数でいえば300～500株が限界で、ピーマンよりかなり少ない。しかし、販売単価はピーマンより高値が期待できるので、小面積でも高収益を確保できる。

(2) 生理的な特徴と適地

生理的な特徴は普通のピーマンと似ており、高温性の野菜の部類に入る。夜温が20～23℃ないと形のよい果実がならないので、冬春期は西南暖地での加温栽培のシシトウしか生産されていない。逆に、暑さにはかなり強いので、夏秋期の栽培は全国で行なわれている。ただし、台風が早い時期にくる九州地方では栽培が少ない。

土壌水分には敏感で、過湿にならない水はけのよい土地が栽培に向く。乾燥にも弱いので、施設栽培では灌漑設備が必要になる。露地栽培でも、夏に雨が適度に降らなければ、灌漑設備があったほうがよい。

（執筆：大木　浩）

露地栽培

1 この作型の特徴と導入

(1) 作型の特徴と導入の注意点

シシトウは風で枝が折れやすいので、露地栽培は風の弱い地域に適する。早い時期から台風がくる地域では、収穫期間が短くなってしまう危険がある。風の強い地域では、林やパイプハウスなど遮蔽物がある、風通しがよすぎないところを圃場に選んだほうがよい。防風垣や防風ネットを利用し、風の影響を受けない工夫も必要である。

降雨をまともに受ける露地栽培では、青枯

図１　シシトウの露地栽培　栽培暦例（暖地・中間地）

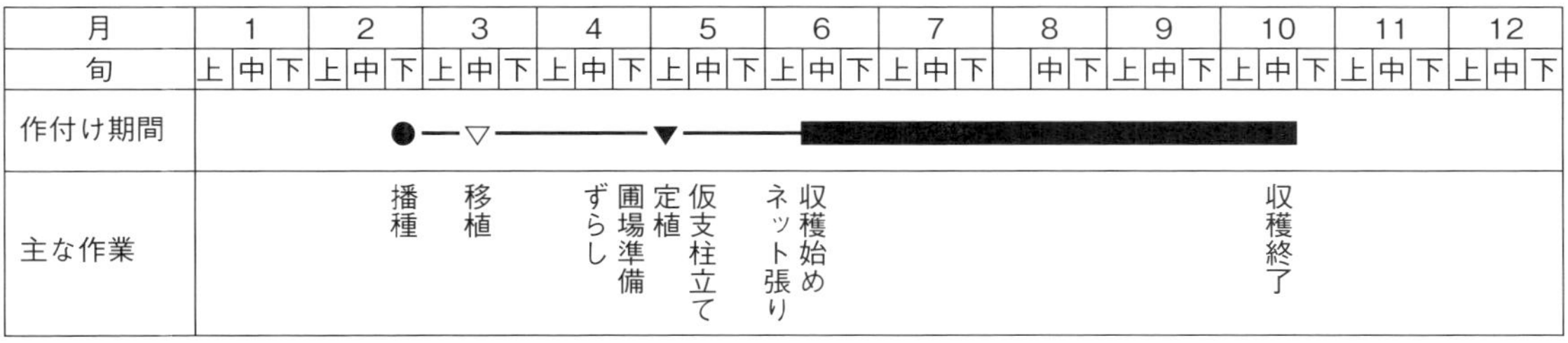

●：播種，▽：移植，▼：定植，■：収穫

表２　露地栽培のポイント

	技術目標とポイント	技術内容
育苗方法	◎健全苗育成 ・床土 ・播種 ・鉢上げ ・ずらし	 ・無病の床土を用意する ・播種床の温度は 28 ～ 30℃を維持する ・最初の本葉が開き終えないうちに鉢上げする ・苗が徒長しないよう，隣の苗と葉が触れ合うようになったらずらしを行なう
定植準備・定植方法	◎風水害対策 ・排水対策 ・暴風垣・防風ネット ◎適正量の元肥 ◎地温の確保 ◎植え傷みの低減 ・若苗定植 ・活着の促進	 ・排水不良の圃場では暗渠を整備する ・風が強い場所では，圃場の周囲に設置する ・元肥の窒素，リン酸，カリの適正量は 20 ～ 25kg/10a ・定植の 1 週間前にマルチをして地温を上げておく ・1 番花が咲き揃わないうちの若苗を定植する ・土をよく湿らせてからウネを立て，マルチをする ・定植は晴天日の午前中に行なう
定植後の管理	◎早めの誘引 ・仮支柱 ・誘引ネット ◎適正な追肥・灌水 ・追肥 ・灌水 ◎早めの病害虫防除	 ・定植後，早めに仮支柱を立てる ・ネットなどを株上に張り渡し，主枝が倒れないようにする ・収穫開始後に，1 カ月に窒素成分で 4kg/10a の追肥を行なう ・梅雨明け後は，ときどき通路に水を流すなどの灌水が必要 ・発生している病害虫の種類をよく見きわめ，早めに防除する
収穫	◎適期に良品収穫	・毎日収穫する ・石果や変形果は取り除く

病や疫病が発生しやすいので，水はけのよい圃場がよい。水はけが悪い場合は，暗渠などの排水設備を栽培前に整えておきたい。

(2) 他の野菜・作物との組合せ方

シシトウは，とくに裏作をしないで栽培するのが普通だが，冬に雪のない地方であれば，トンネルのダイコンなどとの組合せができる。

シシトウは連作しても障害の発生が少ない野菜だが，青枯病や疫病が発生した場合には，翌年は圃場を変更するか土壌消毒をする。輪作する場合は，少なくとも2～3年はナス科の作物を作付けしていない圃場を選ぶ。

2 栽培のおさえどころ

(1) どこで失敗しやすいか

シシトウは，多収にこだわらなければだれにでも栽培できる。はじめて栽培するとき，露地栽培で失敗しそうな点は，早植えしすぎてしまうことである。シシトウは低温に弱いため、夜間の平均気温が15℃程度ないと、定植しても苗が育たない。

また、気温が上がるのを待って植えようとしているうちに、苗が老化してしまうことがあるので、播種も早すぎてはいけない。老化苗を植えると、初期に着果が多くなりすぎて、主枝がなかなか伸びなくなってしまう。

健全な苗を適期に定植することが、露地栽培では最も大切である。

(2) おいしく安全につくるためのポイント

出荷したものの中に、辛味果と虫入り果が混じっていると、販売先から必ずクレームがくるので注意する。

辛味果は、辛味のないものに比べて種子が少ないが、外見上は似たようなものなので、収穫後に選別することはできない。したがって、辛味果の対策は、発生しないように栽培の面で注意することが大切になる。受精不良によって肥大の悪い果実に辛味が発生しやすいので、収穫期間中は常に乾燥や肥切れがないか気を配る。

果実の中に食入する虫は、タバコガ類である。これらの小さな幼虫が食入している果実は、針で刺したような穴があるだけで、収穫のときにはまず気がつかない。パック詰めのときに被害果が混入しないようにていねいに選別する。

(3) 品種の選び方

千葉県内では‘つばきグリーン’（武蔵野種苗園）や‘葵ししとう’（ナント種苗）が用いられている。‘L3葵ししとう’（ナント種苗）は、モザイク病PMMoVウイルス抵抗性（L^3）をもっている。どの品種でも管理に大きな差はない。

このほか、県によってはその県独自の育成品種や在来品種が使用されている。

3 栽培の手順

(1) 育苗のやり方

シシトウは高温野菜なので、育苗にはハウスと温床が必要である。これらがない場合は苗を購入することになる。シシトウは他の果菜類に比べ苗数が少ないので、シシトウ専業の農家でも購入苗を利用することが多い。

①播種時期、品種、種子量

播種時期は定植日から逆算して決める。育苗に要する日数は通常70～100日だが、暖房機を使用して気温を高めながら育苗すると、60日ほどに短縮できる。5月上旬に定植する予定なら、播種時期は1月下旬～3月上旬になる。はじめて育苗するときは、定植ができないうちに苗が育ってしまわないように、遅めに播種したほうが安全である。

種子は20㎖入りの袋で売られており、1袋に1000粒ほど入っている。10a当たり800～1100株が定植に必要なので、この3割増しの種子を用意する。

②播種用床土の準備と播種

床土は、ピートモスやモミガラくん炭、または肥料の入っていない市販の培養土など、無病のものを使用する。ピートモスは一般に酸性なので、pHの調整が必要である。過リン酸石灰などを使用して中和する。モミガラくん炭は焼きすぎて灰が混じっているとアルカリ性になっていて、発芽が悪いときがある。水をよくかけ流してから使用すれば問題ない。

播種箱を使用すると、鉢上げのときに作業がらくである。45㎝×36㎝の播種箱1枚で

200粒前後の種子を播くことができる。条間6～8㎝、種子間隔1㎝で条播する。5㎜程度覆土してから育苗床に並べ、十分灌水した後、乾燥防止のための新聞紙を播種箱の上にかける。

③播種後の管理

地温は発芽まで28～30℃で管理し、発芽が揃ったら25℃程度に下げる。モミガラくん炭に播種した場合は、発芽までの間、乾燥して播種箱が軽くなっていないか、ときどき確認する。発芽が始まったら、播種箱の上にかけた新聞紙を外す。

④鉢上げ

ピーマンの仲間は、本葉が2枚ずつ対で出てくる。播種の10～20日後に最初の本葉2枚が開き始めたら鉢上げの適期。

ポットは12～15㎝の大きめのものを使用する。鉢土は、市販の果菜類用の培養土か、自家製ならモミガラくん炭、ピートモス、畑土を等量に配合した土に、土1㎥当たりOK－F－1などの液肥と過リン酸石灰を1kgずつ加えて用いる。

鉢上げの前日に、上から灌水して十分に土を湿らせ、最低地温が22℃前後になるように温床線のサーモスタットの設定を調整しておく。1ポットに1本ずつの苗を鉢上げする。

⑤鉢上げ後の管理

鉢上げ後は気温を日中28～30℃、地温を22℃前後で管理する。シシトウは育苗の日数が長いので、肥料入りの培養土を使っていても、育苗後半に肥切れして葉色が薄くなってくる。その場合は液肥を500倍ほどに薄めて灌水代わりに与えてやる。また、育苗中に何度か鉢をずらしてやり、葉が隣の苗の葉とあまり重ならないように気をつける。葉と葉が重なると苗が徒長してしまう。

本葉が12枚くらいに増え、花の咲く苗がみられ始めたら、定植の適期。定植が遅れそうなときは、地温を18℃くらいに下げて日中の換気を強め、苗の生育を遅らせる。さらに、苗が徒長しないようにポットの間隔を広く開け、肥切れに気をつけながら管理する。定植の前日には苗にたっぷり水をかけておく。

(2) 定植のやり方

①圃場の準備

10a当たり堆肥を2tと苦土石灰を80kg施す。窒素、リン酸、カリは、いずれも10a当たり20～25kgが適量である（表3）。前作の肥料が残っていることがわかっているときは、これよりも減らす。また、施肥は圃場の全面に行なうことが普通だが、ウネになる部分だけに施肥すれば、それだけ肥料を減らせる。

定植後の追肥を省略できるように、ロングなどの肥効調節型肥料（肥効期間が100～140日のもの）を10a当たり80kg程度施しておく方法もある。

ウネは、雨が降った後、あるいは灌水して土をよく湿らせてから、ウネ間180㎝、ベッド幅80～100㎝、高さ20㎝に立てる。植穴は、1条植えにするため、ベッドの中央

表3　施肥例　（単位：kg/10a）

	肥料名	施肥量	成分量		
			窒素	リン酸	カリ
元肥	堆肥	2,000			
	苦土石灰	80			
	ナタネ油粕	150	8	3	1.5
	CDU 化成	100	15	15	15
	過リン酸石灰	60		11	
	硫酸加里	15			7.5
追肥	燐硝安加里	80	13	8	11
施肥成分量			36	37	35

にあける。株間は50～70cmにする。収穫期間が短いなどの理由で、初期収量を重視する場合は、株間を狭めにする。

用水や井戸などの灌漑設備があるときは、灌水チューブをウネの上に2本ずつ設置する。この場合、灌水時にベッド全体が湿るようにベッドの両肩から20cmのところに設置するとよい。

定植1週間前、遅くとも3日前までにマルチをして、地温を20℃に高めておく。

②定植

最低気温が12℃以上の日が多くなる時期、関東地方の平野部なら5月上旬が定植の時期。トンネルがけすれば定植時期を半月くらい早めることができるが、この場合も、定植はトンネル内の気温が12℃を下回らなくなってからにする。

定植は必ず晴天日の午前中に行なう。

(3) 定植後の管理

①仮支柱立て

定植後すぐに、苗の横に仮支柱を1本斜めに立てて、これに苗を誘引する。仮支柱立ては、風や枝の重みで苗が倒れないようにするためである。

②保温

枝が伸びてくるまでトンネルをかけて保温すると、生育がよくなる。トンネルをかけるときは、裾換気を行なうか穴を適宜あけるかして、晴天日に35℃以上の高温にならないように気をつける。また、灰色かび病が発生しやすくなるので、ビニールに枝葉が触れる大きさに株が生長したら、蒸れないうちにトンネルを外す。

株数が少ない場合は、簡単な保温方法として、肥料袋を筒の形にして苗を覆ってもよい。

③灌水

収穫が始まるまで基本的に灌水は必要ないが、活着するまでは葉が垂れるようなら1株ずつ株元に水をかけてやる。

④枝の誘引

活着して枝が伸びてきたら、1～1・8m間隔で支柱を立て、ネットを支柱間に張り渡し、ネットの間に主枝を通す（図2）。トンネルがけした場合は、アーチに使った資材を抜かないで、支柱代わりに利用することもできる。

風などで枝がネットから外れてしまったときには、早めに枝を入れなおしてやる。

⑤草勢の調節

シシトウは、老化ぎみの苗を植えたときなど、生育が停滞してくると枝が伸びないのに花が咲き続け、ついには枝の先端の花まで開いてしまうことがある。一度こうなると、その後なかなか生育が元に戻らず、収量も増えなくなってしまう。

図2　誘引のためのネットの張り方

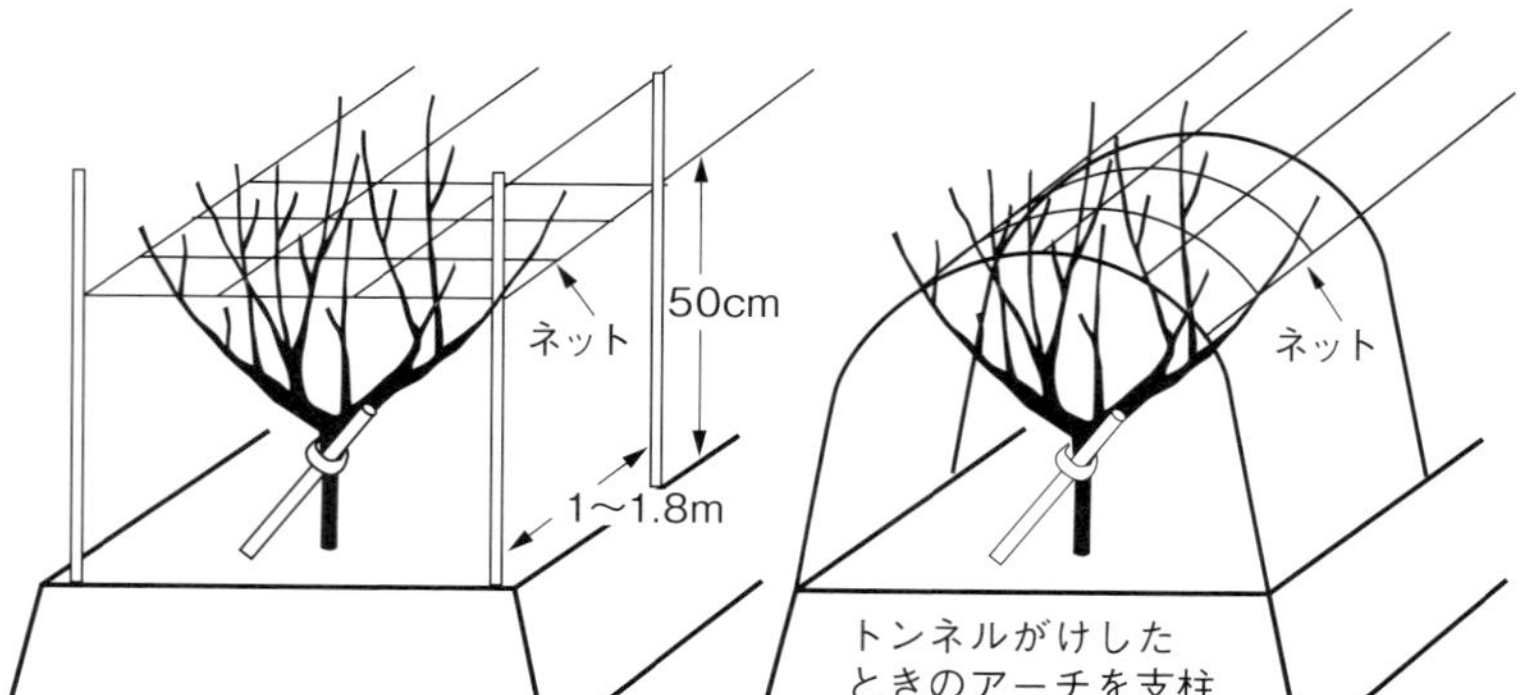

開花位置が枝の先端に近づいてきたときは、生育の回復を図るために摘果を行なう。

(4) 収穫

①収穫

定植後1カ月ほどで収穫が始まる。収穫する果実の大きさは、長さ6㎝前後のMサイズを目標とする。夏場は果実の肥大が速いので、毎日収穫しないとLサイズの比率が多くなってしまう。

果柄が途中で折れていると商品価値が低くなるので、収穫のときはていねいに取り扱う。果柄の中ほどを手で持って上向きに引っ張れば、離層のところで果実が枝からはずれるので、果柄を長くつけた状態できれいに収穫できる。トウガラシと違い、シシ果（尻部が尖っていないで、詰まっている果実）が秀品である。

収穫のときに、石果（長く伸びない硬い果実）や極端な変形果などのくず果もいっしょに取り除く。

②収穫中の追肥と灌水

収穫が始まったら追肥を実施する。週に1回の割合で、窒素成分で10a当たり1kg程度の液肥を灌水に混ぜて施用する。灌水チューブを設置していない場合は、1カ月に1回、窒素成分で10a当たり4kg程度の肥料を通路に施用する。

土壌水分が不足すると辛味果の発生が増えるので、収穫期間中は灌水の必要がないか常に気を配る。通路が乾いているようなら灌水する。1回の灌水量は10㎜（チューブ灌水なら10分くらい）で、雨が降らなければ、梅雨明けから9月末までは週2回、それ以外の期間では週1回の灌水が必要である。

灌水チューブを設置していない場合は通路に水を流す。

③整枝

露地栽培では枝がそれほど伸びないので、ていねいな整枝は必要ない。枝が込み合っている部分を間引いたり、通路に垂れ下がった枝を切り詰めたりといった簡単な整枝で十分である。

4 病害虫防除

シシトウに農薬を使用する場合には、「野菜類」「とうがらし類」もしくは「ししとう」で登録のあるものを使う。トマトなどの他の野菜と比べて登録農薬の数が少ないため、同じ農薬をつい連用しがちになってしまう。他の防除方法と組み合わせて、なるべく農薬にたよらないようにしたい（表4）。

どの病害虫もそうだが、被害が拡大してから防除を始めても効果がなかなか上がらない。発生初期の防除が重要である。

①青枯病、疫病、うどんこ病

青枯病と疫病は、圃場の水はけをよくして、発生させないことがポイントである。発生してしまったら、圃場を替えることが望ましい。圃場を替えられない場合は、栽培前にクロルピクリンによる土壌消毒を実施する。

うどんこ病は夏以降に発生が増える。下葉から発生が始まり、徐々に上位葉に広がってくるので、発生が下葉にとどまっているうちに防除する。

②タバコガ類

タバコガ類にはタバコガとオオタバコガの2種類があり、両種とも6月ころから発生し始め、8～9月に最も多くなる。幼虫が果実に食入してしまうので、シシトウ栽培では最も重要な害虫である。被害が発生したらただちに農薬散布するが、夜間に黄色蛍光灯を点灯することによってタバコガ類の活動を抑えれば、果実の被害が減らせる。

黄色蛍光灯は5～10m四方に1本の割合で設置する。防水仕様の点灯器具が市販されているので、それを使う。ハスモンヨトウに対しても黄色蛍光灯は効果がある。

③アザミウマ類

アザミウマ類は果実を食害するほかに、黄化えそ病を伝染させることでも問題になる。定植前に粒剤の殺虫剤を植穴に施しておく。マルチも、シルバーポリマルチなどの忌避効果のあるものを利用する。これらは、アブラムシ類対策としても効果が期待できる。

5 経営的特徴

シシトウは単価が高いため、露地栽培でも10a当たりの粗収入で250万円、所得でも174万円ほどになる。しかし、収穫とパック詰めに手間がかかるため、収量1t当たり1000時間程度の作業を要する（表5）。これは、ハウス半促成栽培でも同じである。他の果菜類と比べて栽培面積は多くできないが、逆にいえば水稲育苗用の1～2aの小さなパイプハウスでも、それなりに所得を確保できることになる。

（執筆：大木　浩）

表4　病害虫防除の方法

	病害虫名	防除法
病気	青枯病，疫病	前年発生した圃場では作付けしない クロルピクリンで土壌消毒 ランマンフロアブル（疫病）
	うどんこ病	肥切れさせない 定植時にオリゼーメート粒剤 トリフミンジェット，カリグリーン，水和硫黄剤各種など
	黄化えそ病（TSWV）	アザミウマ類を発生させない 発病した株は発見しだい抜き取る
	モザイク病（PMMoV）	前年発生した圃場では作付けしない 抵抗性品種の利用 作業を行なう直前にレンテミン液剤を散布
害虫	タバコガ類，ハスモンヨトウ	黄色蛍光灯の夜間点灯 プレバソンフロアブル5（オオタバコガとハスモンヨトウ），アファーム乳剤（オオタバコガ），プレオフロアブル（タバコガ類），BT剤各種（オオタバコガとハスモンヨトウ）
	アザミウマ類	シルバーポリマルチを使用 定植時にスタークル粒剤 スピノエース顆粒水和剤
	アブラムシ類	シルバーポリマルチを使用 定植時にベストガード粒剤 モベントフロアブル，チェス顆粒水和剤

注）令和4年版千葉県農作物病害虫雑草防除指針を参考にしたが，表示した農薬は一例であり，薬剤抵抗性の発達程度や害虫の種類により効果が異なることもあるため，薬剤の選択については普及指導センターなど地域の農業機関から情報を得ること

表5　露地栽培，ハウス半促成栽培（無加温）の経営指標

項目	露地栽培	ハウス半促成栽培
収量（kg/10a）	2,500	4,000
単価（円/kg）	1,000	1,100
粗収入（円/10a）	2,500,000	4,400,000
生産費（円/10a）	760,000	1,200,000
種苗費	120,000	60,000
肥料費	25,000	28,000
薬剤費	42,000	50,000
資材費	7,000	38,000
動力光熱費	16,000	16,000
農機具費	67,000	67,000
施設費	2,000	130,000
流通経費	316,000	547,000
荷造経費	165,000	264,000
所得（円/10a）	1,740,000	3,200,000
労働時間（時間/10a）	2,500	3,800

ハウス半促成栽培（無加温）

1 この作型の特徴と導入

露地栽培より安定した環境での栽培なので、長期に収穫できて収量が多い。また、雨の日も収穫できるので、シシトウをつくるなら露地よりハウスでの栽培をすすめたい。

冬のハウスがあいている期間を利用して、シュンギク、コマツナ、ホウレンソウなど葉物野菜を後作として栽培することができる。

2 栽培のおさえどころ

品種も含めて、露地栽培と基本は同じであるが、ハウス内の栽培なので、夏場の高温障害に注意する。サイドのフィルムを簡単に外せるなど、夏にハウスの開口部が大きくできる構造やフィルムの張り方にしておく。

害虫の発生は露地栽培より早いので、大発生しやすい。とくに、タバコガ類に対しては、開口部に防虫ネットを張るなど、侵入防止の対策が必要である。

3 栽培の手順

(1) 育苗のやり方

育苗の方法は、基本的に露地栽培と同じである。露地栽培より気温が低い時期に育苗するので、育苗に要する日数はやや長めの80～100日をみておく。

(2) 定植のやり方

施肥も露地栽培と同じでよく、窒素、リン酸、カリの適量は10a当たり20～25kg（表7）。パイプハウス内につくるウネの数は、間口4・5mなら2ウネ、間口5・4mなら3ウネが標準である。

定植の時期は、関東地方の平野部では3月中旬が早い限界で、このころに定植するには

図3　シシトウのハウス半促成栽培（無加温）　栽培暦例

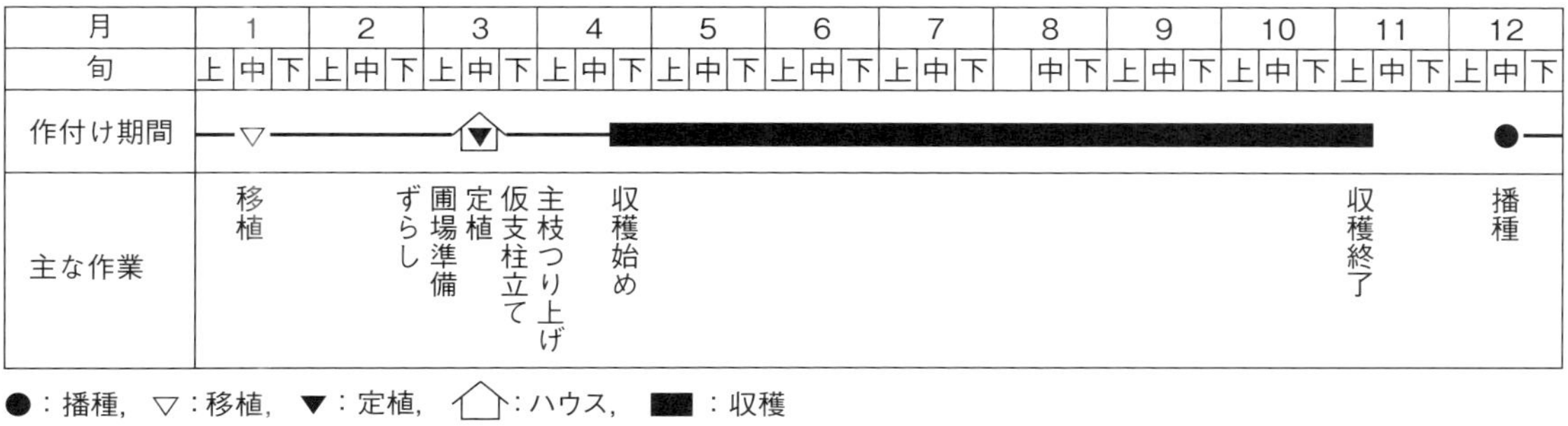

トンネルかカーテンが必要になる。これらを使用しない場合は、4月上旬ころに定植する。

定植に必要な苗数は10a当たり500～600株で、株間90cmで1条植えにする。後で誘引するときに枝が配置しやすいように、見えている2本の枝の向きがウネの方向と直角になるよう揃えて植える。

表6　ハウス半促成栽培（無加温）のポイント

	技術目標とポイント	技術内容
育苗方法	◎健全苗の育成	・露地栽培の表2を参照
定植準備・定植方法	◎排水対策	・排水不良の圃場では暗渠を設ける
	◎害虫対策	・ハウスの開口部に防虫ネットなどを張る
	◎適正量の元肥	・元肥の窒素，リン酸，カリの適正量は20～25kg/10a
	◎地温・気温の確保	・定植の1週間前にマルチをして地温を上げておく ・最低気温が15℃以下の時期は，トンネルやカーテンで多重被覆する
	◎植え傷みの低減	
	・若苗定植	・1番花が咲き揃わないうちの若苗を定植する
	・活着の促進	・土をよく湿らせてからウネを立て，マルチをする ・定植は晴天日の午前中に行なう
定植後の管理	◎早めの誘引	
	・仮支柱	・定植後，早めに仮支柱を立てる
	・主枝の吊り上げ	・ネットなどを株上に張り渡し，主枝が倒れないようにする
	◎保温と換気	
	・春・秋	・朝28～30℃で換気し，夕方23℃で換気を止める
	・夏	・サイドのフィルムを外したりして開口部を大きくし，ハウス内の通風をよくする
	◎適正な追肥・灌水	
	・追肥	・収穫開始後に，1カ月に窒素成分で4kg/10aの追肥を行なう
	・灌水	・週2回，梅雨明け後の盛夏期は1日おきに灌水する
	◎高湿度の維持	・乾燥するときは通路に散水して，ハウス内の湿度の上昇を図る
	◎早めの病害虫防除	・発生している病害虫の種類をよく見きわめ，早めに防除する
収穫	◎適期に良品収穫	・露地栽培の表2を参照

(3) 定植後の管理

① 温湿度管理

日中、ハウス内の気温が28～30℃になったら換気し、夕方23℃で換気を止める。収穫が始まるまでトンネルやカーテンを使用すると生育はよくなるが、ハウス内で結露が起こりやすくなり、病害が多くなる。日中、葉が濡れているときは、曇天日でも少し換気して葉を乾かしてやる。

反対に、株が小さく、蒸散がまだそれほど盛んでないこのころは、晴天日にハウス内の湿度が異常に低下しやすい。湿度があまり低下すると、受精不良やうどんこ病の発生の原因になるので、晴天日には通路やマルチの上に散水して湿度の上昇を図る。

② 主枝の誘引

誘引用のヒモを株の左右に2本ずつ吊り、ピーマンと同じように主枝4本仕立てにす

表7　施肥例　（単位：kg/10a）

	肥料名	施肥量	成分量		
			窒素	リン酸	カリ
元肥	堆肥	2,000			
	苦土石灰	80			
	ナタネ油粕	150	8	3	1.5
	CDU化成	100	15	15	15
	過リン酸石灰	60		11	
	硫酸加里	15			7.5
追肥	燐硝安加里	120	19	12	17
施肥成分量			42	41	41

る。はじめから誘引ヒモを強く張っておくと、主枝の配置がV字型になり、ふところが狭くなってしまう。主枝を吊り上げてしばらくの間は、誘引ヒモをゆるめて、主枝がU字型になるように仕立てる。

U字型にしたほうが、株の真中あたりの日当たりがよくなって、果実の色が濃くなるし、主枝がゆっくり生育するので、夏以後の整枝がらくになる。

③側枝の手入れ

収穫が始まるころ、草勢が強すぎて、主枝以外に何本もの枝が上向きに一斉に伸びていることがある。

こんなときは、主枝にしない枝をやや横向きになるように折れないように軽く手で曲げてやる。1回では元に戻ってしまうことがあるが、ハウスに入るたびに数回この操作を繰り返せば、横向きになる癖が自然について、着果がよくなる。

長すぎる側枝は、30cm程度の長さで先端をピンチする。

図4　収穫開始期のシシトウの草姿

(4) 収穫

①収穫中の追肥と灌水

追肥は、マルチをめくって、ベッドの肩の部分で土が湿っているところへ施用するか、灌水チューブで液肥を与える。施用量は露地栽培と同量で、1カ月に窒素成分で10a当たり4kgとする。

灌水は梅雨明けから9月末までは1日おきに必要で、それ以外の時期も週2回は行なう。

②夏期の換気

最低気温が20℃以上の時期は、夜間もサイドのフィルムを上げたままで、密閉しなくてよい。

とくに、梅雨明け後は、ハウス内が高温・乾燥になりやすいので、サイドのフィルムを外すなどして、十分に換気できるようにする。

③主枝の更新せん定

ハウス半促成栽培では、草勢が強いまま生育させると、7月には草丈が人間の背丈を越えるほどになる。着果は常に株の上部に多いので、夏以降に収穫がしにくくなってしまう。こんなときは、シシトウの価格が安くなる7月下旬～8月上旬に、主枝を8節目くらいで切り戻し、草丈を約1mに詰める。

せん定後、主枝の上部から脇芽が一斉に伸びてくるので、そのうちの1本を主枝にし、残りは摘心する。

更新せん定をすると、しばらくはほとんど収穫できなくなってしまうが、価格の高くなる9月以降の収量が増える。

4 病害虫防除

発生する病害虫は露地栽培と同じで、基本的な防除法は露地栽培の項を参照していただきたいが、ハウス栽培での化学農薬以外の防除方法には次のようなものがある（表8）。

表8　病害虫防除の方法

	病害虫名	防除法
病気	モザイク病	栽培終了後に石灰窒素を散布し，残根を腐熟させる
害虫	害虫全般	ハウスの開口部に寒冷紗や防虫ネットを張り，侵入を防ぐ
	アザミウマ類，アブラムシ類	外張りに紫外線除去フィルムを使用 色つき粘着板により捕殺，青色はミナミキイロアザミウマ用，桃色はミカンキイロアザミウマ用，黄色はアブラムシ類とアザミウマ類（専用のものより効果はやや劣る）の兼用 ナミヒメハナカメムシ，ククメリスカブリダニなどの天敵を利用（アザミウマ類）

注）これ以外の防除方法については露地栽培の表4を参照

①モザイク病

シシトウは、線虫の発生も少なく、ハウスで連作しても土壌病害虫の少ない作物だが、ウイルス病の一種であるモザイク病だけは対策が必要である。

モザイク病が発生した場合は、栽培終了後に石灰窒素を10a当たり100kg散布してから耕うんし、その後十分灌水して、残根を腐熟させることで次作に備えるようにする。

②タバコガ類、ハスモンヨトウ

タバコガ類やハスモンヨトウに対しては、開口部に防虫ネットや寒冷紗を張り、ハウス内への侵入を防ぐ。出入り口部分もよく開けっぱなしにされてしまうので、ここにも忘れずに防虫ネットなどを張る。

目合い1㎜以下のネットを使用すれば、アザミウマ類のような小さな害虫にも効果がある。目合いの細かいネットを張ると風通しが悪くなるので、開口部はなるべく大きく開けられるようにしておきたい。

③アザミウマ類

紫外線除去フィルムを外張りに使用すると、アザミウマ類の侵入の防止に役立つ。また、アザミウマ類は色つきの粘着板に誘引されるので、ハウス内に多数つり下げると防除効果が期待できる。色は青色、桃色、黄色などがあり、それぞれ誘引される虫の種類が違う。

さらに、近年ではアザミウマ類の天敵である、ヒメハナカメムシ類やカブリダニ類が生物農薬として市販されている。

ハウス半促成栽培では、これらの防除方法を組み合わせることで、化学農薬を収穫中にほとんど使用しなくても栽培ができる。

5 経営的特徴

露地栽培の項でまとめて述べているので、そちらを参照されたい。

（執筆：大木　浩）

甘長トウガラシ

この野菜の特徴と利用

(1) 野菜としての特徴と利用

① 特徴と品種

ナス科トウガラシ属に分類され、辛味のない品種のうち、果実の先端が尖ったものが甘長トウガラシと総称されている。トウガラシ類の原産は中南米で、大航海時代にヨーロッパへ伝わり、日本へはポルトガルや中国との交易により伝わったとされている。

交雑しやすく、地方独特の在来種が現在も栽培されており、代表的な甘味種の品種は京都府の伝統野菜'伏見甘長とうがらし'(図1)や'万願寺とうがらし'である。近年では、収益性の高いF_1品種も育成され普及している。

② 利用方法

ピーマンやシシトウに比べ消費量は少ないが、独特の風味と鮮やかな緑色を生かし、煮物、炒め物、揚げ物と幅広く調理に利用されている。生食されることは少ない。

果実の表面はツヤのある緑色で、果皮(肉)はピーマンよりやや薄く、種子は過熱によって溶けるため、取り除かずに食べられる品種が多い。

辛味がないのが特徴だが、栽培環境や草勢によって、辛い果実が混じることがある。また、若い茎葉が食べられる品種もある。

図1 揃いがよく調理に向く'伏見甘長とうがらし'

図2　甘長トウガラシの露地栽培　栽培暦例

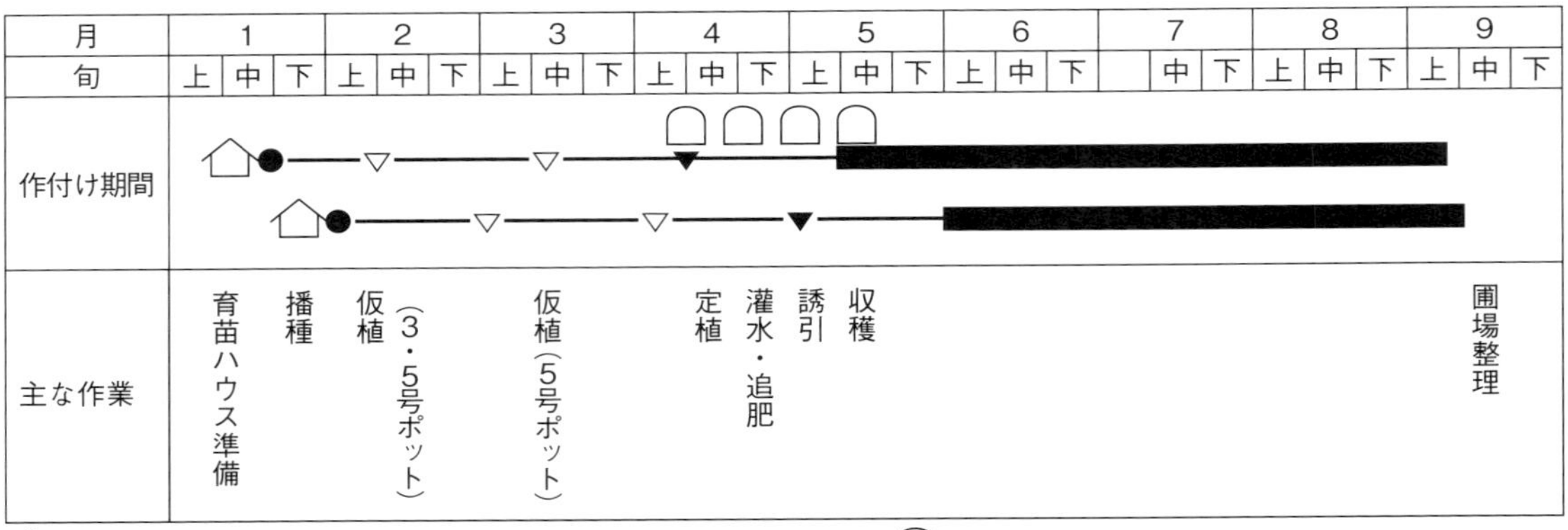

：育苗ハウス準備，●：播種，▽：仮植（鉢上げ），▼：定植，：トンネル，■：収穫

(2) 生理的な特徴と適地

① 生育適温と花芽分化の条件

生育適温はピーマンと同程度で、昼温27～28℃、夜温15℃以上である。低温に弱く、露地では降霜期の栽培はできない。発芽適温は20～30℃で、恒温より変温のほうが良好に発芽する。光が当たると発芽しにくい。

花芽分化は、播種後35日、草丈3～4cm、展開葉4枚、茎の太さ2㎜のころとされ、生長が旺盛なほど花芽分化も促進される。また、16時間日長で花芽分化が促進され、花数も増加する。

② 分枝の出方

花芽はピーマンと同じように頂芽に分化し、第1花は9～13節付近に着生する。第1花の基部から2本の分枝が伸び、その第1節に第2花が分化し、またその基部から2本の分枝が伸びる。

開花ごとに分枝が2倍に増えるため、分枝を放置すると、枝が細く短くなり、果実も小さくなる。枝は折れやすく、風に弱いため、倒伏防止も兼ねて、支柱を立てて整枝を行ない誘引する。

③ 土壌条件

土壌の適応性は広く、水田の転換畑でも栽培できる。長期作型で多収をねらうなら、排水がよく、保水力の高い土壌が向く。連作は可能であるが、土壌病害が発生した場合は、病害が発生していない圃場を選ぶか土壌消毒を行なう。

（執筆：横田京子）

露地栽培

1 この作型の特徴と導入

(1) 作型の特徴と導入の注意点

この作型は露地栽培のため、初期投資が少なく、苗を購入すれば、育苗ハウスや苗管理作業が不要になる。また、ハウス栽培に比べて、草姿がコンパクトになる。しかし、晩霜、長雨、強風（台風）など気象に影響されやすい。

岐阜県平坦地域の定植時期は5月上旬であるが、トンネル被覆を行なえば、4月上旬から可能になる。収穫期は6月から始まり、降霜期まで可能である。

生育のピークには、1日に株当たり30果以上収穫できるので、出荷・調製などを個人で行なう場合は、作業者1人当たり3a程度（300〜400株）が作付けの目安になる。

収穫初期から水が必要なので、灌水できる圃場を選択する。また、台風などの影響を受けやすいため、防風ネットなどの対策が必要である。

(2) 他の野菜・作物との組合せ方

岐阜県の産地（積雪の少ない平坦地域）では、ハウス栽培（無加温）は9月に収穫を終了し、裏作には10月に定植するシュンギクを、露地栽培では8月末までに収穫を終了し、9月中旬に定植するナバナを作付けている。

裏作を作付けしない場合は、降霜が始まる10月末まで収穫が可能である。

2 栽培のおさえどころ

(1) どこで失敗しやすいか

開花前の苗を、最低気温が10℃程度まで下がる時期に定植すると、最低気温が15℃を超えるころまで生育が著しく停滞する。そのため、4月定植の場合は第1花が開花している苗（5号ポット）を植え、トンネルなどで1カ月程度保温する。

第1花から節ごとに分枝、開花、結実する。そのため、梅雨明けごろの晴天と着果数が急増するタイミングが重なるので、定植後から根を十分に張らせないと、茎葉からの蒸散と着果負担に根からの水分供給がおいつかず、株が萎凋し最終的には枯死してしまう。また、株元や根に土壌病害が発生しやすいため、浅植えして、活着するまでは少量灌水とし、活着後も生育が旺盛になるまでは多灌水を控える。

収穫のピークが始まる梅雨明けから、果実にカルシウム欠乏が発生する（図3左）。石灰分の追肥や葉面散布だけでなく、整枝を行なって茎葉と着果量を減らし、カルシウムの消耗を少なくする。

昼夜の気温差が大きくなると、アントシアンの沈着による黒果（図3右）が発生する。食味への影響はないが、市場出荷では見た目が悪いと評価され規格外になる。

図3　主な生理障害果

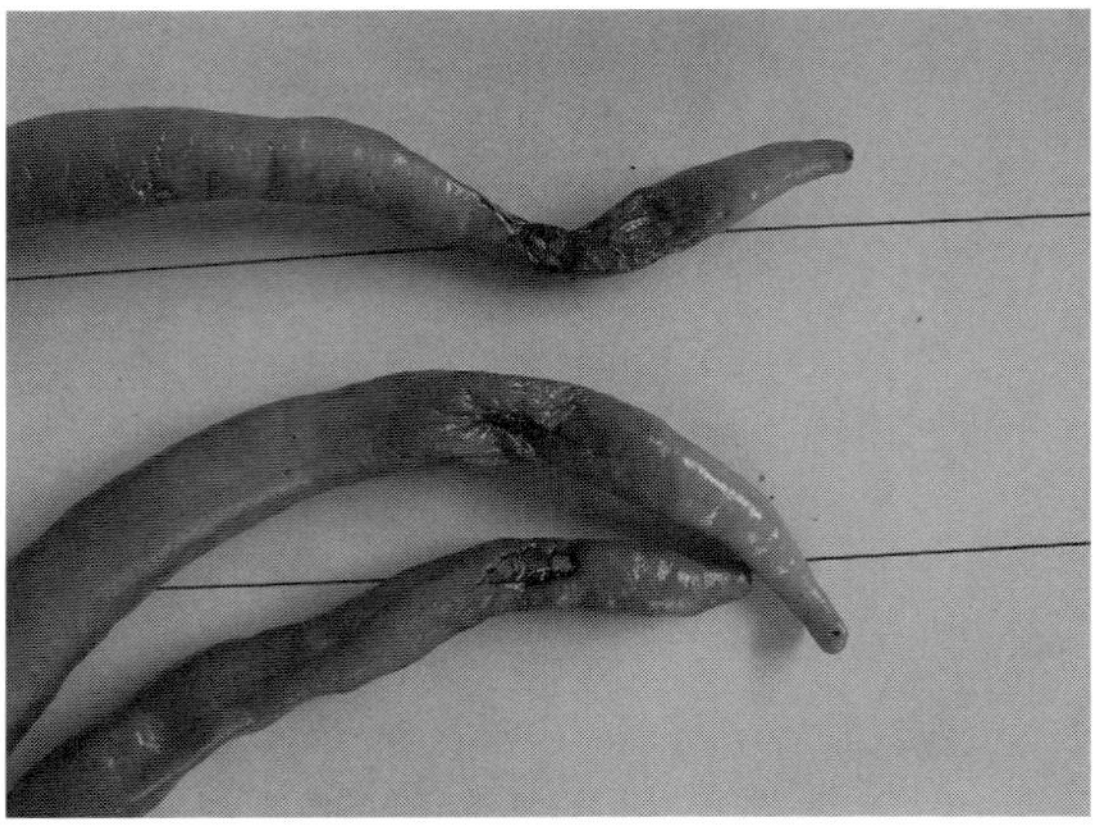
尻腐れ果（カルシウム欠乏）

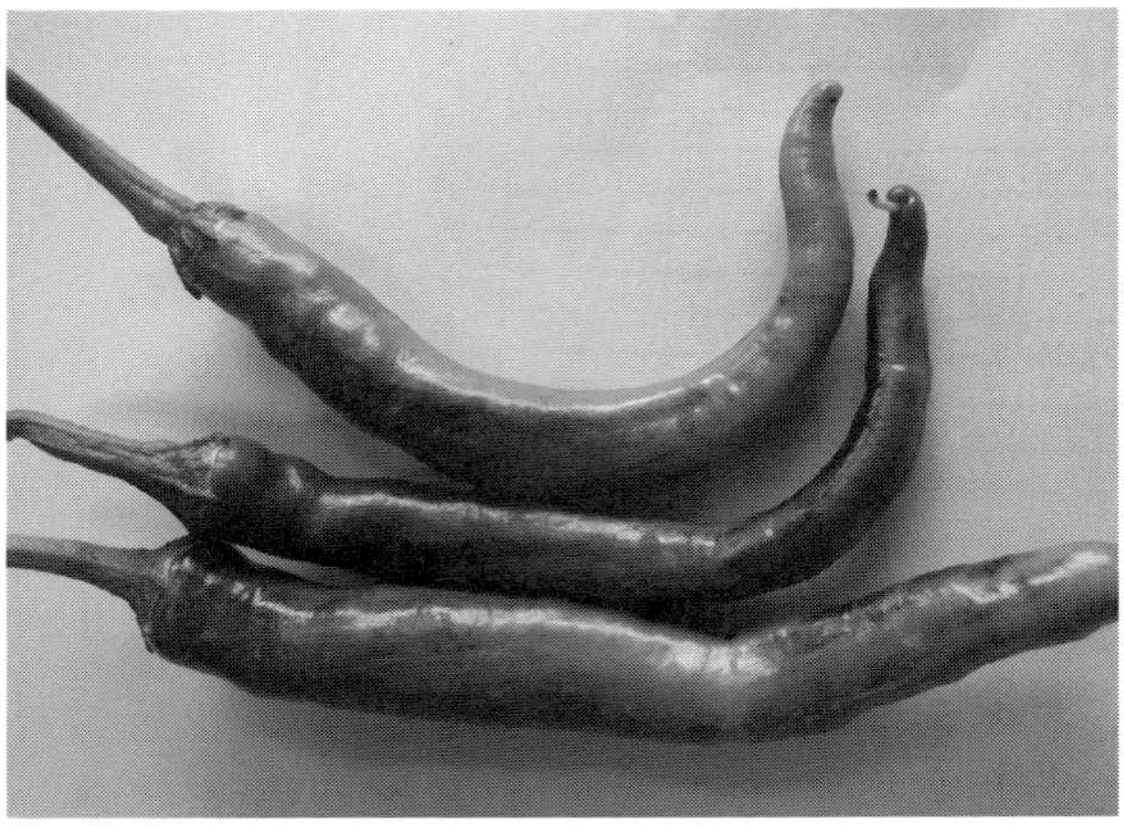
黒果（アントシアンの沈着）

図4　捕食性天敵ヒメハナカメムシ類

花にヒメハナカメムシ類が集まる

ヒメハナカメムシ類の幼虫がハダニ類も捕食する

(2) おいしく安全につくるためのポイント

定植する1カ月前までに、完熟堆肥を10a当たり2t施用し、土壌診断にもとづいた施肥を行ない、塩基バランスの崩れもあわせて補正する。

気温の上昇とともに、土着のヒメハナカメムシ類（図4）やカブリダニ類が増えてくる。農薬による防除は、こうした捕食性天敵に影響のない剤を選択する。

圃場周辺には防風ネットを設置するか、ソルゴーを植えるなどして強風を避ける。

(3) 品種の選び方

独特の風味や特徴のある形状の在来種（固定種）と、病害に強く形状の揃いや収量性に優れるF_1品種がある。消費者のニーズや圃場条件によって品種を選ぶ（表1）。

表1　甘長トウガラシの主要品種の特性

品種名	販売元	特性
伏見甘長とうがらし	タキイ種苗など各社	・果長は10〜12cm程度の長形で，早生の多収種 ・果実にテリがあり，曲がりが少なく，揃いがよい ・草勢旺盛でつくりやすい ・小葉で草姿は中開性，着果数が非常に多い ・辛味が少なく，油炒め，焼きトウガラシ，天ぷら，煮食などに適する
万願寺とうがらし	タカヤマシードなど各社	・中晩生種で，草姿は半立性，葉は色濃く，‘伏見甘長とうがらし’より大きい ・果実は大型で長さ15cm，重さ15g程度で，果肉はピーマン並に厚く，柔らかく甘味もあり，種子も少ない ・果実は独特の風味があり，煮食，焼きトウガラシともに美味 （‘万願寺甘とう’は，2017（平成29）年，GI（地理的表示）に登録されている）
甘とう美人	タキイ種苗	・揃いがよいF_1甘長トウガラシで，果実はやや大きい。曲がり果の発生が少なくて秀品率が高い ・果肉の厚さは中程度で，肉質が柔らかく，風味・食味に優れる。辛味果の発生は比較的少ない ・‘万願寺とうがらし’より低温着果性と肥大性に優れ，低温時期の栽培にも適する ・草姿は中開。草勢は強めで，分枝の発生がやや多く，多収になる
松の舞	丸種種苗	・草姿は半開張性で葉は緑色の中葉，節間は中位 ・草勢はやや強く分枝の発生も多く，なり休みが少なく上果率の高い豊産早生種 ・果長10〜12cm，果重約20〜25gの長三角形のニュータイプのトウガラシ ・果肉が厚く柔らかで，辛味の発生も少ない ・果色は光沢のある鮮緑色で美しく，トウガラシ特有の風味がある
緑鯨	愛三種苗	・‘伏見甘長とうがらし’‘シシトウ’とは違うタイプで，‘万願寺とうがらし’に比べ果実のシワが少ない ・草姿はやや立性で中葉，草勢は旺盛で着果性が高く，栽培が容易 ・果実は12〜15cmと長く，濃緑色で光沢がありシワが少ない ・果肉は厚く，辛味もなく食味がきわめてよい

注）各メーカーのカタログ，ホームページから抜粋

3 栽培の手順

(1) 育苗のやり方

①播種方法

播種箱に市販の播種用培養土を均一に詰め、培養土が湿るまで灌水する。条間3〜4cmで条播する。浅く覆土したのち、培土が乾燥しないよう新聞紙などをかぶせ、その上から灌水する。発芽し始めたら新聞紙を取り除く。適温であれば約1週間で発芽する。

発芽までは温床を30℃に保ち、発芽したら22〜27℃に下げる。

発芽後、株間2〜3cmに間引き、条間を軽く土寄せする。

②仮植（鉢上げ）

本葉2・5〜3枚時に、3・5号（直径10・5cm）のポリポットを用いて仮植（鉢上げ）をする。床土をあらかじめポットに詰めて灌水し、トンネル内の電熱線を張った仮植床に置いて地温を25℃に上げておく。活着までは床温を25℃に保ち、活着後は20〜23℃に下げる。

灌水は晴天の午前中に行ない、光を十分当

表2　露地栽培のポイント

	技術目標とポイント	技術内容
準備	◎圃場の選定 ・病害が発生していない圃場を選ぶ	・連作は可能だが，ナス科以外の作目を輪作した圃場が望ましい ・土壌病害や疫病，炭疽病が発生した圃場は作付けしない
	◎適正施肥と土つくり ・堆肥の施用 ・土壌診断	・土つくりのために完熟堆肥を 2t/10a 施用する ・土壌診断を行ない，pH，EC，塩基バランスを考慮して施肥を行なう
	◎ウネつくり ・灌水チューブの設置 ・高ウネ ・マルチ ・排水路	・チューブ灌水またはウネ間灌水が行なえるようウネを設置する ・ウネ間灌水を行なう場合は，できるだけかまぼこ状の高ウネをつくる ・ウネ幅は 1.8 ～ 2m。定植２～３日前までにウネ立てを完了する ・黒マルチを用い，できるだけウネ立て後，雨を当ててからマルチを張る ・大雨が降っても帯水しないよう排水路を確保する
育苗方法	◎健苗育成（播種） ・市販の床土を使用する	・播種床土はピートモスを主体にした床土を使用する。自家製では発芽不良や生育不良となり苗の育ちが揃わない
	◎病害虫予防（資材消毒） ・育苗資材，支柱，通路シートなどの消毒	・イチバン 500 ～ 1,000 倍に瞬時浸漬
	◎播種床準備 ・電熱育苗	・育苗床は波板，スタイロフォームを敷いた上にビニールを敷き，電熱線を配置する。さらにその上にビニールを敷き，セルトレイを並べる ・ビニールトンネルと保温用ラブシートを準備する ・育苗床はサーモスタットを使って適温管理する。サーモスタットは床土内に埋め込む
	◎播種・芽出し・間引き ・播種 ・芽出し ・間引き ・温床温度管理	・播種用床土はバーミュキライト主体の市販の培養土を用いる ・450mm × 300mm × 91mm の播種箱に播種 ・作付け面積 1a 当たり１箱が目安 ・3cm 間隔に条播（13 条くらい）する。300 粒 / 箱程度 ・種子が高価な品種は，株間２～ 3cm 程度に粗く播種する（150 粒程度） ・播種後は新聞紙を被覆し，発芽したらすぐに取り除く ・子葉が開いたら２～ 3cm 間隔に間引く。150 株 / 箱が目安 ・間引き後の温床は 22 ～ 27℃で管理
	◎苗床準備 ・温床温度管理	・苗床（温床）は水たまりができないよう整地し，その上にビニールを敷き，根が圃場内に入るのを防止する ・ずらし前の地温維持や乾燥防止のため，隙間のないようにポットを並べる ・鉢上げ２日前に灌水し，適温を保ち，ビニールを被覆し地温を上げておく
	◎健苗育成 ・仮植１（１回目の鉢上げ） 〈10a 当たり使用資材〉 育苗ポット:1500 鉢(10.5cm) 床土：675 ℓ ・温度管理 ・ずらし ・仮植２（２回目の鉢上げ） 〈10a 当たり使用資材〉 育苗ポット:1500 鉢(15cm) 床土：825 ℓ ・ずらし	・温床は 25℃を保てるように準備する（トンネル被覆） ・本葉 2.5 ～３枚になったら 10.5cm ポットへ仮植（鉢上げ）する ・灌水は晴天の午前中に行ない，灌水後は換気を行なう ・活着後は 20 ～ 23℃に下げる ・日中はトンネル内の温度を確認し，25℃を超える場合は 20 ～ 23℃になるよう換気する ・苗床のトンネル内が蒸れると，葉焼けの原因になる。日長に合わせて換気を行なう ・本葉が７～８枚になったら 15cm ポットに仮植（鉢上げ）する ・灌水は晴天の午前中に行ない，灌水後は換気を行なう ・20 ～ 23℃を保ち，定植 10 日前から，徐々に地温を 15℃まで下げ，苗を順化させる ・葉が重ならないよう，適宜ずらしを行なう

（つづく）

	技術目標とポイント	技術内容
定植方法	◎適期定植 ・最低気温15℃ ・トンネル栽培 ・苗の生育ステージ ◎適正な栽植密度 ・株間40～50cm ・仮支柱	・トンネル被覆を行なう場合は，最低気温が10℃を超えたら定植する ・被覆を行なわない場合は，最低気温15℃を目安に定植する ・必ず，第1花が開花している苗を植える ・株間40～50cmの1条で定植する ・マルチ穴から熱風が出ないよう覆土でふさぐ ・強風に耐えられるよう，仮支柱を斜めに挿し第1分枝の下で結束する ・浅植えを励行し，午前中に葉が垂れるようなら灌水を行なう
定植後の管理	◎草勢維持 ・誘引 ・灌水 ・追肥 ・脇芽かき ・敷ワラ	・1.5mごとにV字に支柱を立て，マイカー線などで支柱をつなぎ，主枝4本（第2分枝）をヒモで誘引する ・開花数が増えてきたら，萎れないよう灌水する ・定植1カ月前後，草勢が旺盛になったら追肥を開始する ・第1分枝以下の脇芽をすべて取る ・分枝の間から発生する芽（花と同じ分岐部分から発生する芽）もすべて取る ・梅雨入り前後に麦稈などをマルチ上に敷き，地温を下げる
	◎病害虫防除 ・天候や病害虫の発生程度をみながら早めの防除に心がける	・30℃以上の高温時，降雨時や夕方の薬剤散布は避け，散布液が早く乾くときに行なう ・土壌病害発生株は早めに除去する ・花，葉裏などを観察して，病害虫の早期発見に努める ・捕食性天敵の発生状況を確認しながら，影響の少ない農薬を選択する
収穫	◎適期収穫 ・果実温度が低い時間帯（午前）に収穫	・収穫をしても暑くない時間帯に作業を終わらせる ・着果量が多すぎると，果色や草勢が落ちてくるので，込み合っている枝を間引きしながら収穫する

てるとともに通風をよくして、徒長しない根張りのよい苗をつくる。

葉数が7～8枚になったら、5号（直径15㎝）のポリポットに2回目の仮植（鉢上げ）をする。そして、20～23℃を保ち、定植10日前から地温を15℃まで徐々に下げ、苗を順化させる。

(2) 定植のやり方

①肥料

元肥は化成肥料などで、窒素成分10a当たり20kg程度を目安に施用し（表3）、追肥は化成肥料または液肥で行なう（表4）。

石灰やリン酸資材は、土壌診断結果にもとづいて施用する。堆肥を施用したときは、含まれている成分を考慮して施肥設計を行なう。

②マルチ、灌水チューブの利用

マルチは、雑草対策や乾燥防止に有効な黒マルチを用いる。

灌水チューブや液肥混入機の利用で養液管理が可能になる。灌水チューブはマルチの下に設置するが、目詰まりが心配されるため、ろ過機の設置や点検が必要になる。灌水チューブは1ウネに1本を基本とするが、ウネが乾燥しやすい場合には本数を増やす。

③本圃の準備

定植1カ月前に、完熟堆肥を10a当たり2t施用し耕起する。定植10日前までに苦土石灰などの土壌改良剤を全面散布し、耕起・整地しておく。

元肥は、ウネ立て前にウネ位置へ条施用する。ウネ幅は1.8～2m、水田転換畑などではできるだけ高ウネにする。地温を高めるため、定植2～3日前にはウネ立てを完了し、マルチを張っておく。マルチは、ウネに雨を当ててから張るとよい。

④定植方法

定植は、晴天・無風の日に行ない、雨天など地温が低いときは活着が悪いので避ける。

定植には第1花が開花した苗を用いる。開花位置より下の脇芽はすべて除去し、鉢土は壊さずに浅植えにする。株間は40～50cmで、1条植えにする。

定植後は、根鉢と土壌をなじませるため、すみやかに灌水を行なう。また、長さ60cm程度の仮支柱を斜めに挿し、第1分枝の下で結束する。

(3) 定植後の管理

灌水は、午前中に葉が垂れるようであれば行なうが、立っているようであれば行なわない。活着後の灌水も降雨が周期的にあれば行なわないが、降雨が少なく、開花数が増えてきたら、萎れないよう行なう。

1.5mごとにV字に支柱を立て（図5、6）、マイカー線などで支柱をつなぎ、主枝4本をヒモで誘引するか、フラワーネットを張り、主枝を通す。トンネルをかけた場合は、トンネル支柱をそのまま利用する。

追肥は定植1カ月前後からで、収穫が始まり、草勢が旺盛になる時期から開始する。水分不足になると肥料切れによる果実色の低下、カルシウム欠乏の原因にもなるため、萎れないよう灌水する。水田転換畑はウネ間灌水を行なうとよい。

表3　施肥例　（単位：kg/10a）

	肥料名	施肥量	成分量		
			窒素	リン酸	カリ
元肥	完熟堆肥	2,000			
	苦土石灰	（100）			
	重燐酸または過石	（40）		（14.0）	
	微量要素資材	4			
	緩効性肥料（14-12-14）	80	11.2	9.6	11.2
	野菜有機ペレット（10-5-7）	80	8.0	4.0	5.6
追肥	NK化成404（14-0-14）	60	8.4		8.4
施肥成分量			27.6	13.6	25.2

注1）（　）内の数値は土壌診断結果によって変わる
注2）追肥に液肥を利用する場合は，液肥2号（10-5-8）を窒素量に合わせて使用する

表4　NK化成404の追肥時期と施肥量
（単位：kg/10a）

生育ステージ	収穫期			合計
施肥時期	6月	7月	8月	
施肥量	20	20	20	60

図5　誘引方法

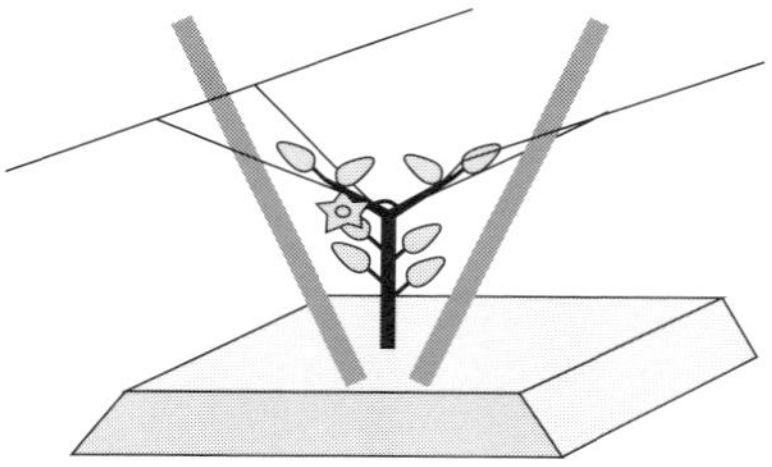

図6　誘引した様子

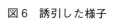

図7　ウネ間灌水

図8　結実と誘引の様子（ハウス栽培の例）

(4) 収穫

長さ15cm前後の果実を収穫する。ハサミなどは使わず、ヘタを持ち、果柄（軸）を回しながら引っ張ると収穫できる。気温が上がってから収穫すると、果実がしなびやすくなるため、果皮の温度が上がらない午前中に収穫する。

開花・分枝が繰り返され、倍々で着果数が増えるため、毎日の収穫と、枝が込み合ってきたら間引くように整枝し、着果負担を減らす。

4 病害虫防除

(1) 基本になる防除方法

地上部の病害は、降雨が少ない時期はうどんこ病、降雨が多い時期は斑点細菌病、炭疽

表5　病害虫防除の方法

	病害虫名	防除法
病気	うどんこ病	・気温20～25℃を好み，高温乾燥で発生しやすい。主に葉に発病するが，多発すると葉柄や茎，ヘタなどにも発病する。草勢が低下すると発病するため，肥培管理と灌水に注意する ・定植時に予防効果のある農薬を施用する
	斑点細菌病	・降雨が続き，過繁茂になると発生する ・枝が込み合ってきたら，間引くように整枝する
	炭疽病	・土壌中に残った発病茎葉が伝染源になり，降雨が続き土跳ねによって伝染する ・前年に発生した場合は圃場を替える。支柱などの資材は消毒してから使用する。被害果実や茎葉は発生源になるため，圃場に放置しない
土壌病害	萎凋症状	・株元～根に糸状菌が寄生し，梅雨明けのころから萎凋症状が発生する ・浅植えを励行し，多肥や定植後の多灌水を避ける
	白絹病	・茎の地際部に白色のカビが発生し，株元から腐敗する ・前作残渣のすき込み・未熟有機物の施用を避け，浅植えを励行する
害虫	アブラムシ類	・初期予防農薬の効果が切れる，定植1カ月後くらいに発生が増える ・早期発見と発生株へのスポット防除を行なう
	アザミウマ類	・花，果実，葉に寄生して吸汁する。ヘタや果実が変色し奇形になる ・捕食性天敵が増加すると，被害を受けなくなるため，農薬の選択に注意する
	タバコガ類・ヨトウムシ類	・8月ごろから被害が増える ・新しい食害痕をみかけたら，早めに捕殺するか防除を実施する
	ハダニ類	・乾燥状態が続くと発生しやすい。株全体に発生すると草勢が弱る ・過乾燥を避ける。捕食性天敵が増加すると，被害を受けなくなる

病が発生する。地下部は、疫病、白絹病などが発生する。

害虫では、アブラムシ類、ハダニ類、アザミウマ類、コナジラミ類、夜蛾類などの被害を受けるため、発生状況により、トウガラシ類か野菜に登録のある農薬を使用する。

定植時には、アブラムシ類、アザミウマ類、うどんこ病に予防効果のある農薬を施用する。また、資材の消毒の徹底、排水対策、育苗からの予防防除を定期的に行なう。

(2) 農薬を使わない工夫

雑草、土の跳ね上がり対策としてマルチを用いる。乾燥防止と地温上昇を防ぐため、梅雨入り前後に、麦稈などをマルチ上に敷く。

アブラムシ類、コナジラミ類は黄色の粘着板、アザミウマ類は青色粘着板を設置して発生予察を行なう。また、オオタバコガなど夜蛾類はフェロモントラップを用いて害虫の発生状況を把握し、適期防除に心がける。

ハナカメムシ類、カブリダニ類など捕食性天敵に影響の少ない農薬を選択する。

表6　露地栽培の経営指標

項目	
収量（kg/10a）	1,800
単価（円 /kg）	700
粗収入（円 /10a）	1,260,000
経営費（円 /10a）	594,475
種苗費	68,000
肥料費	80,567
農薬費	67,682
動力光熱費	14,420
諸材料費	114,498
賃借料	0
出荷経費	198,099
建物費	16,667
農機具費	34,542
農業所得（円 /10a）	665,525
労働時間（時間 /10a）	1,018

5 経営的特徴

露地栽培の労働時間は、10a当たり1018時間で、1果ずつ収穫する作業と、袋に詰める選別・調製作業が7割を占める。労力から、1人当たりの栽培面積の目安は3a程度である。経営指標は、10a当たりの収量を1800kg、販売単価を1kg当たり700円とした場合、農業所得は約67万円になる（市場出荷）（表6）。

販売は、農協などを通しての市場出荷、量販店などとの契約販売、近隣の直売所への出荷などが考えられる。需要の多い野菜ではないため、小さな直売所では大量に出荷すると売れ残る可能性がある。消費動向を確認し、作付け面積を検討する。

（執筆：横田京子）

トウガラシ

表１　トウガラシの作型，特徴と栽培のポイント

主な作型と適地

作型	1月	2	3	4	5	6	7	8	9	10	11	12	備考
露地													暖地 中間地

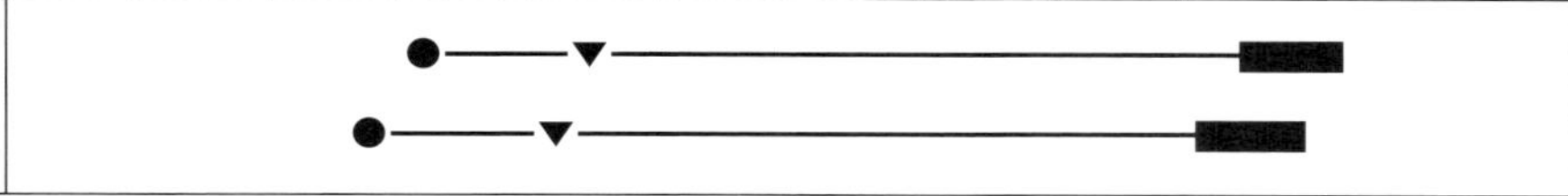

●：播種，▼：定植，■：収穫

特徴	名称	トウガラシ（ナス科トウガラシ属），漢名：唐辛子，英名：Chile pepper, Red pepper
	原産地・来歴	中南米
	栄養・機能性成分	ビタミンC，A，D，カロテン，ミネラル。辛味成分はカプサイシン
	機能性・薬効など	食欲増進，発汗作用
生理・生態的特徴	発芽条件	発芽適温 25 ～ 30℃
	温度特性	高温を好み，生育適温は 20 ～ 25℃。10℃以下や 30℃以上では生育不良になる
	光特性	多日照を好む
	土壌適応性	壌土，砂壌土，火山灰土のような軽しょうな土壌が適する。好適 pH 6 ～ 6.5
	開花（着果）習性	開花は７月中旬に始まり，８月中旬までに着果しないと秋までに完熟しない
栽培のポイント	主な病害虫	苗立枯病，青枯病，白絹病，かいよう病，炭疽病，モザイク病，アブラムシ類，チャノホコリダニ，タバコガ類，カメムシ類
	他の作物との組合せ	ホウレンソウ，ダイコン，キャベツなど。また，トウガラシ１年ー水稲 1～3 年の輪作

表２　品種のタイプ・用途と品種例

品種のタイプ	用途	品種例
心止まり房成りタイプ	生食，加工	八房，栃木三鷹
分枝房成りタイプ		鷹の爪
心立ち房成りタイプ		熊鷹
分枝節成りタイプ		伏見辛，本鷹
立性タイプ		F_1 品種

図１　収穫したトウガラシ（鷹の爪）

この野菜の特徴と利用

(1) 野菜としての特徴と利用

①来歴と生産・需要

トウガラシは中南米原産のナス科の植物で、アメリカ大陸の発見によってヨーロッパに伝わり、世界各地に広まった。日本には16世紀の中ごろに伝わったとされ、昭和30（1955）～40（1965）年代に北関東地域で盛んに栽培された。その後、輸入が増加したため、国内生産は大きく減少している。

現在、トウガラシ（辛味種）の全国での収穫量は307tで、出荷量が270tである（令和2年産地域特産野菜生産状況調査）。一方、国内消費量は約1万tとされており、大部分を中国からの輸入にたよっている現状である。しかし、日本国内で生産する加工食品の原料原産地表示の改正や、健康機能性成分の注目などもあり、国産トウガラシの需要は増えている。

②利用と栄養

用途は、果実を香辛料として用いることが最も多い。葉は幼果とともに佃煮にしたり、葉トウガラシとしても利用される。一部では生のトウガラシを枝つきのまま出荷し、ハロウィンの飾りとしても利用される。

栄養的にはカプサイシン、ビタミンC、A、D、カロテン、ミネラルをはじめ、多くの薬効を備えている。

(2) 生理的な特徴と適地

①生育適温と着果習性

トウガラシの特徴は高温・多日照を好むことで、生育適温は20～25℃である。10℃以下、または30℃以上では生育不良になる。

着果習性は、辛味種トウガラシの品種によって違い、ここでは代表的な品種である〝鷹の爪〟を例に説明する。

〝鷹の爪〟の着果習性は、主茎の頂部に果実が1個ついたのち、その下から2本の分枝が発生して葉を2枚展開させると、その先端に果実を1個つける。これが繰り返されて、連続的に着果する。開花から赤熟までの期間は、およそ55～60日である。

トウガラシは貯蔵が容易なので、いつでも手に入り、作期を早めたり遅らせたりする必要がそれほどない。そのため、つくりやすく生産コストも低い露地栽培が適する。

②草型タイプ

品種は、着果習性から5つの草型タイプに分けることができる（表2）。主枝先端に果実が上向きに5～6個房状につき、果房の収穫が終わるまで新梢が伸びない「心止まり房成りタイプ」、節成りで第1果が着生したところから分枝する「分枝房成りタイプ」「心立ち房成りタイプ」、分枝するごとに腋部に1つずつ着果する「分枝節成りタイプ」、果実先端が下向きに着果し、新梢の伸長が早い「立性タイプ」である。

（執筆：大島亮介）

露地栽培

1 この作型の特徴と導入

(1) 作型の特徴と導入の注意点

トウガラシは比較的粗放的な作物で、しかも露地栽培にすることによって低コストで生産できる。ただし、高温性の作物なので、露地栽培では生育適期の期間が短い。したがって、栽培にあたっては、いかに生育適期を上手に利用して増収につなげるかがポイントになる。

つまり、盛夏までにできるだけ充実した株に育てることが大切で、それには直まき栽培ではむずかしく、育苗が必須であり、トウガラシでも苗半作といわれるほどである。

(2) 他の野菜・作物との組合せ方

トウガラシは5月から10月まで畑を使うため、他の野菜との組合せは無理で、トウガラシをつくる場合は年1作になる。

翌年以降については、トウガラシは連作障害が出やすいので、トマト、ナスなど同じナス科の野菜との輪作は避け、ナス科以外の野菜、水稲との3～4年の輪作が必要である。

代表的な品種として〝栃木三鷹〟〝鷹の爪〟〝八房〟などがある。

2 栽培のおさえどころ

(1) どこで失敗しやすいか

まず播種適期をはずさないことが大切である。早播きしすぎると、適期に定植できなかったり、遅霜の心配がある。逆に遅すぎると、生育が遅れて収量が上がらない。

発芽から仮植までの温度管理も大切である。トウガラシの育苗期間は3～4月の春であるが、ハウスで育苗するため、昼温が一気に40℃まで上昇することがある。発芽後から本葉1～1.5枚出始めのころは、環境スト

図2 トウガラシの露地栽培 栽培暦例

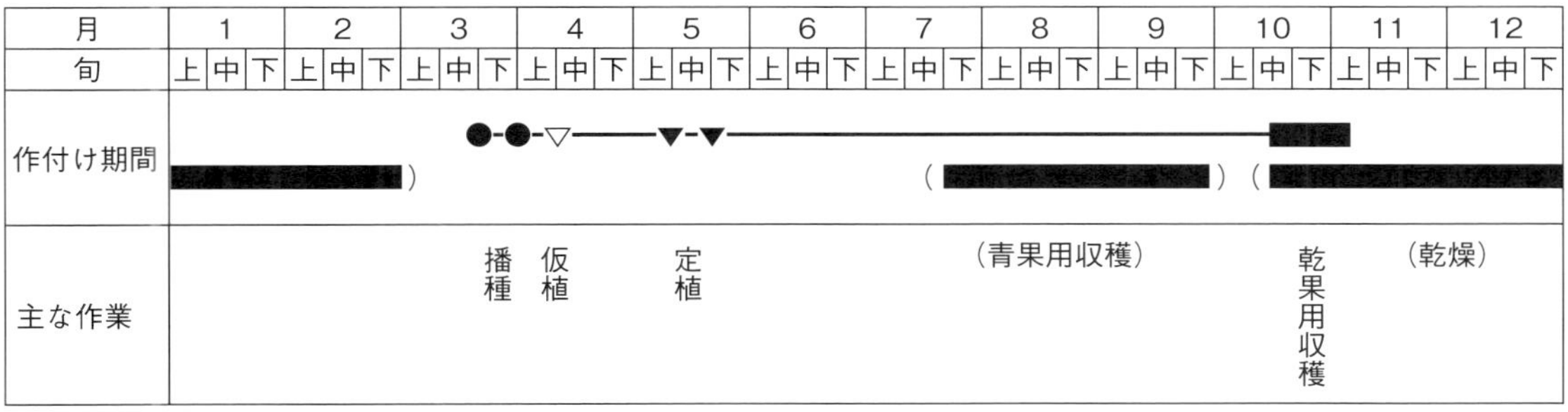

●：播種，▽：仮植，▼：定植，■：収穫

表3　品種のタイプごとの栽培・収穫方法のポイント

タイプと主な品種	栽培のポイント
心止まり房成りタイプ（‘八房’など）	気温低下前の10月に一斉収穫できる。株間は30〜40cmが適する。仕立て方は先端の下位5〜6節を残して、それより下の節から発生する脇芽は切除する
分枝房成りタイプ（‘鷹の爪’など）	1mの支柱に誘引して，8月から12月まで順次収穫。A品を増やすには，2週間おきに1つずつ果実を収穫する。株間は60cmが適する。仕立て方は主枝V字型2本仕立て
心立ち房成りタイプ（‘熊鷹’など）	
分枝節成りタイプ（‘伏見辛’‘本鷹’など）	1mの支柱に誘引して，8月から12月まで順次収穫。A品を増やすには，2週間おきに1つずつ果実を収穫する。株間は100cmが適する。仕立て方は主枝V字型2本仕立て
立性タイプ（F_1品種など）	作業者の身長ほどの高さの支柱に，新梢を常に上向きに誘引し，順次収穫する。A品を増やすには，2〜3日おきに1つずつ果実を収穫する。株間は100cmが適する。仕立て方はV字型2本仕立て。主枝が1m以上に伸長したら先端を摘心し，側枝の発生を促す

レスに弱いため、それによって苗が枯れてしまうこともある。

しっかりしたよい苗を使うことも大切である。徒長や老化した苗では、定植後の活着が悪く、その後の生育が遅れ、多収は望めない。購入苗を利用する場合は、よい苗を選ぶ。

トウガラシは湿害に弱いので、日当たりがよく、排水のよい畑で栽培することも大切である。明渠を設けたり、高ウネにして湿害を防ぐ。

(2) おいしく安全につくるためのポイント

品質のよいトウガラシをつくるには、過繁茂にしないで、充実した株に育てることがポイントになる。吸肥力が旺盛なので、過繁茂にしないためには、多肥や密植にしないようにする。

盛夏の8月中旬までに着果しないと、秋までに完熟しないので、8月までの管理が上物率にかかわってくる。

(3) 品種の選び方

品種は用途によって選択する。加工用の場合は、〝栃木三鷹〟〝鷹の爪〟〝八房〟などを用いる。青果用の場合は、加工・青果兼用の〝日光〟などを用いる。

「この野菜の特徴と利用」の項で記述したように、着果習性から5つの草型タイプに分けることができる。それぞれの栽培・収穫のポイントを表3にまとめた。

3 栽培の手順

(1) 育苗のやり方

播種適期は、中間地で3月中下旬になる。条間3cm、種子間隔1〜2cm程度に播種し、薄く覆土する。

発芽適温は25〜30℃である。発芽後は日中25℃、夜間17〜18℃で管理し、本葉2枚が展開したころ仮植する。育苗後期は、徐々に温度を下げて定植に備える（図3、4）。

(2) 定植のやり方

晩霜の心配がなくなる、5月上中旬に定植する。定植する1週間ほど前に畑の準備をしておく。

施肥は、1a当たり成分で窒素1・5kg、リン酸1・5kg、カリ1・35kg程度とし、緩効性肥料を用いて6〜7月まで肥効が続くようにする。そのほか、1a当たり堆肥100kg、苦土石灰10〜12kgを施す（表5）。

植付け間隔は、‘栃木三鷹’や‘八房’は通路幅60～90cm、条間20～25cmにするが、枝が伸びやすい‘鷹の爪’は通路幅100～120cm、条間30～40cmと広く植える（図5）。マルチをすると地温が高まって生育がよくなり、増収効果が高い。

(3) 定植後の管理

マルチをしない場合は、倒伏防止と除草をかねて中耕・土寄せを1～2回行なう。マルチ栽培では、黒マルチを使うと雑草を防げ

図4　健苗の条件

図3　定植適期の苗の姿

表4　露地栽培のポイント

	技術目標とポイント	技術内容
育苗方法	◎用途に応じた品種の選定	・‘栃木三鷹’‘鷹の爪’‘八房’‘日光’などの品種から選定する。このうち‘日光’は，生食用（葉トウガラシ）に向く
	◎適期に播種	・播種適期を外さないことが大切。早播きしすぎると，晩霜の心配が出てくるし，遅すぎると生育が遅れて収量が上がらない
	◎健苗育成	・節間が詰まり，がっしりしている苗が理想 ・3月中下旬，ハウス内で育苗し，本葉2枚時に鉢上げしてポットで育苗する。セル育苗または購入苗を利用してもよい
定植方法	◎畑の選定と土つくり	・日当たりがよく，排水のよい畑を選ぶ。トウガラシは湿害に弱いので，排水溝を設けたり高ウネにして湿害を防ぐ ・連作障害が出やすいので，連作圃場は使わない
	・元肥主体の施肥	・施肥量は窒素1.5kg/a，リン酸1.5kg/a，カリ1.35kg/a（成分量）。緩効性肥料を用いて肥効を長持ちさせる
	・適正な栽植密度	・‘栃木三鷹’や‘八房’は通路幅60～90cm，条間20～25cm，‘鷹の爪’は通路幅100～120cm，条間30～40cmに植える
	◎適期の定植	・定植適期は5月上中旬 ・マルチをすると地温が高まって生育がよくなり，増収効果が高い
定植後の管理	◎中耕・培土と除草	・マルチをしない場合は中耕・培土を1～2回行なって，除草と倒伏防止を図る。マルチ栽培では黒マルチを使って雑草を防ぐ ・8月中旬までに着果を終了させないと秋までに完熟しない。したがって，8月までの管理が上物率にかかわってくる
	◎追肥	・追肥が必要な場合は6月下旬～7月上旬までに行なう ・窒素を遅くなるまで効かせると未熟果が多くなるので注意する
	◎病害虫防除	・開花期以降は炭疽病などを防除。土壌病害は輪作を行なって予防する
収穫	◎用途に応じた適期収穫	・乾果用は8割程度が赤く着色したら，抜き取って乾燥する。青果用は，赤く熟したら順次収穫して利用する
	・乾燥	・風通しのいい日陰に2カ月程度つるし，よく乾燥させる

る。

草丈が20cm程度になり、1番花が咲いたら、その下の脇芽を2本残して、それより下の脇芽を取る（摘芽）（図6、7）。

8月以降、着果が進むと果実の重さで倒伏しやすくなる。そのため、支柱やネットを用いて株を囲うなど、倒伏対策を実施する（図8）。

6月までに、葉色が淡く、株の生育が遅れている場合は追肥をする。なお、追肥で窒素を遅くまで効かせると枝の徒長を促し、未熟果を増加させる。

(4) 収穫

収穫のやり方は乾果用と青果用で違う。

乾果用は、全体の8割程度が着色した時期

表5　施肥例　（単位：kg/a）

	肥料名	施肥量	成分量		
			窒素	リン酸	カリ
元肥	堆肥	100			
	苦土石灰	10			
	CDU化成（15-15-15）	5	0.75	0.75	0.75
	燐硝安加里	5	0.75	0.75	0.6
施肥成分量			1.5	1.5	1.35

図5　定植のやり方

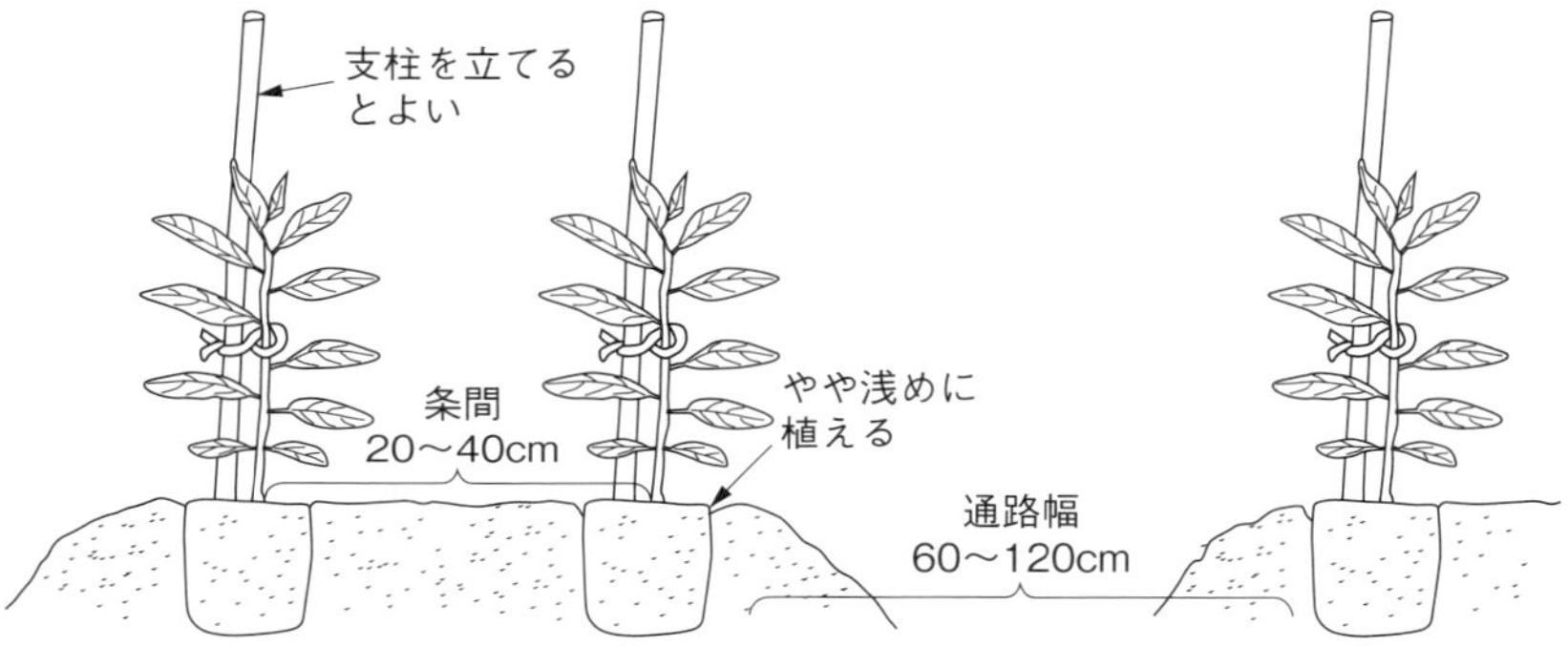

図7　摘芽適期の苗の姿

図6　仕立て方

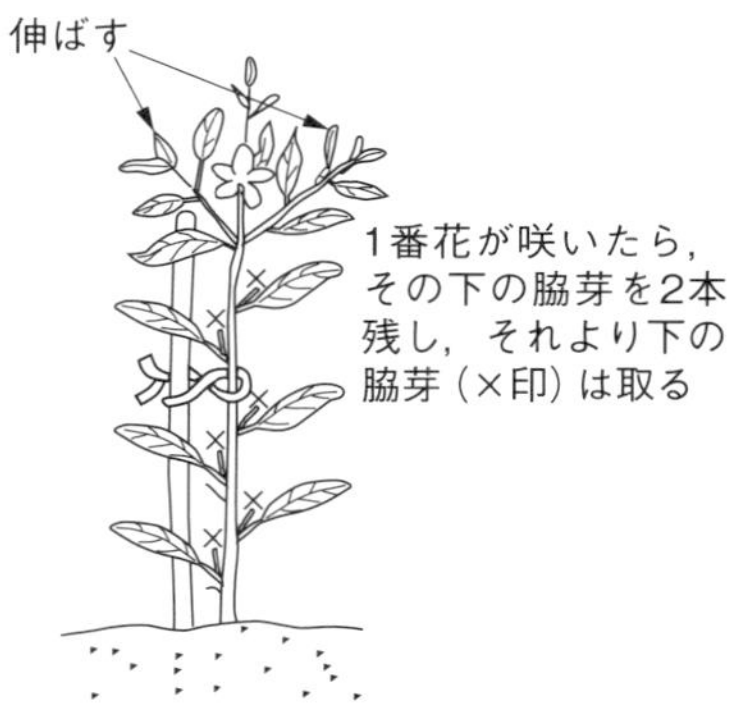

に、株を抜き取って乾燥する。風通しのよい日陰に2カ月程度つるして、果実を振ってカラカラと音が鳴る程度まで乾燥させる（図9）。収量は風乾物で1a当たり20～25kg。

収穫が遅くなると霜にあって、株全体が白く抜けてしまうので、早めに圃場から抜き取って乾燥場所へ移す。

青果用は、赤く熟した果実を順次収穫して利用する。‘鷹の爪’では枝つきで出荷する場合があり、葉をきれいに取って数本の枝をまとめて出荷する（図10）。葉トウガラシを利用する場合は、まだ果実が青く小さい、葉が茂っている時期に収穫して利用する。

4 病害虫防除

(1) 基本になる防除方法

主な病気は疫病、青枯病、白絹病、かいよう病、炭疽病、モザイク病など。害虫はアブラムシ類、チャノホコリダニ、タバコガ類などである（表6）。

トウガラシには耐病性品種がないため、苗立枯病など種子伝染する病害は種子消毒で予防し、モザイク病はキュウリモザイクウイルスを媒介するアブラムシ類を防除する。とくに、アブラムシ類は育苗期の防除が重要であり、苗から圃場へ持ち込まないことが大切である。

図8　ネットによる倒伏防止対策

図9　トウガラシの乾燥の様子

図10　枝つきでの出荷

表6　病害虫防除の方法

	病害虫名	防除法
病気	苗立枯病	オーソサイド水和剤80
	炭疽病	シグナムWDG，スクレアフロアブル
	疫病	ランマンフロアブル
	ウイルス病	幼苗期からアブラムシ類を防除する。発病株を早期に抜き取り，処分する
	青枯病，かいよう病，白絹病	連作を避ける，排水をよくする
害虫	アブラムシ類	アドマイヤー1粒剤，アドマイヤー顆粒水和剤，ベストガード粒剤，チェス顆粒水和剤
	タバコガ類	アファーム乳剤，コテツフロアブル，プレバソンフロアブル5
	ネキリムシ類	ダイアジノン粒剤5，ガードベイトA

表7　露地栽培の経営指標

項目	
収量（kg/a）	50
単価（円/kg）	900
粗収入（円/a）	45,000
経営費（円）	17,000
農業所得（円/a）	28,000
労働時間（時間/a）	33.9

その他の病気や害虫は蔓延しないように、適正に農薬散布をして防除する。

(2) 農薬を使わない工夫

病害虫防除は農薬だけにたよらず、耕種的な防除も重視する。

育苗はハウス内で行なうことで、病気の発生を軽減できる。圃場では高ウネや明渠の施工など排水対策を行なうことや、水稲と輪作することで、青枯病や白絹病などの土壌伝染性病害に対応できる。

とくに白絹病は、定植直前の雑草のすき込みや、未熟堆肥の施用によって発生が多くなる。作付け予定地は、前作終了後に除草し、完熟堆肥の施用と深耕を済ませることが重要である。

5 経営的特徴

トウガラシの露地栽培は、1a当たりの作業時間は33・9時間である。作業別の比率は、育苗3・9%、本圃の栽培管理18・3%、収穫・調製・出荷75・8%、その他2・1%となっており、収穫・調製・出荷に多くの労力を要している。

また、乾燥する場所や調製場所の確保も必要なので、家族2人の労働力に見合った、適正な面積は5aほどになる。収量は1a当たりおよそ50kg程度、粗収入は1a当たり4万5000円程度で安定している（表7）。

（執筆：大島亮介）

スイートコーン

表1　スイートコーンの作型，特徴と栽培のポイント

主な作型と適地（関東地方）

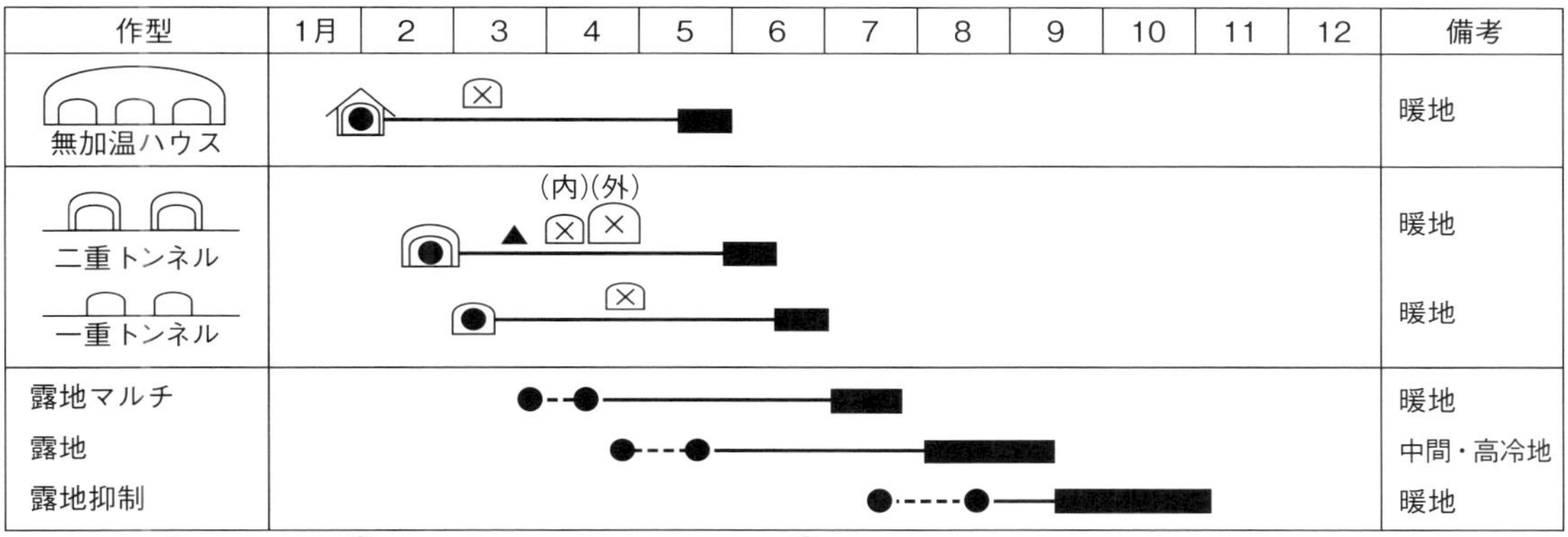

●：播種，⌂：ハウス，◠：トンネル，▲：裾千鳥開放，⊠：トンネル撤去，■：収穫

特徴	名称	トウモロコシ（イネ科トウモロコシ属），一年生作物
	原産地・来歴	原産地はメキシコ周辺（中南米）。日本へは16世紀に導入，本格的な栽培は北海道など明治以降
	主な生産地	北海道，千葉県，茨城県，群馬県，山梨県など
	栄養・機能性成分	炭水化物，タンパク質，食物繊維，ビタミンB群，ビタミンE，各種ミネラルなど栄養豊富。疲労回復，絹糸は利尿作用がある
	利用法	生食，加工用のほか，作物のトウモロコシとしては飼料，堆肥，燃料。クリーニングクロップとしても利用できる
生理的特徴と適地	発芽条件	発芽適温30～35℃，生育適温22～30℃，高温障害40℃以上，低温障害－3℃以下
	日照・日長反応	C_4植物で多日照を好む。短日植物で日長反応は晩生種ほど敏感
	花芽分化	分げつ芽3葉期，雄穂5～6葉期，雌穂7～8葉期
	土壌適応性	適応性は広い。pH 5～8，腐植に富んだ土壌を好む
	主な作型と適地	早出し栽培（暖地），露地栽培（中間・高冷地）
栽培のポイント	施肥	3要素成分量各25kg/10aを全面またはウネ施用
	栽植密度	4,000～5,000株/10a
	トンネル設置（早出し栽培）	透明フィルム（塩化ビニールまたはPO）を使用
	品種	スーパースイート系のイエロー，バイカラーなど。早出しは早生品種，露地栽培は中～晩生品種を使用
	播種	播種床を湿らせ，1穴に2～3粒を2～3cmの深さで播く

（つづく）

栽培のポイント	トンネル管理（早出し栽培）	透光性が良好なフィルムを用いる。最高温度は35℃が目安。通気と高温抑制のため，裾換気を励行
	分げつ着生促進	２本以上着生させる。生育初期の採光性確保，高温（40℃）防止，換気による CO_2 の取り込み。分げつは大きく伸長してもそのまま残し，生育期間を通じて除去しない
	灌水	播種時～収穫期まで土壌が乾燥しないように灌水，雌穂の肥大期はとくに多くの水分が必要
	受精	風媒による他家受粉。品種が混じるキセニアに注意
	病害虫防除	主要な病害虫はアワノメイガ，オオタバコガ，アブラムシ類，すす紋病，黒穂病
	収穫	雌穂が太り，子実が先端部まで充実し，乳黄色でツヤのある状態が収穫適期

この野菜の特徴と利用

(1) 野菜としての特徴と利用

①スイートコーンとは

スイートコーンは、イネ科トウモロコシ属の1年生作物であるが、雌穂の子実が未成熟のうちに収穫するので、未成熟トウモロコシとして野菜に位置づけられている。

原産地はメキシコ周辺から中南米といわれている。日本へ初めて導入されたのは16世紀であるが、明治時代の北海道開拓で本格的に栽培されるようになった。

現在、東京・大阪中央卸売市場への出荷は5月の宮崎県、長崎県など九州から始まり、6月は千葉県、茨城県、埼玉県、山梨県など関東周辺、7月にピークを迎え8月以降は北海道産が中心になる。

②利用

スイートコーンの利用法には、生食用や加工用（冷凍、缶詰、粉末など）があげられる。生食用では、2番目以降の雌穂を、ヤングコーンとして利用することもできる。

作物のトウモロコシとしては、食用のほかに、飼料、堆肥、燃料などにも利用されている。また、輪作作物やクリーニングクロップとして用いられることも多い。

③経営的な特徴

スイートコーンは、生育期間が3～4カ月と短いうえ、労力も少なく栽培しやすい。そのため、水稲、野菜、果樹など多くの農作物と組み合わせて、複合経営の一部門として導入しやすいのも特徴である。

無加温ハウスやトンネルを利用した早出し栽培は、5～6月の単価の高い時期に出荷するので、有利販売が期待できる。とくに一重トンネル栽培は、簡易な装備で導入しやすいため、早出し作型の中での作付け割合が高い。

(2) 生理的な特徴と適地

①発芽・生育適温

発芽適温は30～35℃で、45℃以上や6℃以下では発芽しない。生育適温は22～30℃前後で、35℃以上の高温では先端不稔などの障害が発生しやすい。

本葉5葉期以降に、降霜などによる低温障害が発生する温度は、おおよそマイナス3℃以下である。

②日照・日長反応

スイートコーンはC_4植物なので、光合成効率が高く、多くの光を利用することができる。そのため、水分が十分にあれば、日射量が多いほど生育良好で多収になる。さらに、甘味が増し食味も向上する。

一方、スイートコーンは短日植物なので、日長反応は晩生種ほど敏感である。

表2　品種のタイプ・用途と品種例

品種のタイプ	用途	品種例
スーパースイート系	生食用，加工用（冷凍・缶詰・粉末）	
イエロー		ゴールドラッシュ，恵味，きみひめ
バイカラー		甘々娘，ミルフィーユ
トリカラー		ウッディーコーン
シルバー		ピュアホワイト，雪の妖精

③花芽分化

雄穂は、早生系品種で播種後23～25日、本葉5～5・5枚ころに分化する。雌穂は主稈の7～10節に分化した側芽が発達したもので、分化は雄穂が分化した10日後の本葉7～8枚ころになる。

下位節に分化した側芽は分げつとして発達する。

④受粉・受精

スイートコーンは風媒による他花受粉で受精する。雄穂の抽出から3～4日遅れて雌穂の絹糸が出て受粉が行なわれる。この時期に、日照不足や水分不足が続くと、受粉が十分にできず雌穂に奇形や先端不稔が発生しやすい。

また、スイートコーンは違う品種が受粉すると、その花粉の特性をもった子実が混じるキセニアが発生する。そのため、違う品種を栽培するときは、離して植える、熟期が違う品種を植える、播種時期をかえるなどの注意が必要である。

⑤土壌適応性と水分

土壌に対する適応性は広く、土壌酸度はpH5～8の範囲で栽培できるが、pH6程度が好ましい。腐植に富み、土層が厚く排水のよい土壌が栽培に適している。

スイートコーンは、深根性の作物で吸水力が強い。葉面積が大きく光合成能力が高い分、多くの水を必要とする。とくに、雌穂の肥大期に降雨が少なく乾燥するときは、灌水の効果が高い。しかし、生育初期の根は比較的貧弱で、多湿に弱い。

⑥主な作型

中間・高冷地の露地栽培、暖地の露地マルチ栽や露地抑制栽培がある。また、暖地の早出し作型に、無加温ハウス栽培、二重トンネル栽培、一重トンネル栽培がある。

播種から収穫までの日数は、作型や品種によって違うが、露地栽培では早生種が83日程度、中生種が86～88日、晩生種が90日程度である。

⑦品種と適地

生食用は、甘味の強いスーパースイート系品種がほとんどである。子実の色はイエローが主流であるが、バイカラー、トリカラー、シルバーなど豊富にある。

熟期の違いによる早晩性、粒皮の硬さによる高温時のしなびにくさ、風雨に対する耐倒伏性など、立地や作付け時期（作型）に合った品種を使用するのが望ましい。

（執筆：赤池一彦）

二重トンネル・一重トンネル・露地栽培

1 この作型の特徴と導入

(1) 作型の特徴と導入の注意点

早出し栽培の作型には、出荷が早い順に、無加温ハウス栽培、二重トンネル栽培、一重トンネル栽培がある。

塩化ビニールやＰＯフィルムを用いたトンネル栽培には、2月中下旬に播種し5月下旬～6月上旬に収穫する二重トンネル栽培と、2月下旬～3月上旬に播種し6月中旬に収穫する一重トンネル栽培がある。このうち、一重トンネル栽培は栽培管理が容易で、早期出荷による収益性も高いので、最も作付け比率が高く定着している作型である。

元来スイートコーンは、夏季冷涼な中間・高冷地での露地栽培に適し、春に播種し夏に収穫するのが一般的である。早出し作型の二重トンネルや一重トンネル栽培を行なうには、C_4植物であるスイートコーンの生育に必要な、日照や温度を十分確保する必要がある。そのため、冬から春にかけて日照時間の長い地域が適地で、関東以南の暖地に産地が多い。

露地栽培は北海道の作付け規模が国内最大で、夏を中心に収穫・出荷されている。関東など暖地での露地栽培は、マルチフィルムを用いた栽培で、中間・高冷地の作型より播種期、収穫期ともに早いのが特徴である。

また、暖地での露地栽培の一部に、夏に播種し秋に収穫する、抑制栽培の作型がある。この作型は、秋祭りやイベントなど観光需要に合わせた出荷を目的にしている。

(2) 他の野菜・作物との組合せ方

早出し作型の中心である、一重トンネル栽培の収穫期は6月中旬である。そのため、後作の水稲、野菜の夏秋ナス、果樹産地のモモやスモモなどと組み合わせた、水稲・野菜・果樹の複合経営の一環として組み込むことができる。しかも、年度の前半期に収益が得ら

図1　スイートコーンの二重トンネル・一重トンネル・露地栽培　栽培暦例

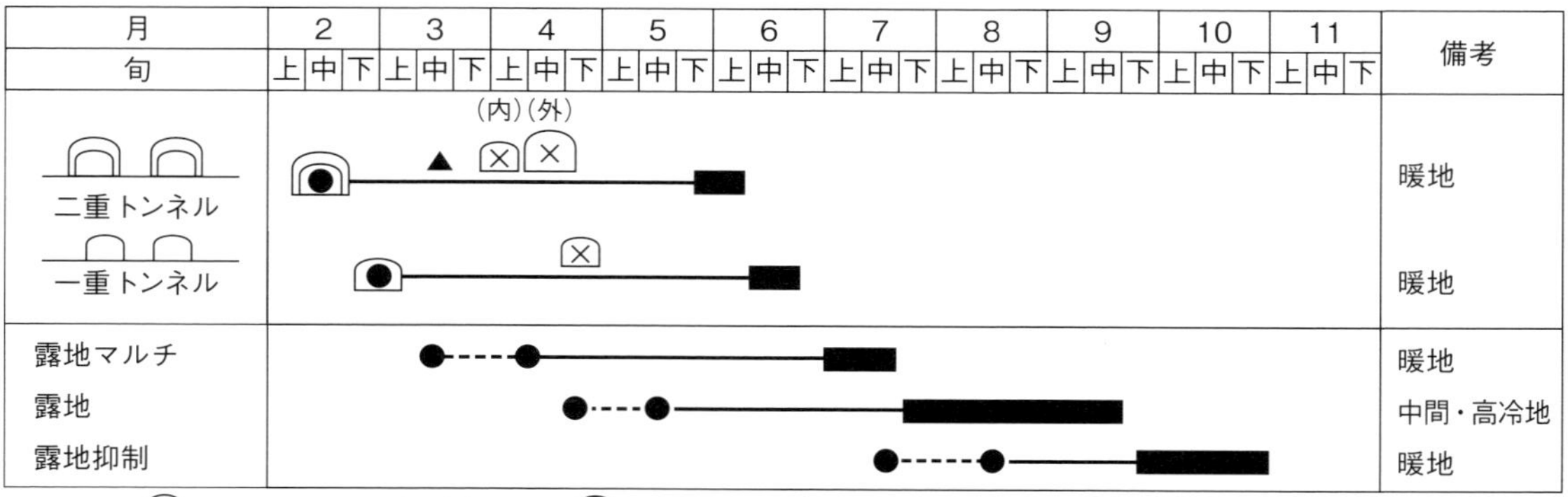

●：播種，（トンネル記号）：トンネル，▲：裾千鳥開放，（×記号）：トンネル撤去，■：収穫

れるので、経営的に重要な作物として位置づけられている。

また、スイートコーンはイネ科作物なので、輪作作物として野菜の前後に作付け、土壌病害などの回避にも利用できる。

2 栽培のおさえどころ

(1) どこで失敗しやすいか

①二重トンネル栽培や一重トンネル栽培では、播種床（ウネ）が湿った状態で播種しないと、水分不足による発芽不良や初期生育の不良をまねく。また、降雨や降雪などで水分過多になると、種子の腐敗や発芽後の根の伸長抑制などを発生しやすい。

②二重トンネル栽培や一重トンネル栽培では、この作型に合った時期より播種期が早いと、生育初期に凍霜害など低温による被害を受けやすくなる。

③トンネル被覆に使うフィルムが、古かったり汚れがひどく光の透過性が悪いと、分げつが発生しにくくなり、地上部や根部の生育量が減り収量低下につながる。また、降霜時などに低温障害を受けやすくなる。

④トンネル内が40℃を超える過度の高温になると、分げつの発生が抑制され、その後の生育や収量に影響する。

⑤本葉5葉期以降、トンネルの裾開閉など換気を行なわないと、温度の上昇とともに光合成に必要なCO_2が不足し、生育不良になる。

⑥雌穂の肥大期に灌水などをおこたり土壌が乾燥すると、雌穂重など収量に影響し、先端不稔も発生しやすくなる。また、子実のしなびも発生しやすくなる。

⑦露地栽培や露地抑制栽培では、草勢が強く根張りのよい品種を使用しないと、夏秋期に台風など風雨によって倒伏しやすくなる。

⑧雄穂抽出期や雌穂の絹糸抽出期などの適期に防除を行なわないと、チョウ目害虫やアブラムシ類の被害を受けやすくなる。また、雌穂の肥大期～収穫期にかけて鳥獣による被害を受けやすい。

(2) おいしく安全につくるためのポイント

①トンネル栽培、露地栽培ともに、各地域の気候や標高に合った作型や品種を選択する。

②早出しのトンネル栽培では適期播種を行ない、早播きしすぎないよう注意する。播種は、播種床（ウネ）の土壌水分が適切な状態のもとで行なう。

③トンネル栽培では、分げつ発生の有無がその後の生育、収量、品質、低温障害軽減に影響する。分げつを2本以上確保するため、以下④、⑤の管理を励行する。

④二重トンネル栽培、一重トンネル栽培ともに、生育初期の被覆期間中の採光性を確保するため、透明のフィルムを使用する。古く汚れたフィルムは使用しない。

⑤二重トンネル栽培、一重トンネル栽培ともに、トンネル内温度が40℃以上の高温にならないよう、またトンネル内に光合成に必要なCO_2を取り込むため、閉め切りにせず、裾を開けるなど換気に気を配る。トンネル内の温度は35℃以下になるように管理する。

⑥雌穂の肥大期には、収量増や子実のしなび防止のため、通路灌水などを十分に行なう。

⑦露地栽培では、草勢が強く、分げつが多く、根張りがよくて倒伏しにくい品種を使用する。

⑧病害虫の適期防除や、鳥獣害対策を励行

表3　二重トンネル・一重トンネル・露地栽培に適した主要品種の特性

作型	品種名	販売元	特性
二重トンネル，一重トンネル	ゴールドラッシュ	サカタのタネ	熟期が 83 ～ 84 日の早生イエロー品種。雌穂重は 400g 以上で良食味。先端不稔が少なく揃いがよい。栽培環境に左右されにくく，形状や収量が安定しているのでつくりやすい。全国で最も多く栽培されている早出し品種の代表格
	甘々娘	住化	熟期が 82 日の早生バイカラー品種。粒皮が柔らかく良食味。雌穂はやや小ぶり。草丈がコンパクト。トンネルの温度管理や肥培管理など，栽培技術を要する
	ミルフィーユ	トーホク	熟期が 85 日の中早生バイカラー品種。雌穂重は 400g 以上。先端不稔が少ない。草丈は 170cm 程度で分げつは少なめ
	味来 390	パイオニアエコサイエンス	熟期が 86 日の中生イエロー品種。粒皮が柔らかく良食味。イエロー系の高糖度品種のさきがけ。草丈はややコンパクト
露地	ゴールドラッシュ 86	サカタのタネ	熟期が 86 日の中生イエロー品種。露地マルチ栽培向き。揃いがよく，雌穂はゴールドラッシュよりやや大きめ。良食味で，粒皮はゴールドラッシュよりやや硬く高温期でもしなびにくい
	恵味ゴールド	清水種苗	熟期が 88 日の中生イエロー品種。粒皮は柔らかく良食味でしなびにくい。草丈は 180cm と大きめ。トンネル栽培から露地栽培まで作型の適応性が高い
	ゴールドラッシュ 90	サカタのタネ	熟期が 90 日の中晩生イエロー品種。露地から露地抑制栽培向き。雌穂はやや長形で先端不稔が少ない。良食味でしなびにくい。草勢が旺盛で，分げつが多く倒伏しにくい

する。

(3) 品種の選び方

栽培する地域や標高、作型に合った品種を選択する（表３）。

①トンネル栽培の品種

暖地の早出し作型である二重トンネルや一重トンネル栽培では、熟期が82～85日の早生～中早生品種を用いる。

生育初期の低温やトンネル内温度の上昇など、環境変化の影響を受けにくい品種を使用する。雌穂重が４００g以上あり、先端不稔が少ない良食味品種が好ましい。栽培のしやすさ、収量や形状、食味のよさを兼ね備えた品種を選択する。

昨今は糖度が高いイエロー系品種が主流であるが、良食味のバイカラー品種も人気がある。

②露地栽培の品種

暖地の露地マルチ栽培では、熟期が86日程度の中生品種を用いる。中間・高冷地の露地栽培や暖地の露地抑制栽培では、熟期が88～90日の中～晩生品種を用いる。

いずれも、雌穂が大きく先端不稔が少ない、イエロー系の良食味品種が好まれる。これらの品種は、早生品種より粒皮がやや硬めで、気温が上昇しても子実がしなびにくいのが特徴である。

また、収穫期が夏秋期の露地栽培は、台風など風雨の影響で倒伏しやすいため、草勢が強く分げつの発生や根量が多い品種の利用が望ましい。

3 栽培の手順

(1) 作付け準備

①施肥

肥料は、作型を問わず窒素、リン酸、カリの3要素成分量が、おおむね10a当たり各25kgになるように施す（表5）。全面またはウネに施用し、トラクターのロータリーで耕うんする。

肥料の種類は、二重トンネルや一重トンネル栽培では、ロング化成やLPコート（40日

表4　二重トンネル・一重トンネル・露地栽培のポイント（主にトンネル栽培）

	技術目標とポイント	技術内容
作付け準備	◎施肥	・CDU 化成とロング化成または LP コート化成（40 日タイプ）を組み合わせた，全量元肥施用とする。または，元肥に CDU 化成，追肥にやさい追肥専用 S842 などを 2 回に分施する ・3 要素成分量がおおむね各 25kg/10a となるように施用する
	◎ウネつくり	・平ウネを基本とするが，排水不良な圃場はやや高めのウネを立てる。地温確保のため，透明マルチ（除草剤使用）や黒マルチを用いる
	◎栽植密度	・ウネ幅 150 〜 180cm（床幅 80cm，通路 70 〜 100cm），株間 27cm の 2 条千鳥植えとする。4,115 〜 4,938 株 /10a。露地栽培では株間を 27 〜 30cm と広めにする
	◎トンネル設置	・ウネごとにトンネルを設置する。被覆資材は，厚さが 0.075mm の透明のビニールフィルムまたは PO フィルムを用いる ・二重トンネル栽培では，二重のトンネルに加え地温確保のため水封マルチを設置する
播種	◎品種	・二重トンネルや一重トンネル栽培では，早生品種‘ゴールドラッシュ’などを用いる。作型が遅くなるにしたがい，熟期の長い中早生や中生品種に移行する ・露地抑制栽培では，風雨で倒伏しにくい‘ゴールドラッシュ 90’などを用いる
	◎播種期	・二重トンネル栽培は 2 月 15 〜 25 日ごろ。一重トンネルは 2 月 25 日〜 3 月 10 日ごろ。露地マルチ栽培は 3 月 15 日〜 4 月 10 日ごろ（いずれも暖地）。露地栽培は 4 月 20 日〜 5 月 15 日ごろ（中間・高冷地）。露地抑制栽培は 7 月 20 日〜 8 月 15 日ごろ（暖地）
	◎播種	・播種床（ウネ）が湿っている状態が播きどき。マルチ穴 1 カ所につき 2 〜 3 粒播きとし，本葉 4 〜 5 枚で 1 本に間引く。品種の発芽率に応じて播種量を調節する
播種後の管理	◎トンネル管理	
	・播種期〜本葉 5 葉期	・この時期，トンネルは被覆したままでよい。とくに換気の必要はない
	・本葉 5 葉期以降	・二重トンネル栽培では，3 月 10 日ごろから徐々に内側トンネルの裾を千鳥で開け始め，3 月中下旬ころから気温の上昇とともに，裾の開放程度を大きくする ・一重トンネル栽培では，3 月 20 〜 25 日ごろに裾を約 4m 間隔で千鳥に開放し，気温の上昇とともに開放程度を大きくする
	・トンネル内温度管理	・トンネル被覆時は，日中のトンネル内温度が 40℃を超えないように注意する
	・トンネル撤去	・二重トンネル栽培では，内側トンネルを 4 月上旬に撤去し，外側トンネルも裾を開放する。同時に水封マルチも撤去する。外側トンネルは 4 月中旬に撤去する ・一重トンネル栽培では，スイートコーン主稈（茎葉）がトンネル上部に届く 4 月中旬〜 20 日ごろに撤去する
	◎分げつ着生促進	
	・採光性の確保	・分げつは 1 株当たり 2 本以上着生させることが望ましい。分げつ発生を促すために，太陽光をできるだけさえぎらない管理を行なう。透明フィルムを使用し，古いフィルムや遮光資材は使用しない
	・高温の回避	・トンネル内部が過度な高温（40℃）にならないように，裾の開放程度に留意する。最高温度の目安は 35℃程度とする
	・通気性の確保	・トンネルの裾を開け，通気管理を行なうことで，光合成に必要な CO_2 を供給することができる
	◎トンネル撤去後の管理	
	・出穂と受精	・受精を促すための栽培上の管理作業はとくに必要としない。この時期に日照不足が続くと雌穂に先端不稔が発生しやすくなる
	・灌水	・降雨がない場合は，通路灌水を定期的に行なう。とくに，受精後から雌穂の肥大期にかけては，乾燥しないよう留意する
	・除房	・1 株につき 1 雌穂を基本とする。最初に受精した雌穂を残し，それ以外は除房する
	◎病害虫防除	・主要な対象害虫は，アワノメイガ，オオタバコガ，アブラムシ類である。雄穂抽出期と雌穂の絹糸抽出期の 2 回，未成熟トウモロコシに登録のある農薬を用いて防除を行なう
収穫	◎収穫期	・二重トンネル栽培は 5 月 25 日〜 6 月 10 日ごろ。一重トンネル栽培は 6 月 10 〜 15 日ごろ。露地マルチ栽培は 6 月下旬〜 7 月中旬（いずれも暖地）。露地栽培は 7 月下旬〜 9 月中旬（中間・高冷地）。露地抑制栽培は 9 月下旬〜 11 月上旬（暖地）
	◎収穫適期の判断	・雌穂が太り，先端部まで子実が充実し，ツヤのあるものを収穫する
	◎雌穂重と先端不稔	・雌穂重が 400g 以上で，先端不稔がほとんどないか 10mm 未満のものが理想である
	◎食味（糖度）	・日照条件に恵まれると良食味のスイートコーンが収穫できる。糖度（Brix）が 18％以上あると，とくにおいしいと感じる

表5　施肥例　（単位：kg/10a）

	肥料名	施肥量	成分量		
			窒素	リン酸	カリ
全量元肥の場合	堆肥	2,000			
	CDU化成（S555）	33	5	5	5
	エコロング413[注]	143	20	16	19
元肥＋追肥の場合	堆肥	2,000			
	CDU化成（S555）	100	15	15	15
	やさい追肥専用（S842）	28×2回	10	2	7

注）トンネル栽培は40日タイプを使用。露地マルチ栽培以降の作型は70日タイプを使用

タイプ）を主体に、ＣＤＵ化成などを組み合わせた、全量元肥施用法が省力的である。生育初期にＣＤＵ化成の肥効を、生育中～後半期にロング化成など緩効性被覆肥料の肥効を発揮させることで、追肥を行なわない全量元肥施用が可能になる。

また、早出し作型では、緩効性被覆肥料の利用で、降雨や降雪時に肥料成分が流亡することなく、スイートコーンに必要な養分を効率よく供給することができる。

トンネル栽培より遅い露地マルチ栽培以降の作型では、ロング化成やＬＰコートは溶出期間の長い70日タイプを用いる。

緩効性被覆肥料を用いない場合は、元肥にＣＤＵ化成などを用い、追肥は硝安主体の速効性肥料を用いて、雄穂抽出期と雌穂の絹糸抽出期の2回に分けて施用する。

②ウネつくり

播種床は平ウネを基本とするが、排水が不良な圃場ではやや高めのウネを立てる。播種床にマルチを張るが、早出しの二重トンネル栽培、一重トンネル栽培では、地温を確保するために透明マルチを用いる。

雑草が発生しやすい場合は、黒マルチを用いる。透明マルチを用いる場合は、ウネ立て後、マルチを展張する直前に除草剤（未成熟トウモロコシ適用農薬）を散布する。

露地マルチ栽培では、黒マルチを使用する。露地抑制栽培では、黒か夏に地温を抑制するために白黒ダブルマルチを使用する。

いずれの作型も、播種の前までにマルチを展張しておく。

③栽植密度

二重トンネル栽培は、播種床にトンネルを二重に被覆するので、通路を広めにとる。ウネ幅１８０cm（床幅80cm、通路１００cm）、株間27cmの2条千鳥植えで、栽植密度10a当たり４１１５株を目安にする（図2）。

一重トンネル栽培は、ウネ幅１５０～１８０cm（床幅80cm、通路70～１００cm）、栽植密度10a当たり４１１５～４９３８株植えにする（図3）。

露地栽培は早出し栽培より株が大きくなるので、株間を27～30cmと広めにとる（図4）。

④トンネル設置

二重トンネル栽培は、トンネルを二重に被覆し、水封マルチを用いるのが特徴である。トンネル被覆には、厚さが０・０７５mmで透明のビニールフィルムかＰＯフィルムを用いる。また播種床（マルチ上）に、地温を確保するために水封マルチを設置する（図5）。

一重トンネル栽培は、同様の透明フィルムで一重のトンネル被覆し、水封マルチは使用しない。

(2) 播種のやり方

①播種期

二重トンネル栽培は2月15～25日ごろに播種する。一重トンネル栽培は2月25日～3月10日ごろに播種する。早出しの作型では、これより早播きしないように注意する（暖地）。

露地マルチ栽培は3月15日～4月10日ごろ（暖地）、露地栽培は4月20日～5月15日ごろ（中間・高冷地）に播種する。

露地抑制栽培は7月20日～8月15日ごろに播種する（暖地）。

②播種

播種床（ウネ）が湿っている状態が播きどき。マルチ穴1カ所につき、2～3粒を指で2～3cmの深さに押し込み覆土する。使用品種の発芽率によって播種量を調節する。

本葉が4～5枚になったら1本に間引く。

(3) 播種後の管理

①トンネル管理

播種期～本葉5葉期は、トンネルは被覆したままでよい。この時期はとくに換気の必要はない。

二重トンネル栽培では、3月10日ごろから徐々に内側トンネルの裾を千鳥で開け始め、3月中下旬ごろから気温の上昇とともに、裾

図2　二重トンネル栽培の栽植様式

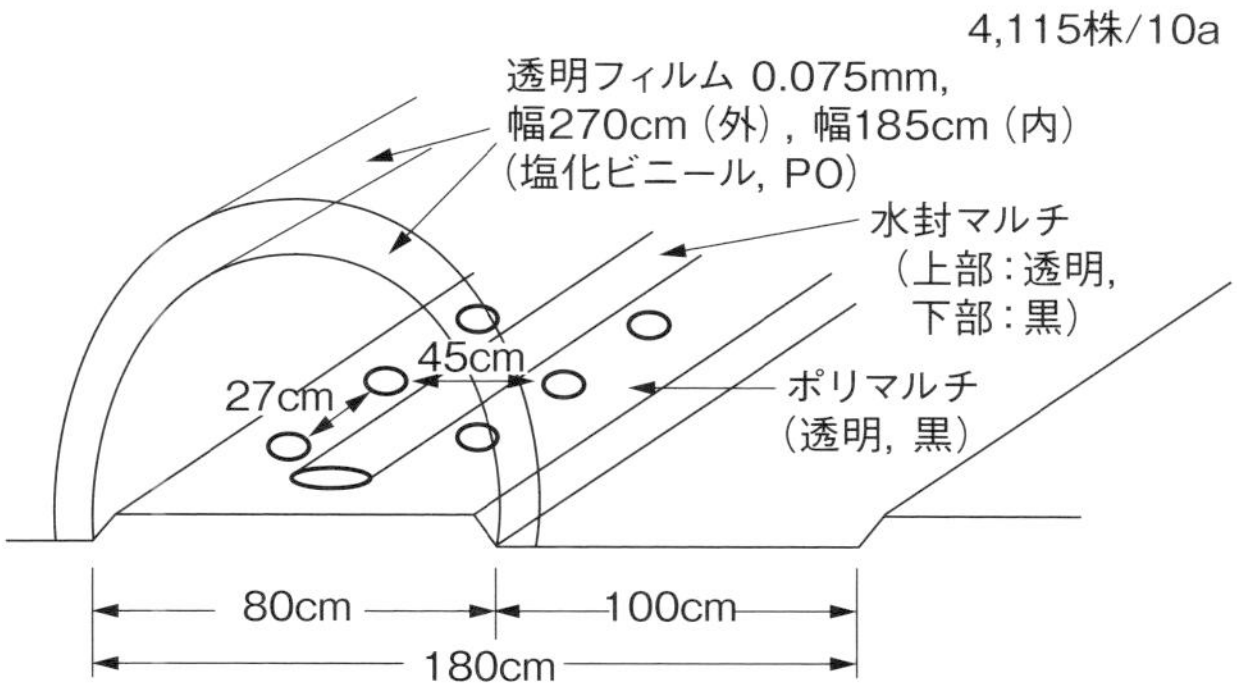

図3　一重トンネル栽培の栽植様式

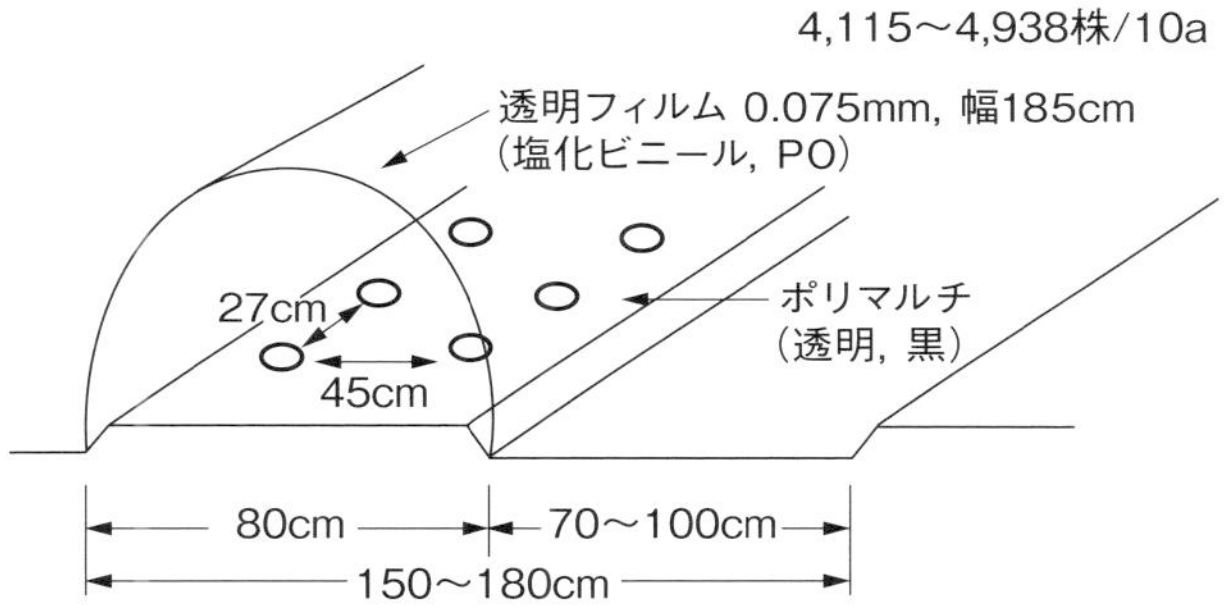

図4　露地栽培の栽植様式

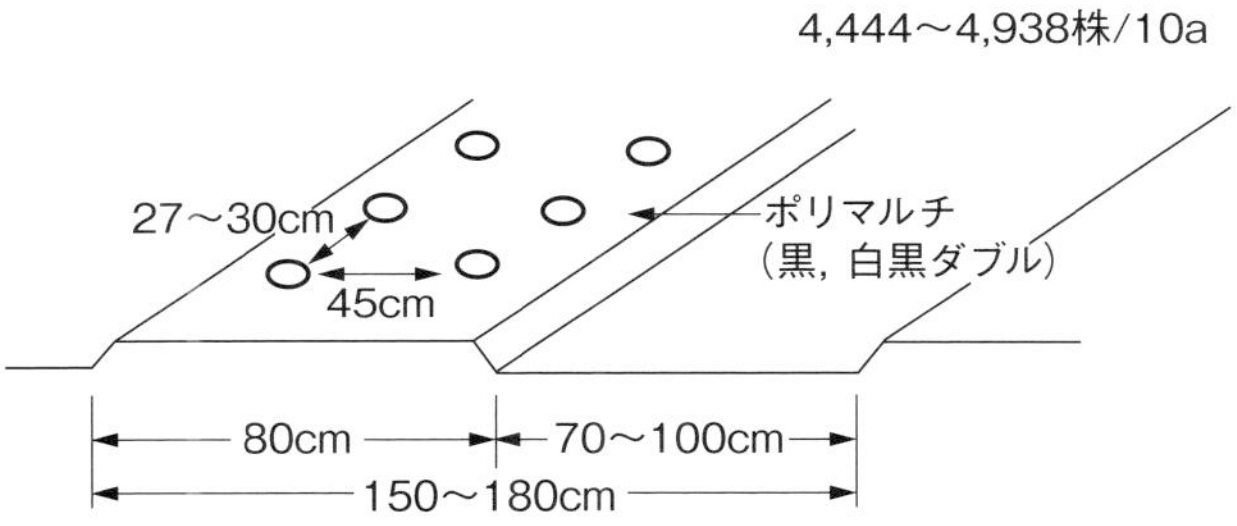

図５　二重トンネル栽培の水封マルチ（３月下旬）

の開放程度を大きくする（図６）。その後、内側トンネルを４月上旬に撤去し、外側トンネルも裾を開放する。同時に、水封マルチも撤去する。外側トンネルは４月中旬に撤去する。

　一重トンネル栽培では、３月20～25日ごろに裾を約４ｍ間隔で千鳥に開放し、気温の上昇とともに開放程度を大きくする（図７）。スイートコーンの主稈（茎葉）がトンネルの上部に届く、４月中旬～20日ごろに撤去する。

図６　二重トンネルと裾換気の様子

　トンネル被覆時は、日中のトンネル内温度が40℃を超えないように注意する。

　なお、３月中旬～４月中旬に、降霜などによる低温に遭遇することがある。本葉５葉期以降に、おおよそマイナス３℃以下になると、低温障害を受けるので注意が必要である。

②分げつ着生促進

　分げつは、１株当たり２本以上着生させることが望ましい。生育初期に発生した分げつはそのまま伸ばし、生育中～後期に分げつが主稈と同程度に生長した場合でも、除げつは行なわないよう注意する（図８）。

　分げつを確保することで、低温障害などで主稈が損傷を受けた場合でも、残った分げつが生育中～後期に伸長して光合成を行ない、主稈や雌穂に養分を供給する役割をはたす。

　生育初期に分げつを確実に着生させるためには、太陽光をできるだけさえぎらないトン

図７　一重トンネル栽培での透明フィルムの使用と裾の千鳥換気（３月下旬）

ネル管理が必要である。光の透過性がよい透明フィルムを使用し、古く汚れたフィルムや寒冷紗などの遮光資材は使用しない。とくに二重トンネル栽培では、内側トンネルの中まで光が届くように留意する（図９）。

温度管理は、日中のトンネル内温度が40℃を超えないよう、裾の開放程度を調節しながら換気作業に心がける。最高温度の目安は35℃程度とする。また、トンネルの裾を開けることで、光合成に必要な空気中のCO_2をトンネル内に供給することができる。

図８　分げつを２本以上着生

採光性を十分に確保して分げつの発生を促す

③トンネル撤去後の管理

スイートコーンは雄穂や雌穂の絹糸が抽出すると、他家受粉による受精（受粉）を行なうが、受精を促すための管理作業は必要ない。この時期に日照不足が続くと、雌穂に先端不稔が発生しやすくなる。

水分供給は降雨が主であるが、トンネル撤去後は主稈や分げつが大きく生長し、受精後は雌穂が充実する時期なので多くの水分を必要とする。降雨がない場合は、通路灌水などを定期的に行ない、とくに雌穂の肥大期から収穫期までの間は、ウネや通路が乾燥しないように気を配る。

図９　トンネルフィルムの透光性の違いと収穫期の雌穂（むき身）

除房は、1株につき1雌穂（房）を基本とする。最初に受精した雌穂を残し、それ以外はすべて除房する。適期は除房対象の雌穂の絹糸が抽出したころで、これより遅れると除房時に主稈が折れたり損傷しやすくなるので注意する。

(4) 収穫

①収穫期

二重トンネル栽培は2月15～25日に播種すると、5月25日～6月10日ごろに収穫できる（暖地）。一重トンネル栽培は2月25日～3月10日ごろに播種すると、6月10～15日ごろに収穫できる（暖地）。

露地マルチ栽培は3月15日～4月10日ごろに播種すると、6月下旬～7月中旬に収穫できる（暖地）。露地栽培は4月20日～5月15日ごろに播種すると、7月下旬～9月中旬に収穫できる（中間・高冷地）。

露地抑制栽培は7月20日～8月15日ごろに播種すると、9月下旬～11月上旬に収穫でき

表6　病害虫防除の方法

	病害虫名	防除法
病気	すす紋病	・連作をしない。抵抗性・耐病性品種を用いる。密植を避ける ・トリフミン水和剤，チルト乳剤25
	黒穂病	・連作をしない。発病株をすみやかに抜き取り，適切に処分する
	紋枯病	・リゾレックス水和剤
	倒伏細菌病	・発病圃場での作付けを避ける。発病株をすみやかに抜き取り，適切に処分する
害虫	アワノメイガ	・雄穂抽出期と絹糸抽出期に被害雄穂を早期に切除する ・上記と同時期に薬剤散布。フェニックス顆粒水和剤，プレバソンフロアブル5，ヨーバルフロアブル
	オオタバコガ	・アファーム乳剤，アニキ乳剤，プリンスフロアブル，フェニックス顆粒水和剤，プレバソンフロアブル5
	アブラムシ類	・モスピラン顆粒水溶剤，アルバリン顆粒水溶剤，スタークル顆粒水溶剤，コルト顆粒水和剤
	ハダニ類	・コテツフロアブル，テルスターフロアブル
	ネキリムシ類	・ガードベイトA，ダイアジノン粒剤5

る（暖地）。

② 収穫適期の判断

トンネル栽培を含め、いずれの作型も露地の条件で栽培するので、収穫適期を迎えると絹糸が茶色に変色する。これを収穫適期の目安にするが、雌穂先端部の包皮を少しむいて目視で判断する。

雌穂が太り、先端部まで子実が充実し、乳黄色でツヤのあるものを収穫する。適期より早いと、子実が先端部まで十分に充実していないし、色も淡い。適期より遅いと、収穫後に子実がしなびやすくなる。

収穫した雌穂は、400g以上あり、先端不稔がほとんどないか10㎜未満のものが理想的である。

③ 食味（糖度）

糖度（Brix）が食味に大きく関係し、18％以上あると、とくにおいしいと感じる。糖度は、収穫の2～3週間前から収穫期までの日射量（日照時間）に大きく影響される。

一重トンネル栽培で、梅雨などで6月上旬ごろに曇天が続くと、日照不足の影響で若干食味（甘味）が劣ることがある。露地栽培や露地抑制栽培でも、9月の長雨や台風など曇天期間が長いと、同様に食味が低下することがある。

また、スイートコーンは収穫後の糖度低下が早く、温度が高くなるほど顕著になる。そのため、収穫後はただちに出荷する。なお、予冷や保冷をすると品質が低下しにくく、糖度の保持効果が高い。

4 病害虫防除

(1) 基本になる防除方法

主要な病害虫は、害虫ではアワノメイガ、オオタバコガ、アブラムシ類のほか、ハダニ類、ネキリムシ類である。病気では、すす紋病、黒穂病のほか、紋枯病、倒伏細菌病がある。

害虫の防除時期は、アワノメイガは雄穂抽出期で、オオタバコガやアブラムシ類は雌穂の絹糸抽出期である。それぞれ、未成熟トウモロコシに登録のある薬剤を用いて行なう。

(2) 農薬を使わない工夫

スイートコーンの害虫防除は、耕種的防除がむずかしく、薬剤の散布に依存することが多い。しかし、病害の軽減や回避には、耕種的な防除が利用できる。すす紋病対策は、抵抗性・耐病性品種を利用する。黒穂病対策は、連作をしない、発病株をすみやかに抜き取り、処分するなどがある（表6）。

5 経営的特徴

経営的特徴を作型別に示したのが表7である。

二重トンネル栽培は、収量が10a当たり1600kg、単価が1kg当たり334円で、粗収入が10a当たり53・5万円になる。経費などを除いた農業所得は10a当たり15・6万円で、所得率は29・1%である。

一重トンネル栽培は、収量が10a当たり1600kg、単価が1kg当たり292円で、粗収入が10a当たり46・6万円になる。農業所得は13・2万円で、所得率は28・3%である。

露地マルチ栽培は、収量が10a当たり1800kg、単価が1kg当たり204円で、粗収入が36・8万円になる。農業所得は8・8万円で、所得率は23・8%である。

作型が早いほど農業所得は多くなる。ただし、これらはいずれも市場出荷によるもので、JA直売所や道の駅などでの販売も考えられる。

(執筆：赤池一彦)

表7　二重トンネル・一重トンネル・露地マルチ栽培の経営指標

項目	二重トンネル	一重トンネル	露地マルチ
収量（kg/10a）	1,600	1,600	1,800
単価（円/kg）	334	292	204
粗収入（円/10a）	535,160	466,400	367,740
経営費（円/10a）			
種苗費	30,100	25,800	25,800
肥料費	57,681	57,681	57,681
農薬費	8,022	9,404	8,022
諸材料費	89,132	54,222	5,484
動力光熱費	5,951	5,951	5,951
農機具費	2,740	2,740	2,740
修繕費	14,017	14,017	13,426
償却費	53,582	53,582	52,014
出荷経費	115,776	108,900	106,714
その他	2,250	2,250	2,250
農業所得（円/10a）	155,910	131,853	87,659
所得率（%）	29.1	28.3	23.8
労働時間（時間/10a）	209	156	98

注）「山梨県農業経営指標」2014年度版より抜粋

無加温ハウス栽培

1 この作型の特徴と導入

(1) 作型の特徴と導入の注意点

小型のパイプハウスなどを用いた無加温ハウス栽培は、早出し栽培の中でも、播種や出荷時期が最も早い作型である。早出し作型では、トンネル栽培が作付けの大半を占めるが、無加温ハウス栽培は単価の高い5月中旬ごろから出荷できるので、有利販売が可能である。

この作型は、播種が厳冬期の2月上旬であり、生育初期~中期にかけて外気温が低い条件での栽培になる。そのため、トンネル栽培と同様に、冬から春にかけて降雨が少なく、日照時間が長い地域が適地である。

(2) 他の野菜・作物との組合せ方

無加温ハウス栽培の収穫期は5月中下旬なので、後作に抑制トマトや抑制キュウリの栽培ができるほか、葉菜類などの作付けも可能である。

また、スイートコーンはイネ科作物なので、輪作作物として、また茎葉残渣をすき込めば土壌還元消毒にも利用できるので、トマトやキュウリなどの連作による土壌病害の軽減や回避に役立つ。

図10　無加温ハウス栽培の様子（5月中旬）

図11　スイートコーンの無加温ハウス栽培　栽培暦例

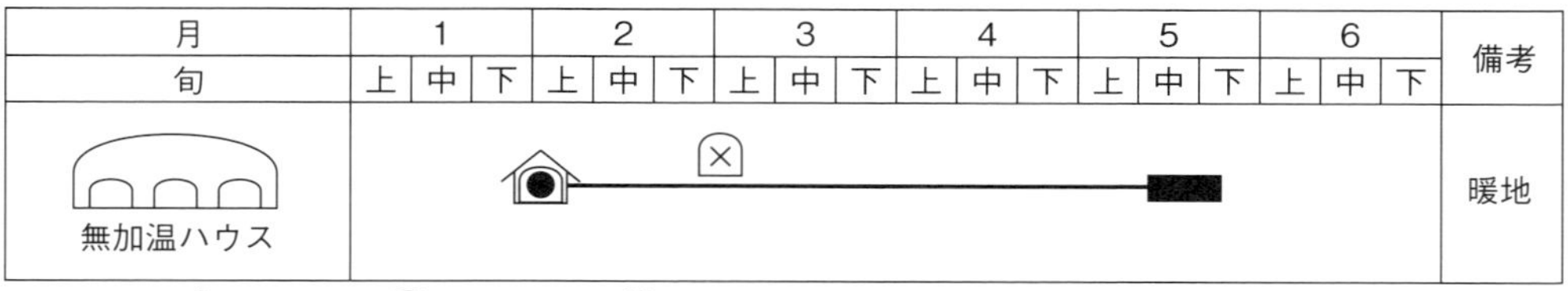

●：播種，⌂：ハウス，∩：トンネル，⊠：トンネル撤去，■：収穫

2 栽培のおさえどころ

(1) どこで失敗しやすいか

①厳冬期に播種する作型なので、気温や日照条件の変化に左右されやすい品種を使用すると、生育の揃い、雌穂重、先端不稔など収量や品質に影響する。

②播種床（ウネ）を湿らせた状態で播種しないと、水分不足による発芽不良や初期の生育不良をまねく。

③この作型に合った時期より播種期が早いと、生育初期に凍霜害など低温による被害を受けやすくなる。

④ハウスやトンネルに被覆するフィルムが古かったり、汚れがひどく光の透過性が悪いと、分げつが発生しにくくなり、地上部や根部の生育量が減り収量低下につながる。また、降霜時など低温障害を受けやすくなる。

⑤ハウス内（生育初期のトンネル内）温度が40℃を超える過度の高温になると、分げつの発生が抑制され、その後の生育や収量に影響する。

⑥本葉5葉期以降、ハウス内のトンネルを撤去するか日中全開しないと、光量不足や温度の上昇とともに、光合成に必要なCO_2が不足して生育不良になる。

⑦雌穂の肥大期に灌水不足などで土壌が乾燥すると、雌穂重など収量に影響し、先端不稔も発生しやすくなる。また、子実のしなびも発生しやすくなる。

⑧ハウス栽培なので、チョウ目害虫による被害はほとんどないが、気温が高くなるとアブラムシ類が発生しやすくなる。

(2) おいしく安全につくるためのポイント

①厳冬期に播種する作型なので、この作型に合った気候条件の地域で作付ける。また、気温や日照など気象条件の変化に左右されにくい、栽培しやすい品種を使用する。

②適期播種を行ない、早播きしすぎないように注意する。播種は、播種床（ウネ）の土壌水分が適切な状態になるよう、チューブ灌水などでマルチ内を湿らせてから行なう。

③無加温ハウス栽培では、分げつ発生の有無がその後の生育、収量、品質、低温障害軽減に影響する。分げつを2本以上確保するため、以下④、⑤の管理を励行する。

④ハウス、トンネルとも、生育初期の採光性を確保するため、透明のフィルムを使用する。古く汚れたフィルムは使用しない。

⑤2月上旬の播種期からほぼ2月末まで、トンネル内での管理となる。この時期はトンネル内温度が40℃を超えることはないので、温度管理にそれほど気を配る必要はない。ただし、ハウス内の換気は、CO_2を取り込むためある程度確保したい。

⑥本葉5葉期以降の3月上旬ごろから、ト

表8　無加温ハウス栽培に適した主要品種の特性

品種名	販売元	特性
ゴールドラッシュ	サカタのタネ	熟期が83～84日の早生イエロー品種。無加温ハウス栽培では雌穂重が350～400g程度。糖度が高く良食味。先端不稔が少なく揃いがよい。播種期が2月上旬と早い場合でも，栽培環境に左右されにくく，形状や収量が安定しているのでつくりやすい

ンネルは撤去または日中全開にし、採光、通気、高温抑制に努める。

⑦雌穂の肥大期には、収量増や子実のしなび防止のため、通路灌水などを十分に行なう。

⑧無加温ハウス栽培では、収穫期を迎えても雌穂の絹糸が茶色に変色しないため、目視などで確認しながら適期に収穫するよう気をつける。

⑨病害虫の適期防除を励行する。

(3) 品種の選び方

暖地の最も早い作型である無加温ハウス栽培では、熟期が83日程度の早生品種を用いる。生育初期の低温やトンネル内温度の上昇など、環境変化の影響を受けにくい品種を使用する。雌穂重が３５０g以上あり、揃いがよく、先端不稔の少ない良食味品種が好ましい。

栽培のしやすさ、収量や形状、食味のよさを兼ね備えた品種を選択する。糖度が高いイエロー系品種が主流である（表８）。

3 栽培の手順

(1) 作付け準備

①施肥

肥料は、ＣＤＵ化成や普通化成肥料（８－８－８）を用い、窒素、リン酸、カリの３要素成分量が、おおむね各10a当たり25kgになるように施す。全面施用またはウネ施用し、トラクターのロータリーで耕うんする。

この作型はハウス内での栽培で、降雨による肥料養分の流亡がないため、追肥を行なわない全量元肥施用が行なえる（表10）。

②ウネつくり

播種床は平ウネとする。播種床にマルチを張るが、地温を十分に確保するため透明マルチを用いる。しかし、雑草が発生しやすい場合は黒マルチを用いる。なお、黒マルチを用いると、透明マルチより収穫期が１～２日程度遅くなる。

マルチの下に灌水チューブを設置する。

③栽植密度

ウネ幅１５０cm（床幅80cm、通路70cm）、株間27cmの２条千鳥植えで、栽植密度10a当たり４９３８株を目安にする。

ハウス栽培では作付け面積が限定されるので、栽植本数を確保するため通路幅をやや狭くする。

④ハウス内トンネルの設置

パイプハウスを利用する場合、展張するフィルムは厚さが０・15㎜で、透明の塩化ビニールまたはＰＯフィルムを用いる。

ハウス内には、ウネごとにトンネルを設置する。トンネル被覆には、厚さ０・０７５㎜、幅１８５cmで透明のビニールフィルムかＰＯフィルムを用いる。

ハウス、トンネルともに透明フィルムを用いるのは、採光性を十分に確保するためである。

(2) 播種のやり方

播種期は２月１～５日ごろが理想である（暖地）。１月下旬まきも可能であるが、気象条件によっては低温障害を受けることもある。

播種床（ウネ）を灌水チューブなどで湿った状態にしてから播種する。マルチ穴１カ所につき、２粒を指で２～３cmの深さに押し込み覆土する。使用品種の発芽率に応じて播種

表9　無加温ハウス栽培のポイント

	技術目標とポイント	技術内容
作付け準備	◎施肥	・CDU化成や普通化成肥料による全量元肥施用とする ・3要素成分がおおむね各25kg/10aになるように施用する
	◎ウネつくり	・ハウス内なので平ウネとする。地温確保のため，透明マルチを用いる。雑草が発生しやすい場合は黒マルチを用いる。マルチ下に灌水チューブを設置する
	◎栽植密度	・ウネ幅150cm(床幅80cm, 通路70cm), 株間27cmの2条千鳥植えが目安。4,938株/10a
	◎ハウス内トンネル設置	・ハウスに展張するフィルムは，厚さが0.15mmで透明の塩化ビニールまたはPOフィルムを用いる ・ウネごとにトンネルを設置する。被覆資材は厚さが0.075mm幅185cmで透明のビニールフィルムまたはPOフィルムを用いる
播種	◎品種	・早生品種‘ゴールドラッシュ’などを用いる
	◎播種期	・1月下旬播種も可能であるが，2月1～5日ごろが理想（暖地）
	◎播種	・播種床（ウネ）をチューブ灌水などで湿った状態にしてから播種する。マルチ穴1カ所につき2粒播きとし，本葉4～5枚で1本に間引く
播種後の管理	◎ハウス内トンネル管理	
	・播種期～本葉5葉期	・この時期，トンネルは被覆したままでよい。とくに換気の必要はない
	・本葉5葉期以降	・本葉が5枚を超える3月1日ごろを目安にトンネルを全開にする。ここでトンネルを撤去してもよいが，心配な場合は日中全開，夜間のみ閉める管理とする
	・ハウス内温度管理	・4月以降，気温の上昇とともにハウス内温度が上がるため，ハウスの開閉を行ない最高温度が40℃を超えないように注意する
	◎分げつ着生促進	
	・採光性の確保	・分げつは1株当たり2本以上着生させることが望ましい。分げつ発生を促すために，太陽光をできるかぎりさえぎらない管理を行なう。透明フィルムを使用し，古いフィルムや遮光資材は使用しない
	・高温の回避	・ハウス内やトンネル内部が過度な高温（40℃）にならないように，ハウスやトンネル裾の開放程度に留意する。最高温度の目安は35℃程度とする
	・通気性の確保	・ハウスやトンネルの裾を開け換気を行なうことで，光合成に必要なCO_2を供給することができる
	◎トンネル撤去後の管理	
	・出穂と受精	・受精を促すための管理作業は必要ない。この時期に日照不足が続くと雌穂に先端不稔が発生しやすくなる
	・灌水	・生育初期は，マルチ内の播種床が乾燥した場合，灌水チューブを用いてウネ内に灌水する。生育後半は通路灌水を定期的に行なう。とくに受精後から雌穂の肥大期にかけては，乾燥しないよう留意する
	・除房	・1株につき1雌穂を基本とする。最初に受精した雌穂を残し，それ以外は除房する
	◎病害虫防除	・対象害虫のアワノメイガやオオタバコガはほとんど発生しない。4月下旬以降，アブラムシ類の発生が認められる場合，未成熟トウモロコシに登録のある農薬を用いて防除する
収穫	◎収穫期	・2月1～5日に播種した場合，収穫期は5月15～20日ごろ（暖地）
	◎収穫適期の判断	・雌穂が太り，先端部まで子実が充実し，ツヤのある状態になったものを収穫する。ハウス栽培では収穫適期になっても絹糸が変色せず無色なので，雌穂先端部の包皮を若干むいて目視で判断する
	◎雌穂重と先端不稔	・雌穂重が350g以上あり，先端不稔がほとんどないか10mm未満のものが理想である
	◎食味（糖度）	・日照条件に恵まれると良食味のスイートコーンが収穫できる。糖度（Brix）が18%以上あると，とくにおいしいと感じる

表10　施肥例　　（単位：kg/10a）

	肥料名	施肥量	成分量		
			窒素	リン酸	カリ
全量元肥	CDU化成（S555）	167	25	25	25

数を調節する。

本葉が4～5枚になった時点で1本に間引く。

(3) 播種後の管理

①ハウス内トンネルの管理

播種期～本葉5葉期は、トンネルは被覆したままでよい。この時期は温度が上がりすぎることはないので、換気の必要はない。

本葉が5枚以上になる3月1日ごろを目安に、トンネルを全開にする。この時点でトンネルを撤去してもよいが、心配な場合は、日中トンネルを全開にして夜間のみ閉める管理でもよい（図13）。

4月以降、気温の上昇とともにハウス内の温度が上がるので、ハウスの開閉を行ない、最高温度が40℃を超えないように注意する。最高温度の目安は35℃程度とする。また、ハウスの開閉による換気で、光合成に必要なCO_2を取り込むことができる。

3月中旬～4月中旬、降霜などによる低温に遭遇することがある。本葉5葉期以降に、およそマイナス3℃以下になると、低温障害を受けるので注意が必要である。

なお、3月上旬からトンネルを開放するなど採光性を確保し、分げつの着生を促すことで、低温障害を受けた場合も、その後の生育や収量への影響を軽減できる（図14、15）。

②分げつ着生促進

分げつは1株当たり2本以上着生させるこ

図12　無加温ハウス栽培の栽植様式

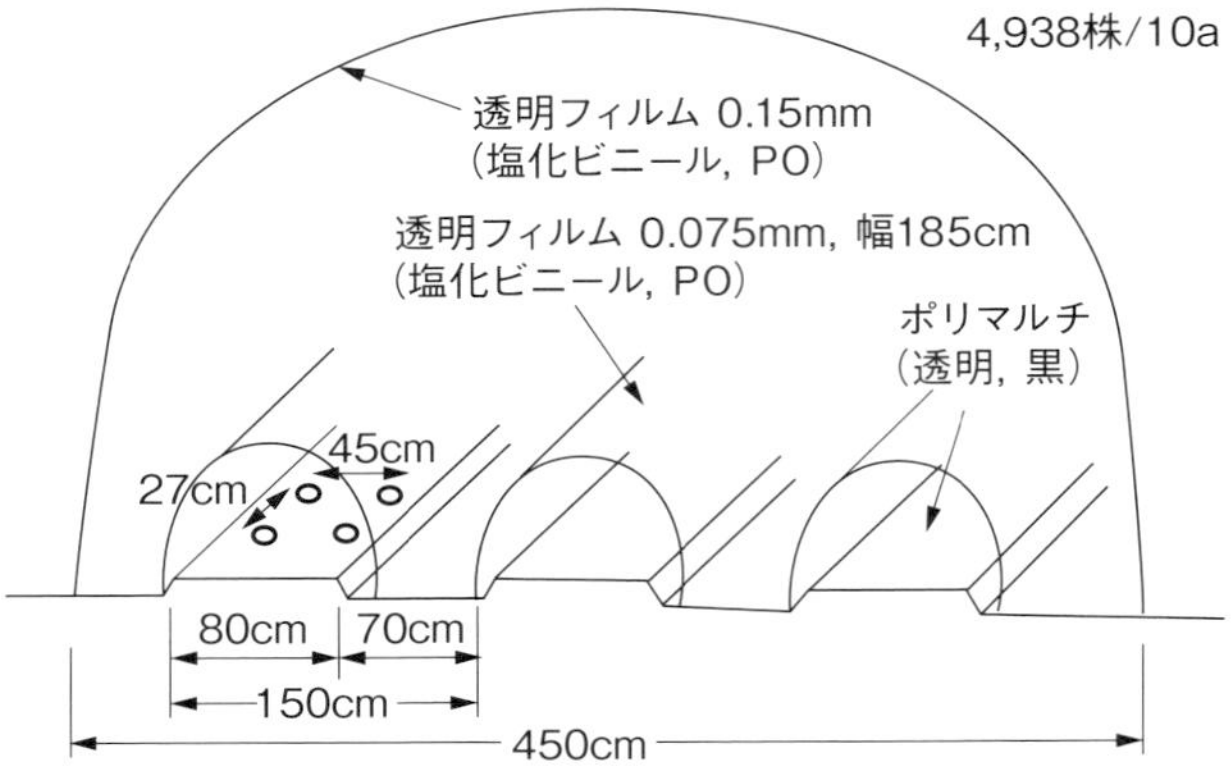

図13　3月上旬のトンネルの開放程度

写真中央のように，3月上旬にトンネルを撤去するか日中全開し採光性を確保する

図14　3月のトンネルの開放程度と4月の低温障害の様子

開放の程度が大きく採光性がいいほど影響が小さい（4月18日）

とが望ましい。生育初期に発生した分げつはそのまま伸ばし、生育中~後半期に主稈と同程度に生長しても、除げつを行なわないよう注意する。

分げつを確保することで、低温障害などで主稈が損傷を受けても、残った分げつが生育中~後半期に伸長して光合成を行ない、主稈や雌穂に養分を供給する役割をはたす。

生育初期は分げつの発生を促す時期なので、太陽光をできるだけさえぎらない管理に心がける。そのためには、光の透過性がよい透明フィルムを使用し、古く汚れたフィルムや寒冷紗などの遮光資材は使用しない。

とくに防寒対策で、日中に採光性の悪い被覆資材を用いないよう注意する。分げつの発生は、40℃を超える高温条件で抑制されるため、最高温度が35℃程度におさまるよう換気に心がける。

図15 採光性を確保し分げつの着生を促す

低温障害を受けても、生育や収量への影響を小さくすることができる(3月18日)

③トンネル撤去後の管理

スイートコーンは雄穂や雌穂の絹糸が抽出すると、他家受粉による受精(受粉)を行なうが、受精を促すための管理作業は必要ない。この時期に日照不足が続くと、雌穂に先端不稔が発生しやすくなる。

灌水は、生育初期はマルチ内が乾燥したら灌水チューブを用いて行なうが、一度に多くの灌水を行なうと、主稈が倒伏しやすくなるので注意する。

4月中旬~5月上旬の生育中~後半期は、受精後に雌穂が肥大する時期なので、通路灌水を定期的に行ない、ウネや通路が乾燥しないように気をつける。

除房は1株につき1雌穂(房)を基本にする。はじめに受精した雌穂を残し、それ以外はすべて除房する。適期は除房対象の雌穂の絹糸が抽出したころで、これより遅れると除房時に主稈が折れたり損傷しやすくなるので注意する。

(4) 収穫

①収穫適期

2月1~5日に播種した場合、収穫時期は5月15~20日ごろになる(暖地)。

雌穂が太り、先端部まで子実が充実し、乳黄色でツヤのあるものを収穫する。適期より早いと、先端部まで子実が十分に充実していないし、色も淡い。適期より遅いと、子実が収穫後にしなびやすくなる。

無加温ハウス栽培では、収穫適期になっても絹糸が茶色に変色せず無色なので、雌穂先端部の包皮を少しむいて目視で判断する。

雌穂重が350g以上で、先端不稔がほとんどないか10㎜未満のものが理想的である。この作型では、雌穂重がトンネル栽培より少し軽くなる。

②食味(糖度)

糖度(Brix)が18%以上あると、とくにおいしいと感じる。糖度は、収穫の2~3週間前から収穫期までの日射量(日照時間)に大きく影響される。日照条件に恵まれると、早期出荷の無加温ハウス栽培でも、糖度の高い良食味のスイートコーンが収穫できる。

スイートコーンは収穫後の糖度低下が早く、温度が高くなるほど顕著になる。そのため、収穫後はただちに出荷する。なお、予冷や保冷をすると品質低下しにくく、糖度の保持効果が高くなる。

表11　病害虫防除の方法

	病害虫名	防除法
病気	連作をしないかぎり発生しないので問題にならない	
害虫	アワノメイガ	・本作型ではほとんど問題にならない
	オオタバコガ	・本作型ではほとんど問題にならない
	アブラムシ類	・ハウス周りに防虫ネットを張る ・モスピラン顆粒水溶剤，アルバリン顆粒水溶剤，スタークル顆粒水溶剤，コルト顆粒水和剤

表12　無加温ハウス栽培の経営指標

項目	
収量（kg/10a）	1,600
単価（円 /kg）	472
粗収入（円 /10a）	755,600
経営費（円 /10a）	
種苗費	30,100
肥料費	76,037
農薬費	8,022
諸材料費	166,231
動力光熱費	5,049
農機具費	4,900
修繕費	32,475
償却費	243,942
出荷経費	138,140
その他	2,250
農業所得（円 /10a）	48,455
所得率（%）	6.4
労働時間（時間 /10a）	270

注）「山梨県農業経営指標」2014年度版より抜粋）

4 病害虫防除

(1) 基本になる防除方法

対象になる病害虫はトンネル栽培や露地栽培に準ずるが、最も早い作型なので、アワノメイガやオオタバコガはほとんど発生しない。したがって、これらの害虫に対する防除は必要ない。

アブラムシ類は、4月下旬以降に発生することがあるため、未成熟トウモロコシに登録のある薬剤を用いて防除する。

病気は連作を行なわないかぎり発生せず問題にならない。

(2) 農薬を使わない工夫

厳冬期から春にかけてハウス内で栽培するため、害虫の発生は少ない。ハウス周りに防虫ネットを使用することで、アブラムシ類の侵入を防ぐことができる。

同一ハウスでトマトやキュウリなどを栽培している場合は、0・4㎜目合いの防虫ネットを使用することが多いので、多くの飛来害虫の侵入防止に役立つ（表11）。

5 経営的特徴

無加温ハウス栽培は、収量が10a当たり1600kg、単価が1kg当たり472円で、粗収入が10a当たり75・6万円になる（表12）。経営指標ではハウスの償却費などが大きく計上されるので、経費などを除いた農業所得は10a当たり4・8万円で、所得率は6・4%となっている。

（執筆：赤池一彦）

エダマメ

表1　エダマメの作型，特徴と栽培のポイント

主な作型と適地

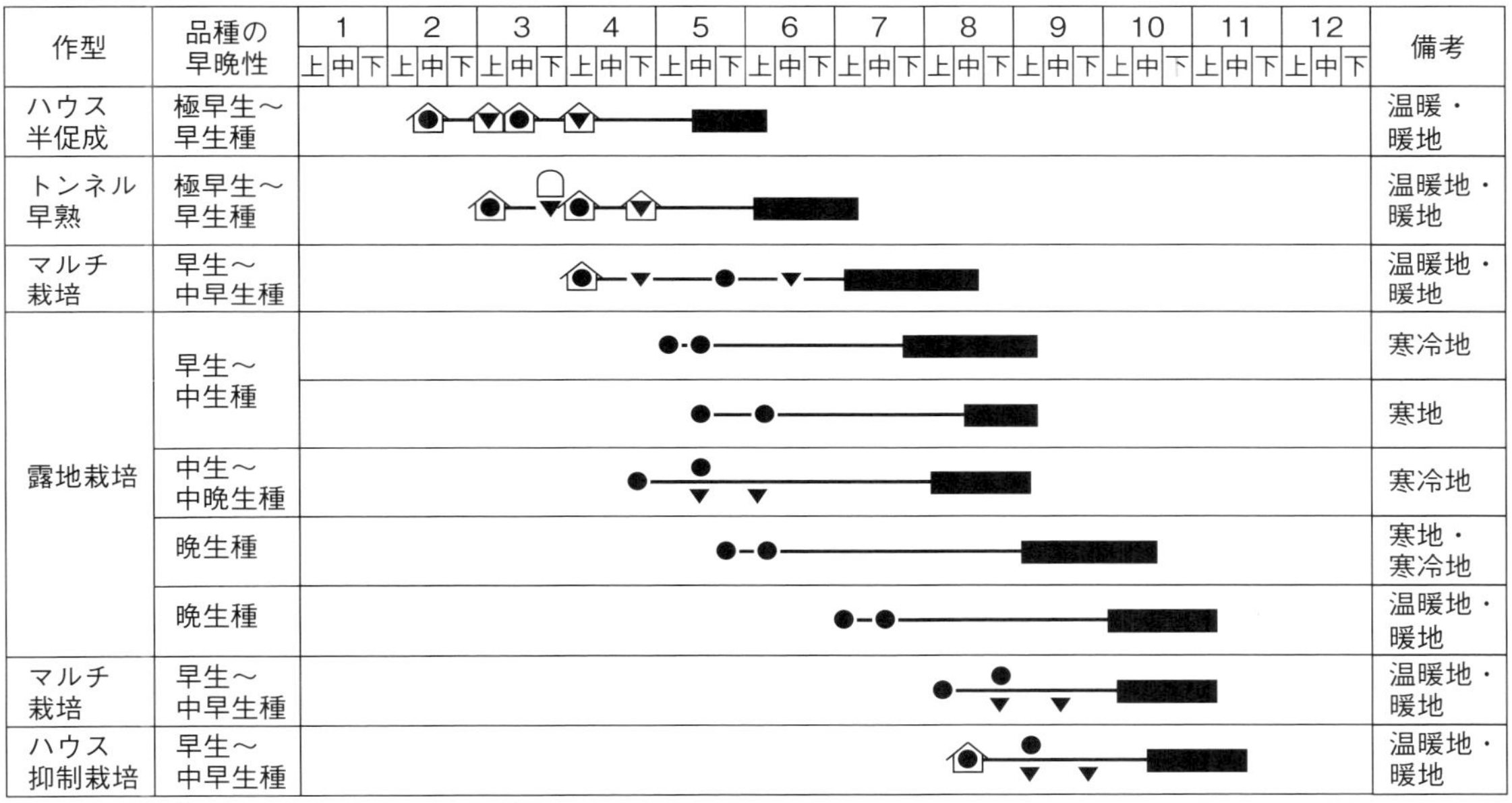

●：播種，⌂：ハウス，▼：定植，◠：トンネル，■：収穫

特徴	名称	エダマメ（マメ科ダイズ属）
	原産地・来歴	原産地は中国で，日本には弥生時代にダイズが渡来した
	栄養・機能性成分	タンパク質，糖質，脂質，ビタミン B_1，B_2，B_9，カロテン，ビタミンC，食物繊維が豊富。イソフラボン，レシチン，ダイズサポニン，メチオニンなども含む
	機能性・薬効など	ビタミン B_1，B_2 は糖質をエネルギーに変えて疲労回復効果がある。また，メチオニンとともにアルコールの分解を促して肝臓の負担を軽くする。ビタミン B_9 は口内炎の予防．イソフラボンは更年期症状緩和，骨粗しょう症や冷え症の予防。レシチンは記憶力を高め，ダイズサポニンは抗酸化作用や血糖値上昇抑制効果がある
生理・生態的特徴	発芽条件	発芽適温は25～30℃。地温が15℃以下，土壌水分が多いと発芽不良になりやすい
	温度への反応	生育適温は20～25℃。夜温が25℃以上になると受精不良になる
	日照への反応	光飽和点は2万～3万 lx。日照不足になると茎葉が徒長して蔓化し，側枝発生が減少，着莢率が低下する
	土壌適応性	土壌適応性は広いが，排水，保水性がよい土壌が適する。好適土壌 pH は6～6.5
	開花習性	花芽分化は，早生種は温度，晩生種は日長の影響を強く受け，早生種は高温，晩生種は短日で花芽分化が促進される

（つづく）

栽培のポイント	主な病害虫	病気はべと病 害虫はアブラムシ類，アザミウマ類，ハダニ類，カメムシ類，ダイズサヤタマバエ，マメシンクイガ，連作するとダイズシストセンチュウの被害が出やすい
	他の作物との組合せ	ホウレンソウ，コマツナなどの軟弱野菜，ネギ，緑肥作物などと組み合わせることができる

この野菜の特徴と利用

(1) 野菜としての特徴と利用

①エダマメ（ダイズ）の渡来

エダマメはダイズの未熟種子を食用にするもので、枝つきのまま塩ゆでしたことから、この名がつけられたとされる。

原産地は中国で、日本にも自生するツルマメが原種といわれる。わが国にダイズが渡来したのは弥生時代とみられ、『日本書紀』（720年）に「麻米《まめ》」と記されている。

エダマメとして食べるようになったのは江戸時代（17世紀末）からで、日本人が最初とされている。

②生産の現状と産地

2020（令和2）年の作付け面積は1万2800ha、出荷量5万1200t、産出額は401億円で、近年の作付け面積はほぼ横ばいである。

北海道から沖縄まで栽培でき、収穫後の糖含量の減少が早いため、都市近郊に産地が形成されたが、鮮度保持技術の発達などによって産地は遠隔地に拡大してきた。現在の主な産地は群馬県、千葉県、山形県、埼玉県、北海道、秋田県、新潟県である。

国内生産は6～9月に集中しているが、冷凍物が年間を通して輸入されており、その量は国産出荷量の1・4倍の7万1200tである。

③栄養価と利用

エダマメには良質のタンパク質のほか糖質、脂質、ビタミンB_1、B_2、B_9（葉酸）、食物繊維が豊富に含まれ、ダイズにはないカロテンやビタミンCも多い。そのほか、イソフラボン、レシチン、ダイズサポニン、メチオニンなどの機能性成分を含む。カロリーも高く栄養満点で、夏のスタミナ源にもってこいの食材である。

利用法はゆでて食べるのが一般的だが、ゆでたものに砂糖を加えてつぶしてつくる「ずんだ」などもある。「鍋を火にかけてからとりに行け」ともいわれるほど収穫後の品質低下が早いので、気温の低い時間帯に収穫し、

表2　エダマメの品種分類

風乾子実色による分類	早晩性	毛茸の色	主な品種
白豆	極早生	褐色	奥原早生，奥原1号
		白色	莢音，神風香，いきな丸，おつな姫，サッポロミドリ，天ヶ峰，グリーン75
	早生～中早生	褐色	白鳥，早生みどり
		白色	サヤムスメ，味風香，とびきり，湯あがり娘，とよふさ，ふくら
	中生	白色	青雫，錦秋，夕涼み，鶴の子
	晩生	白色	小糸在来
茶豆	中生～中晩生	褐色	だだちゃ豆，黒崎茶豆
青豆	晩生	白色	秘伝
		褐色	鴨川七里
黒豆	早生		たんくろう，快豆黒頭巾
	中生		黒美月
	晩生		丹波黒

図1　エダマメの形態

低温で流通させるなど、鮮度保持が重要である。

(2) 生理的な特徴と適地

①生理的な特徴

芽が出ると子葉が展開し、子葉の上に一対の楕円形の初生葉がつき、次に3枚の小葉をもつ本葉が展開し、子葉から中位節にかけて側枝が発生する（図1）。花は、主茎や側枝の節や先端に各5～10花ほどつく。

発芽適温は25～30℃で、地温が15℃以下になったり土壌水分が多すぎると、発芽遅延や種子の細胞が壊れるなどして発芽不良になる。直播きする場合の播種期は、地温15℃以上が目安になる。生育・開花期の適温は20～25℃で、10℃以下や35℃以上では、花粉の稔性が低下して受精しない。

光飽和点は2万～3万lxと高くはないが、密植したり日照不足になると、側枝数や節数の減少、枝が蔓化《まんか》するなどして着莢数が減少するので、豊富な日照が必要である。

開花した花が収穫できる莢になる割合である結莢率は、条件がよければ30～50％になるが、多肥や開花期が10℃以下、日中35℃以上、夜温25℃以上、日照不足、土壌水分不足や空中湿度の低下など、条件が悪いと10％以下になってしまうこともある。

また、開花期の温度が低いと、開花せずに受精する閉花受粉が行なわれる。

②土壌適応性

土壌はあまり選ばないが、開花期に土壌水分不足になると着莢率が低下するので、保水性のよい土壌が適する。好適土壌pHは6～6.5だが、比較的広い土壌pHに適応する。

根には根粒菌が寄生し、空気中の窒素を固定してエダマメに供給する。土壌中の窒素が多いと、根粒菌の活動を抑制するばかりでなく、つるボケ、着莢不良の要因になるので、窒素施用量は控えめにする。

③直まき栽培と移植栽培

直まき栽培と移植栽培が行われる。根は直播きでは地下50～100cm伸びるが、移植では根張りが浅く、根量の80％が地下8cm以内に分布するという報告もある。

移植すると直播きに比べて節数が減って、

草丈が低くなり、茎も細くなる。定植時の苗齢が進むほど活着不良になりやすく、草丈が低くなる。

密植すると節間が伸びて草丈が高くなり、茎が細くなる。

④出荷形態と栽培法

出荷形態には3種類あり、これに応じて移植や直播き、栽植密度を決める。

一つ目は、枝に葉をつけたまま数株を束ねる「束出荷」である。側枝が少なく、節間が短く、主枝が太すぎない草姿がよく、栽培上は密植と移植を行なう。二つ目は「切り枝出荷」で、莢に枝を2〜3cmつけて袋に詰めて販売するもので、枝を切る力が少なくて済むように、枝を細めにつくるため移植を行なう。

莢をもいで鮮度保持袋などに入れて出荷するのが「もぎ出荷」である。枝の太さや節間などを気にしないので、直まき栽培でもよく、旺盛に生育させて多収をめざす。

(3) 品種

エダマメは地方品種が豊富で、食味や子実の色、早晩性の違ういろいろな品種がある（表2）。子実の色は成熟すると黄白、茶、黒、緑色になるものがあるが、未熟莢では緑から暗緑色である。莢の毛（毛茸《もうじ》）の色は白、茶、黒がある。

品種は、花芽分化に対する温度と日長の影響で、夏ダイズ型、秋ダイズ型、その中間型に大別される。夏ダイズ型は、主に15℃以上の温度で、秋ダイズ型は短日で花芽分化する。エダマメは、日長の影響を受けない夏ダイズ型の早生種と中間型の中生種が多く、冬から夏まで播種期の幅が広い。

秋ダイズ型は、ダイズ用の中晩生〜晩生種をエダマメとして利用するようになったものが多い。秋ダイズ型品種は播種適期の幅が狭く、短日に向かう6月から7月に播種して9月から11月に収穫する作型で利用する。春に播種すると木ボケになって莢つきが不良になるので注意する。

（執筆：川城英夫）

トンネル・露地栽培

1 この作型の特徴と導入

(1) 作型の特徴と導入の注意点

①トンネル栽培

トンネル栽培では、トンネル内の温度を維持できるように、播種時期に応じて、ビニール、ユーラックカンキ、ベタロン、不織布などを使い分ける。

近年、春先の急激な温度上昇が多いため、日中は30℃を超えないように適宜換気を行ない、適温の維持に努める。トンネル被覆の除去は、晩霜の被害を受けなくなる時期である。

出荷は6月上旬〜7月上旬になるので、市場相場は比較的安定している。

②露地栽培

露地栽培では、早い時期の播種ではマルチなどで地温を維持し、発芽促進を行なう。また、発芽直後の鳥害防止のために、発芽が揃うまでは不織布のベタがけを行なう。

出荷は7月中旬～8月下旬になり、東北地方、中山間地域の出荷時期と重なるので、市場相場は下落しやすい。

図2　エダマメのトンネル・露地栽培　栽培暦例

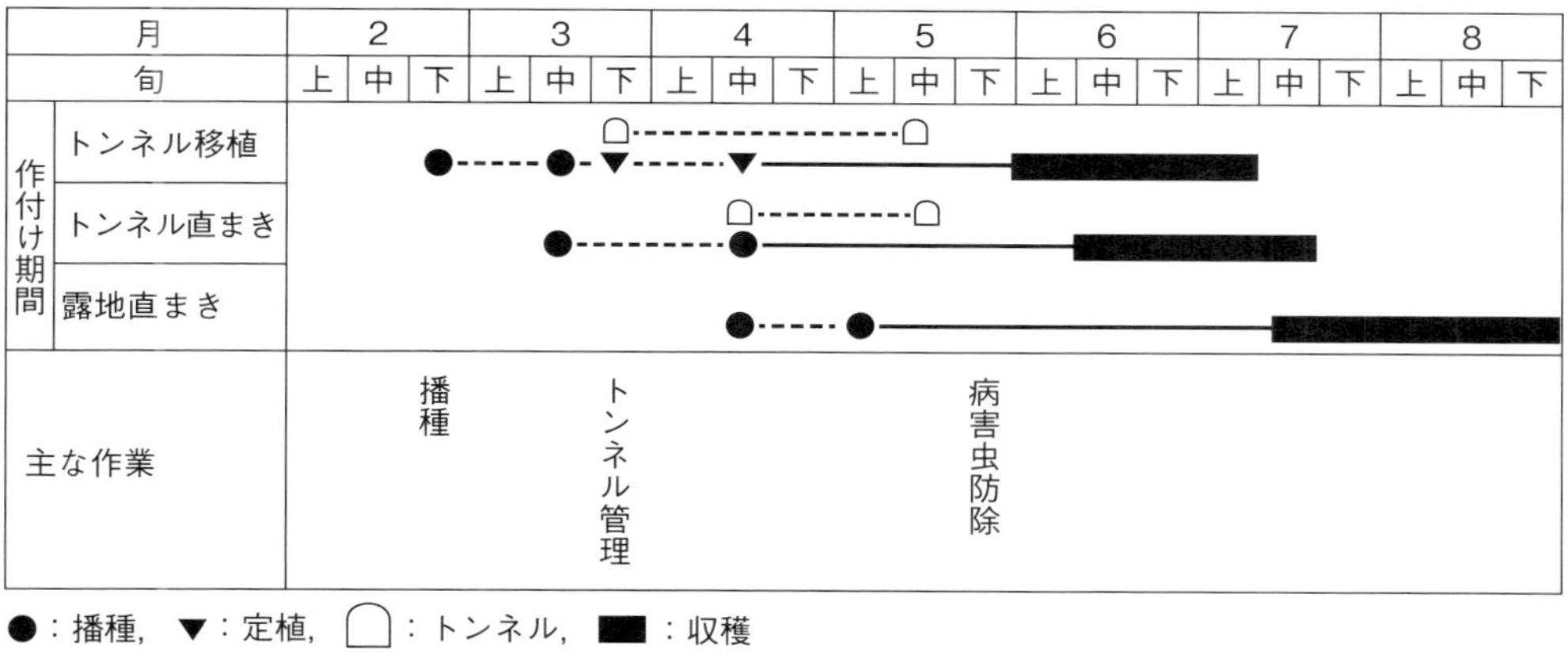

(2) 他の野菜・作物との組合せ方

エダマメ収穫後、播種や移植栽培が可能な秋冬野菜（キャベツ、ブロッコリー、ホウレンソウ、コマツナなど）と組み合わせる例が多い。

近年、エダマメ根部に寄生するダイズシストセンチュウ被害が顕在化し、大きな減収要因になっている。発生圃場では、緑肥作物（クロタラリア、クローバーなど）やエダマメ以外の作物と輪作し、数年間はエダマメの作付けを避ける必要がある。輪作できない場合は、土壌消毒や殺線虫剤の処理が必須である。

2 栽培のおさえどころ

(1) どこで失敗しやすいか

播種後、種子が急激に吸水すると発芽障害を起こすため、ゆっくり吸水させる。

肥料を多く施用し、土壌が窒素過多の状態で栽培すると過繁茂になり、着莢不良になることがある。土壌分析にもとづいて、適正量を元肥として施用する。

トンネル栽培は、開花前後の温度管理が収量に大きく影響するため、10℃以下の低温や30℃以上の高温にならないよう、温度管理には十分注意する。

露地栽培で、マルチやベタがけをしない作型は、播種直後に登録のある除草剤を土壌処理して、雑草の繁茂を防ぐ。

(2) おいしく安全につくるためのポイント

①おいしいくつくるための注意点

栽培～収穫まで　①適正な土つくり、②開花最盛期と収穫10日前ごろに追肥し、草勢を維持する、③収穫は温度の低い時間帯（早朝または夕方）に行なう、④品種ごとの収穫適期を遵守する。

収穫～出荷まで　①収穫後は莢を傷つけないようにきれいな水でていねいに洗い、水切りをしっかりと行なう、②袋詰めの前までに、エダマメをしっかりと冷やす。③出荷までは冷やした状態を保つ。

②安全につくるための注意点

①輪作を行ない土壌病害虫の被害を回避す

表3　トンネル栽培，露地栽培に適した主要品種の特性（群馬県南部）

品種名	販売元	食味タイプ	適する作型	特性
初だるま	カネコ種苗	レギュラー	トンネル 露地	低温着莢性に優れる。とくにトンネル栽培の早出しで優位性を発揮する。露地栽培では収穫適期が長く，在圃性に優れる
福だるま		レギュラー	トンネル	低温着莢性に優れる。移植栽培にて早生性や莢品質などの優位性が発揮される。直播きでは徒長しやすい傾向にある
湯上がり娘		茶豆風味	トンネル 露地	良食味品種。トンネル栽培では草勢が強くなりすぎるため注意。根張りが強く，枝折れしやすいので，機械収穫にはやや不適
神風香	雪印種苗	茶豆風味	トンネル	低温期でも着莢良好。徒長しにくく，コンパクトな草姿でトンネル栽培に適する。大莢で3粒莢が多い。密植気味な管理に向く
夏風香		茶豆風味	露地	枝が開かないので，機械適性に優れ作業性が良好。早播きでは徒長しやすいため倒伏に注意する。濃緑大莢

る、②農薬の使用回数を減らすために病害虫の早期発見、早期防除に努める、③農薬の使用基準を厳守する。

(3) 品種の選び方

栽培方法に応じて品種を選定する（表3）。トンネル栽培では低温でも安定して着莢し、徒長しにくい品種が好まれる。露地栽培では、近年ハーベスターなどによる機械収穫が増えているため、軸折れや枝折れがしにくく、収穫ロスが出にくい品種が好まれる。

また、エダマメは食味も重要であるため、良食味品種が求められる。

3 栽培の手順

(1) 育苗のやり方

①育苗床、播種の準備

トンネル栽培の場合、移植栽培が基本になる。育苗はハウス内やトンネルで、地床、育苗箱、セルトレイ（例：128穴）などを利用して行なう。

地床で厚播きすると、苗が徒長しやすいため注意する。播種量は品種や栽植密度などを考慮して決定する。

早播きの場合、温度確保のために、播種前に地床や育苗箱、セルトレイ内の培土へ十分灌水し、ビニールなどを被覆して、あらかじめ温度を確保する。

②播種

播種の適期は、平坦地のトンネル移植栽培では2月中旬～3月中旬、トンネル直まき栽培では3月中旬～4月中旬、露地では4月中旬以降である。

保温のために被覆した資材を取り除いて、3cm間隔に種子を均一にバラ播き、1～2cm覆土して、再度マルチをベタがけしておく。播種前の種子の浸水や覆土後の灌水は、種子の腐敗の原因になるので行なわない。

播種後は必要に応じてトンネル資材を被覆し、適温を保つ。

③播種後の管理

発芽適温は25～30℃である。播種後28℃で管理すると、4日で発芽する。種子が床土を持ち上げた時点で、マルチを除去し灌水する。

発芽後の温度管理は、日中25℃、夜間15℃、最低10℃を目標にする。子葉展開後の

表4　トンネル・露地栽培のポイント

	技術目標とポイント	技術内容
品種選定	◎品種選定 ・播種期に応じた品種を選ぶ	・品種特性に応じて，適期播種や適正な栽植密度を決定する
圃場準備	◎圃場の選定と土つくり ・圃場の選定 ・土つくり ◎施肥基準 （窒素過多による茎葉の過繁茂に注意） ◎マルチ被覆	・ダイズシストセンチュウによる被害防止のために連作は避ける ・完熟堆肥を1～2t/10a程度施用 ・土壌分析にもとづく土壌改良剤（pH6～6.5を目標）や元肥の施用 ・標準の窒素施用量は，早生種で5～8kg/10a，中生種で3～4kg/10a ・直播きでは，窒素量を2割程度減らす ・マルチは降雨を待ってから，定植の7日前までに被覆し，地温を上げておく
育苗方法（移植栽培）	◎播種時期 （早播きの場合は，ハウス内またはトンネル内育苗） ◎健苗育成 ・温度管理の徹底 ・水管理	・早播きの場合，温度確保のために播種前に地床や育苗箱，セルトレイ内の培土へ十分灌水し，ビニールなどを被覆して保温する ・ハウス内やトンネル内が適温を維持できるように管理を徹底する ・播種後は25～28℃を目安に管理し，発芽を揃える。発芽後，日中は25℃，夜間は最低10℃を保つ ・子葉展開後の灌水は，節間が伸びやすいので控えめにする
定植方法（移植栽培）	◎栽培方法に合わせた栽植密度 ◎適期定植 ◎順調な活着の確保	・早生種は中生種よりも栽植密度を高める ・初生葉の展開期が定植適期（低温期で播種後25日前後，高温期で播種後15日前後が目安）になる ・苗が老化しないうちに定植する
定植後（移植栽培）及び播種後（直まき栽培）の管理	◎早まきトンネル栽培での適正な温度管理 ◎適正な生育と草勢維持 ◎中耕 ◎灌水 ◎病害虫防除	・トンネル栽培では日中25℃で換気し，夜間は最低10℃を保つ。開花前後の10日間は最低夜温を15℃前後とし，やや高めの管理とする ・無マルチ栽培では，茎葉の生育状況をみながら，開花後に追肥を行なう ・露地の無マルチ栽培は，本葉3枚と6枚の時期に除草をかねて中耕する ・開花期から莢肥大期に灌水するのが望ましい ・病害虫防除は早期発見，早期防除が基本。開花盛期に薬剤散布をすると薬害が発生する可能性があるので注意する
収穫	◎適期収穫	・開花後35～40日を目安に莢が退色しないうちに収穫する ・高温時の収穫は品質低下（莢の黄化，食味低下など）を助長するため，莢温の上がらない早朝に収穫する

灌水は、節間が伸びやすいので控えめとする。

(2) 定植のやり方

①定植準備

本圃へ定植1カ月前に完熟堆肥、2週間前に土壌改良剤を施用し、ていねいに耕うんする。

肥料は、窒素過多にすると過繁茂になり、着莢や実入りが悪くなるので、前作の残肥を考慮して適正量を施す。元肥は、一般的には10a当たり窒素成分で5～8kg程度、中生種では3～4kg程度とする（表5）。なお、直播きの場合は徒長しやすいので、移植栽培より2割程度減らす。

マルチは降雨を待ってから、定植の7日前までに被覆し、地温を上げておく。

②定植方法と栽植様式

初生葉の展開期が定植適期（低温期で播種後25日前後、高温期で播種後15日前後が目安）になる（図3）。苗取りは、あらかじめ育苗床に灌水しておき、根を切らないように注意する。苗が老化しないうちに定植することが重要である。

トンネル栽培は、3条植えの場合ベッド幅

110cm、株間24～27cm、条間40cm、通路幅60cm（使用マルチは3324か3327）、2条植えの場合ベッド幅75cm、株間24～27cm、条間45cm、通路幅60cm（使用マルチは9224か9227）とする（図4）。

露地栽培では株間20～30cm、条間60cmの1条植えにする。基本的には、低温で株の生育が進みにくい早生種では、栽植密度を高めて収量を確保する。

(3) 直まき栽培

栽植様式は移植栽培に準ずる。

直播きの場合は、1穴に1粒播種し、1～2cm程度覆土する。初期の病害虫防除のために、播種前の種子に農薬の塗抹処理をすることが望ましい。

トンネル栽培、露地栽培ともに発芽揃いをよくするには、播種後に不織布（パオパオなど）をベタがけするとよい。露地の場合、鳥害を防ぐ意味もある。

また、露地栽培では、播種直後に登録のある除草剤を土壌処理し、初期の雑草繁茂を防ぐ。なお、除草剤処理は、トンネル栽培やマルチ栽培では薬害が発生しやすいので注意する。

図3　定植適期の苗

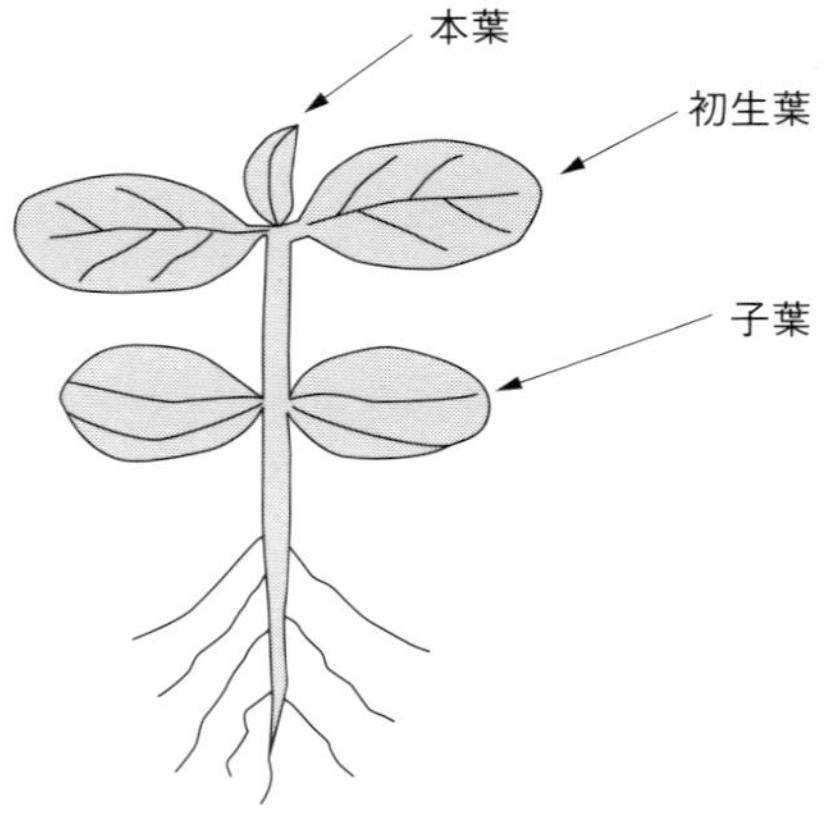

表5　施肥例（早生種）　（単位：kg/10a）

	肥料名	施肥量	成分量		
			窒素	リン酸	カリ
元肥	堆肥	1,000～2,000			
	苦土石灰	120			
	BM熔燐	40		8.0	
	高度化成40号	100	5.0	15.0	15.0
追肥	NK17	20	3.4		3.2
施肥成分量			8.4	23.0	18.2

注）堆肥の投入量，播種時期，品種に応じて化成肥料（窒素成分）を調整する

図4　栽植様式

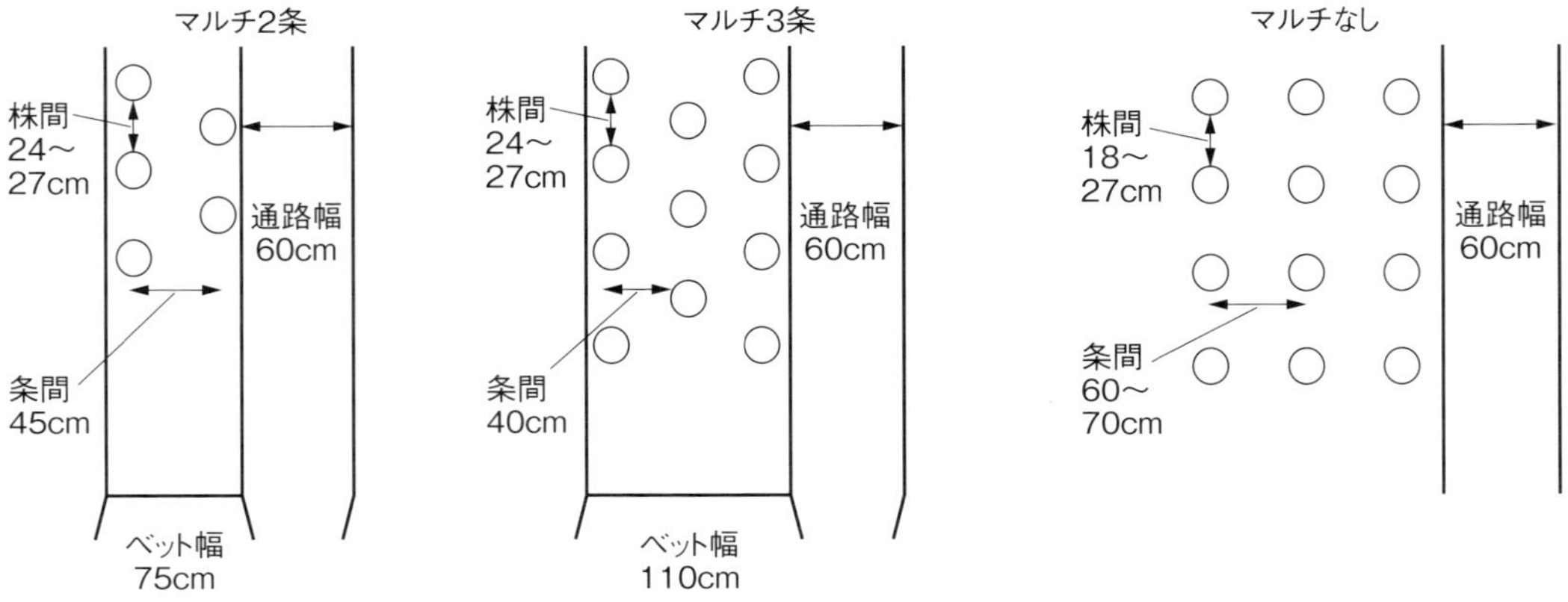

使用マルチ	マルチ幅	条間	株間
9224	95cm	45cm	24cm
9227			27cm

使用マルチ	マルチ幅	条間	株間
3324	135cm	40cm	24cm
3327			27cm

(4) 定植（直播き）後の管理

①温度管理

3月中旬以前に定植する場合は、ユーラックカンキ3号か4号とビニールで二重トンネル被覆し、定植時に不織布（パオパオなど）をベタがけする（表6）。

3月中旬以降に定植（直播き）する場合は、ユーラックカンキ3号か4号と不織布（パオパオなど）による二重トンネル被覆とする。

トンネル栽培では日中25℃で換気し、夜間は最低気温10℃を保つ。開花中の温度は収量に影響するので、10℃以下の低温や30℃以上の高温にならないように、温度管理にはとくに注意する。開花前後の10日間は、最低夜温をやや高めて、15℃前後に保つと結実がよい。

気温の上昇に応じて、徐々に換気を多くしていく。そして、晩霜の心配がなくなったら、風のない日に被覆資材を除去する。しかし、被覆資材を開花中や開花直後に除去すると、低温や風害による着莢不良を引き起こす可能性があるので、着莢を確認してから行なう。

②灌水、追肥

開花時から子実肥大期に乾燥すると、生育や着莢が悪くなるので、乾燥が続く場合は、通路に灌水できると理想的である。

また、開花時から子実肥大期に肥料切れすると、子実の肥大が悪くなり、莢色が低下する。そのため、無マルチ栽培の場合は、茎葉の生育状況や葉色、莢の肥大状況などを考慮し、速効性肥料を若干追肥する。

③中耕・培土

露地の無マルチ栽培では、根群域の確保、倒伏防止、雑草対策のために、本葉3枚時と6枚時の2回、除草をかねて軽く中耕・培土する。なお、開花期の中耕は、根傷みによって着莢に影響を与えるので行なわない。

(5) 収穫・調製

収穫時の莢の色を保つために、収穫5～10日前に窒素主体の葉面散布を実施する。

開花後35～40日を目安に、莢が退色しないうちに収穫する。収穫適期が短いので収穫はやや若どりで始め、品温の低い早朝に行なう。品種によって収穫適期が違うので注意する。

露地栽培では収穫機を導入し、大規模面積

表6　トンネル被覆資材の使用例

時期	トンネル被覆資材
2月下旬～3月上旬	ビニール（外）＋ユーラックカンキ3号または4号（内）の二重被覆＋定植時に不織布（パオパオなど）をベタがけ
3月中旬～4月上中旬	ユーラックカンキ3号か4号＋不織布（パオパオなど）の二重被覆
4月中下旬	ユーラックカンキ3号か4号の一重被覆

図5　トンネル栽培の様子

で栽培を行なう生産者も増えている。収穫後の選別、袋詰めなどの作業も機械化が進み、栽培面積や経営体で導入機械は違うが、省力化が図られている。①収穫機で株ごと引き抜き、②脱莢機で株から莢をもぎ取り、③洗浄機と脱水機を通過させ、④選別機と複数人の手による選別を経て、⑤袋詰めまで機械を活用している事例もある。

4 病害虫防除

(1) 基本になる防除方法

ダイズシストセンチュウの対策は、連作を避けるとともに、過去に発病した圃場に作付けする場合は、土壌消毒や播種、定植前に粒剤を処理する。

播種前に乾燥種子へ登録薬剤の塗抹処理を行なうと、生育初期の病害虫防除につながる。

べと病、アブラムシ類がウイルス媒介するモザイク病、ダイズサヤタマバエ、シロイチモジマダラメイガ、マメシンクイガ、カメムシ類、ハダニ類による莢の食害を防ぐには、開花初めから10～14日後の防除適期に、登録薬剤を散布する。開花盛期の薬剤散布は、薬害発生リスクがあるので注意する。

収穫期が高温多湿になる作型では、べと病によって、莢の表面に細かい斑点状のシミが密集して発生することがある。夏場に天候不順が続く年には、登録薬剤を散布し、予防を行なう。

図6　収穫機による収穫の様子

(2) 農薬を使わない工夫

①エダマメを連作するとダイズシストセンチュウが発生するので、緑肥作物（クロタラリアなど）と輪作を行なう。

②圃場周辺に雑草が繁茂していると、病害虫の被害が発生しやすいので、草刈りなどを定期的に行ない除草に努める。

図7　選別機を利用した選別

表7　病害虫防除の方法

	病害虫名	防除法	参考事項
病気	べと病	播種前，生育期間 ・連作や密植を避ける ・被害茎葉は集めて処分する ・莢にも被害が発生することがあるため，梅雨入り後に開花する作型では，開花前後に適用薬剤を散布する	・はじめ葉の表面に黄色の小斑点があらわれる。病斑はしだいに大きくなり，葉裏に汚白色のカビを生じる ・梅雨や秋雨などの湿度が高い時期に発病が多い ・主に葉に発生するが，莢表面・内部でも発生する ・莢表面では黄化症状や微細な斑点が生じ，梅雨時期など曇雨天が続くと多発する
	モザイク病	播種前，生育期間 ・健全種子を用いる 生育期 ・幼苗期からアブラムシ類を防除する	
害虫	ダイズサヤタマバエ	播種前 ・完熟堆肥を施用し，未熟堆肥の施用は避ける 生育期 ・圃場周辺の除草をする ・開花終期～莢伸長期に適用薬剤を散布する	・幼虫が莢内子実に寄生し，莢の発育を止める ・夏期高温の年に被害が多い
	チョウ目害虫（シロイチモジマダラメイガ，マメシンクイガなど）	生育期 ・圃場周辺の除草をする ・莢伸長期～子実肥大初期に適用薬剤を散布する	・シロイチモジマダラメイガ，マメシンクイガの幼虫は子実のみ食害し，ダイズサヤムシガの幼虫は莢と子実を食害し，莢が黒変する
	カメムシ類	生育期 ・圃場周辺の除草をする ・結実期～子実肥大中期に適用薬剤を散布する	・葉や茎に外傷がないため被害が目立たないが，莢や子実が吸汁加害される
	ハダニ類	生育期 ・圃場周辺の除草をする ・多発すると抑制がむずかしいので，発生初期に適用薬剤を散布する	・葉を吸汁し，被害を受けた葉はカスリ状に退色する。多発すると生育が悪くなり，莢を吸汁し斑点状の被害を生じさせることもある
	ダイズシストセンチュウ	播種前 ・連作を避ける ・土壌消毒を行なう ・使用した農機具はよく洗浄し，付着土壌を落とす	・対抗植物であるクロタラリアやクローバーを栽培すると，線虫の卵は孵化するが寄生できず死滅するため，線虫の増殖を抑制する

5　経営的特徴

トンネル・普通・平坦地栽培の経営指標は表8のとおりである。エダマメは収穫適期が短いので、収穫適期をのがさないように注意する。

（執筆：畑　昌和）

表8　トンネル・普通・平坦地栽培の経営指標

項目	
収量（kg/10a） 単価（円 /kg） 粗収入（円 /10a）	600 995 597,000
経営費（円 /10a） 所得（円 /10a）	300,000 297,000
所得率（%）	49.8
単位当たり生産量（円 /kg）	1,182
所得（円 / 時間）	1,089
労働時間（時間 /10a）	315

注）令和2（2020）年3月作成,群馬県農業経営指標より引用

茶豆栽培

近年は、ダイズシストセンチュウ対策として、緑肥の作付けもみられる。

1　この作型の特徴と導入

(1) 作型の特徴と導入の注意点

山形県庄内地方や新潟県新潟市近辺では、在来品種（系統）として、農家によって長い間、選抜と自家採種が行なわれてきた。現在も、基本的には自家採種によって栽培されている。

一般的に茶豆の品種は、他の品種よりも収量が低いものの、食味がよく、莢の毛茸は茶色で、2粒莢が多い。品種を組み合わせることによって、7月下旬〜9月中旬まで収穫が可能である。

今回は、主に山形県庄内地方の事例を紹介する。

(2) 他の野菜・作物との組合せ方

現地では早生品種の後作として、キャベツやカブが栽培されている場合もある。しかし

図8　茶豆栽培　栽培暦例

月		4			5			6			7			8			9		
旬		上	中	下	上	中	下	上	中	下	上	中	下	上	中	下	上	中	下
作付け期間	早生品種		●	●▼		▼							■	■					
	中晩生品種				●	●	▼		▼						■	■	■	■	
主な作業			播種、定植準備	定植	中耕・培土、追肥	中耕・培土	中耕・培土、追肥	灌水	病害虫防除				収穫						

●：播種，▼：定植，■：収穫

2　栽培のおさえどころ

(1) どこで失敗しやすいか

品種ごとの適正な播種時期があり、極端に早播きしたり、肥料が多すぎると蔓化《まんか》し、倒伏や着莢不良が発生するので注意する。また、排水不良の圃場では、発芽不良や生育不良になるので注意する。

収穫のタイミングをのがすと、食味が低下

図9　収穫した茶豆

するので、適期収穫を心がける。

(2) おいしく安全につくるためのポイント

おいしくつくるには、適正な土つくりや施肥、適期収穫を行なうことが重要である。

とくに、有機質肥料を用いて栽培すると、化学肥料のみを用いた場合より、食味が向上する傾向がある。

表9　茶豆栽培に適した主要品種の特性

品種名	販売元	特性
庄内1号	山形県庄内地域種苗会社	4月中旬から播種し，4月下旬から定植，8月上旬から収穫する，食味のよい品種。花色は白。2粒莢が多い。肥料に対する反応がやや鈍い
庄内3号		5月上旬から播種し，5月中旬から定植，8月下旬に収穫する，食味のよい品種。花色は白。莢はやや小ぶりで実が大きく，2粒莢が多い。多肥で倒伏や蔓化の恐れがある
庄内5号		5月下旬から播種し，6月上中旬から定植，8月末ごろから収穫する，食味のよい品種。花色は紫。莢はやや大きく，2粒莢が多い。多肥で倒伏や蔓化の恐れがある

(3) 品種の選び方

品種の早晩性と出荷期間を組み合わせて選定する。ただし、そもそも選択できる品種が限られているため、現地では出荷期間ごとに1~2品種を選定している（表9）。

3 栽培の手順

(1) 育苗のやり方

① 播種床（温床）と播種の準備

パイプハウス内に設置した、播種床で育苗する。とくに、低温期は温床を設置する。

播種床（温床）は、本畑10a分（約5000株育苗）として、約7・2㎡準備する。温床の場合、事前に電熱線の通電やサーモスタットの点検を行なう。温床は、あらかじめ温度を25~28℃に上げ、灌水しておく。

晴天時にはパイプハウス内が高温になるため、遮光資材も用意する。

播種は、基本的に128穴か200穴セルトレイに行なう。市販の育苗培土をセルトレイの深さの9割程度に詰め、播種の1~2日前に十分に灌水し、温床（播種床）に置いて保温しておく。

② 播種

播種の適期は、早生品種で4月中旬~5月上旬、中晩生品種で5月上旬~6月中旬である。保温しておいたセルトレイに、種子を1~2粒ずつ入れ、少し押し込み、1㎝になるように覆土した後で鎮圧し、軽く灌水する。

その後、パイプハウス内の温床に並べ、乾燥しないように新聞紙などで覆う。

図10　育苗方法（例）

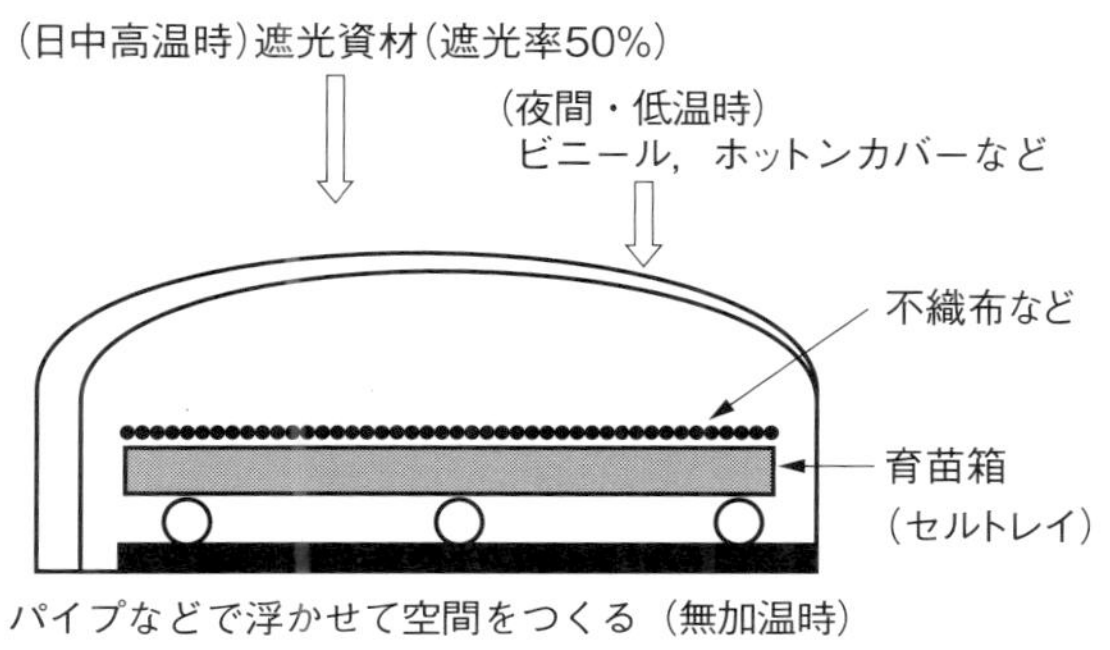

表10　茶豆栽培のポイント

	技術目標とポイント	技術内容
品種選定	◎品種選定 ・播種期，収穫期に応じた品種を選ぶ	・茶豆は収穫適期が２～３日と短いため，品種の早晩性を考えて選定する
定植準備	◎圃場の選定と土つくり ・圃場の選定 ・土つくり ◎施肥基準	・線虫害が発生しないように連作を避けるのが望ましい ・排水不良圃場では生育が停滞するため，排水性のよい圃場を選定する ・pH6 ～ 6.5 を目標に，苦土石灰などの土壌改良剤を施用する ・堆肥は土の状態や肥料分によって施用量を調整する ・標準的な窒素施用量は，10a 当たり３～ 5kg。早生品種はやや多め，晩生品種はやや少なめの施肥量とする
育苗方法	◎播種準備 ・パイプハウス内で育苗 ◎健苗育成 ・温度管理の徹底 ・水管理	・播種床で育苗し，低温期は温床を設置する。高温時には遮光資材を使用する ・発芽までは日中 25 ～ 28℃，夜間 15℃とし，発芽を一斉にさせる。発芽後は日中 20 ～ 25℃，夜間 15℃とする ・午前中に灌水し，夕方にはやや乾くようにする
定植方法	◎品種の早晩性に合わせた栽植密度 ◎適期定植 ◎順調な活着の確保	・早生種は中晩生種より若干密植とするが，多くの光を好むため，適度な栽植距離を保つ ・初生葉の展開始め～展開時が定植適期（適正な育苗管理で，播種から 10 ～ 14 日程度） ・適正な土壌砕土率や水分条件のときに定植する
定植後の管理	◎適正な生育と草勢維持 ・追肥 ◎中耕・培土 ◎灌水 ◎病害虫防除	・有機質肥料を追肥し，根粒菌の着生や草勢の維持を図る ・第 1，第 3，第 5 本葉期に除草をかねて中耕・培土する ・開花期～莢肥大期にかけて土壌が乾燥している場合は灌水を行なう ・病害虫防除は早期発見，早期防除を基本とし，とくに開花期以降に注意する
収穫	◎適期収穫	・２粒莢の平均的な厚さが 8mm 程度になったころが収穫適期 ・開花後 35 ～ 40 日を目安に，莢が黄化しないうちに収穫する

③播種後の管理

発芽までの目標温度は、日中25～28℃、夜間15℃である。適温が保たれていれば3～4日で出芽する。種子が床土を持ち上げたら、すみやかに被覆資材を除去する。

その後は、日中20～25℃、夜間15℃を目標に管理し、定植の3～5日前から徐々に外気温にならしていく。灌水は、午前中に行ない、夕方にはやや乾くようにする。

育苗期間は10～14日程度が目安である。

(2) 定植と直播きのやり方

①定植準備

定植または直播きの約14日前に、完熟堆肥や土つくり肥料などを施用する。元肥は、地力や品種の早晩生に応じて、窒素成分で10a当たり3～5kg程度施用する（表11）。早生品種はやや多め、晩生品種はやや少なめの施肥量とする。

②定植方法と栽植様式

定植適期苗は、初生葉の展開始めから展開するまでである。老化苗を定植すると、生育不良になるため避ける。

定植は、現地では機械定植が主流であり、定植の深さは、子葉の2～3cm下程度までとする。

直播きの場合は、地温が15℃以上になる時期以降とし、1～2粒播き（2粒播きが多い）で、播種の深さは3cm程度とする。

栽植様式は、ウネ幅90～100cmに、株間20～30cmの1条植えとし、間引きはしない。なお、株間は、品種の早晩生に応じて、早生品種はやや狭め、晩生品種はやや広めにする。

(3) 定植後の管理

①中耕・培土

中耕・培土は、除草や倒伏防止、根量の増加を目的に、基本的に3回以上行なう。培土位置は、1回目が第1本葉展開時に子葉のつけ根まで、2回目が第3本葉期に初生葉のつけ根まで、3回目が第5本葉期に第1本葉のつけ根までとする（図11）。ただし、開花直前の作業は断根などで生育を阻害するため、開花の10日前までに終了する。

②追肥、灌水

追肥は、培土の1回目に窒素主体（窒素成分10a当たり0.5kg程度）と3回目にカリ主体（カリ成分10a当たり10kg程度）の2回施用する。

灌水は、開花から幼莢期（莢長2～3cmごろ）に行なうと効果が高い。目安は、1週間程度降水がなく、圃場の溝の面が白く乾いたときに、ウネ間が濡れる程度に灌水する。時

表11　施肥例（中生種）　（単位：kg/10a）

	肥料名	施肥量	成分量		
			窒素	リン酸	カリ
元肥	完熟堆肥	1,000～2,000			
	苦土石灰	100			
	BMフミン	60		3	
	苦土重焼燐	20		7	
	有機＆エイト	40	3.2	3.2	3.2
追肥	ゴールドコーユ	30	0.75	1.65	0.6
	硫酸加里	20			10
施肥成分量			3.95	14.85	13.8

図11　培土時期と位置（例）

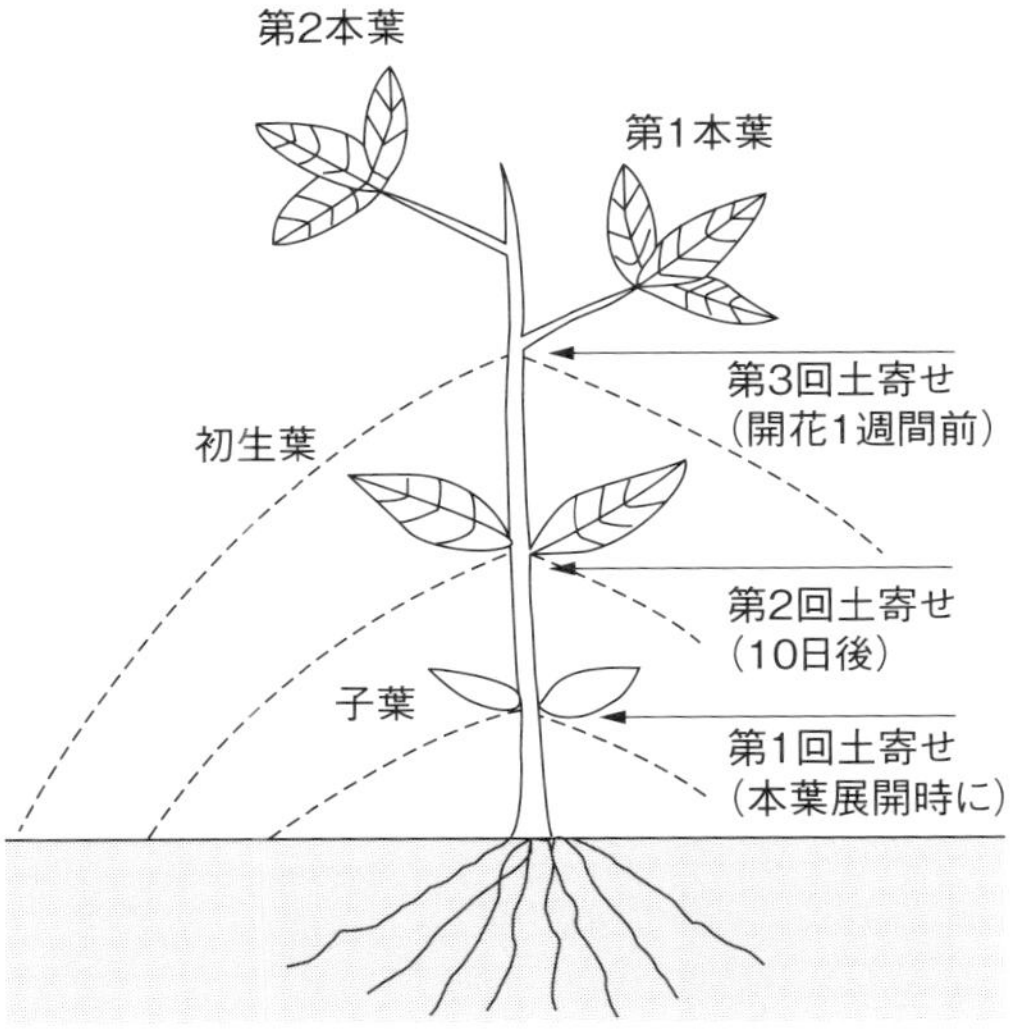

図12　庄内地方での茶豆（だだちゃ豆）の栽培状況

表12　病害虫防除の方法

	病害虫名	防除法
病気	赤かび病	セイビアーフロアブル20を散布する
	べと病	アミスター20フロアブルを散布する
	斑点細菌病	フェスティバルC水和剤を散布する
害虫	フタスジヒメハムシ	トレボン乳剤を散布する
	カメムシ類	スタークル顆粒水溶剤を散布する
	ハダニ類	コロマイト乳剤を散布する
	ダイズシストセンチュウ	輪作や緑肥の作付けを行なう

間帯は、気温や地温の低い朝方に行なうのが望ましい。

(4) 収穫

収穫時期の目安は開花後35～40日とし、2粒莢の平均的な厚さが8㎜程度になったころに行なう。莢が緑色を保っている2～3日間が適期で、適期を過ぎると莢の厚みが増し、莢色の黄化や食味低下につながるので遅れないようにする。

鮮度保持のため、現地では、莢の品温の低い早朝に収穫している。

4 病害虫防除

(1) 基本になる防除方法

病害では赤かび病やべと病、虫害ではフタスジヒメハムシやカメムシ類の発生が多いので、よく観察して早期発見と早期防除に努める（表12）。とくに開花期以降は、収量や品質に直結する可能性が高いため、防除を徹底する。

表13　茶豆栽培の目標経営指標

項目	
収量（kg/10a）	350
単価（円/kg）	715
粗収入（円/10a）	250,250
経営費（円/10a）	163,239
種苗費	1,050
肥料費	23,690
薬剤費	6,440
資材費	4,578
動力光熱費	7,944
農機具費	44,401
施設費	5,482
流通経費（運賃・手数料）	45,854
出荷経費	23,800
農業所得（円/10a）	87,011
労働時間（時間/10a）	85.1

(2) 農薬を使わない工夫

病害は多湿で発生しやすいため、適正な株間を確保して密植を避け、排水対策を徹底する。雑草の繁茂は病害虫発生の要因になるため、適期かつこまめに中耕・培土を行なって雑草を防除する。

5 経営的特徴

茶豆栽培では、収穫以降の作業に多くの労働力がかかる。また、収量が白毛品種より少ないので、品質を高めて単価の向上を図ることが求められる。鮮度が落ちやすいため、予冷庫などの冷却設備の設置が望ましい。

収穫適期が2～3日と短いため、品種を組み合わせて、その期間で収穫できる面積を作付ける。

（執筆：梅津太一）

大粒系黒ダイズ栽培

1 この作型の特徴と導入

(1) 作型の特徴と導入の注意点

エダマメ（大粒系黒ダイズ）栽培は、いわゆる〝丹波黒〟と呼ばれる、子実の百粒重が80gにもなる極大粒の晩生品種を用いる。

露地での栽培期間が6月中旬から10月中旬以降まで長期にわたり、品質面での特徴を満たすためには、一般のダイズ栽培よりも精緻な管理を要する。ウネ間が120〜160cmの1条植え、株間が40〜50cmの超疎植栽培で、株ごとに十分な日照を与えることで莢つきがよくなり、大きな莢（子実）とともに収量も確保できる。

育苗して定植する栽培が多いが、省力や収量性の面から、直まき栽培も増えつつある。

「秋ダイズ」と呼ばれる普通ダイズ品種が栽培されている地域であれば、大粒系黒ダイズの栽培が可能と思われるが、近畿地方の丹波地域と同様の気象条件が適地として望ましい。

エダマメとしての収穫期間は、10月中旬ごろからの2週間程度で、定植期や播種期をずらしても収穫時期の変動幅は小さい。

集荷形態は、莢のみを収穫物とする従来の方法に加えて、枝に莢をつけたまま「枝つき束」として出荷する方法が、産地の直売所やネット販売などで取り組まれている。

図13　エダマメ（大粒系黒ダイズ）栽培　栽培暦例（基本作型）

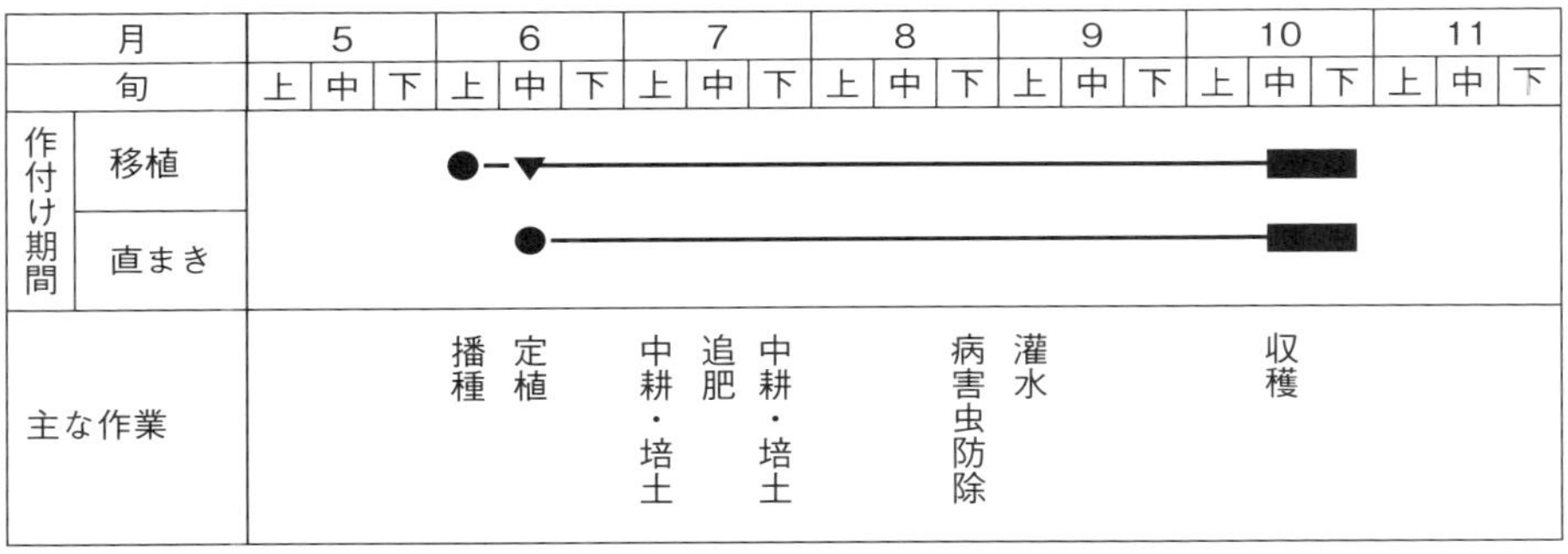

●：播種，▼：定植，■：収穫

図14　収穫期の大粒系黒ダイズ

(1) 他の野菜・作物との組合せ方

主に水田転換畑で栽培されており、栽培期間も長いので、ダイズ単作が多い。ムギ残渣（麦稈）をすき込むと収量性が改善されるため、ムギ作跡でも取り組まれている。

ヘアリーベッチなど、冬の緑肥作物との組合せも徐々に増えている。

2 栽培のおさえどころ

(1) どこで失敗しやすいか

①播種期（直まき栽培）の失敗例

種子の糖含量が高いため、播種した種子が吸水して水分が高まると雑菌が繁殖しやすくなり、発芽力の弱い種子はすぐに腐敗する。

直まき栽培では、種子の粒径が大きいため、播種位置が深いと出芽不良になる。

②育苗期の失敗例

セルトレイを用いた育苗方法では、水分管理と温度管理が不適切な場合、発芽不良になる。トレイに充填する培土の水分に注意する。

③生育期間中の失敗例

土壌の無機態窒素が多いと、主茎や分枝の節間が間伸びし、いわゆる蔓化《まんか》状態になる。

また、開花期以降、土壌水分が適切でないと、着莢不良や、子実の充実不足におちいる。

(2) おいしく安全につくるためのポイント

莢が肥大する期間は適切な土壌水分を保ち、健全に生育させて子実の充実を図る。

害虫の発生時期は、子実収穫用栽培と同様に、フェロモントラップを用いて把握することが可能なので、発生消長にもとづいて適期防除に努める。

立枯性病害が発生しやすいので、排水対策などの耕種的防除や亜リン酸肥料を用いて、作物の抵抗性を高める。

また、輪作やローテーションなどで、病害虫が定着しないように注意する。

3 栽培の手順

(1) 圃場の準備

ダイズは水分要求量が比較的多い作物であり、圃場の土壌水分管理が収量、品質の高位安定にとって非常に重要である。

窒素養分を多量に必要とする作物でもあるが、窒素肥料を多く施用しても蔓化するだけで増収はむずかしい。根粒菌による窒素固定や、堆肥などの施用による窒素肥沃度の向上が増収につながる。

地力の消耗も大きいといわれており、堆肥や緑肥の施用によって地力維持を図るとともに、通気性と保水性をかねた土つくりを実施することが望ましい。

水田転換畑で栽培する場合は、排水性が重要なので、適切な排水対策を実施する。

(2) 育苗と定植のやり方

①育苗床、セルトレイなどの準備

地床育苗は、排水のよい温暖な場所を選び、無肥料で5㎝×5㎝程度の播種密度とする。

表14　大粒系黒ダイズ栽培のポイント

	技術目標とポイント	技術内容
圃場準備	◎圃場の選定と土つくり	
	・圃場選定	・明渠などによる排水対策の徹底が可能で，夏に灌漑水が確保できる圃場が望ましい ・連作は病害虫防除の観点から好ましくない
	・土つくり	・堆肥や緑肥などで土壌肥沃度を高め，土壌酸度がpH6前後になるよう石灰資材で矯正する
	・水分管理	・苗立ちや初期生育を確保するために，土壌湿度の適正な維持に努める
	◎施肥	・定植する栽培では，元肥に窒素肥料を施用して初期生育を確保する
育苗・定植方法（移植栽培）	◎健苗育成	
	・種子準備	・種子の大きさは，百粒重50～60g程度で十分である
	・播種時期	・播種時期は6月10～15日を基準日とする
	・水分管理	・128穴トレイで育苗するときは，適湿な床土をトレイに詰めて種子のへそを下向きに播種し，軽く覆土してから1昼夜ほど乾燥しない場所で保管する。種子が十分に膨らんだのを確認してから，たっぷり灌水して発芽を促す
	◎定植時期	・子葉が展開しかけたら屋外に移し，播種後10日以降，初生葉が完全に展開してから定植する。子葉節まで深く植え付ける
	◎栽植密度	・ウネ間120～160cm，株間40～50cmにして，大ぶりな草姿が得られるようにする
直播方法（直まき栽培）	◎良好な苗立ちの確保	
	・砕土と覆土の厚み	・種子が大きいので，覆土が厚いと出芽不良になる恐れがある。覆土の乾燥程度や砕土程度に留意して播種する
	・播種時期と播種密度	・播種時期は6月15～20日を基準日とする。播種密度はウネ間60～160cm，株間40～60cmにして，従来の移植栽培より栽植密度を高める
	・殺虫殺菌剤の塗布処理	・発芽時に雑菌がつきやすいので，虫害予防も含めて殺虫殺菌剤（クルーザーMAXX）を種子に塗布処理する
圃場管理	◎中耕・培土（土寄せ）	・栽植密度が低く大ぶりな草姿になるので，倒伏や枝折れを防ぐために，本葉2葉期ころから5葉期までに2～3回株基部に土寄せする。高さは，本葉1枚目の葉柄基部以上で，ウネの高さ20cm以上をめざす
	◎追肥	・培土2回目は，化成肥料を株基部付近に施肥してから行なう。また，亜リン酸を培土時に施用すると，立枯性病害軽減効果や着莢数の増加が見込める
	◎適切な土壌水分管理	・開花期以降，土壌水分を適切に管理することで，着莢数の確保，子実の肥大促進効果が得られる。ウネ間灌水で過湿状態が続くと病害を助長する。圃場が広いわりに単位時間当たりの給水量が少ない場合は，日中を避けて，夕刻に2～3日かけて圃場全面にいきわたるようにする（給水量が多ければ1日でもよい）
	◎雑草防除	・ウネ間が広いので，茎葉が繁茂する前に雑草が発生しやすい。ウネ間処理に登録のある適切な除草剤を用いて防除する
	◎病害虫防除	・カメムシ類は，9月初旬（結莢初期）までにスミチオン乳剤，トレボン乳剤などを適期に散布する ・子実害虫やハスモンヨトウは，8月下旬から発生がみられるので，ジアミド系などの殺虫効果の高い薬剤を用いて，防除に努める ・圃場の過湿状態が続くと茎疫病などが発病しやすくなる。とくに，7月中旬までの間に湿害を受けていると発生率が高まるので，以下の点に留意する。①連作を避ける，②できるだけ高ウネにする，③排水対策を徹底する，④発病株は抜き取る
収穫	◎収穫時期	・莢が肥大し，厚さ12mm以上になると収穫適期である。子実表面が，薄い紫色や紅色を示すようになる
	◎収穫物の取扱い	・従来どおりの莢のみの収穫・調製に加えて，鮮度保持を見込んだ，葉と葉柄を茎から取り除き莢だけつけた「枝つき束」調製方法もある

表15　施肥例　（単位：kg/10a）

	肥料名	施肥量	成分量		
			窒素	リン酸	カリ
元肥	堆肥	2,000			
	苦土石灰	100			
	過リン酸石灰	40		12	
追肥	大豆化成	40	2	4.8	4
	NK化成		5.6		5.6
施肥成分量			7.6	16.8	9.6

セルトレイを利用する場合は128穴が一般的で、専用培土を用いることが多い。

②播種

播種時期は6月10～15日を基準日とする。早播きしても、収穫期はほとんど変わらない。種子が大きすぎると出芽に影響するので、百粒重50～60g程度のものを用いるほうがよい。

図15　葉の名称と定植適期の苗

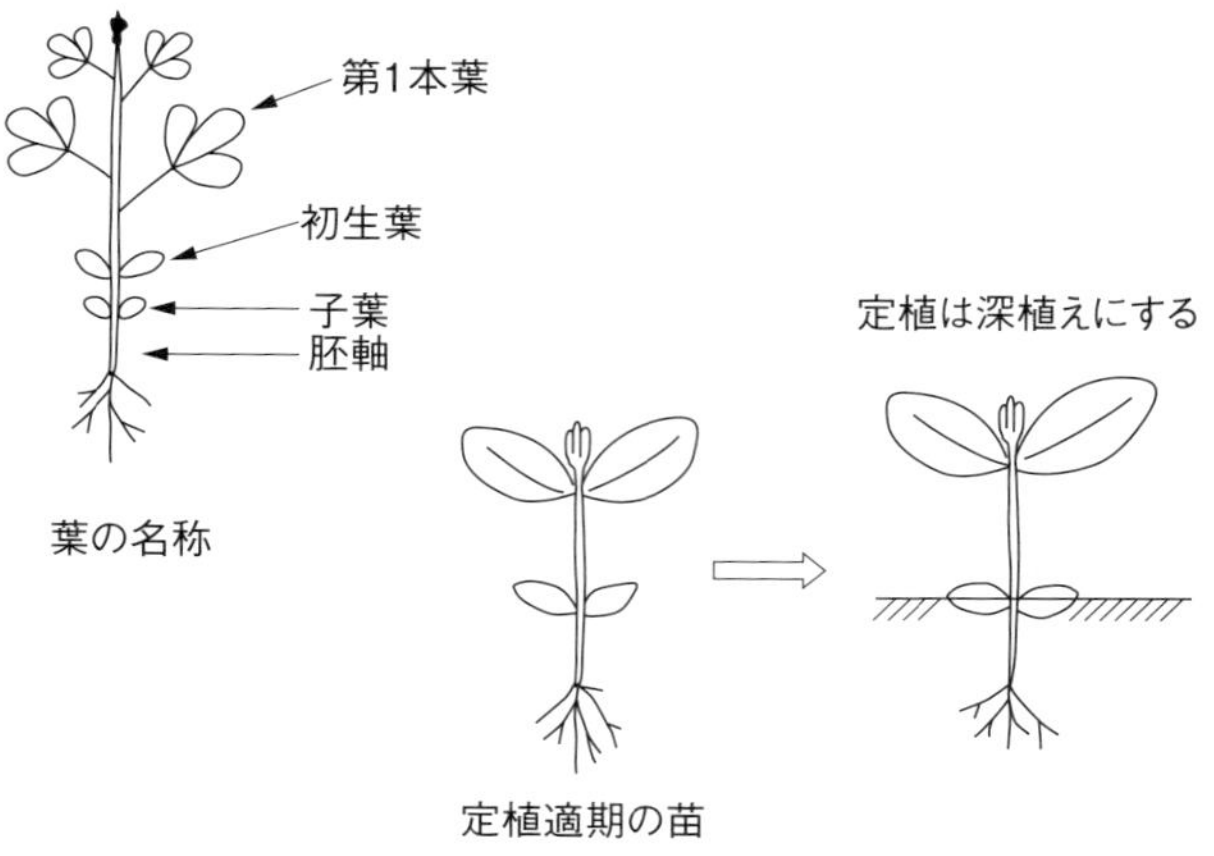

殺虫殺菌剤（クルーザーMAXX）を種子に塗布処理して、雑菌の繁殖を抑える。

セルトレイの場合は、穴あけローラーか穴あけ板で播き穴をあけ、へそを下または横向きにして1粒ずつ播種する。播種後はそのまま軽く覆土し、ビニールなどで被覆して湿った状態を保ち、24時間たってからたっぷりと灌水する。

③播種後の管理

発芽の適温は25～30℃であるが、6月播種では加温する必要はない。播種後3～5日くらいで出芽するので、種子が床土を持ち上げた時点から、乾燥しすぎないように管理する。

子葉が展開しかけたら屋外に移し、播種後10～15日程度、初生葉が展開する定植時期まで育苗する。

④定植方法

地床苗、セルトレイ苗とも、播種後10～15日ころに初生葉が完全に展開するが、その時期が定植適期である（図15）。地床苗の苗とりは、育苗床を適湿状態にして、根を切らないように注意して行なう。

栽植密度は1㎡当たり1・6～1・7株（ウネ間120～160㎝、株間40～50㎝）、1株1本立てで、大ぶりな草姿が得られるようにする。定植の深さは、倒伏防止と不定根発生を促すため、子葉節まで深く埋める。

ハンドプランターなどの補助器具や、野菜苗用半自動移植機を使うと作業が早く進む。

(3) 直播きのやりかた

播種適期は、6月15～20日ころである。圃場は、発芽・苗立ちの確保ために、あらかじめ排水対策をしておく。播種密度は1㎡当たり1・6～2・8株（ウネ間60～160㎝、株間40～60㎝）とし、1株1粒播きとする。

出芽率を高めるために、殺虫殺菌剤（クルーザーMAXX）を塗布処理して播種する。種子が大きいので、覆土は3㎝程度にとどめるが、播種機を用いる場合はとくに注意する。

欠株に備えて、ウネの肩などに補植用を播種しておく。

(4) 定植（播種）後の管理

①中耕・培土

大粒系黒ダイズは栽植密度が低いので、非常に大ぶりな草姿になる。倒伏や枝折れを防ぐために、株基部に土寄せ（培土）する。1回目は第2～3本葉展開期（6月中旬播き、6月下旬植えで、7月上旬〈播種後20日前後〉ころ）、2回目は第4～5本葉展開期（6月中旬播き、6月下旬植えで、7月中旬〈播種後30日前後〉ころ）を目安に実施する。

1回目の土寄せはやや軽く、2回目はより高く行ない、培土が少ないようであれば3回目を行なう。土寄せの程度は、作業の完了時に主茎第1本葉節がかぶるように、ウネ間の谷底からウネ上面まで20㎝以上、30㎝程度まで寄せるのが望ましい。

開花期以降は上根が張ってきて、中耕・培土すると根を傷めるので、開花期前（7月末ころ）までに完了しておく。

②追肥、灌水

２回目の培土の前に、化成肥料を株基部付近に追肥する。このとき、亜リン酸肥料もあわせて施用すると（施用方法は「4 病害虫、雑草防除」の項参照）、立枯性病害軽減効果や着莢数の増加が見込める。

図 16　培土（土寄せ）の例

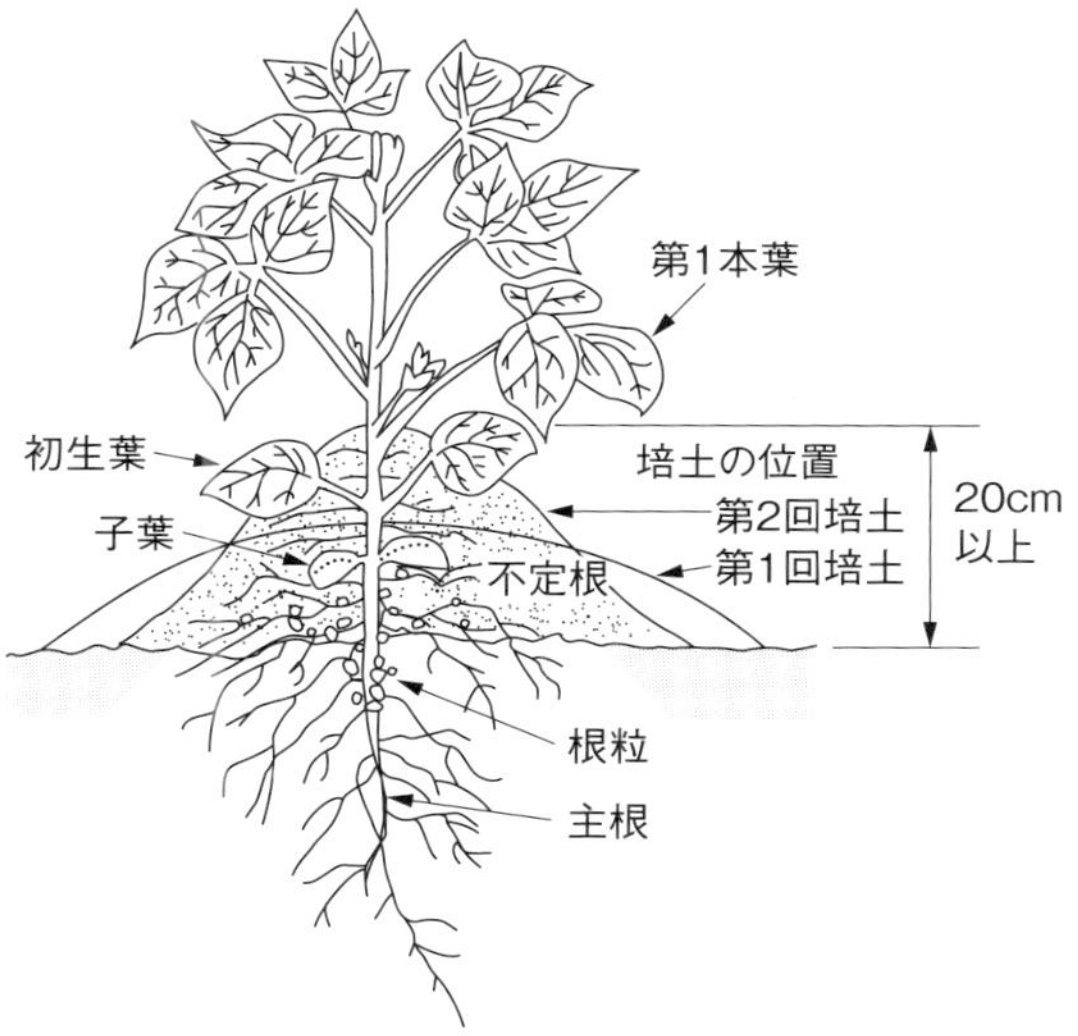

注）出典：『農学基礎セミナー　作物栽培の基礎』農文協

開花期から子実肥大期の乾燥は生育や着莢に影響するので、ウネ間に灌水する。灌水方法は、湿害を避けるために、走り水で、圃場の隅まで水がゆきわたったら、灌水をやめてすみやかに排水する。

単位時間当たりの給水量が少なく、圃場の長辺が50ｍ以上ある場合は、長時間の滞水による湿害のリスクを低減するため、全体の6～7割に水がゆきわたったらいったんやめる。そして、翌日以降に残りの3～4割に灌水する。

なお、日中の暑い時間帯の灌水は根のストレスを高め、立枯性病害発生などのリスクを高めるので避ける。

図 17　エダマメ（大粒系黒ダイズ）の莢の厚さによる
収穫開始適期の判断基準　（廣田ら，2007）

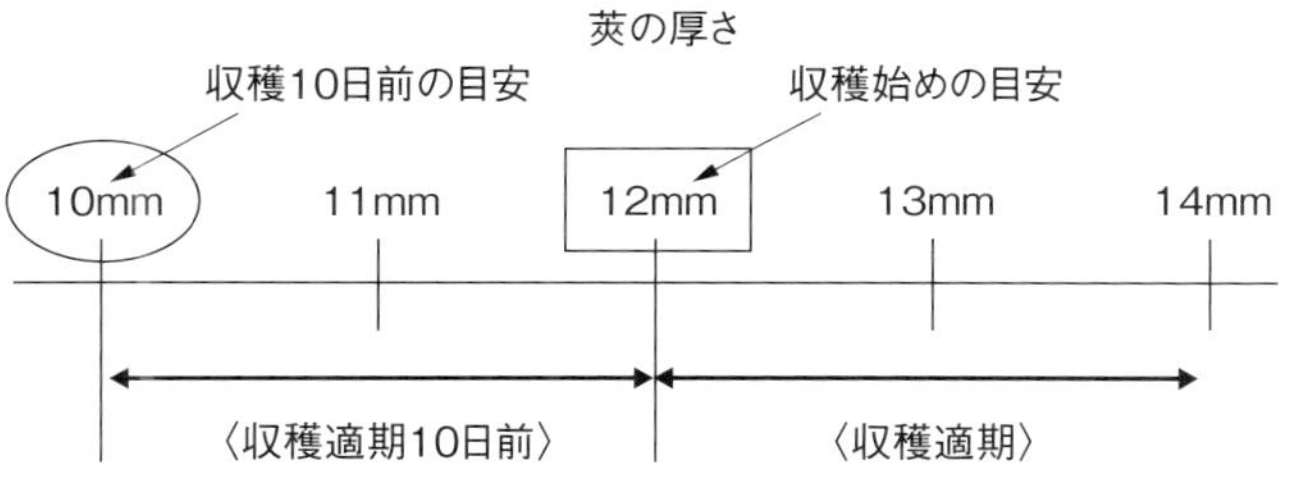

［収穫開始適期の予測式］
収穫開始適期までの日数 ＝（12mm－（測定日の莢の厚さmm））÷ 0.2（mm/日）

(5) 収穫

開花後60日を経過した、10月上旬以降、莢の厚みが12㎜になったら収穫適期である。適期の期間は約2週間である。莢の厚さから収穫適期を予測する、判断基準を図17に示した。これらをめやすに莢が十分に充実したものを収穫する。

出荷形態は、出荷場所や販売方法によってさまざまである。莢のみを出荷する一般的な形態に加えて、葉を取り去って枝に莢をつけたままの「枝つき束」で出荷、販売する形態も多い。

また、これまでは収穫・調製作業がすべて手作業であったが、近年は大型の脱莢機を使用する事例も散見される。

表16　病害虫防除の方法

	病害虫名	防除方法
病気	茎疫病	〈耕種的防除〉 ①連作を避ける，②圃場の排水性を高める，③高ウネで栽培する，④発病株は抜き取る 〈薬剤防除〉 ライメイフロアブル　2,000倍（4回以内）
	黒根腐病	〈耕種的防除〉 ①連作を避ける，②圃場の排水性を高める，③高ウネで栽培する，④発病株は抜き取る 〈薬剤防除〉 クルーザーMAXXの種子塗布処理 シルバキュアフロアブル200倍の株基部散布
	白絹病	〈耕種的防除〉 ①連作を避ける，②粗大有機物の分解促進をはかる，③田畑輪換する
	ウイルス病	〈耕種的防除〉 ①無病種子を用いる，②発病株は抜き取る 〈薬剤防除〉 スミチオン乳剤，トレボン乳剤などでアブラムシ類防除に努める
害虫	ハスモンヨトウ	〈耕種的防除〉 一番高い葉がカスリ状に食害され，幼虫がぎっしり群れでいるのをみつけしだい捕殺する 〈薬剤防除〉 発生初期にジアミド系殺虫剤で防除する
	カメムシ類	8月下旬（開花終期）から9月中旬（莢伸長～子実肥大期）にかけて，スミチオン乳剤，トレボン乳剤などを適期に散布する
	マメシンクイガ	開花後10～30日の子実肥大期にプレバソンフロアブル5，フェニックスフロアブル・顆粒水和剤などで薬剤防除
	ハダニ類	多発してからは薬剤の防除効果が劣るので，高温・乾燥が続くときは早めにコロマイト乳剤などで薬剤散布を実施する
	アブラムシ類	移植時（播種時）土壌混和処理では，スタークル粒剤，ダイアジノン粒剤5などを使用。生育期間中はスミチオン乳剤，トレボン乳剤などを散布する
	コガネムシ類	常発地では7月下旬，ダイアジノン粒剤5を株基部近くに土壌混和する。ヨーバルフロアブルは収穫前日まで使用可能
	ダイズシストセンチュウ	連作を避ける。線虫対策用緑肥を活用する
種子処理	茎疫病，苗立枯病，アブラムシ類，フタスジヒメハムシ，ネキリムシ類	クルーザーMAXXの種子塗布処理

4　病害虫、雑草防除

(1) 基本になる防除方法

子実害虫　カメムシ類やマメシンクイガを中心に、9月初旬（結莢初期）までに対象薬剤を適期に散布する。

ハスモンヨトウ　8月下旬から圃場をよく見て回り、一番高い位置の葉がカスリ状に食害され、幼虫がぎっしり群れでいるのをみつけたら捕殺する。また、子実害虫との同時防除を実施する。ハスモンヨトウやマメシンクイガは、フェロモントラップによる成虫初発時期や莢伸長始期（長さ2～3cmの莢が株全体の40～50%になった日）を目安に、薬剤散布の開始時期を決める。

コガネムシ類　常発地では、7月下旬からダイアジノン粒剤6kgを、株元近くに土壌混和する。

茎疫病、黒根腐病　土壌水分が多いと発病しやすい。とくに、7月中旬までに湿害を受けていると発生しやすい。耕種的防除として、①連作を避ける、②高ウネにする、③排水をよくする、④発病株は抜き取る、などを実施する。

雑草防除　露地栽培でウネ間の広い栽培方法なので、作物による雑草抑制効果が発揮されるまでは、直播き、定植する栽培ともに、適用のある除草剤を活用する。ただし、「ダイズ」で使用可能であっても「エダマメ」では不可という除草剤があるので、「エダマメ」で使用可能な薬剤を選定する。

表17　亜リン酸肥料の施用例

粒状タイプの施用時期と量

	1回目	2回目
施用時期	6月末〜7月初旬	7月中旬
施用量	2kg/10a	2kg/10a

注）土寄せ時に株元散布，1回目にまとめて4kg/10aでも可

液状タイプの施用時期と量

	1回目	2回目
施用時期	粒状と同じ	粒状と同じ
施用量	500倍液　150ℓ/10a	500倍液　150ℓ/10a

注）土寄せ時に株元散布

(2) 農薬を使わない工夫

大粒系黒ダイズのエダマメの主要品種である'丹波黒'系統では、立枯性病害対策として、中耕・培土時の亜リン酸肥料の施用によって、作物体の抵抗力増強による発病抑制に取り組んでいる（表17）。

なお、育苗栽培では、育苗時にセルトレイ1枚当たり、粒状タイプは25g、液状タイプは500倍液1ℓの亜リン酸肥料を施用して、定植後（本田）2回目を省略する施用体系もある。

表18　エダマメ（大粒系黒ダイズ）の莢のみ出荷の経営指標（直売向け）

項目	
収量（kg/10a）	1,000
平均単価（円/kg）	800
販売金額（円/10a）	800,000
経営費（円/10a）	234,000
農業所得（円/10a）	566,000

注）出典：兵庫県「農業新技術百科」

5 経営的特徴

エダマメは収穫適期が短いので、主産地では路面での直売が中心であったが、近年はさまざまな形態での市場出荷も増えている。

従来からの莢のみを出荷する形態に加えて、最近では、葉を取った枝に莢をつけたままの「枝つき束」で出荷・販売する形態もみられる。枝つき束は、エダマメの鮮度保持に有効といわれているが、調製作業には意外と手間がかかる。

表18に示した経営指標は、収穫・調製用の機械類は用いず、直売所での「莢のみ」出荷で算出したものである。市場へ出荷する場合は、出荷規格が収益性を左右する。

産地によっては、オーナー制などによる地域農業と消費者との交流など、付加価値を高めた営農形態もみられる。

（執筆：牛尾昭浩）

ハウス半促成（無加温）・抑制栽培

1 この作型の特徴と導入

(1) 作型の特徴と導入の注意点

エダマメは収穫適期が短いため、収穫・調製作業を考慮して、播種量と作付け面積を決める。

ハウス半促成栽培では、1月下旬～3月上旬に播種し、4～5月に収穫する。この作型では開花期に低温となり、天候も不安定で寒暖差が大きく、温度管理と品種選びが重要になる。また、開花期以後に乾燥すると収量に影響するため、灌水設備が必要である。

ハウス抑制栽培では8月下旬～9月上旬に播種し、10月中旬～11月中旬に収穫する。この作型では、播種時の高温と、開花期以後の低温と日照不足が問題になる。播種が遅くなると、莢数と3粒莢が減少するため、極端な遅播きは避ける。

図18　エダマメのハウス半促成（無加温）・抑制栽培　栽培暦例

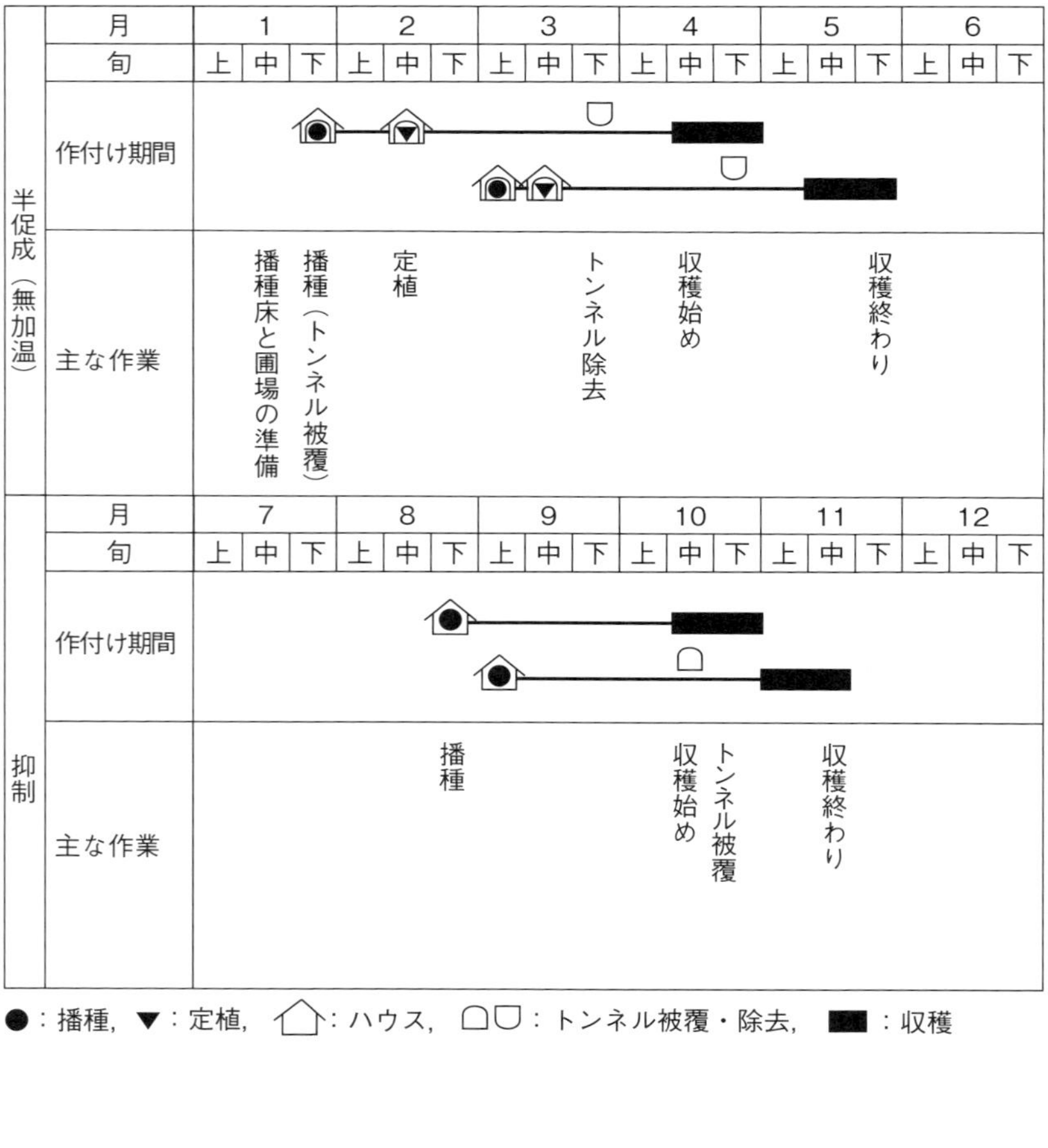

(2) 他の野菜・作物との組合せ方

エダマメは、輪作体系の重要な品目として位置づけられており、コマツナ、レタス、ホウレンソウ、ブロッコリー、ネギなど、葉茎菜との組み合わせが多くみられる。

図19　ハウス栽培

図20　ハウス内トンネル栽培（トンネル開放）

2 栽培のおさえどころ

(1) どこで失敗しやすいか

①育苗期の失敗例

半促成栽培では、乾燥する冬に播種するため、播種後すぐに灌水すると急速な吸水により、子葉に亀裂が入ることがあり、出芽時の子葉脱落や破損の原因になる。また、温度と水分管理にも注意が必要で、低温とともに、トンネルとハウスの密閉による高温にも注意する。

抑制栽培では、夏に播種するため、気温と地温、そして乾燥に注意する必要がある。

②定植後の失敗例

半促成栽培では、生育前半に土壌水分が多いと徒長してしまう。また、開花期前後の低温や乾燥で受精不良になり、莢数と3粒莢の減少につながる。

抑制栽培でも、生育前半の過湿による徒長、開花期前後の高温と乾燥による受精不良に注意する。

(2) おいしく安全につくるためのポイント

健全でおいしいエダマメをつくるには、堆肥投入と深耕で地力を高めること、ビニール洗浄などでハウスの光透過をよくすることが必要である。

病害虫については、サイドや出入り口に防虫ネットを展張して害虫の侵入を防いだり、換気などで病害の発生を抑制する。

(3) 品種の選び方

ハウス半促成・抑制栽培用の品種は、日長の影響を受けにくい、極早生種、早生種、中早生種、中生種を選定する（表19）。次に、良食味であること、莢数と3粒莢が多いこと、耐病性があることなどを目安に選定する。

3 栽培の手順

(1) 育苗のやり方

①低温期の半促成栽培の育苗

温床またはハウス内にトンネルを設置し

て地温を高め、地床や水稲などの育苗箱、200穴または128穴セルトレイを使用して育苗する。

温床育苗　播種期が早い場合や収穫期を早めたい場合は電熱線を地中に埋設して温床にする。育苗床は図21のようにつくる。播種後に灌水しなくてもよいように播種床や床土は播種前に灌水して適度に湿らせておく。

地床育苗の場合の作業手順は、灌水→ロータリー耕→電熱線張り→播種→覆土・鎮圧→

表19　ハウス半促成・抑制栽培に適した主要品種の特性

品種名	販売元	特性
初だるま	カネコ種苗	極早生種で莢数が多い。うどんこ病が発生しやすいため予防が必要
福だるま	カネコ種苗	極早生種で莢数が多く安定している。うどんこ病が発生しやすいため予防が必要
とびきり	サカタのタネ	中早生種で莢数が多く，3粒莢率も高い。うどんこ病が発生しやすいため予防が必要
夏枝	トキタ種苗	早生種。うどんこ病の発生は少ない
おつな姫	サカタのタネ	早生種で茶豆風味。うどんこ病の発生は中程度
陽恵	カネコ種苗	早生種で茶豆風味。うどんこ病の発生は少ない

表20　ハウス半促成（無加温）・抑制栽培のポイント

	技術目標とポイント	技術内容
品種選定	◎以下のことを考慮して品種選定する ・早晩性（極早生種，早生種など） ・形質（白毛種，茶豆風味品種など） ・出荷形態（枝つき束，莢もぎなど）	・早晩性は，種苗会社により区分けが違うので注意が必要。また，この作型の収穫期は5～6月，10～11月になるため，うどんこ病の耐病性をもつ品種が望ましい
定植準備	◎圃場の選定と土つくり ・圃場の選定 ・土つくり ◎施肥基準	・ダイズシストセンチュウや病害を回避するため，連作は避ける ・堆肥を1t/10a施用し，深耕する。苦土石灰と溶リンを施用してpH5～6.5にする ・化学肥料は，前作が多肥栽培の場合は無肥料とする
育苗方法	◎播種準備 ・ハウス内育苗 （地床，育苗箱，セル苗） ・発芽の斉一化 ◎健苗育成	・半促成栽培の場合は，ハウス内トンネルまたはビニールをベタがけし，苗床を設置する。抑制栽培では，高温になるため，覆土を2～3cmと厚くするか寒冷紗で被覆する ・低温乾燥で保管された種子は，急速な吸水で子葉に亀裂が入り，出芽時の子葉脱落や損傷につながる。種子をしばらく湿潤な場所に置くか，床土を適度な水分状態にしておく。種子のへそを横か下にして播種し，円滑に出芽させる ・出芽後はできるだけ日に当てて徒長を防ぐ
定植方法	◎栽植方法 ◎適期定植 ◎順調な活着の確保	・ベッド内かベッド間にエバーフローを通し，定植後すぐに灌水できるようにしておく ・初生葉が展開した時期が定植適期である。とくに，セル苗は老化が進みやすいので，すみやかに定植する ・半促成栽培ではハウスサイドの開閉，トンネル設置により，地温を上げておく
定植後の管理	◎温度管理 ◎水分管理 ◎病害虫防除	・半促成栽培では，定植後はハウスとトンネルの開閉によって，夜間は保温（適温は20℃程度），昼間は35℃以下（適温は30℃程度）に努める ・苗の活着後は徒長を抑えるため，灌水を少なくするが，開花期以後はこまめに灌水する ・病害株は抜き取る。害虫はハウスのサイドと出入り口に防虫ネットを展張して侵入を防ぐが，発生をみつけたらすみやかに薬剤散布を行なう
収穫	◎収穫時期 ◎収穫後の取扱い	・品種や地域にもよるが，莢厚9mm程度で収穫を始める。収穫適期が短いため，早めの収穫作業が必要になる ・収穫後の品質低下がはげしいため，朝の涼しい時間に収穫し，涼しい場所で調製する

敷ワラ➡ポリフィルムによるベタがけ➡トンネル被覆と進める。

播種に際しては、種子のへそが横または下向きになるようにし、覆土は1～2cmにする。温度は、出芽までは25～30℃、出芽後は徐々に下げ、定植前には13～14℃にする。

②播種期の気温が高い抑制栽培の場合

直播きか育苗による移植栽培とする。直播き、移植を問わず、地表の温度が高いため覆土を2～3cmと深播きし、寒冷紗で被覆して温度の上昇を防ぐ。

播種後は、出芽が始まったらポリフィルムや寒冷紗をはいで徒長を防ぐ。

(2) 定植のやり方

①定植準備

元肥を施用する前に十分灌水しておく。元肥施用量は表21を基準に全面に散布する。前作で葉菜類などを多肥栽培した場合は、無肥料にする。元肥施用後、ロータリー耕うんを行なう。

間口5.4mのハウスの場合、幅1.8mのベッドを2つつくり、抑制栽培では無マルチだが、半促成栽培では透明もしくは黒ポリフィルムでマルチをする。通路幅は60cmとする（図22）。

定植数日前にハウス内にトンネルを設置し、ビニールを被覆して地温を高めておく。

②定植方法

栽植様式は、半促成栽培で水封マルチを設置する場合は1ベッドに4条、条間45cm、抑制栽培を含めて水封マルチを設置しない場合は4～6条、条間30～45cm、株間はいずれも15cmとし、初生葉が展開した苗を定植する。1穴1～2株植えとし、定植後に灌水する。水封マルチを利用するとトンネル内の夜温を高め、生育を促進する。

図21　地床温床育苗床のつくり方

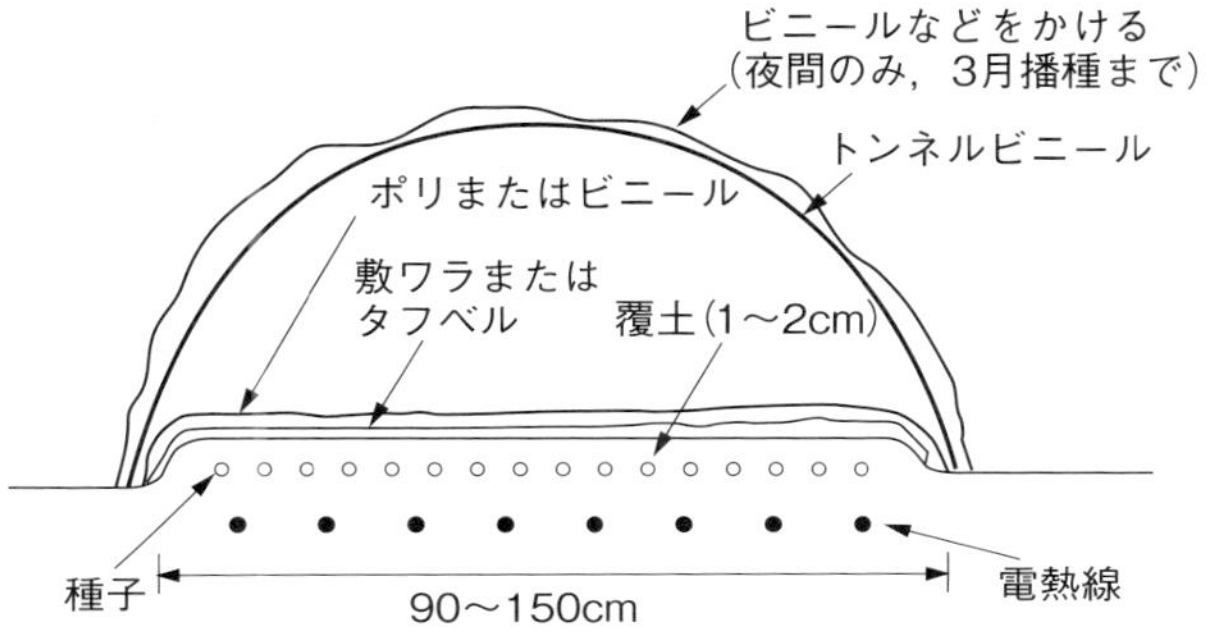

灌水は播種前に行なう。播種後に行なって地温を下げない

表21　施肥例　（単位：kg/10a）

	肥料名	施肥量	成分量		
			窒素	リン酸	カリ
元肥	堆肥	1,000			
	苦土石灰	100			
	熔燐	25		5	
	配合肥料	100	5	5	5
施肥成分量			5	10	5

図22　ハウス内トンネル栽培（無加温）の概要

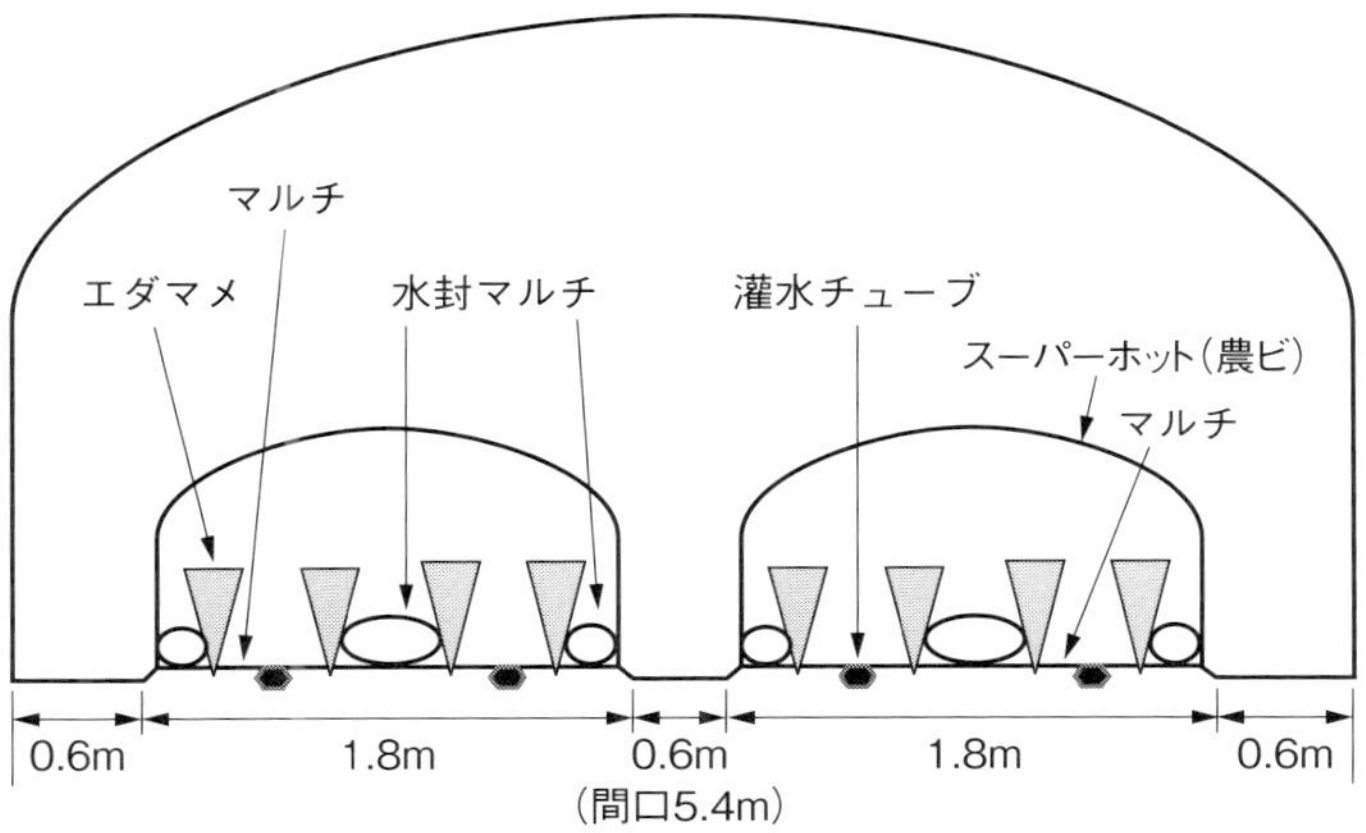

図23　枝つき束出荷の荷姿

(3) 定植後の管理

トンネル内の温度は日中30℃を目標にし、活着後は徐々に温度を下げて20～25℃とする。

開花期の気温と湿度が、着莢に大きく影響する。適温は日中30℃、夜間20℃程度で、15℃以下または35℃以上になると花粉の稔性が低下して莢つきが悪くなる。

半促成栽培では、ハウスとトンネルを密閉して保温に努めるとともに、晴天時には温度を上げすぎないよう、換気に十分注意する。高温障害を避けるため、換気位置は生長点より上にする。乾燥も嫌うので、開花期以降は灌水も必要である。

半促成栽培でのトンネル除去は、保温と湿度確保のため開花期以降になるが、遅くまで被覆すると徒長や過繁茂、あるいは病気や葉焼けなどの発生につながるので注意する。

なお、抑制栽培でのトンネル設置は、開花期に行なう。

(4) 収穫

莢の厚さと退色程度で収穫を決めるが、播種後80～90日くらいで収穫期になる。品種、天候、播種時期で差があるが、開花後40日くらいで、莢が9㎜程度の厚さになったら収穫を始める。適期が短いので、収穫はすみやかに行なう。

エダマメは収穫後の品質低下が激しいため、早朝の涼しい時間に収穫し、涼しい場所で調製する。

収穫・出荷方法は、市場の動向によってやり方が違うので注意するが、４００～６００gを1束に結束して出荷する方法（枝つき束出荷）（図23）、枝を切って３００gの袋詰めにする方法（切り枝出荷）、莢をもいで袋詰めにする方法（莢もぎ出荷）がある。

枝つき束出荷するときは、作業台の上で莢を外側にし、先端に葉を1～2枚つけ、2～3カ所を結束する。切り枝出荷は着莢部分の前後1㎝か2節くらいで切断して、莢もぎ出荷は脱莢機などで脱莢してＦＧフィルムの袋に詰めて出荷する。

収量は、結束も袋詰めも10a当たり約２０００束（袋）程度である。

4 病害虫防除

(1) 基本になる防除方法

この時期の作型は、ハウスでの栽培のため病害の発生は少ないが、害虫ではアブラムシ類、コナジラミ類、アザミウマ類、カメムシ類、ハダニ類、ハスモンヨトウの発生がみられる。また、収穫期が5～6月と10～11月のため、うどんこ病の発生がみられる。防除方法は表22に示した。

(2) 農薬を使わない工夫

ハウスのサイドと出入り口に防虫ネットを展張して、害虫の侵入を防ぐ。ダイズシストセンチュウ、べと病、黒根腐病は輪作を、菌核病、灰色かび病は換気を、その他の病気については罹病株の抜き取りと罹病葉の撤去を行なう。

5 経営的特徴

農協直売所が開設されたこともあり、直売所への出荷が増えている。直売所へは、枝つき束、切り枝、莢もぎのいずれの形態でも出荷されているが、出荷期間拡大の要望もある。

また、エダマメは収穫後の品質低下が激しいこともあり、庭先販売、個人直売所、ウネ売り、自治体と連携した収穫体験も行なわれている。地元の人が農業ボランティアやアルバイトで作業に従事するなど、地域農業と消費者との交流にも貢献している。

（執筆：馬場　隆）

表22　病害虫防除の方法

	病害虫名	防除方法と有効な農薬
病気	べと病	連作を避け，通風をよくする ランマンフロアブル
	菌核病，灰色かび病	過湿に注意し，発病株は除去する
	黒根腐病	連作を避け，排水を良好にする
	モザイク病	健全種子を使用し，発病株は除去する アブラムシ類を防除する
	うどんこ病	耐病性品種を導入する アフェットフロアブル
	白絹病	発病株は除去する
害虫	アブラムシ類	播種時にモスピラン粒剤を播き溝に土壌混和する ウララDF，スミチオン乳剤
	コナジラミ類	サンマイトフロアブル，モスピラン顆粒水溶剤，アルバリン顆粒水溶剤
	カメムシ類	アグロスリン乳剤，スミチオン乳剤
	マメシンクイガ	スミチオン乳剤，プレバソンフロアブル5
	シロイチモジマダラメイガ	スミチオン乳剤
	ハスモンヨトウ	エコマスターBT，カスケード乳剤，トルネードエースDF，フェニックス顆粒水和剤
	ハダニ類	発生初期にダニトロンフロアブル
	ダイズシストセンチュウ	輪作を行なう。対抗植物を栽培する。播種前に土壌消毒を行なう

サヤインゲン

表１　インゲンマメ（サヤインゲンつる性種）の作型，特徴と栽培のポイント

主な作型と適地

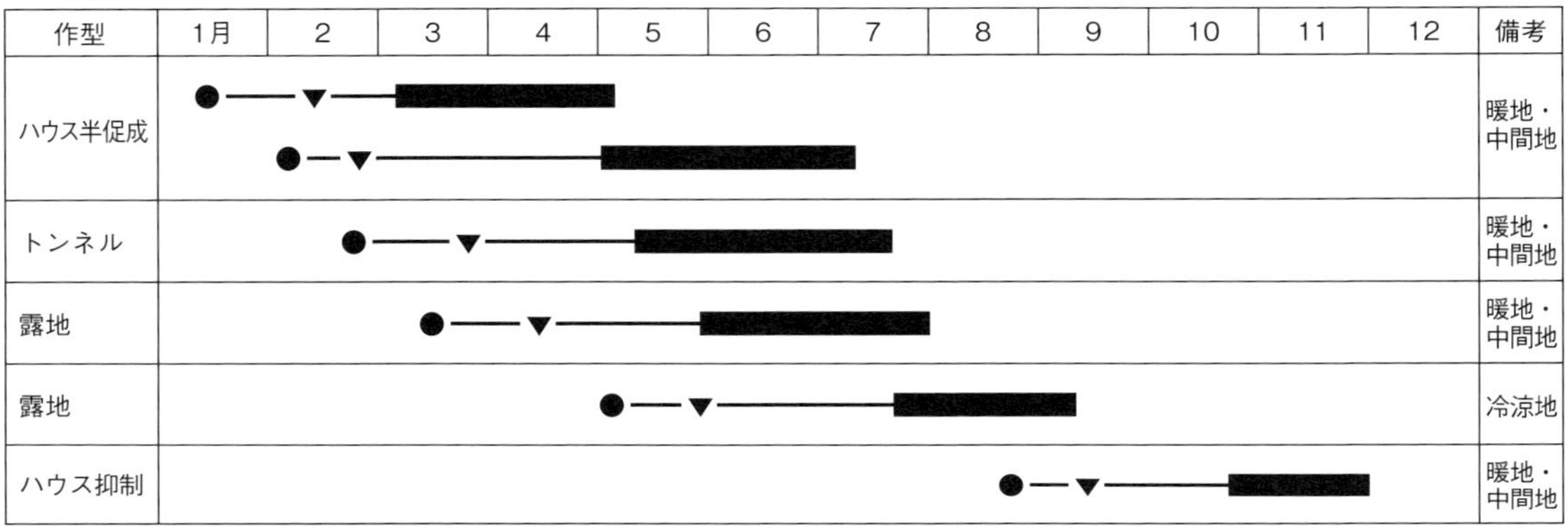

●：播種，▼：定植，■：収穫

特徴	名称	インゲンマメ（マメ科インゲンマメ属），学名：*Phaseolus vulgaris* L.
	別名	サイトウ（菜豆），サンドマメ（三度豆），トウササゲ
	原産地・来歴	メキシコ南部，中央アメリカまたは南アメリカ。日本へは中国から導入
	栄養・機能性成分	ビタミンA，B_1，B_2，C，カルシウム，β - カロテンなどが含まれる
生理・生態的特徴	発芽条件	20 ～ 23℃が適温
	温度への反応	生育適温は 15 ～ 25℃。20℃前後が最適
	日長への反応	中間性～短日性
	日照への反応	日照が強く，日照時間が長いと，開花，結莢がよくなる
	土壌適応性	適応性が広く，土質を選ばない。pH 6 ～ 6.5 が適する
	開花（着果）習性	花芽は主枝の第５～６節以上の各節と，第１次側枝の各節に形成。開花は，播種後 50 ～ 60 日ころ下位節から上位節へと進む
栽培のポイント	主な病害虫	主な病気は，ウイルスによる病害（モザイク病，黄化病，つる枯病など），糸状菌による病害（菌核病，炭疽病，根腐病，灰色かび病，白絹病など） 害虫は，アブラムシ類，ハモグリバエ類，チョウ目害虫，ハダニ類，アザミウマ類など
	他の作物との組合せ	キュウリ，トマト，レタス，スプレーストックなど。インゲンマメは連作を嫌うので，これらの作物と組み合わせるほか，イネ科の作物と輪作するとよい

この野菜の特徴と利用

(1) 野菜としての特徴と利用

①原産・導入と生産の状況

サヤインゲンを含むインゲンマメは、マメ科の一年草である。原産地は、メキシコ南部、中央アメリカまたは南アメリカといわれている。日本へは、１６５４年に隠元禅師が中国から持参したとされる。明治時代に入り、欧米から多くの品種が導入された。

現在の生産や販売の状況は次のとおりである。２０１４（平成26）年のサヤインゲンの全国の作付け面積は５８２０haである。うち、福島県が５４０ha、千葉県が４９６ha、鹿児島県が４０２haとなっている。月別の主な生産地は、12〜4月までが沖縄県、5〜6月が千葉県、鹿児島県、茨城県、7〜10月が福島県、11月からは長崎県の出荷が多い。また、12〜3月はオマーンからの輸入も目立つ。

②栄養と利用

栄養や機能面では、ビタミンA、B_1、B_2、C、カルシウム、β-カロテンも含まれている緑黄色野菜として、栄養価の高い野菜である。

インゲンマメは、品種のタイプで①莢用品種、②むき実用品種、③子実用品種に分けられる。詳細は表2のとおりである。サヤインゲンは莢用品種で、サラダや煮物、天ぷらなど、日常の食卓に欠かせない。

(2) 生理的な特徴と適地

①生理的な特徴

サヤインゲンを含むインゲンマメの発芽適温は20〜23℃である。生育適温は15〜25℃で、20℃前後が最も適する。このように、インゲンマメは比較的冷涼な気候を好む。

インゲンマメは、日長に鈍感な中間性の品種が多い。土壌に対する適応性は広いが、水はけの悪い土壌では生育が悪い。土壌の最適な酸度はpH6〜6・5である。

花芽分化は、一般的なつる性種では、本葉4〜5枚で主枝の第5〜6節から始まる。側枝は、第1〜2節から連続して分化する。

開花は播種後50〜60日ころで、下位節から順番に開花していく。夜間に開花し、受精は

表2　インゲンマメ全般の品種のタイプ・用途と品種例

品種のタイプ	用途	品種例	
		タイプ	品種名
莢用品種（サヤインゲン）	サラダ，煮物，天ぷらなど	つる性 半つる性 わい性	ケンタッキー 101，鴨川グリーン，プロップキング スーパーステイヤー ベストクロップキセラ，サーベル
むき実用品種	製菓，加工用	つる性 わい性	穂高 長うずら
子実用品種	製菓，煮豆，乾燥豆など	つる性 わい性	トールシュガー 金時，ホワイトマロー

深夜から明け方に行なわれる。受精の適温は16～25℃で、開花期が32℃以上もしくは10℃以下では受精不良になりやすい。

② 栽培の適地と作型

このような生理的な特徴をもつインゲンマメのうち、サヤインゲンは暖地から冷涼地にかけて、ハウス半促成栽培、トンネル栽培、露地栽培、ハウス抑制栽培などさまざまな作型で栽培される。詳細は表1のとおりである。

ハウス半促成栽培は、年内もしくは年明けに播種・育苗し、早春から初夏にかけて収穫する。トンネル栽培は、霜の影響がある育苗期間や定植初期にビニールで保温し、初期生育を進ませる。露地栽培は、国内の暖地から冷涼地にかけて幅広く栽培され、初夏から初秋まで収穫する。ハウス抑制栽培は、残暑の時期に育苗・定植し、年内近くまで収穫する。

作型に対応する主な品種を表2に示した。しかし、品種の汎用性は高く、ここで示した栽培暦だけでなく多様な時期の栽培に利用されているものも多い。

（執筆：宮木　清）

露地夏秋どり栽培・トンネル栽培

1 この作型の特徴と導入

(1) 作型の特徴と導入の注意点

この作型は、晩霜の心配がなくなってから定植し、初夏から秋にかけて収穫する。トンネル栽培は、露地栽培より10日程度早く収穫できる。

露地直播栽培は育苗資材や労力が不要だが、発芽時に天候（低温）の影響や鳥害・虫害を受けやすい。トンネル栽培は、あまり早く定植するとトンネル除去後の気象に影響されるので注意する。

サヤインゲンは開花期に30℃以上の高温が続くと落花が多くなるため、栽培の適地は、気温の日較差が大きい、比較的冷涼な地域である。また、過湿にも乾燥にも弱いので、排水がよく水管理が容易な畑つくりが重要である。

(2) 他の野菜・作物との組合せ方

連作すると根腐病の発生や収量の低下をまねくので、マメ類以外の野菜やイネ科作物を組み合わせ、2～3年の輪作にするとよい。

2 栽培のおさえどころ

(1) どこで失敗しやすいか

① 発芽不良

15℃以下では発芽率が低下するので、低温期の育苗はハウス内で電熱温床を用い、直播の場合はポリマルチで地温を高めてから播種する。なお、高温時にはハウスの換気が必要である。

乾燥や水のやりすぎ、肥料が多すぎても発芽不良になる。覆土が浅いと皮かぶりになる。直播ではタネバエなどの被害を受けることがあるので、播種溝に粒剤などを混和してから播種する。

②初期生育の不良

サヤインゲンは低温や強風に弱いので、温暖で風の弱い日に定植する。定植前にベッドにポリマルチを張り、地温と水分を確保しておくとよい。

③花落ち、変形莢の発生

10℃以下の低温や30℃以上の高温で、受精が不良になって花落ちが発生する。乾燥が発生を助長するので、灌水や散水して水分を与える。

日照不足も花落ちの原因になるので、過繁茂で内部が光線不足にならないようにする。

④下葉から黄化して草勢が弱る

根腐病にかかると発生する症状であるが、排水不良によって根が酸欠状態になっても発生する。連作を避け、排水をよくして、根を健全に生育させる。

⑤なり込み後の草勢の低下

収穫が盛期を迎えたのち、追

図1　サヤインゲンの露地夏秋どり栽培・トンネル栽培　栽培暦例

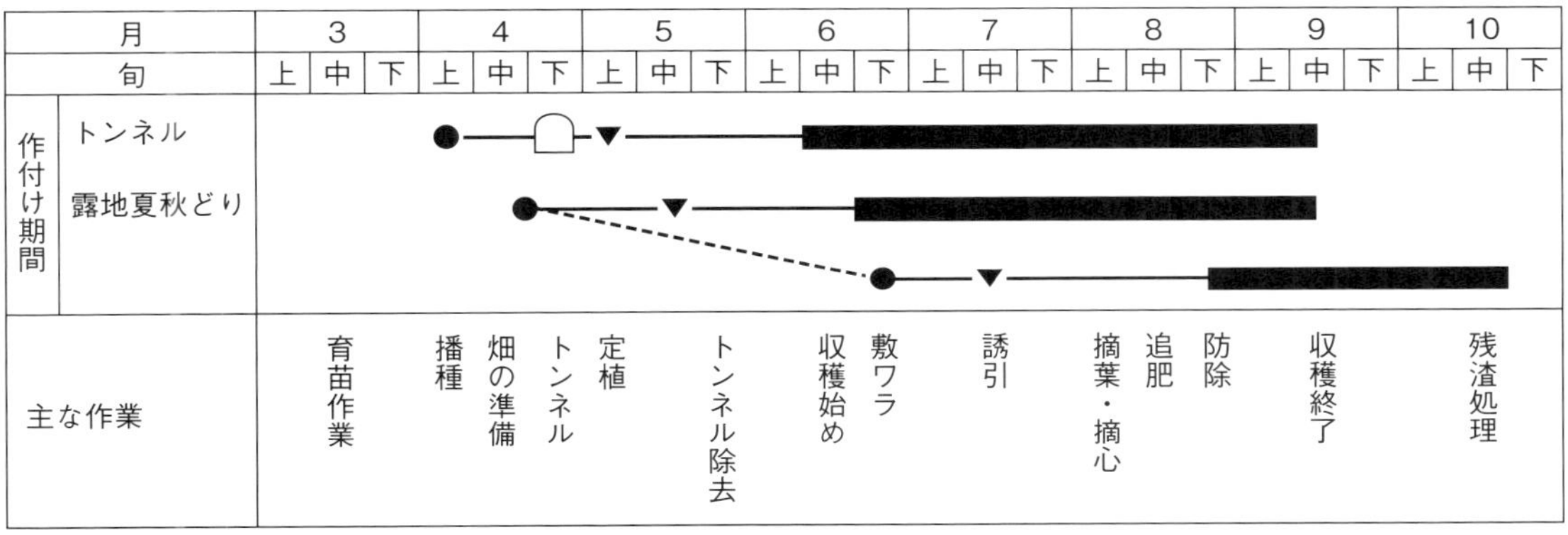

●：播種，▼：定植，⌒：トンネル，■：収穫

表3　露地夏秋どり栽培・トンネル栽培に適した主要品種の特性

品種名	販売元	タイプ	莢の形	莢の長さ（cm）	莢の色	熟期	その他	適する作型
いちず	カネコ種苗	つる性	丸莢（凹凸あり）	18～20	鮮緑	中早生	節間が短く着莢が多い。草勢が強く繁茂時は葉かきが必要となる	露地夏秋
鴨川グリーン	ヴィルモランみかど	つる性	丸莢（凹凸あり）	16～17	極濃緑	早生	草勢は中位で過繁茂となりにくい。低温での着莢がよく低節位から着莢する	露地夏秋・トンネル
びっくりジャンボ	ヴィルモランみかど	つる性	平莢	20～25	緑	早生	低節位から着莢する。草勢は強く葉も大きくなるため，株間は45cm以上とる	露地夏秋
スーパーステイヤー	ヴィルモランみかど	半つる性	丸莢（凹凸あり）	15～16	濃緑	早生	分枝の発生がよく，主枝から側枝まで安定して収穫できる	露地夏秋・トンネル
キセラ	雪印種苗	わい性	丸莢（凹凸なし）	15	緑	中生	莢の太りが遅く，収穫が多少遅れても品質の低下が少ない。比較的長期収穫に向く	露地夏秋・トンネル
ピテナ	雪印種苗	わい性	丸莢（凹凸なし）	14	濃緑	中生	耐暑性が強く高温下でも曲がり莢が少ない。耐倒伏性に優れる。莢の肥大が遅く，一斉収穫でも莢の形状が揃う	露地夏秋
サクサク王子	サカタのタネ	わい性	丸莢（凹凸なし）	16～19	鮮緑	中生～中晩生	シャキシャキした歯ごたえで食味がよい。比較的長期収穫に向く	露地夏秋・トンネル

肥が遅れると草勢が低下し、次の開花時期に向けて回復が遅れてしまう。開花、着莢が多くなったら早めの追肥を心がける。

(2) おいしく安全につくるためのポイント

健全に生育させ、おいしいサヤインゲンをつくるためには、排水をよくし、堆肥を投入して深耕することが大切である。

堆肥が入手できない場合は、秋に切ワラと石灰窒素をすき込んで土中で腐熟させたり、秋にライムギを播種して春先にすき込むとよい。

(3) 品種の選び方

サヤインゲンは、つるの有無と莢の形で分類されている。

つる性品種は、アーチの設置やつるの誘引など栽培の手間がかかるが、比較的長期間収穫できる。わい性品種は、管理作業が少なく栽培が容易であるが、一斉に花が咲くため収穫期間が短期間に集中する。

莢の形は大きく分けて丸莢と平莢があり、丸莢系の中で凹凸のある莢は関東市場で、凹凸のない莢は関西市場で好まれる。このため、品種は販売先と十分に協議し、商品性の高いものを選択する。

夏秋露地栽培には、草勢が強く耐暑性があり、生理障害や病害虫に強い品種が向く。トンネル栽培には、低温伸長性が高い品種が向く。

3 栽培の手順

(1) 育苗のやり方

箱播きの場合は1.5cm×5cm間隔に1粒ずつ、鉢播きや直播の場合は1鉢あるいは1カ所に2粒ずつ播種し、1～2cm覆土して軽く鎮圧する。

発芽まで20～25℃を保つ。発芽したら徐々に温度を下げ、光を当てて換気をし、徒長を防ぐ。低温時の夜間の保温や、日中高温時の換気に注意する。

箱播きの場合は初生葉が展開したら鉢に移植し、葉が触れ合うようになったら鉢をずらし、採光と通気をよくする。2粒播きの場合は、生育のよいほうを残して間引きする。

育苗中の灌水は晴天時の午前10時ころまでに行ない、夜間は鉢の表面が乾いている程度にする。

(2) 定植のやり方

定植の1カ月前に堆肥、石灰、重焼燐、鶏糞などを全面施用し、耕うんする（表5）。2週間前に化成肥料を施用し、砕土、整地する。土壌水分が適度なときにポリマルチを張っておく。

栽植密度は、露地栽培の場合、ウネ間210cmプラス90cm、株間40～60cmとする（図2）。長期間収穫する場合は株間を広くし、短期間なら狭める。

苗は、3寸ポットなら本葉2枚程度のとき、連結ポットなら初生葉の展開時に定植する（図3）。暖かく風の弱い日の午前中がよい。

事前に鉢や植穴に灌水しておく。定植後、株元に手灌水を行ない、根張りを促進する。トンネル栽培では、被覆資材が風で飛ばされないようにしっかり押さえる。

(3) 定植後の管理

①トンネルの管理

トンネルの被覆資材には、割繊維不織布のような通気性のあるものを用いるとよい。活

表4　露地夏秋どり栽培・トンネル栽培のポイント

	技術目標とポイント	技術内容
定植準備	◎畑の選定と土つくり ・畑の選定 ・土つくり ・排水対策 ◎施肥基準 ・窒素過多は過繁茂や病害虫の発生をまねく ◎ウネつくり ・地温と水分の確保 ・排水性の確保	 ・連作を避け２～３年ごとに輪作する ・排水と保水性がよい畑を選定する ・堆肥を 10a 当たり 4t 施用し，深耕する ・秋に切ワラや石灰窒素を施し，深耕する ・大雨に備えて周辺に排水溝を掘っておく ・pH6 を目標に石灰を施用する ・元肥は有機質肥料や緩効性肥料を主体にし，定植や播種の２週間前に行なう ・追肥は速効性の化成肥料や液体肥料を用いる ・ウネつくりは適度な土壌水分のときに行なう ・定植１週間前までにウネをつくり，ポリマルチを張って地温を上げておく ・排水不良地では 20 ～ 30cm の高ウネにする
育苗方法	◎健苗育成 ・よい床土を使用する ・発芽を揃える ・徒長しない締まった苗つくり ・定植に備えて順化する	 ・堆肥や腐葉土などと無病の土を用い，排水と保水のよい床土を準備する ・１鉢２粒ずつ播種する。発芽まで 20 ～ 25℃の地温を確保する。低温期は電熱温床とする ・発芽後は徐々に温度を下げ，灌水をやや控える ・初生葉が展開したら間引き，１本立てにする ・後半は鉢をずらして光を当て，徒長させない ・灌水は午前中に十分行ない，夕方に鉢の表面が乾く程度にする ・定植３日前から外気に当て，灌水をやや控えめにする
定植方法	◎定植 ・スムーズに活着させる	・栽植密度は 1a 当たり 110 ～ 130 株とする ・晴天の風が弱い日に定植する ・根鉢と植穴に灌水して定植する ・鉢土がやや出る程度の浅植えにする ・定植後は株元に手灌水して畑土と鉢をなじませ，活着を促す
定植後の管理	◎活着促進 ・株元灌水を行なう ◎トンネルの管理 ◎誘引，整枝，摘葉 ・つる性品種は過繁茂を避ける ◎追肥，灌水 ・収穫が始まったら肥切れしないよう追肥する ◎敷ワラ ◎病害虫防除	 ・活着するまで１週間は，根鉢が乾かないように株元に灌水する ・日中高温時は換気する ・晩霜の恐れがなくなったら，天気のよい日にトンネルを外す ・子づるをネットに均一に配置する ・つるが支柱の肩部まで伸びたら摘心して，採光をよくする ・下葉や古葉を随時摘葉し，支柱の内側の人がチラチラみえる程度に管理する ・追肥は収穫始めから行ない，開花，着莢が増加したときや収穫量が増加したときに遅れずに行なう ・乾燥時には葉面散布や液肥を与える ・梅雨明け後の高温・乾燥に備えて，ワラを敷く ・アブラムシ類やハダニ類が発生しやすいので，早期発見と防除に努める
収穫	◎適期収穫と鮮度の保持	・収穫の盛期には朝夕２回行なう ・取り残すと株の負担が大きくなるので，適期に収穫する ・収穫したインゲンは鮮度が低下しないよう日陰に置き，ポリフィルムなどで覆って水分の蒸散を防ぐ

着までは霜に備えてさらにビニールなどを準備しておく。

日中25℃以上の高温になる場合は、両端を開けて換気する。晩霜の心配がなくなったら、日中は資材を外してインゲンを順化し、温暖な日にトンネルを除去する。

②つる性品種の誘引、整枝、摘葉

つるが伸長したら、絡み合わないようにネットに誘引し、テープで軽くとめる。

親づるは支柱の肩にとどいたら摘心する。子づるは草勢の強い品種では込み具合をみて摘心し、心止まり性の品種は半放任とする。

摘葉は、収穫開始以降、下葉、古葉を中心に行なう。中段以降は、支

表5　施肥例　（単位：kg/10a）

	肥料名	施肥量	成分量		
			窒素	リン酸	カリ
元肥	完熟堆肥	4,000			
	苦土石灰	100			
	重焼燐	20		7.0	
	鶏糞	90	3.4	4.3	2.0
	CDU・S555	100	15.0	15.0	15.0
追肥	燐硝安加里 S646	60	9.6	2.4	9.6
	液肥源 48 号	20	4.0	2.4	3.2
施肥成分量			32.0	31.1	29.8

図3　ポット苗の定植方法

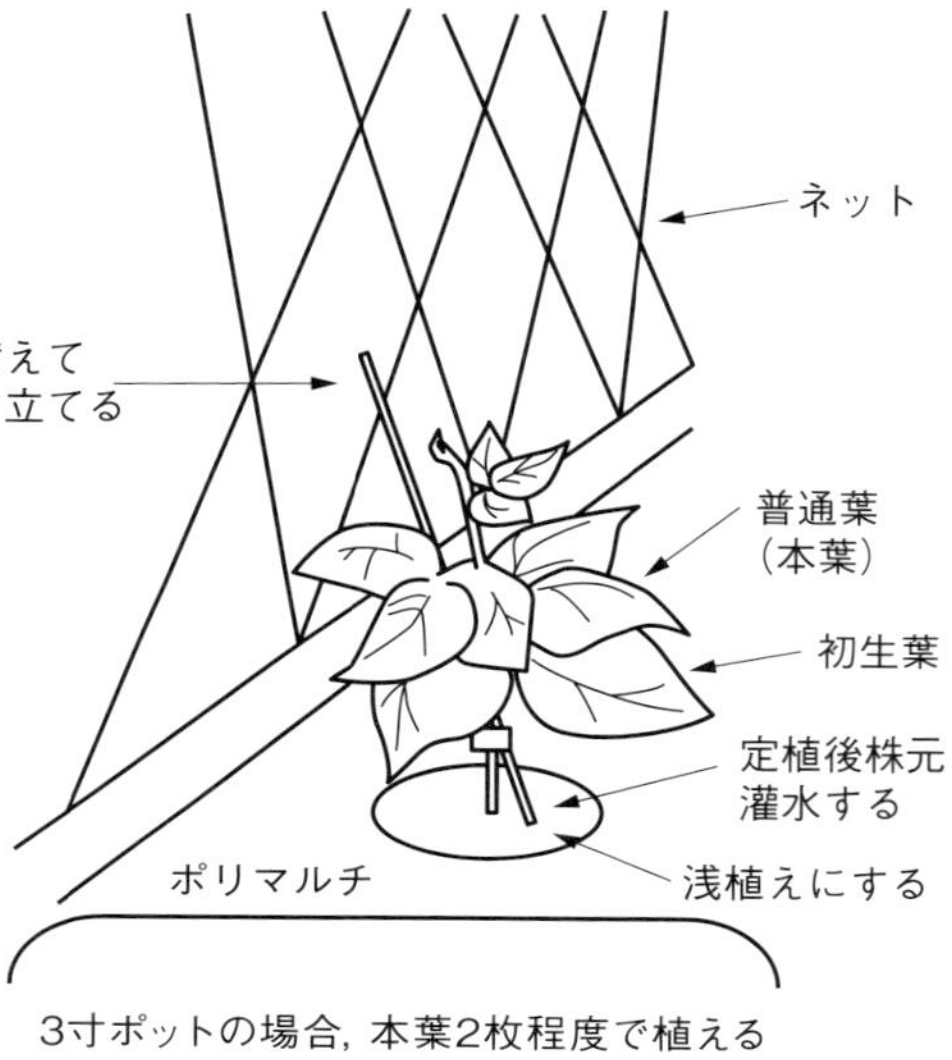

柱の内側に光線が入るように、込んでいる部分を随時摘葉する。

③追肥、灌水

追肥は収穫開始期から行なうが、花数や着莢数が増えてきた時期に遅れないようにする。1回の量は窒素成分で10a当たり2〜3kgとし、一度に多量の施肥はしない。追肥には速効性の肥料を用い、乾燥時には液肥や葉面散布剤を用いる。

乾燥すると花落ちや変形莢が増加するので、灌水を実施する。夏の灌水は早朝または夕方行なう。

図2　夏秋どり栽培の栽植様式

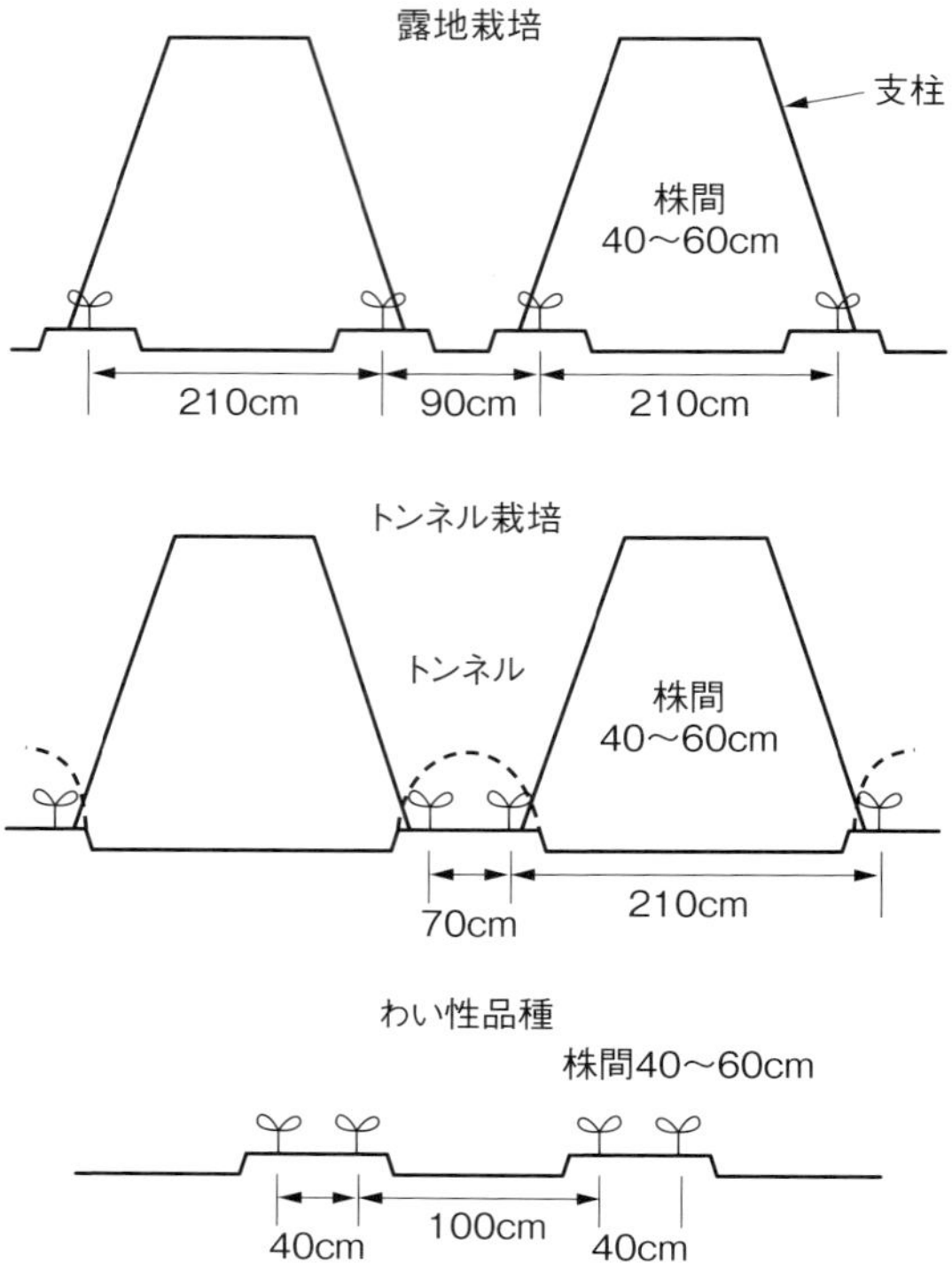

図4　トンネルのかけ方

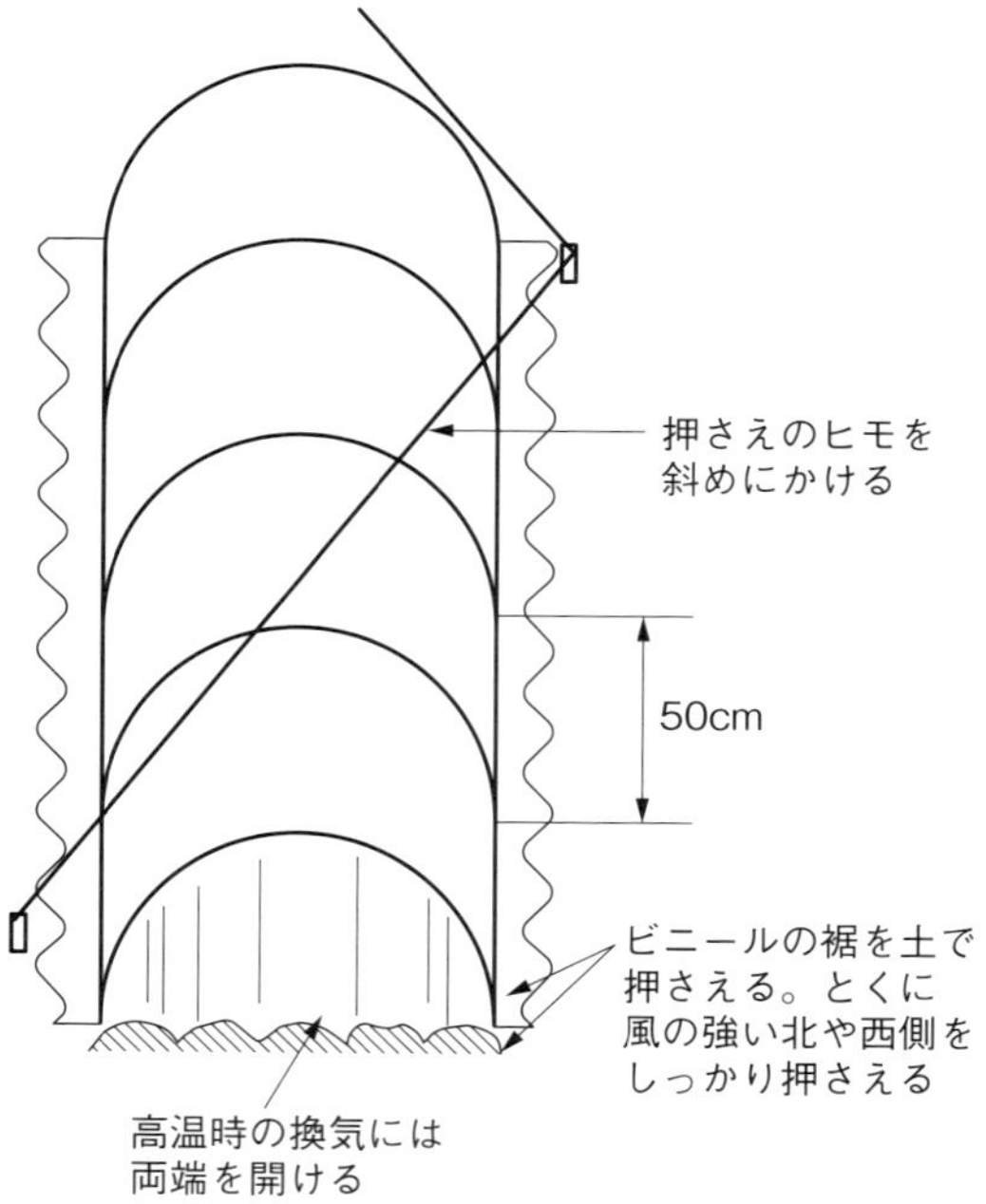

④敷ワラ　梅雨明け前に、高温・乾燥に備えてワラや枯れ草などを敷く。乾燥の防止、地温の抑制、雑草の発生防止などに効果が高い。

(4) 収穫

収穫は、莢の品温が低い朝に行なう。とり残した莢があると草勢が弱るので注意する。また、変形莢は早めに摘除する。

夏は収穫後の鮮度保持に努める。鮮度の低下は、品温の上昇と水分の蒸発によって起こるので、収穫した莢は日陰の涼しい場所に置き、すみやかに出荷する。

4 病害虫防除

(1) 基本になる防除方法

根腐病　生育が悪く、株全体が黄化し、直根に褐色の縦長の病斑がみられ、発生すると被害が大きい。土壌病害なので、発生すると防除がむずかしい。イネ科作物と輪作したり、毎年堆肥やワラなどの有機物を投入する。秋に有機物と石灰窒素を10a当たり80～100kgすき込むと発病が軽減できる。

アブラムシ類　吸汁害のほかに、ウイルスを伝搬し、モザイク病やつる枯病を発生させる。アブラムシ類の飛来を防ぐため、育苗ハウスを防虫ネットや寒冷紗で囲ったり、定植時に粒剤などを施用する。また、畑周辺の雑草を除去して清潔にする。

ハダニ類　梅雨明けころから発生が増える

図5　サヤインゲンの生育初期の様子

表6　病害虫防除の方法

	病害虫名	防除法
病気	根腐病	連作をせず，イネ科作物と輪作する。秋に切ワラなどの有機物と石灰窒素をすき込む
	炭疽病	発生地での連作を避ける。過繁茂にならないようにし，ファンタジスタ顆粒水和剤を散布する
	さび病	発生地での連作を避ける。被害茎葉は放置しない。アフェットフロアブルを散布する
	角斑病	発生地での連作を避ける。過繁茂にならないようにし，アミスター20フロアブルを散布する
	モザイク病 つる枯病	アブラムシ類がウイルスを伝搬するので，アブラムシ類防除に努める
害虫	アブラムシ類	育苗中はハウスサイドを寒冷紗などで囲い，侵入を防ぐ。定植穴にアドマイヤー1粒剤などを施用して定植する。モスピラン顆粒水溶剤，マラソン乳剤などを散布する
	ハダニ類	高温・乾燥条件で多発するので，早期発見に努める。ダニトロンフロアブル，ニッソラン水和剤などを散布する。薬剤が葉裏によくかかるよう，過繁茂にしない
	カメムシ類	圃場周辺の雑草を除去し，防虫ネットなどを用いて侵入を防ぐ。モスピラン顆粒水溶剤，マラソン乳剤などを散布する
	アズキノメイガ (フキノメイガ)	被害茎を除去し，収穫後の茎葉を処分する。フェニックス顆粒水和剤を散布する

が、高温・乾燥の年には早くから発生する。被害が進むまで気づかないことがあるので、梅雨明けの時期になったらよく観察し、早めに防除する。薬剤散布は、葉裏によくかかるように摘葉してから行なう。ダニの被害葉は袋に入れて畑の外に持ち出し、密閉しておく。

(2) 農薬を使わない工夫

インゲンは他の作物に比べて使用できる農薬が少ない。このため、病害虫による被害を軽減するには、過繁茂にならないよう摘葉を行ない、風通しをよくするなどの適切な栽培管理と、連作を避け他品目と輪作するなどの、耕種的防除が重要である。また、防虫ネットを被覆することで、防除回数を減らすことができる。

目合い1㎜の防虫ネットでアーチを被覆すると、アブラムシ類、コナジラミ類、アズキノメイガなどの鱗翅目の侵入を防ぐとともに、アブラムシ類が伝搬するつる枯病やモザイク病の発生も防ぐことができる。

図6　防虫ネット被覆栽培の栽植様式

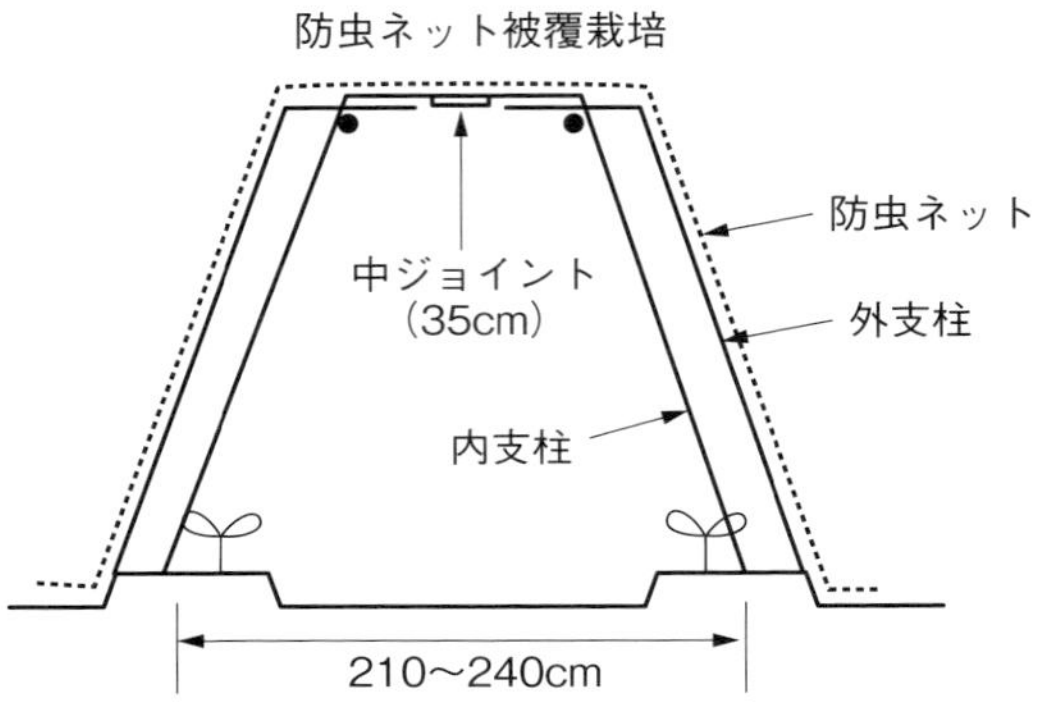

表7　露地栽培（4月播種）の経営指標（福島県）

項目	
収量（kg/10a）	2,000
単価（円 /kg）	500
粗収入（円 /10a）	1,000,000
経営費（円 /10a）	546,457
種苗費	6,800
肥料費	33,589
薬剤費	16,823
資材費	52,655
動力光熱費	15,380
農機具費	33,774
施設費	112,629
流通経費（運賃・手数料他）	271,000
その他	3,807
農業所得（円 /10a）	453,543
労働時間（時間 /10a）	557

5 経営的特徴

サヤインゲンは比較的栽培しやすい作物だが、収穫・調製作業に多くの労力を要するため、一つの作型では1人3a程度が適正である。そのため、栽培面積を増やすには、播種時期を数回に分けたり、トンネル栽培やハウス栽培を組み合わせて、収穫ピークの分散を図る必要がある。

わい性品種は資材が少なく栽培が容易だが、収穫期間が短く収量が少ないため、基幹作物の補完作物にするとよい。

（執筆：八木田靖司）

ハウス半促成栽培（無加温）

1 この作型の特徴と導入

(1) 作型の特徴と導入の注意点

ハウス半促成栽培では、すべての栽培期間をハウス内で管理するので、早春の低温対策を間違えなければ、露地よりも早く出荷できる。

出荷始めは、露地栽培の産地からの出荷がほとんどないため、市場価格で優位な時期に当たる。しかも、露地栽培で問題になる、風による莢表面の傷がないため、高品質の莢が収穫できる。

(2) 他の野菜・作物との組合せ方

主産地である千葉県の例をあげると、野菜では抑制キュウリ、抑制トマト、レタスなど、花きではスプレーストックとの組合せがある。

また、インゲンマメは一般に連作を嫌うので、土壌病害の被害を軽減させるために、イネ科などの作物と2～3年の輪作をするとよい。

2 栽培のおさえどころ

(1) どこで失敗しやすいか

①育苗期での失敗例

播種床の温度不足で発芽不良になったり、発芽後も水をかけすぎたり、高温で管理して徒長させてしまう。定植するまでの健苗つくりが最も重要である。

②定植後の失敗例

定植後も、急激な低温により初期生育が停滞することがある。ハウス内にトンネルを設置することが重要である。

(2) おいしく安全につくるためのポイント

元肥、追肥ともに窒素を適量施用し、つるぼけ防止と確実な着莢に結びつける。葉が過密にならないよう、老化した大きな葉を摘除し、莢に光を当てる。

過湿にならないよう、換気など適宜行なって空中湿度を保ち、減農薬での栽培をめざす。

(3) 品種の選び方

ハウス内での栽培とはいえ、低温の時期が多いので、低温伸長性や未受精花の少ない品種が求められる。

つる性品種としては'ケンタッキー101'、'鴨川グリーン'、'プロップキング'、半つる性品種としては'スーパーステイヤー'、わい性種としては'ベストクロップ キセラ'などがあげられる。それぞれの品種の特徴は、表8のとおりである。

図7　サヤインゲンのハウス半促成栽培　栽培暦例（千葉県）

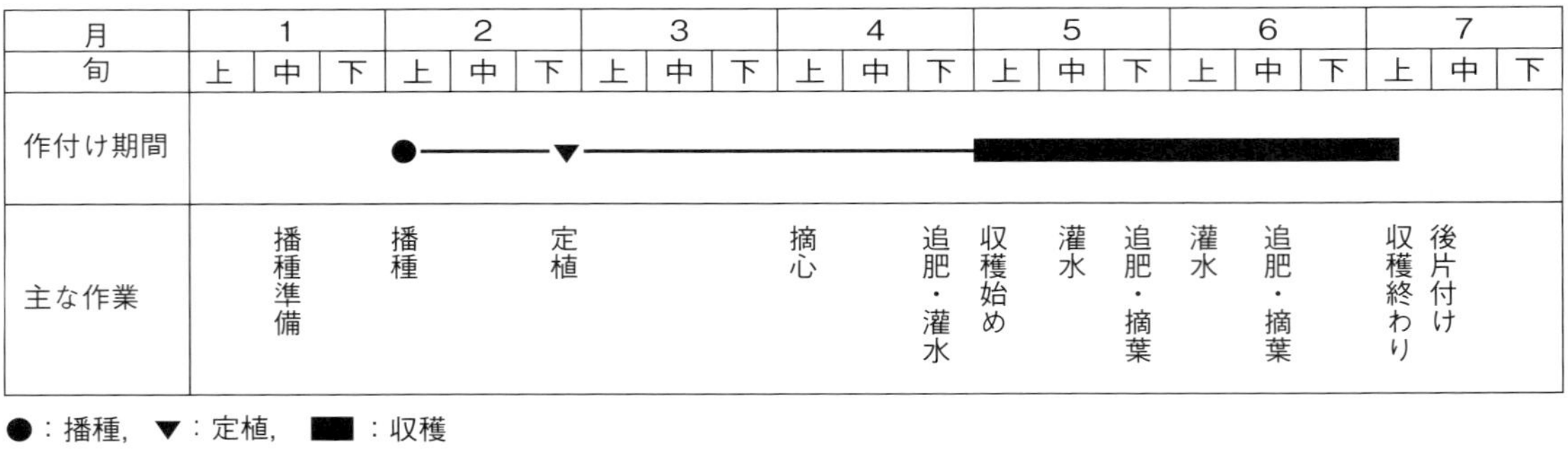

表8　半促成栽培に適した主要品種の特性

タイプ	品種名	販売元	特性
つる性	ケンタッキー 101	タキイ種苗	莢長 21 ～ 23cm で，スジなし丸平莢。低温少日照期から高温期まで栽培適応力が広い
	鴨川グリーン	ヴィルモランみかど	莢長 16 ～ 17cm，莢幅 1cm。やや早生。低温での着莢がよく，低節位から着莢する
	プロップキング	サカタのタネ	莢長 15 ～ 16cm で，曲がりが少ない。スジなし丸莢。株元の低節位から着莢
半つる性	スーパーステイヤー	ヴィルモランみかど	莢長 15 ～ 16cm。主枝から側枝まで安定して着莢する。早期から収穫が続く
わい性	ベストクロップ キセラ	雪印種苗	莢長 15cm。草丈 60cm 前後，小葉で分枝数，花数ともにに多い。莢の太りが遅く，多少の収穫遅れであれば品質低下が少ない

3　栽培の手順

(1) 育苗のやり方

①床土の準備と播種

床土には保水性や排水に優れたものを用いる。市販の「与作N－15」のような育苗用培土でよいが、市販の野菜培土にバーミキュライトやパーライトを混ぜたり、赤土やくん炭、完熟堆肥を混ぜてつくってもよい。

播種方法は、9cmポットや16連結ポットに2粒ずつ播いて発芽後間引きをする方法と、50穴セルトレイに1粒ずつ播く方法がある。大事なことは、播種前日までにポットやトレイに培土を詰め、たっぷりと灌水して余分な水分を抜いておくことである。

②育苗床の設置と温度管理

育苗床は、床幅1・2mの床枠をつくり、床面を20cm掘り下げてワラか発泡スチロールを敷いて、電熱の温床線を張り、砂で覆土する。

さらに、床枠をまたぐようにパイプトンネルを設置して、パイプの天井で2枚のビニールシートが合わさるように被覆する（図8）。

電熱床の温度は、発芽まで25℃、発芽後は20℃を目安にし、初生葉がみえ始めたら18℃で管理する。日中は、トンネル内が30℃以上にならないように、天井で換気する。

表9　ハウス半促成栽培（無加温）のポイント

	技術目標とポイント	技術内容
定植準備	◎圃場の選定と土つくり	
	・圃場の選定	・連作を避け，排水がよい圃場を選定する
	・土つくり	・完熟堆肥2t/10aを施用する
	・土壌pHの調整	・pH6～6.5を目標に苦土石灰を施用する
	◎施肥基準	・10a当たり窒素15kg，リン酸20kg，カリ15kgを施用する
	◎ベッドつくり	・幅120cm，高さ15～25cmのベッドをつくる
	・マルチ	・地温確保，雑草対策のためにはグリーンマルチを使用する
育苗方法	◎播種	
	・播種と発芽までの温度管理	・セルトレイか連結ポットに播種し，温床に置いて，発芽まで25℃を確保する
	◎健苗育成 ・発芽後の温度管理	・発芽後は20℃を目安とし，日中は30℃以上にならないように注意する
定植方法	◎栽植密度	・条間60cm，株間40cmの栽植様式が標準
	◎適期定植	・播種20～25日後の若苗を定植する
	◎活着の確保	・定植直後に十分灌水する ・トンネルで被覆し保温する
定植後の管理	◎初期生育の確保	
	・温度管理	・定植後14日ころまで：日中25～28℃，夜間14～16℃ ・開花前まで：日中20～25℃，夜間16～18℃ ・開花後：日中20～25℃，夜間16～18℃
	・灌水	・活着後，灌水は控えめにする。ただし，‘スーパーステイヤー’ではやや多めに灌水し，とくに開花期以降に乾燥しないように注意する
	・摘心	・最初の摘心は，つる性の品種は本葉4～5枚に行なうが，半つる性の品種ではネットの上部に達したときに行なう
	・追肥	・追肥は半つる性の品種の場合，開花が始まったら，つる性の品種の場合は着莢を確認したら行なう
	◎病害虫防除	・病害虫防除は，早期発見し，早めに防除することが基本。害虫の一部は天敵を活用する
収穫	◎適正なサイズの莢の収穫	・M，Sの規格を中心に，できれば毎日，少なくとも1日おきに収穫する
	◎摘葉	・収穫が終了した節位から順に摘葉し，2番花房の発生を促す ・老化した大きな葉，病葉，黄化葉を取り除く

(2) 定植のやり方

① 定植の準備

まず圃場を選定する。サヤインゲンは連作を嫌うので、前年に栽培した圃場は使用しない。また、湿地や水がたまりやすいと生育が悪くなるので、排水のよい圃場を選ぶ。

定植の2週間前には、良質の堆肥を10a当たり2t施用して耕うんする。また、pH6～6・5を目標に苦土石灰を施用する。そして、元肥を施用し（表10）、幅120cm、高さ15～25cmのベッドをつくる。定植の1週間以上前には、ベッドに十分灌水してマルチと図9のようにトンネルを被覆して、地温を確保する。

② 定植適期の苗

連結ポットやセルトレイでは播種後20日以内、9cmポットでは25日以内の若苗を植える。

定植時の理想的な苗の姿は、以下のとおりである（図10）。

①地際と初生葉の節間が6cm以内のがっちりした苗。

②本葉1枚目の中央の小葉の大きさが3cm以内。

③子葉が2枚ともしっかりついている。

③ 定植方法と栽植密度

定植は、前日が晴天で暖かい日の午前中に行なうのが望ましい。つまり、地温と気温が

図９　ウネのとり方と植付け方　（原図：香川）

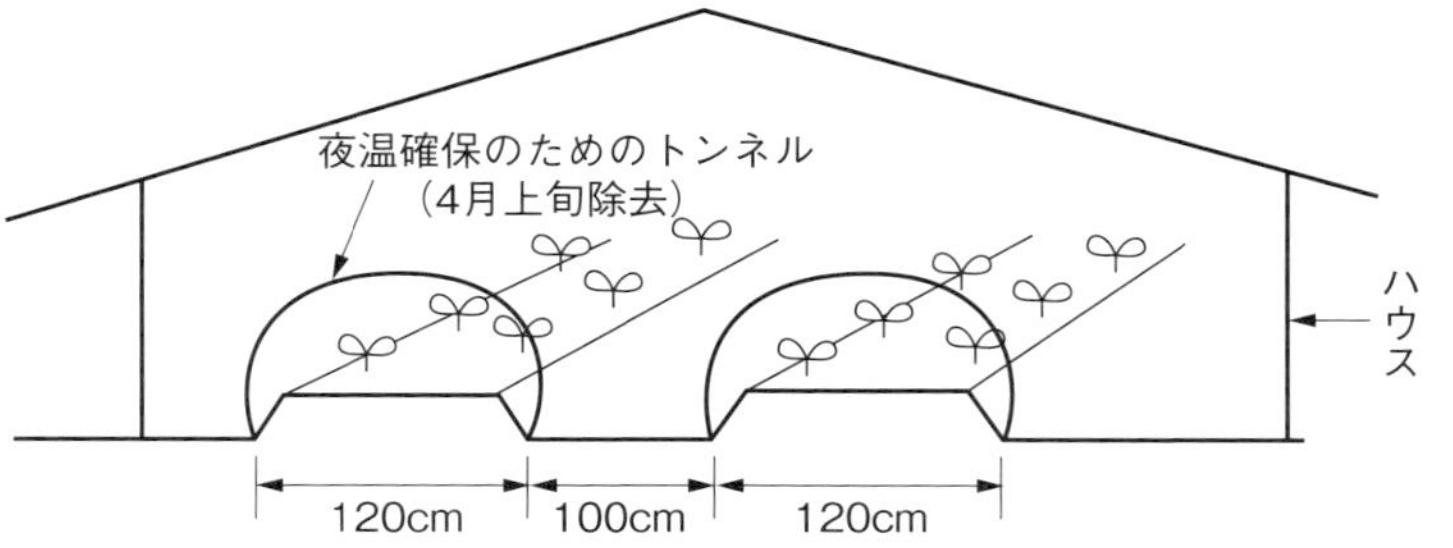

図８　ハウス内トンネル育苗

図 10　定植時の理想的な苗の姿
（原図：香川）

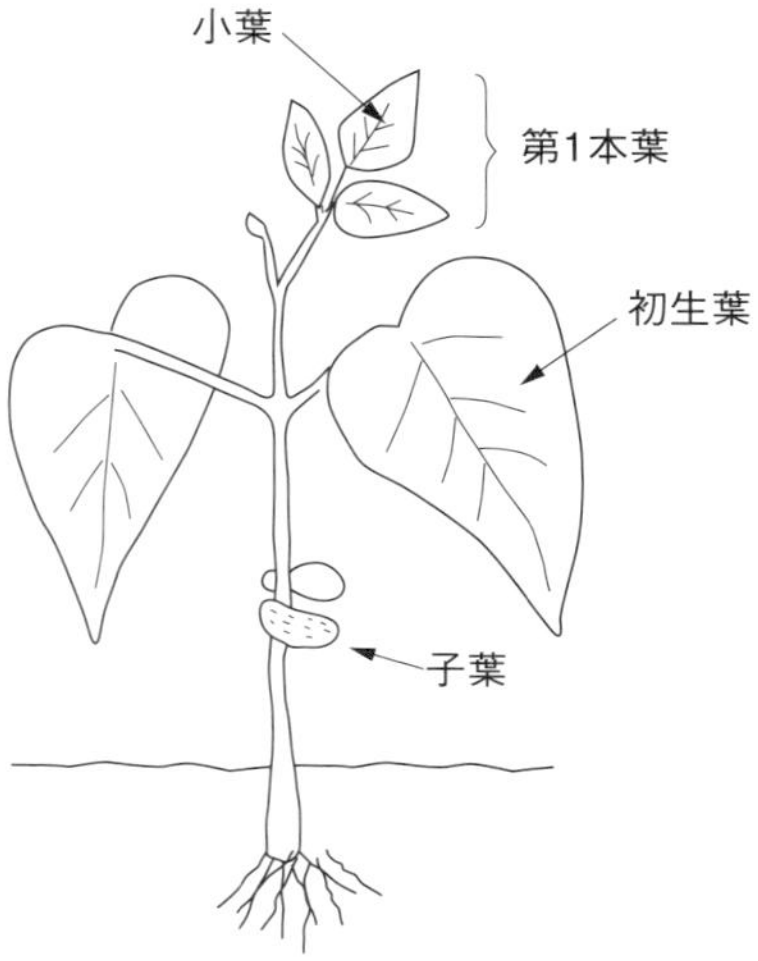

表 10　施肥例　（単位：kg/10a）

	肥料名	施肥量	成分量		
			窒素	リン酸	カリ
元肥	堆肥 苦土石灰 いんげん専用 ようりん	2,000 100 150 25	 15.0 	 15.0 5.0	 15.0
追肥 1	燐硝安加里 S604	20	3.2	2.0	2.8
追肥 2	燐硝安加里 S604	10	1.6	1.0	1.4
追肥 3	燐硝安加里 S604	10	1.6	1.0	1.4
施肥成分量			21.4	24.0	20.6

しっかり確保されていることが重要である。なお、アブラムシ類の防除のために、登録されている粒状タイプの薬剤を、植穴に土壌混和して定植する。定植後、株元に灌水して活着を促す。

栽植様式は株間40～45cm、条間60cmの2条植えにする。

(3) 定植後の管理

①温度管理

開花前までの温度管理　定植から14日ころまでは、日中25～28℃、夜間14～16℃とし、それ以降開花前までは日中20～25℃、夜間16～18℃とする。夜間の温度を保つように、夕方には早めにハウスとトンネルを閉める。

4月上中旬に霜の心配がなくなったら、または、つるがトンネルに当たる前にトンネルを除去する。さらに、図11のように支柱を立てる。

開花後の温度管理　日中は20～25℃、夜間は16～18℃とし、夜間は20℃以上にしない。

②活着後の管理

〝スーパーステイヤー〟は、土壌が乾いたらそのつど灌水する。開花期以降は、水は少量でも灌水の回数を増やす。〝鴨川グリーン〟

図11　支柱の立て方（トンネル除去後に立てる）
（原図：香川）

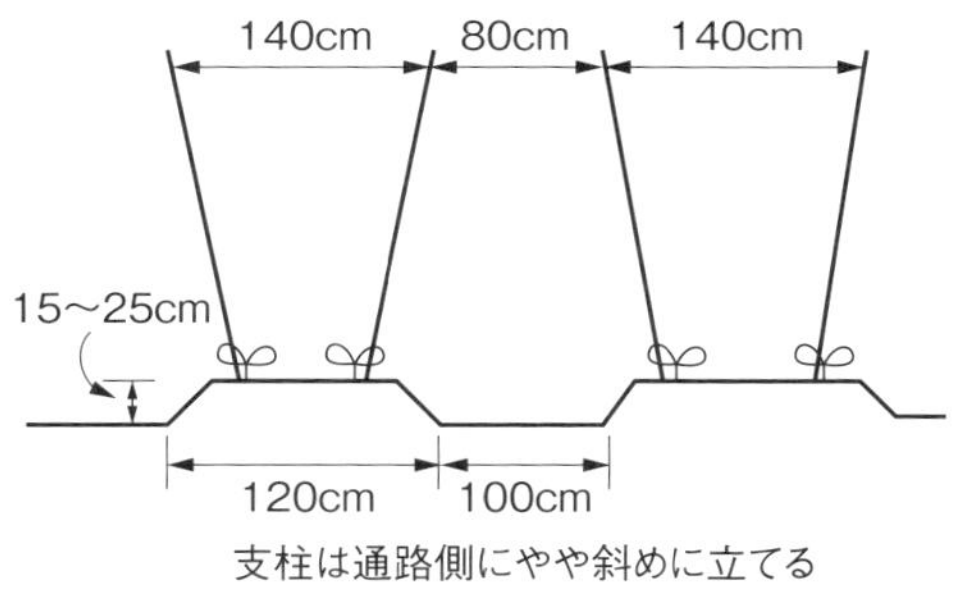

図12　わい性サヤインゲンの着莢の様子

は、定植時に十分な土壌水分があれば、基本的に開花まで水分は必要ない。

両品種とも、開花期に通路が乾いているときは、通路灌水する。

③摘心

つる性の品種は、本葉4～5枚のときに主枝の摘心を行ない、その後伸びた側枝がネットの上部に達したときに再度行なう。

半つる性の品種は、主枝、側枝とも、ネットの上部に達したときにはじめて摘心する。

④追肥

1回目の追肥の目安は、〝スーパーステイヤー〟は開花が始まったころ、〝鴨川グリーン〟は着莢を確保したころである。

いずれの品種も、1回目は窒素成分3kg程度とし、その後は生育をみながら7～10日おきに窒素成分で1～1.5kgの追肥を行なう。

(4) 収穫

M、Sサイズを中心に、できれば毎日、少

表11　病害虫防除のポイント

	病害虫名	防除法
病気	モザイク病 黄化病 つる枯病	アブラムシ類を防除する
	菌核病	開花1週間後から薬剤散布を行ない，初期感染を防止する。夏に湛水するか，菌核を土中深く埋没して死滅させる
	炭疽病	種子伝染のため健全な種子を使う。発病初期に登録薬剤を使用する。資材に残った被害茎葉も伝染源となるので除去する
	根腐病	夏にハウスを密閉して太陽熱土壌消毒を行なう
	灰色かび病	開花1週間後から薬剤散布を行ない，初期感染を防止する。密植や過度な窒素肥料の使用による過繁茂を避ける
	白絹病	夏に湛水するか，菌核を土中深く埋没して死滅させる
害虫	アブラムシ類	定植時に登録された粒剤を植穴に土壌混和する。初期防除に努める
	ハモグリバエ類	初生葉に被害がみられたら，葉ごと虫を早めに取り除く
	チョウ目害虫	ハスモンヨトウは，卵や若齢幼虫の集団を処理する。カブラヤガは，被害株近くの土中にいる幼虫を捕殺する
	アザミウマ類 コナジラミ類 チャノホコリダニ	天敵を活用するか，初期防除に努める
	ハダニ類	天敵を活用するか，初期防除に努める

表12　天敵の特徴と利用のポイント

	スワルスキーカブリダニ	チリカブリダニ
捕食する害虫	アザミウマ類，コナジラミ類，チャノホコリダニ	ハダニ類
特徴	広食性天敵で花粉も餌にする。15℃以下で活動量が低下する	ハダニ類のみを餌にするが，捕食量が多く，増殖スピードが速い。高温に弱い
利用のポイント	・天敵への影響日数を考慮して登録農薬を使用し，天敵導入前にはできるだけ害虫の密度を下げる ・施設の側面や天窓などに防虫ネットを張って，外部からの害虫の侵入を減らす ・天敵放飼後約10日間は，薬剤散布や摘葉を行なわない ・粘着トラップを併用して，害虫の密度を下げる ・摘除した葉を1～2日程度，株元に置いておく	

表13　ハウス半促成栽培（無加温）の経営指標

項目	
収量（kg/10a）	3,000
平均単価（円/kg）	902
粗収益（円/10a）	2,706,000
経営費（円/10a）	1,350,938
種苗費	3,607
肥料費	86,170
薬剤費	28,023
資材費	84,184
動力光熱費	15,104
農機具費	85,281
施設費	368,249
雇用労働費	205,000
流通経費（運賃・手数料）	407,820
荷造経費	67,500
所得（円/10a）	1,355,062
労働時間（時間/10a）	1,230

注）平均単価は，過去3年の4月から6月までの東京都中央卸売市場における価格の平均

なくとも1日おきに収穫する（図12）。収穫が終了した節位から順に摘葉し、2番花房の発生を促す。とくに、黄化した葉や病葉を取り除いて、日当たりや通気性をよくする。

4 病害虫防除

(1) 基本になる防除方法

モザイク病、黄化病、つる枯病といったウイルスによる病害は、ウイルスを媒介するアブラムシ類の防除が基本になる。

菌核病や灰色かび病は、曇雨天が続く多湿条件で発生しやすい。萎れた花弁や落下したものが発生源になる。こまめに摘葉し、風通しをよくする。

ハモグリバエ類は、発生初期で下葉にとどまっているときは、摘葉して被害葉をハウス外に持ち出す。

どの病害虫も、登録薬剤を、発生初期を中心に使用することが肝要である。

(2) 天敵

サヤインゲンで使用する天敵として、スワルスキーカブリダニとチリカブリダニがあげられる。特徴と使用するときのポイントを表12に示した。

5 経営的特徴

半促成栽培の10a当たりの収量は約3tである。温度が低く、日照時間が短い時期の栽培になるが、露地栽培より1カ月近く早く出荷できるので、市場価格は露地栽培より高いことが多く、有利に販売できる。

経営費の中では、流通経費が最も多くかかる。10a当たりの労働時間は1230時間で、そのうち収穫、選別、調製にかかる時間は1000時間を超え、8割を占めている（表13）。

（著者：宮木　清）

ソラマメ

表1　ソラマメの作型，特徴と栽培のポイント

主な作型と適地

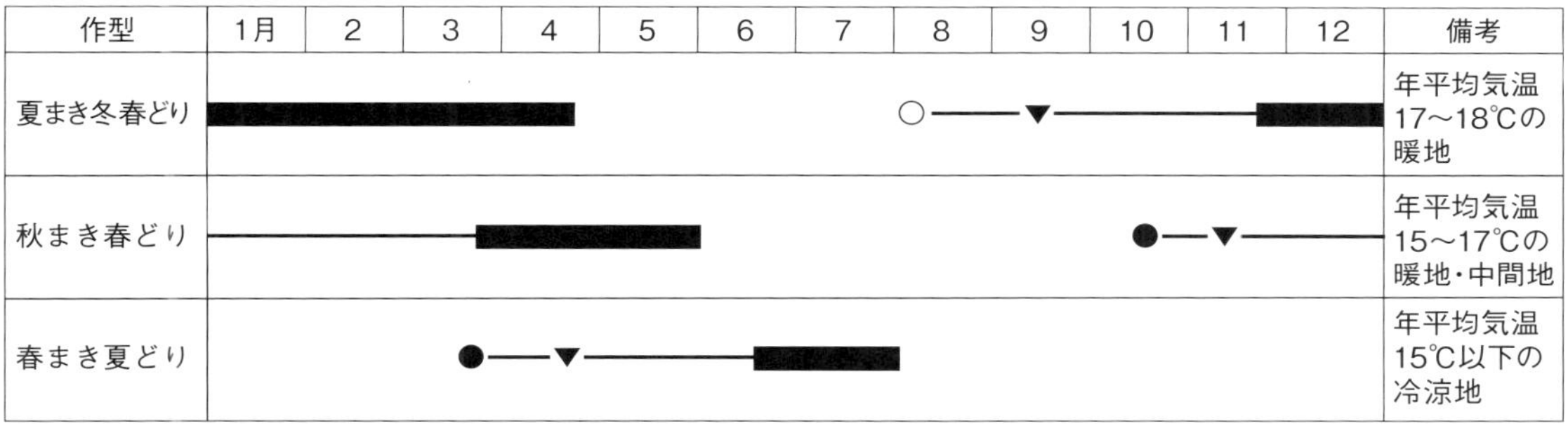

○：催芽，低温処理，●：播種，▼：定植，■：収穫

特徴	名称（別名）	ソラマメ（マメ科ソラマメ属），別名：蚕豆，お多福豆，五月豆，学名：*Vicia faba* L.
	原産地・来歴	北アフリカ地中海沿岸，カスピ海周辺
	栄養・機能性成分	タンパク質，炭水化物，カリウム，ビタミン B_1，B_2
	機能性・薬効など	高血圧抑制，疲労回復，新陳代謝促進
生理・生態的特徴	発芽条件	適温 25 〜 28℃
	温度への反応	生育適温 16 〜 20℃，25℃以上で草勢劣る
	土壌適応性	耕土の深い壌土や埴壌土，pH 6 〜 6.5
	開花習性	低温で花芽分化
栽培のポイント	主な病害虫	立枯病，赤色斑点病，さび病，菌核病，褐斑病，ウイルス病 アブラムシ類，アザミウマ類，ヨトウムシ類，ウラナミシジミ
	他の作物との組合せ	オクラ，カボチャ，スイートコーン，サツマイモ，水稲

この野菜の特徴と利用

(1) 野菜としての特徴と利用

ソラマメの原産地は、北アフリカの地中海沿岸からカスピ海周辺にかけてといわれている。現在では、中国、アフリカ、ヨーロッパ、オーストラリアなどで多く生産されている。

日本には、奈良時代に中国から持ち込まれたといわれているが、本格的に栽培されるようになったのは明治時代からである。

最近は全国で2000ha程度栽培され、関東以西の温暖な地域で生産が多く、主な産地は鹿児島県、千葉県、茨城県、愛媛県である。

春から初夏の季節野菜として、未熟な豆を塩ゆでで食べることが多いが、最近では莢ごと焼いて食べる人も増えている。むき実にすると食味の低下や変色が早いため、むいたらできるだけ早く食べるようにする。莢のまま冷蔵庫で保存すると1週間程度は日持ちする。

タンパク質や炭水化物が豊富で、カリウムやビタミンB_1、B_2を多く含む。

(2) 生理的な特徴と適地

①生理的な特徴

ソラマメはマメ科の越年生草本で、草丈90～130cm、主枝の下位の節から十数本の分枝を発生する。分枝は5～6節目から各節に花を総状に1～5花着生し、1花房に1～3個着莢する。

ソラマメは、ある一定期間低温にあわないと花芽分化しない、種子バーナリ性の植物である。そのため、気温の高い10月から開花させるためには、催芽した種子を冷蔵庫に一定期間入れて花芽分化させる必要がある。

花は蝶形花で、開葯が開花2日前から始まるため、ほとんどの花が蕾のうちに自家受精する。しかし、虫媒による自然交雑が14～80%あるとの報告があり、このことが品種の維持や種子の増殖で問題になることがある。

②生育適温

発芽適温は25～28℃で、10℃以下の低温や30℃以上の高温では、発芽率が著しく低下する。生育適温は16～20℃と冷涼な気候を好み、25℃以上の高温になると生育が衰え、花粉管の伸長がにぶって着莢しなくなる。

耐寒性は幼苗期にはかなり高いが、開花期以降は低くなる。花は0℃以下で落下し、莢はマイナス2℃以下で浮き皮や裂傷を生じ、子実も低温障害を受ける。

③地域と作型

作型は、栽培する地域の気温によって違う。

年平均気温が17～18℃の鹿児島県指宿市では、低温処理した種子を9月に植え付け、11月から4月まで収穫している。

年平均気温が15～17℃の関東以西の地域では、10月に播種し3月から5月に収穫している。この作型はソラマメの最も一般的な作型であり、低温処理した種子を植え付けて3月から5月に収穫する栽培や、無処理種子を植え付けて幼植物で越冬させて5月に収穫する栽培、トンネル被覆で冬に保温する栽培など地域の気象条件に合わせてさまざまな方法で栽培が行なわれている。

年平均気温が15℃以下の関東以北の冷涼な地域では、春まき夏どり栽培が行なわれ、6月から7月に収穫している。

④土壌適応性といや地

耕土の深い壌土や埴壌土が適するが、灌水施設があれば砂壌土でも栽培可能である。酸性土壌では生育が劣り、土壌のpHは6～6.5が適する。

根の酸素要求量が多いため、湿田や作土層の浅い圃場では生育が劣り、冠水すると湿害を生じる。湿田や排水不良圃場では排水対策を、作土層の浅い圃場では深耕を行なうとよい。

表2　品種のタイプと品種例

品種のタイプ	主な品種
大粒種（一寸系）	陵西一寸，唐比の春，ハウス陵西，打越一寸，清水一寸，河内一寸
長莢種	讃岐長莢
小中粒種	大島在来，芦刈在来，熊本小粒，房州早生

ソラマメは連作を嫌う作物なので、3～5年休閑して栽培するか、連作する場合は土壌消毒を行なう。

⑤水分、光への反応

マメ類の中では水分を多く必要とする作物で、莢肥大期に水分が不足すると減収するだけでなく、種皮しみ様褐変症（略称：しみ症）が発生しやすくなる。

光を多く必要とする作物なので、ウネの向きと枝の仕立て方、枝の間隔は受光態勢を勘案して選択する。日照不足になると曲がり莢が多発し減収する。

⑥品種

品種は、〝陵西一寸〟〝唐比の春〟〝ハウス陵西〟〝打越一寸〟などの大粒種（一寸系）が多く、3粒莢の多い品種が主流になっている（表2）。

なお、品種には3つのタイプがあり、大粒種は莢の長さが15～20cm程度、子実の長さが3.3cm（一寸）以上、1粒の重さが4～6gの大粒で、最も一般的な品種である。長莢種は、莢の長さが20cm以上になり、子実は大粒種より少し小さいが、1莢に4～6粒入る品種である。小中粒種は、莢の長さが数cm～十数cmの小莢で、子実の大きさが1cm程度のものから2cm程度のものまであり、地域によってさまざまな特性をもつ在来種が主である。

（執筆：中島　純）

露地栽培・トンネル栽培

1 この作型の特徴と導入

(1) 作型の特徴と導入の注意点

露地栽培では、開花から収穫までの期間に霜や雪などによる寒害を受けないよう、播種時期の設定と低温処理の有無を選択する必要がある。

冬に寒害を受ける可能性のある地域では、無処理種子を使い幼植物で越冬させるか、トンネル栽培を導入する。

(2) 他の野菜・作物との組合せ方

ソラマメは収穫に多くの労働力がかかるため、収穫期がソラマメの収穫期と重ならない作物を組み合わせることが重要である。

初夏から夏に収穫するオクラ、カボチャ、

図１　ソラマメの露地栽培・トンネル栽培　栽培暦例

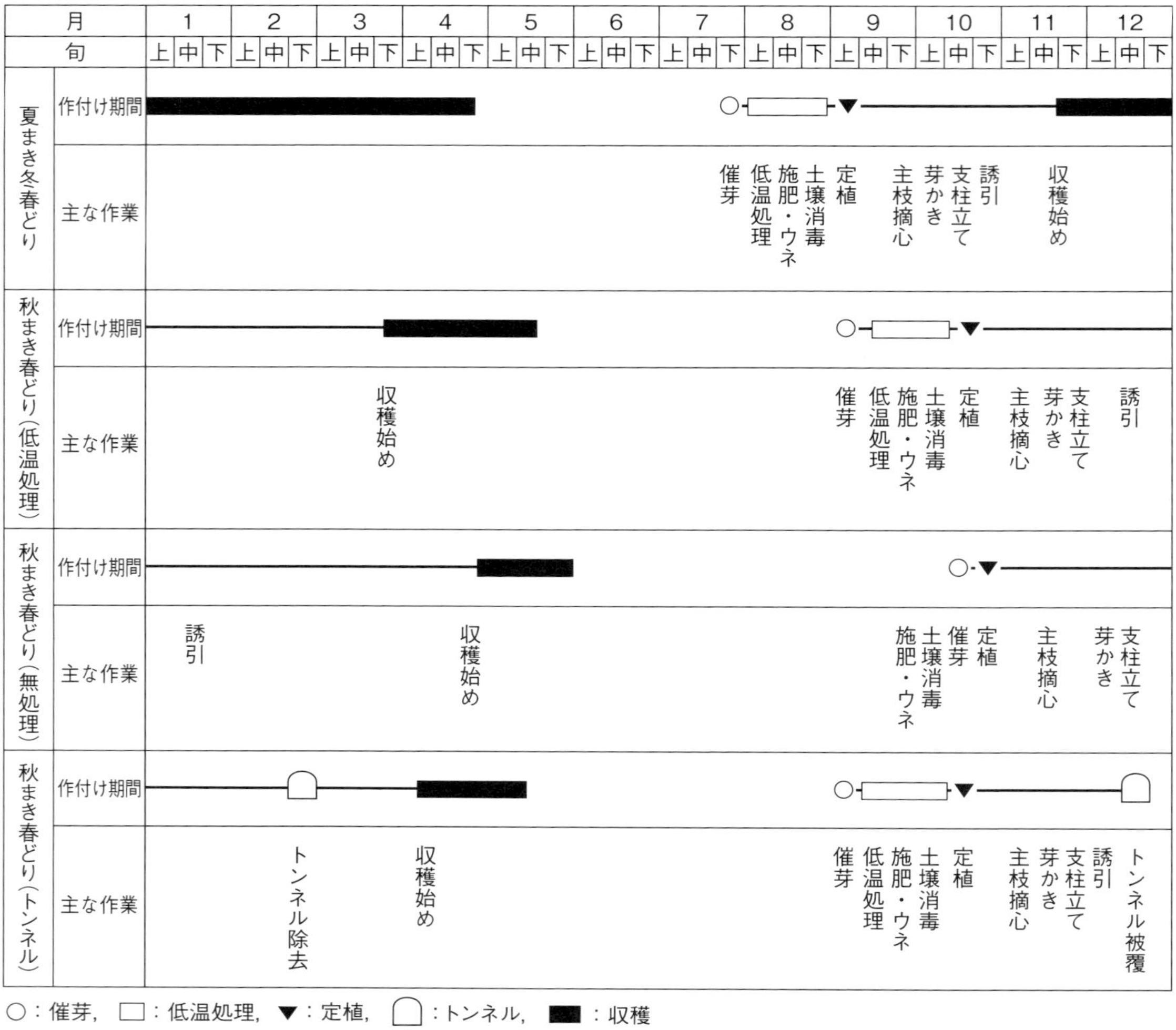

スイートコーン、夏から秋に収穫するサツマイモや水稲と組み合わせる例が多い。

2　栽培のおさえどころ

(1) どこで失敗しやすいか

連作すると病気の発生が多くなるため、連作を避けるか、土壌消毒を行なう。日当たりの悪い圃場では生育が悪く収量が少なくなるため、日当たりのよい圃場を選ぶ。

植付け後に乾燥すると生育が悪くなり減収するため、植付け後に降雨がない場合は、土壌水分や生育をみて灌水を行なう。

(2) おいしく安全につくるためのポイント

鹿児島県指宿市では、アブラムシ類とアザミウマ類対策として、ソルゴー（障壁作物）とソバ（バンカープランツ＝土着天敵温存植物）、光反射マルチの利用で、減農薬栽培に取り組み始めたところである。

(3) 品種の選び方

経済栽培を行なう場合は、3粒莢の多い一寸系の品種を選ぶとよい（表3）。しかし、地域によってはさまざまな特徴をもつ在来品種があるので、販売上の有利性や嗜好性に合わせて品種を選択するのもよい。

表3　主要品種の特性

品種名	販売元	特性
陵西一寸	ヴィルモランみかど，サカタのタネ，など	3粒莢が多い。子実は1粒5g程度，粉質で食味よい
唐比の春	八江農芸	着莢よい。3粒莢がかなり多い。子実の大きさは‘陵西一寸’なみ，やや粘質で食味よい
ハウス陵西	ヴィルモランみかど	‘陵西一寸’より開花が早い。着莢よい。莢と子実の大きさは‘陵西一寸’なみ，粉質で食味よい
打越一寸	サカタのタネ	草勢が強い。着莢よく，3粒莢が多い。莢と子実の大きさは‘陵西一寸’なみ

表4　露地栽培・トンネル栽培のポイント

	技術目標とポイント	技術内容
定植準備	◎圃場の選定 ◎施肥 ◎ウネ立て ◎マルチ	・ソラマメ，エンドウなどと連作にならないようにする ・播種2週間前までに堆肥，肥料を施用する ・幅65cm，高さ15～20cmのかまぼこ形のウネをつくる ・害虫忌避と土壌水分の維持。高温期では地温抑制を目的に光反射マルチを使う
催芽・定植	◎催芽 ◎定植 ◎補植苗	・水はけのよい無肥料の培土を用い播種箱などで催芽する ・種子をへそを下向きに挿し込み，種子がかくれる程度に覆土する ・圃場へは催芽種子を種子が少し見える程度の深さに植え付ける ・ポット育苗の場合は本葉2枚目程度のときに定植する ・欠株対策として，補植苗をポット育苗で準備しておく
定植後の管理	◎灌水 ◎摘心 ◎整枝 ◎誘引	・圃場に植え付けたら，灌水し活着を促す ・主枝を5節で摘心する ・主枝の1，2節目から発生する側枝を伸ばすように仕立てる ・側枝が15cm程度伸びたら，主枝と不要な側枝を除去する ・1条L字仕立ての場合は，3本の側枝を1条に寄せてL字状に誘引する ・2条U字仕立ての場合は，4本の側枝を2条に振り分けてU字状に誘引する
収穫	◎適期収穫	・莢がやや下を向き，子実の膨らみが十分で，莢の光沢が出るころ収穫する

3 栽培の手順

(1) 畑の準備

① 酸度調節、深耕、土壌調節

ソラマメは酸性土壌を嫌うので、土壌消毒の2週間前までに、pH6程度になるように苦土石灰などを散布する。また、栽培期間が長く、根の酸素要求量も多いので、作土が深くなるように深耕を行なう。

連作する場合は土壌消毒を行なう。土壌消毒はクロルピクリンやダゾメット剤などの薬剤を使うか、太陽熱消毒を行なう。

② 施肥

元肥の施肥量は10a当たり窒素8kg、リン酸13・4kg、カリ6・4kg程度を施用する（表5）。

追肥は生育が弱い場合に行ない、1回当たり窒素成分量で2kg程度を施用する。

③ ウネつくりとマルチ

ウネは高さ15～20cmのかまぼこ形につくるが、排水の悪い圃場ではより高くするとよい。

マルチは、高温期に播種する夏まき冬春どり作型では、光反射マルチ（タイベック、アルミ蒸着フィルム、白黒ダブル）を使う。

秋まき春どり作型では、マルチをしなくても栽培可能であるが、マルチをする場合は白黒ダブルやシルバー、黒などのポリマルチを利用する。マルチをしない場合は、雑草対策として、栽培途中に中耕・土寄せを行なう。

表5　施肥例　（単位：kg/10a）

	肥料名	施肥量	成分量		
			窒素	リン酸	カリ
元肥	堆肥	全面：2,000 条施：600			
	苦土石灰	100			
	苦土重焼燐	20		7.0	
	そらまめ配合	80	8.0	6.4	6.4
	アヅミン	40			
	小計		8.0	13.4	6.4
追肥	NK2号	（40）	6.4		6.4
施肥成分量			14.4	13.4	12.8

注1）堆肥は全面施用の場合は2,000kg，条施の場合は600kg
注2）追肥は生育によって変化するので，目安の量を（　）内に示した

(2) 催芽、低温処理、定植

①催芽、定植

ソラマメは直接圃場に播種すると、不発芽や発芽不揃いになりやすいので、催芽する方法が一般的に行なわれている。催芽の培土は、水はけがよく無肥料のものが適しており、パーライトと土を混ぜた芽出し専用培土や、バーミキュライト、砂などが利用されている。

図2　ソラマメの催芽状況

催芽のやり方は、園芸用の播種箱や水稲の育苗箱に培土を入れ、種子をへそ（おはぐろともいう）が下向きになるように挿し込み、種子がかくれる程度に覆土する（図2）。播種後、1箱に1ℓ程度灌水し、乾燥防止のため新聞紙などをかぶせて日の当たらないところに置く。

発根するまでに4～7日程度かかるが、培土が乾いたら灌水して水分を補う。

1cm以上発根したら、播種箱から種子を取り出す。低温処理しない場合は、取り出した催芽種子を圃場に株間40～50cmで植え付ける。

ポリポット育苗後に定植する場合は、7・5cmポットやセルトレイなどに催芽種子を植えた後、老化苗にならないよう本葉2枚程度のころに圃場に定植する。

なお、催芽種子を植え付ける深さは、種子が少しみえる程度でよい。

②低温処理

低温処理する場合は、発根した種子を水で洗ってポリ袋に入れ、3℃の冷蔵庫に4週間以上冷蔵する。

低温処理を終えた種子を、そのまま圃場に植え付けると株枯れすることがあるので、冷蔵庫から出したら、袋に入れた状態で半日程度室温にならしてから植え付ける。

③欠株対策

欠株対策として補植苗を準備しておくとよい。補植苗は、生分解性ポット（ジフィーポット）やセルトレイ、7・5cmポリポットなどで育苗する。

老化苗は活着が悪く生育が遅れるので、補植苗の定植は欠株をみつけたらできるだけ早く行なう。

(3) 定植後の管理

① 灌水

定植後は、活着を促すため株元に灌水する。苗が活着するまでに晴天や乾燥した日が続いたときは、散水チューブや灌水チューブで灌水する。

その後の灌水は、降雨がない場合は7～10日おきに5～7㎜程度行なう。莢肥大期の灌水は、とくに重要なので、灌水間隔を5～7日にする。

② 仕立て方と誘引

ソラマメは側枝を数本伸ばして栽培するので、主枝を5節で摘心し、主枝の1、2節目から発生する側枝を伸ばして仕立てる。側枝が15㎝程度伸びたら、L字仕立てでは3本、U字仕立てでは4本の側枝を残し、主枝と不要な側枝を除去する。その後は、側枝をバインダーヒモなどで支柱のほうへ斜めに倒して誘引する。

1条L字仕立ての場合は、3本の側枝を1条に寄せて、L字状になるように誘引する。2条U字仕立ては、4本の側枝を2条に振り分けてU字状になるように誘引する（図3）。

図3　ソラマメの仕立て方

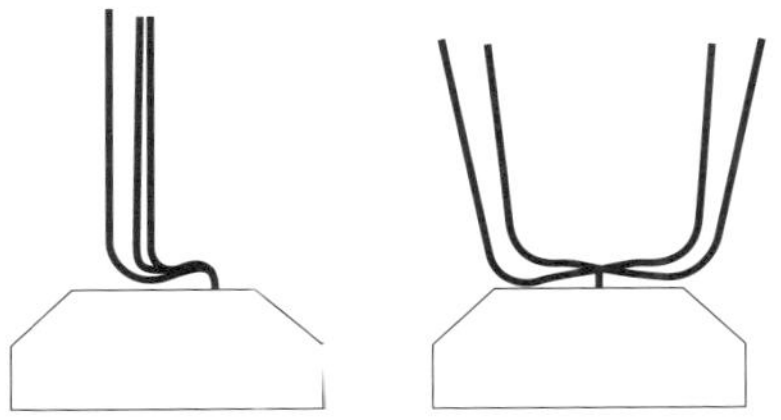

支柱を立てる位置は、1条L字仕立ての場合は、植穴から15㎝程度離して2m間隔で1条に立てる。2条U字仕立ての場合は、ウネの中心から両脇に30㎝程度離して、側枝が上でゆるやかに広がるよう逆八の字に立てる。

側枝の誘引は、側枝の生長に合わせて、25㎝間隔で、側枝を挟んで2本のヒモを張って固定する。

図4　ソラマメの着莢状況

③ 摘花、摘莢

ソラマメは莢が多くつきすぎると養分競合を起こし、1粒莢や発育不良莢が多くなる。そのため、1節1莢になるように摘花と摘莢を行なう。

摘花は茎に近い花を残すようにし、摘莢は粒数の多い形状のよい莢を残すようにする（図4）。いずれの作業も数節をまとめて行なうと省力的である。

④ 摘心

莢をつけた枝を摘心すると莢の肥大が早くなり、早期の収量が多くなるので、販売上、有利になる。

夏まき冬春どり栽培の場合、平年の気温であれば、3月末に収穫を終わるには12月下旬に摘心し、4月中旬に収穫を終わるには1月下旬に摘心する。

秋まき春どり栽培の場合、摘心は25～30節がよいが、晩霜の恐れがある場合は摘心を遅らせる。

⑤トンネル栽培

冬に寒害を受ける可能性がある地域で、露地より早期に収穫したい場合はトンネル栽培を行なう。トンネルの被覆期間は、九州北部の場合、12月中旬から2月下旬までである。

同地域ではトンネル支柱は竹を使い、高さ1m程度になるよう竹を曲げて使っている。被覆資材は農業用ポリオレフィン（農PO）を用いている。

(4) 収穫

収穫適期の目安は、莢がやや下を向き、子実の膨らみが十分で、莢の光沢が出るころである。莢を開くと子実が莢から容易に離れ、へそに黒い線が細く入っている状態が収穫適期である。

収穫遅れになると、子実が硬くなって甘味がなくなり食味が悪くなるので、遅れないように注意する。

4 病害虫防除

(1) 基本になる防除方法

時期によって病害虫の種類が変化するので、発生をみながら効果のある薬剤による早期防除（予防）に心がける。

害虫では、9～11月にヨトウムシ類やアブラムシ類の発生が多い。開花期以降は、アザ

表6 病害虫防除の方法

	病害虫名	防除法
病気	立枯病	4～5年の休閑または土壌消毒
	さび病，赤色斑点病，褐斑病	枝が過密にならないよう整枝・誘引を行なう。登録農薬で予防散布を心がける
	ウイルス病	発生したら圃場外に持ち出す。アブラムシ類防除を徹底する
害虫	アブラムシ類，アザミウマ類	忌避効果のある光反射マルチを利用する。定植時に粒剤を使用する。発生をみたらすみやかに薬剤散布を行なう
	ヨトウムシ類，ウラナミシジミ，ハモグリバエ類	発生をみたらすみやかに薬剤散布を行なう

表7 主要病害虫の主な有効農薬

	病害虫名	主な有効農薬
病気	立枯病，苗立枯病	クロルピクリン（土壌消毒），バスアミド微粒剤（土壌消毒），タチガレン液剤（灌注），ベンレート水和剤（灌注）
	さび病	ジマンダイセン水和剤，アミスター20フロアブル，オンリーワンフロアブル
	赤色斑点病	ロブラール水和剤，Zボルドー
	灰色かび病	セイビアーフロアブル20，アフェットフロアブル，ファンタジスタ顆粒水和剤
	菌核病	ベンレート水和剤，スクレアフロアブル，アフェットフロアブル，ファンタジスタ顆粒水和剤，パレード20フロアブル
	炭疽病	スクレアフロアブル
	うどんこ病	イオウフロアブル
害虫	アブラムシ類	アドマイヤー1粒剤（定植時土壌混和），アドマイヤーフロアブル，モスピラン顆粒水溶剤，アディオン乳剤，スミチオン乳剤
	アザミウマ類	アディオン乳剤，ディアナSC，マラソン乳剤，モスピラン顆粒水溶剤
	ハスモンヨトウ	フェニックス顆粒水和剤，ディアナSC，グレーシア乳剤
	ウラナミシジミ	アディオン乳剤
	マメハモグリバエ	カスケード乳剤
	ハモグリバエ類	アファーム乳剤，プレバソンフロアブル5，ディアナSC，グレーシア乳剤
	コガネムシ類幼虫	ダイアジノン粒剤3（播種時または定植時土壌混和）
	ハダニ	ダニトロンフロアブル，コテツフロアブル，コロマイト乳剤

ミウマ類やウラナミシジミの発生が多くなる。気温が高くなる3月以降は、アブラムシ類やハモグリバエ類の発生が多い。

病気では、生育初期や台風通過後には、立枯病、疫病、炭疽病など株枯れを起こす病気の発生がある。冬には病気の発生は少ないが、気温が高くなる3月以降は、さび病、赤色斑点病、褐斑病など葉枯れを起こす病気が多くなる。

生育全期を通して、モザイク病や萎黄病などウイルス病が発生する。症状が激しく、莢の品質や収量に影響があるので、他の株に感染しないよう、発見したらすぐに抜き取って圃場外に持ち出し処分する。

表8　露地栽培（春まき冬春どり）の経営指標

項目	
収量（kg/10a）	2,000
単価（円/kg）	500
粗収益（円/10a）	1,000,000
経営費（円/10a）	736,000
種苗費	36,000
肥料費	25,000
農薬費	75,000
資材費	160,000
動力光熱費	20,000
償却費など	120,000
流通費	300,000
農業所得（円/10a）	264,000
労働時間（時間/10a）	250

(2) 農薬を使わない工夫

光反射マルチの中でもタイベック、アルミ蒸着フィルム、シルバーマルチは、アブラムシ類やアザミウマ類の忌避効果があるので、利用すると農薬散布の回数を減らすことが可能である。

また、栽培を始める前に、あらかじめ圃場周囲に障壁作物としてソルゴーを栽培しておくと、害虫の発生を抑えられる。

5 経営的特徴

収量は、夏まき冬春どり栽培では収穫期間が長いので、10ａ当たり２ｔ程度得られ、単価が１kg当たり５００円程度になるので、粗収益が１００万円程度になる。直接経費では種苗費がマメ類の中では多くかかるが、自家採種を一部取り入れることでコストを抑えることは可能である（表８）。

鹿児島県では産地から消費地までの距離が長いため、流通経費が粗収益の３割程度かかるが、産地によっては消費地に近く、安くなる場合もある。

労働時間は10ａ当たり２５０時間でマメ類の中では少ないため、産地では１〜２ha栽培する生産者が複数みられる。

（執筆：中島　純）

サヤエンドウ

表１　サヤエンドウの作型，特徴と栽培のポイント

主な作型と適地

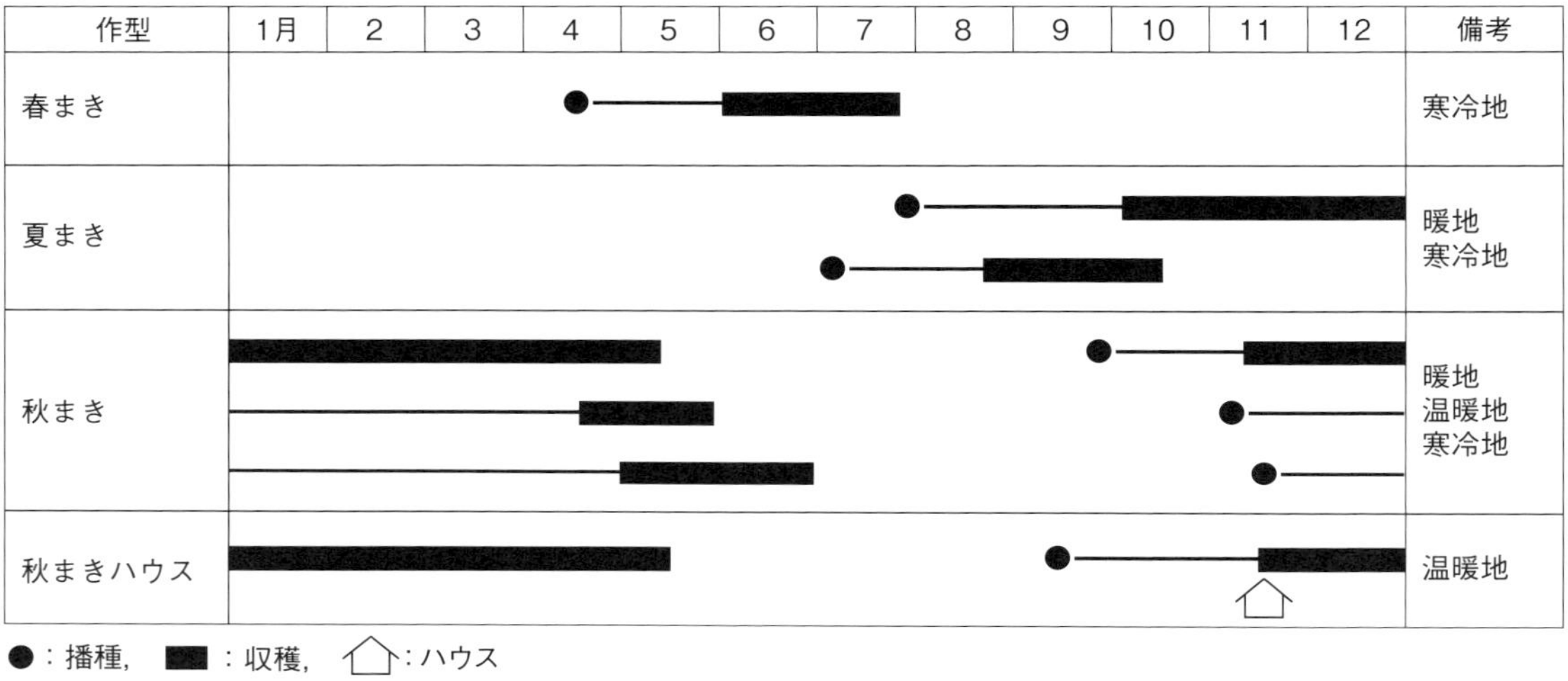

特徴	名称	エンドウ（マメ科エンドウ属），学名：*Pisum　sativum* L.
	原産地	コーカサス，ペルシャ，中央アジア，中近東
	栄養・機能性成分	カロテン，ビタミンC，食物繊維
	機能性・薬効など	活性酸素を除去する作用，美肌効果，整腸作用
生理・生態的特徴	発芽条件	適温 18 ～ 20℃
	温度への反応	生育適温 15 ～ 20℃，５℃以下で開花・着莢に障害，25℃以上で草勢劣る
	土壌適応性	排水のよい耕土の深い壌土や埴壌土，pH 6 ～ 6.5，連作を嫌う
	開花習性	低温，長日条件で花芽分化
栽培のポイント	主な病害虫	立枯病，うどんこ病，褐紋病，褐斑病，灰色かび病，ウイルス病 アブラムシ類，アザミウマ類，ヨトウムシ類，ウラナミシジミ，ハダニ類
	他の作物との組合せ	水稲，スイートコーン，ナス，スイカ，オクラ，ニガウリ

この野菜の特徴と利用

(1) 野菜としての特徴と利用

エンドウの原産地はコーカサス、ペルシャ、中央アジア、中近東などの諸説がある。日本に渡来した年代はわからないが、江戸時代にはいくつかの品種が書物に記載されており、江戸時代の中期以降には欧州系の莢用品種が導入されたといわれている。明治時代には欧米から品質のよい品種が多く導入され、莢用、青実用、種実用と、用途別に品種と栽培法が分化した。

サヤエンドウ（絹莢、オランダ、スナップエンドウの3つが含まれている）は全国で約3000ha栽培されているが、スナップエンドウを除いたサヤエンドウの栽培面積は約2300haである。主な産地は福島県、愛知県、和歌山県、広島県、鹿児島県である。

サヤエンドウは、煮物や炒め物に利用され、鮮緑色の彩りが料理を引き立てる。カロテンやビタミンCを多く含み、食物繊維も多いことから、ガンなどの原因とされる活性酸素を除去する作用や、美肌効果、整腸作用などが期待できる。

(2) 生理的な特徴と適地

① 生理的な特徴

エンドウはマメ科のつる性植物で、わい性種、高性種、その中間の半わい性種がある。茎の下位節に分枝を、中～上位節に花房をつけ、1花房に1～2花着生する。花弁の色は白または赤～紫色があり、まれにピンク色の品種もある。花は蝶形花で、開葯が開花2日前から始まるため、ほとんどの花が蕾のうちに自家受精する。

エンドウの発芽適温は18～20℃で、10℃以下の低温でも日数は長くなるが発芽率は高い。生育温度は0～28℃であり、生育適温は15～20℃で冷涼な気候を好む。

② 作型と開花促進処理

栽培にあたって、生育の全期間を適温期にするのは不可能なので、低温期や高温期は比較的適応性がある幼苗期で経過させ、開花から収穫期が適温期になるように播種期を決める。

播種期の違いと、開花促進処理やビニールハウスの利用によって、各地域に合った作型が成立している。作型は大別して、春まき、夏まき、秋まきの3つに分類される。

エンドウの花芽分化や開花は、種子の発芽期や幼苗期の低温によって促進される。秋まき露地栽培では、越冬中に低温を受けて春に開花する。

しかし、夏まき栽培や秋まきハウス栽培では、播種から幼苗期に低温を受ける機会がない。この作型で'オランダ'などの晩生品種を栽培する場合、収穫時期を早めて収益の向上を図るため、開花促進処理を行なう必要がある。開花促進処理は、種子の低温処理や幼植物の長日処理が行なわれている。

③ 土壌適応性といや地

エンドウの土壌適応性の幅は広いが、壌土または粘質土壌で生産力が高い。ただし、排水のよいことが必要で、pH5.5以下の酸性土壌は適さない。

一方、連作による〝いや地現象〟がみられるため、土壌消毒を行なうか、4～5年の休閑が望ましい。

④品種のタイプ

サヤエンドウの品種は、絹莢と大莢の2タイプがある。絹莢は1莢が1～2gの小莢で、煮物や和え物、炒め物などの料理に利用されている。大莢タイプはオランダエンドウとも呼ばれ、莢の長さが10cm以上、1莢が6g以上の大莢で、卵とじや炒め物などに利用されている。

（執筆：中島　純）

露地栽培

1 この作型の特徴と導入

(1) 栽培の特徴と導入の注意点

①暖地・温暖地での栽培

関東・北陸以西の暖地や温暖地では、夏まき栽培と秋まき栽培が行なわれている。

夏まき栽培　7月下旬から8月上旬に播種し、秋から収穫を始め、降霜とともに年内に収穫を終了する。沿岸の暖地では1月以降も収穫を継続できる。

この作型では播種期が高温期になるので、低温を好むエンドウは発芽不良や初期生育の抑制がみられる。また、ウイルス病や害虫の発生も多くなることがあり、乾燥の恐れもある。そのため、発芽時と生育初期の管理が大切になる。

秋まき栽培　9月上旬から11月上旬に播種し、春に収穫する。沿岸の暖地では冬も収穫できる。この作型は、エンドウで最も多い作型である。適期播種と寒害防止対策に気をつければ、つくりやすい作型である。

収量を高めるため、収穫期間をできるだけ長くとれるよう、収穫期の畑の過湿と乾燥の防止が大切になる。

②寒地・寒冷地での栽培

北海道、東北、長野などの中部高冷地では、春まき栽培、夏まき栽培、秋まき栽培が行なわれている。

図1　サヤエンドウの露地栽培　栽培暦例

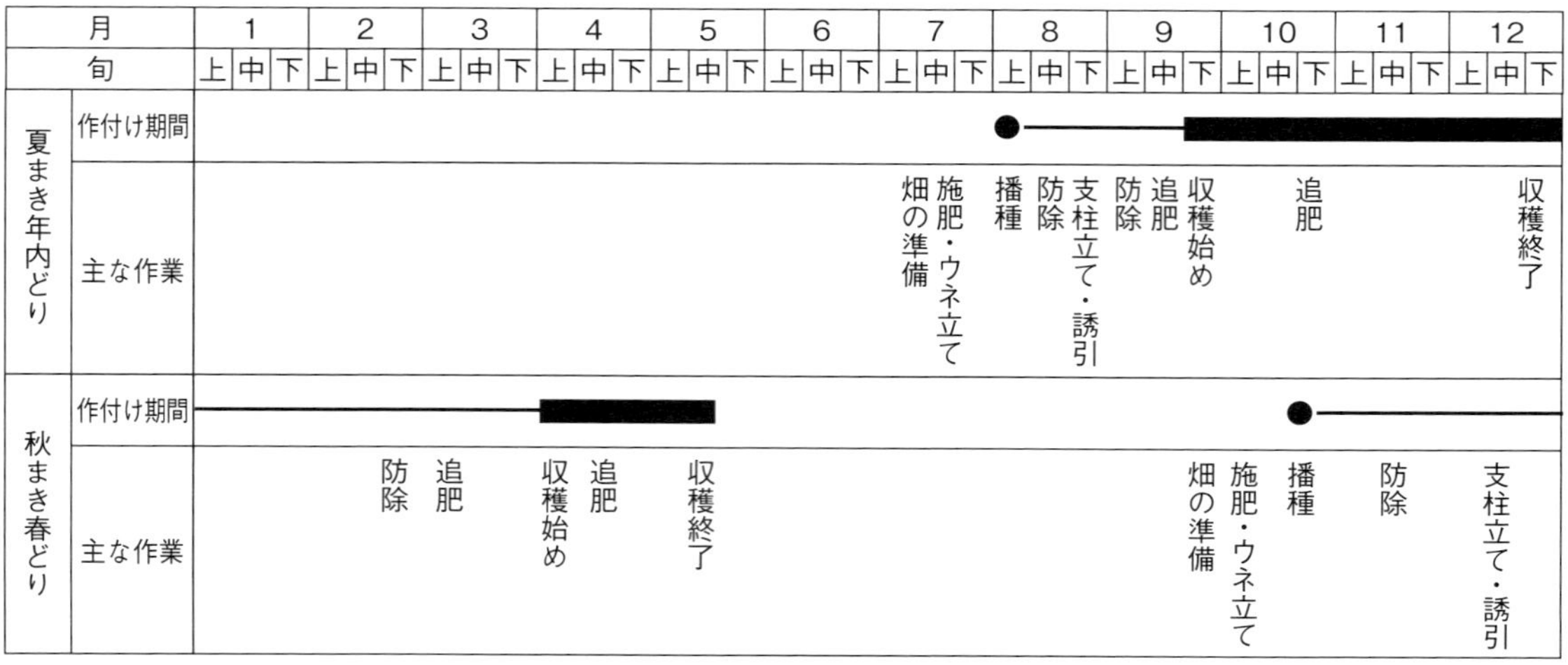

●：播種，■：収穫

春まき栽培　3月下旬から6月中旬に播種し、5月中旬から9月上旬に収穫する。

夏まき栽培　夏の気温が21℃以下の寒地で行なわれ、夏越しに生育させて10月下旬まで栽培する。

秋まき栽培　10月下旬から11月上旬に播種し、幼植物の状態で越冬させ、5月から7月に収穫する。

これらの作型では、立枯病やうどんこ病の発生が多く、虫害の多発や異常高温の危険がある。

(2) 他の野菜・作物との組合せ方

秋まき栽培は、水稲の裏作として導入できる。また、水稲をつくらない場合は、スイートコーンやナスなどと組み合わせることもできる。暖地での夏まき栽培は、スイカのトンネル栽培やオクラ、ニガウリなどとの組み合わせがよい。

2 栽培のおさえどころ

(1) どこで失敗しやすいか

①連作を避ける

エンドウは連作を嫌う典型的な作物で、“いや地現象”によって生育が劣り収量が低下するため、一般には4～5年の休閑が望ましい。やむを得ず連作する場合は、薬剤で土壌消毒を行なうか、夏に太陽熱消毒を行なう。

②播種適期を守る

秋まき栽培で播種期が早いと、厳寒期までに生育が進みすぎ、寒害が大きくなる。逆に播種期が遅れると、収穫後期の気温が高くなり、十分に収穫できないまま急速に枯れ上がる。

したがって、開花から収穫期ができるだけ長く適温（15～20℃）になるよう、地域に合った播種期を守ることが重要である。

(2) おいしく安全につくるためのポイント

サヤエンドウを健全に育てるには、土つくりと排水対策が重要である。安全につくるためには、太陽熱を利用した土壌消毒や播種後の寒冷紗の被覆、光反射マルチの使用など、農薬を減らす工夫をする。

農薬を使用する場合、サヤエンドウは開花から収穫までの期間が短いため、農薬の使用基準の厳守にはとくに注意する。

(3) 品種の選び方

暖地や温暖地での夏まき栽培と秋まき栽培の絹莢では、早生で節間が短く、収穫段数が多い品種が適する。この作型では多数の品種が利用され、絹莢では’美笹’’美笹２０００’’ニムラ白花きぬさや’’ニムラ赤花きぬさや2号’などの品種が産地で栽培されている。大莢では’オランダ’を使うとよい（表２）。

寒地や寒冷地での栽培では、立枯病やうどんこ病の発生が多く、耐病性の品種を利用するのが望ましい。この地域の産地では、絹莢では’ゆうさや’’改良姫みどり’’電光30日絹莢’’あずみ野30日絹莢ＰＭＲ’などの品種が栽培されている。大莢では’オランダ’’かわな大莢ＰＭＲ’が栽培されている。

表2　露地栽培の主要品種の特性

タイプ	品種名	販売元	特性
絹莢	美笹	アサヒ農園	半わい性で草勢強い，夏まきに向く
	美笹 2000	アサヒ農園	半わい性で草勢中程度，早生
	ニムラ白花きぬさや	ヴィルモランみかど	半わい性で草勢強い，長期どりに向く
	ニムラ赤花きぬさや２号	ヴィルモランみかど	半わい性で草勢強い，赤花，長期どりに向く
	ゆうさや	トキタ	耐寒性強い，早生，赤花，寒地・寒冷地に向く
	改良姫みどり	トーホク	耐寒性強い，早生，寒地・寒冷地に向く
	電光 30 日絹莢	カネコ種苗，サカタのタネ	極早生，高性で草勢強い，中間地の秋まき春どり・寒冷地の春まき栽培に向く
	あずみ野 30 日絹莢 PMR	サカタのタネ	うどんこ病に強い，草勢強い，寒地・寒冷地に向く
大莢	オランダ	八江農芸など	高性，晩生，赤花
	かわな大莢 PMR	サカタのタネ	うどんこ病に強い，赤花

表3　露地栽培のポイント

	技術目標とポイント	技術内容
播種準備	◎圃場の選定	・日照と通風がよく，強風の当たらない圃場 ・連作を避ける（4～5年の休閑） ・耕土が深く，排水がよく，保水力のある圃場
	◎土壌消毒	・土壌病害の心配がある場合は薬剤や太陽熱で土壌消毒を行なう
	◎土つくりと施肥	・pH6～6.5 を目標に土壌 pH を調整する（苦土石灰など 100kg/10a 施用） ・元肥は適量を施用
	◎ウネつくり	・南北方向のウネにすると，枝の分布が均一化する ・高ウネをつくり，排水をよくする
	◎マルチ	・春まき栽培や夏まき栽培では，地温抑制と害虫忌避を目的に光反射マルチをする ・秋まき栽培でも，雑草防除と土壌水分保持ができるのでマルチをする ・土壌水分が適湿のときにマルチを張る
播種方法	◎播種期の決定	・地域に合った播種期を守る ・秋まき　暖地９月中旬 　　　　　温暖地 10 月下旬 　　　　　寒冷地 11 月上旬 ・夏まき　暖地８月上旬 　　　　　寒冷地７月 ・春まき　寒冷地４月
	◎播種間隔と播種量	・絹莢　１条播き，株間 20cm，１穴に３粒 ・大莢　１条播き，株間 20～35cm，１穴に４～５粒 ・播種量　3～5ℓ /10a
	◎播種の深さ	・深さ２～3cm
	◎灌水	・発芽するまで乾かないように灌水する
播種後の管理	◎中耕，土寄せ，敷ワラ	・無マルチの場合，発芽後に生育が揃ったらウネの表面を削り，株元に土寄せする ・株元にワラを敷き，風で株が回されるのを防ぐ
	◎支柱立て，誘引	・草丈が 10cm くらいになったら，2m 間隔で 1.8m 程度の支柱を立て，キュウリネットを張る ・枝が倒れたり，折れたりしないように，枝の伸長に合わせて 30cm 間隔でネットの両側に荷造りヒモやバインダーヒモなどを張る ・霜の心配がある場合は，笹を立て霜害を防ぐ
	◎灌水	・土が乾燥したら適宜灌水する ・着莢期に乾燥させると収量低下につながるので注意する
	◎追肥	・１回目は着莢開始期，２回目は収穫最盛期。その後も適宜追肥する
	◎整枝	・主枝と低節位分枝を利用して，ウネの長さ 1m 当たりの枝数が 20～25 本になるよう整枝（芽かき）する
	◎病害虫防除	・早期防除や予防散布を心がける
収穫	◎適期収穫	・開花後 15 日程度，子実の大きさが目立つ前にハサミで切って収穫する

3 栽培の手順

(1) 畑の準備

① 圃場の選定

日照、通風がよく、強風の当たらない場所が適する。エンドウは連作障害が出やすいため、4～5年の休閑圃場を選ぶ。耕土が深く、排水がよく、保水力のある土壌が適する。

表4　施肥例　（単位：kg/10a）

作型		肥料名	施肥量	成分量 窒素	成分量 リン酸	成分量 カリ
夏まき	元肥	堆肥	2,000			
		苦土石灰	120			
		BB555	40	6.0	6.0	6.0
		苦土重焼燐	20		7.0	
		小計		6.0	13.0	6.0
	追肥	NK2号	40	6.4		6.4
	施肥成分量			12.4	13.0	12.4
秋まき	元肥	堆肥	2,000			
		苦土石灰	120			
		BB555	60	9.0	9.0	9.0
		苦土重焼燐	20		7.0	
		小計		9.0	16.0	9.0
	追肥	NK2号	40	6.4		6.4
	施肥成分量			15.4	16.0	15.4

注）追肥は2回に分けて施用

② 土つくりと施肥

完熟堆肥を10a当たり2t施用して深耕する。pH6～6.5を目標に苦土石灰などを投入する。元肥は10a当たり窒素6～9kg、リン酸13～16kg、カリ6～9kg程度施用する（表4）。

③ ウネつくり

枝の分布が均一になるので、南北方向のウネがよい。ウネ幅150～160cm、ベッド幅50～60cm、高さ30cm、通路幅100～120cm程度とする。エンドウの根は酸素不足に弱いので、滞水は禁物で、できるだけ高ウネにする。また、圃場周囲の排水もよくしておく。

④ マルチ

春まき栽培や夏まき栽培では、害虫忌避と地温抑制を目的に、光反射マルチやシルバーマルチを利用する。

秋まき栽培でも、マルチをすることで雑草の防除と土壌水分の保持ができるので利用するとよい。秋まき栽培で播種期が高温になる地域では白黒マルチを、そうでない地域ではシルバーマルチや黒マルチを利用するとよい。

マルチ張りは土壌水分が適湿のときに行なう。

(2) 播種の方法

絹莢の場合、1条播き、株間20cm、1穴に3粒播種が一般的である。大莢品種の場合、1条播き、株間20～35cm、1穴に4～5粒播種する。

播種量は10a当たり3～5ℓ。播種の深さは2～3cmにする。

(3) 播種後の管理

① 中耕、土寄せ、敷ワラ

無マルチの場合は、発芽後に生育が揃ったらウネの表面を削り、株元に土寄せする。株元にワラを敷くと、風で株が回されるのを防ぐことができる。

② 支柱立て、ネット張り

草丈が10cmくらいになったら、2m間隔に1.8m程度の支柱を立て、キュウリネットを張る。ネットの張り方は1面張りと2面張りの二通りある。支柱は、1面張りは播種穴から少しずらして立て、2面張りはウネ中央から10～15cmずらして立てる（図2、3、4）。

風で株が回されるのを防ぐため、できるだけ早く巻きひげをネットに絡ませる。

③整枝、誘引

生育に応じて、整枝しながら枝をネットに誘引していく。エンドウの枝の生産能力は、主枝＞低節位分枝＞高節位分枝の順に高いため、主枝と低節位分枝を利用して、適正な枝数になるよう整枝（芽かき）する。適正な枝数は、ウネの長さ1m当たり20～25本である。

枝はできるだけ均一な間隔になるように誘引する。枝が倒れたり折れたりしないよう、枝の伸長に合わせて、30cm間隔にネットの両側に荷造りヒモやバインダーヒモなどを張る。

霜の心配がある場合は、笹を立て防ぐ。

④灌水と追肥

土が乾燥したら適宜灌水する。着莢期に乾燥させると収量低下につながるので注意する。

追肥の1回目は着莢開始期、2回目は収穫最盛期に行なう。1回当たりの施用量は、窒素成分で10a当たり4kg程度でよい。長期栽培の場合、肥料切れさせせないように、その後も適宜追肥する。

(4) 収穫

開花後15日程度で収穫できる。この期間で絹莢は7cm、大莢品種は10cm程度の長さになる。

サヤエンドウは子実の大きさが目立つ前

図2　1面張りの支柱立て，誘引の方法　（原図：小畑）

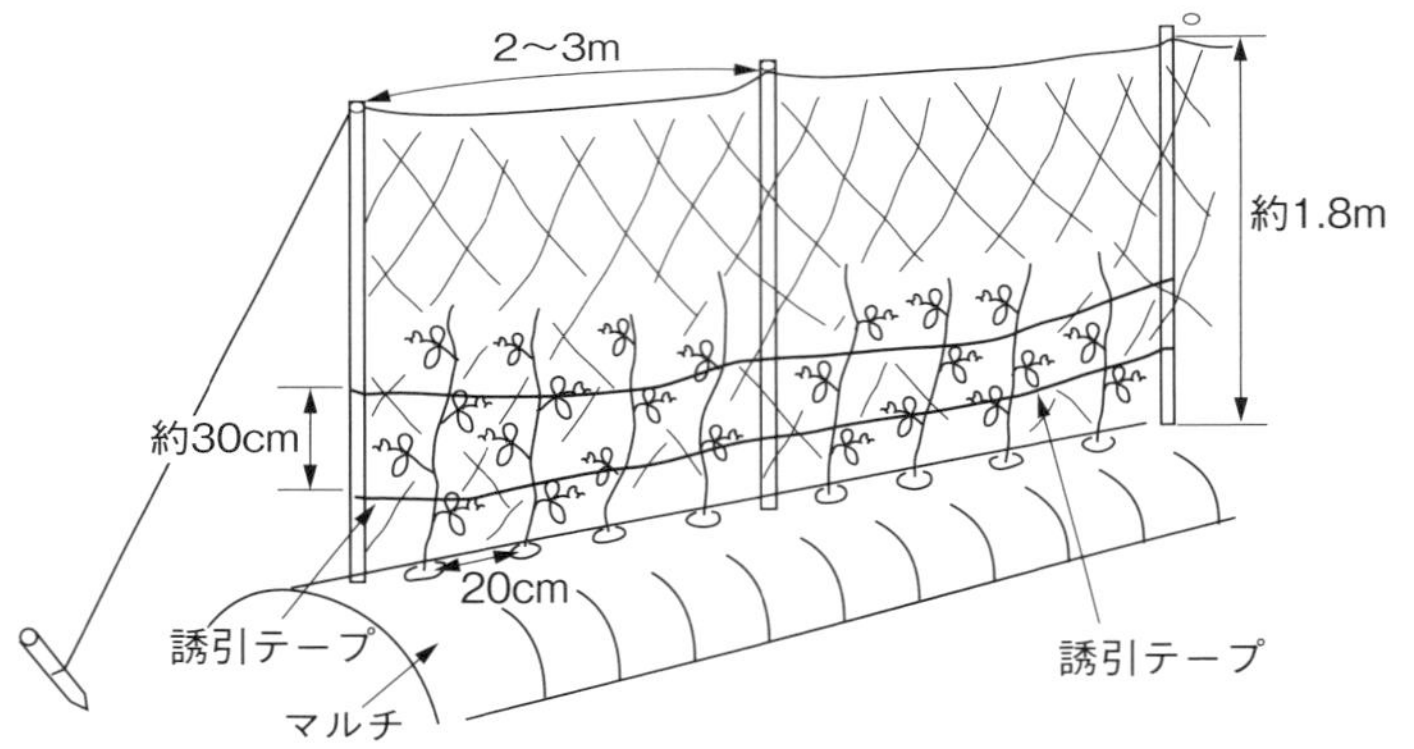

図3　サヤエンドウ（絹莢）のネット1面張り栽培

図4　サヤエンドウ（絹莢）のネット2面張り栽培

に、ハサミで切って収穫する。高温期には生長が早いので、とり遅れないようにする。

4 病害虫防除

(1) 基本になる防除方法

①病気

立枯病や茎えそ病などの土壌伝染性の病害は、クロルピクリンや太陽熱で土壌消毒する。

ウイルス病はアブラムシ類によって伝搬されるものが多いため、播種時に粒剤を使いアブラムシ類を防除すると発生を抑えられる。

うどんこ病は開花期以降から発生がみられるため、初期防除に心がける。また、うどんこ病は、莢にも褐色の小斑点を生じ商品性を落とすため、収穫後期まで防除に留意する。

収穫後期には褐紋病の発生が多くなるため、薬剤の予防散布を行ない、病害による枯れ上がりを防ぐ。

②害虫

ハスモンヨトウやシロイチモジヨトウは9～10月に発生が多い。ウラナミシジミは開花期以降に飛来し、蕾や花に産卵し莢を加害する。ナモグリバエは生育初期から発生することがあり、栽培期間を通して発生がみられる。アブラムシ類やアザミウマ類も栽培期間を通して発生がみられる。

いずれの害虫も防除は薬剤で行ない、発生初期の防除を心がける。

表5　病害虫防除の方法

	病害虫名	防除法
病気	立枯病	4～5年の休閑または土壌消毒
	うどんこ病，褐紋病，褐斑病	枝が過密にならないよう整枝・誘引を行なう，登録農薬で予防散布を心がける
	灰色かび病	花弁の除去，登録農薬で予防散布を心がける
害虫	アブラムシ類，アザミウマ類	忌避効果のある光反射マルチを利用する，発生をみたらすみやかに薬剤散布を行なう
	ヨトウムシ類，ウラナミシジミ，ナモグリバエ	発生をみたらすみやかに薬剤散布を行なう

表6　主要病害虫の主な有効農薬

	病害虫名	主な有効農薬
病気	立枯病，苗立枯病，茎腐病	クロルピクリン（土壌消毒），バスアミド微粒剤（土壌消毒），タチガレン液剤（土壌灌注），リゾレックス水和剤（土壌灌注）
	うどんこ病	イオウフロアブル，カリグリーン，トリフミン水和剤，シグナムWDG
	褐紋病	アミスター20フロアブル，パレード20フロアブル
	灰色かび病，菌核病	アフェットフロアブル，アミスター20フロアブル，スクレアフロアブル，シグナムWDG，カンタスドライフロアブル，パレード20フロアブル，ロブラール水和剤，セイビアーフロアブル20，ゲッター水和剤
	さび病	アフェットフロアブル，ストロビーフロアブル，シグナムWDG
害虫	アブラムシ類	アドマイヤー1粒剤（播き溝，植穴土壌混和），スタークル顆粒水溶剤，スミチオン乳剤
	アザミウマ類，ヒラズハナアザミウマ	ディアナSC，モスピラン顆粒水溶剤，マブリック水和剤20
	ハスモンヨトウ，シロイチモジヨトウ，ヨトウムシ類	アファーム乳剤，フェニックス顆粒水和剤，ディアナSC，コテツフロアブル，プレバソンフロアブル5，グレーシア乳剤，トレボン乳剤，アディオン乳剤
	ウラナミシジミ	スタークル顆粒水溶剤，アディオン乳剤，パダンSG水溶剤，トレボン乳剤
	ハモグリバエ類，ナモグリバエ	アファーム乳剤，スタークル粒剤，スタークル顆粒水溶剤，アディオン乳剤，スピノエース顆粒水和剤，パダンSG水溶剤，ディアナSC，ハチハチフロアブル，プレバソンフロアブル5

(2) 農薬を使わない工夫

① 太陽熱による土壌消毒

エンドウは連作を嫌うが、どうしても連作しなければならない場合は、土壌消毒を行なう必要がある。そこで、薬剤を使わずに夏の太陽熱を利用して土壌消毒を行なう。

この処理では雑草の種子が死滅するため、除草剤の使用を減らすこともできる。

② 寒冷紗被覆と光反射マルチ

夏まき栽培では、播種後30日程度、ウネの上を白寒冷紗でトンネル被覆すると、ヨトウムシ類やアブラムシ類の被害を減らすことができる。

また、シルバーマルチなどの光反射マルチを張ると、ウラナミシジミ、アブラムシ類、アザミウマ類の飛来を防止する効果がある。

③ 耐病性品種の利用

収穫期になるとうどんこ病が必ず発生してくるので、'あずみ野30日絹莢ＰＭＲ'や'かわな大莢ＰＭＲ'などの耐病性品種を利用するのもよい。

5 経営的特徴

サヤエンドウの需要は周年あり、近年は外国からの輸入が少なく、価格は高値で安定しているため、市場価格は1kg当たり平均９００円程度になっている。秋まき冬どり栽培の10ａ当たりの収量は９００kg程度で、粗収益は81万円程度になる（表７）。

経営費の中では、流通経費が最も多く、栽培に要する経費は比較的少ない。10ａ当たりの労働時間は約７５０時間で、このうち収穫・調製に大部分を要する。そのため、栽培面積は収穫最盛期の収穫作業時間で制限され、1人でできる栽培面積は４ａ程度にとどめるのが望ましい。

表７　秋まき冬どり栽培（露地）の経営指標

項目	
収量（kg/10a）	900
単価（円 /kg）	900
粗収益（円 /10a）	810,000
経営費（円 /10a）	542,000
種苗費	30,000
肥料費	35,000
農薬費	44,000
資材費	82,000
動力光熱費	11,000
償却費など	90,000
流通費	250,000
農業所得（円 /10a）	268,000
労働時間（時間 /10a）	750

（執筆：中島　純）

秋まきハウス栽培（無加温）

1 この作型の特徴と導入

(1) 作型の特徴と導入の注意点

ハウス栽培は、露地の秋まき栽培で問題になる、冬の寒害を回避する目的で始まった。

9月上旬から10月下旬に播種し、夜間の最低気温が10℃を下回るようになる11月ごろからビニールを被覆して保温を開始し、11月上旬から5月中旬まで収穫する。暖地では、収穫期間が長期になるので多収になる。

最低気温が０℃を下回る日が多い地域では、ハウスとはいえ心止まりや莢の寒害を受ける。また、毎年エンドウを栽培する場合、〝いや地現象〟を避けるため、夏に太陽熱を利用して土壌消毒を行なう必要がある。

(2) 他の野菜・作物との組合せ方

エンドウの栽培が終了したのち、ハウスを利用してトマトやオクラなどの果菜類を栽培することができる。また、ネギやチンゲンサイ、コマツナなどの軟弱野菜も栽培できる。

なお、夏に太陽熱消毒をする場合、これらの作物の栽培を早めに切り上げなければならない。

2 栽培のおさえどころ

(1) どこで失敗しやすいか

エンドウは低温性の作物で、25℃を超えると草勢が低下する。そのため、ハウスを密閉すると温度が高くなり、草勢が弱くなる。また、ハウスの換気不足で湿度が高くなると、病気の発生が多くなる。したがって、厳寒期でも日中はできるだけサイドや入り口を開け、換気を行なうようにする。

エンドウを連作すると〝いや地現象〟が発生するため、連作する場合は、夏に太陽熱による土壌消毒を行なうか、薬剤で土壌消毒を行なう。

(2) おいしく安全につくるためのポイント

サヤエンドウを健全に育てるには、土つくりと排水対策が重要である。また、ハウス栽培では収穫が長期間になるため、肥料切れさせないようにする。

安全につくるためには、播種後の寒冷紗被覆や光反射マルチ、紫外線カットフィルムの使用など、農薬を減らす工夫をする。

(3) 品種の選び方

絹莢では多数の品種が利用されているが、早生で節間が短く、収穫段数の多い品種が適する。´美笹´´美笹2000´´ニムラ白花きぬさや´´ニムラ赤花きぬさや2号´を用いる産地が多い。

大莢では´オランダ´が栽培されている（表8）。

図5　サヤエンドウの秋まきハウス栽培　栽培暦例

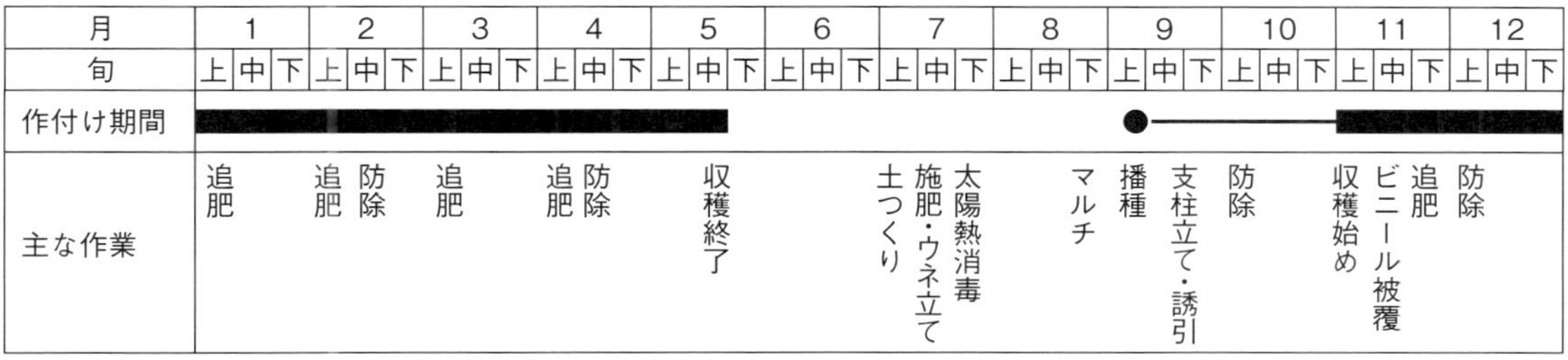

●：播種，▬：収穫

表8　秋まきハウス栽培の主要品種の特性

タイプ	品種名	販売元	特性
絹莢	美笹	アサヒ農園	半わい性で草勢強い，夏まきに向く
	美笹 2000	アサヒ農園	半わい性で草勢中程度，早生
	ニムラ白花きぬさや	ヴィルモランみかど	半わい性で草勢強い，長期どりに向く
	ニムラ赤花きぬさや２号	ヴィルモランみかど	半わい性で草勢強い，赤花，長期どりに向く
大莢	オランダ	八江農芸など	高性，晩生，赤花

3 栽培の手順

(1) 畑の準備

① 圃場の選定、土つくり、施肥

日照と通風がよく、強風の当たらない圃場が適する。エンドウは連作障害が出やすいため、4～5年の休閑圃場を選ぶ。耕土が深く、排水がよく、保水力のある土壌が適する。

土つくりは、完熟堆肥を10a当たり2t施用して深耕する。pH6～6・5を目標に苦土石灰などを投入する。

表9　秋まきハウス栽培のポイント

	技術目標とポイント	技術内容
播種準備	◎圃場の選定	・日照と通風がよく，強風の当たらない圃場 ・耕土が深く，排水がよく，保水力のある圃場
	◎土つくりと施肥	・完熟堆肥を 2t/10a 施用し深耕する ・pH6 ～ 6.5 を目標に土壌 pH を調整する（苦土石灰など 100kg/10a 施用） ・元肥は適量を施用
	◎ウネつくり	・南北方向のウネにすると，枝の分布が均一化する ・高さ 30cm の高ウネをつくる
	◎土壌消毒	・夏期に太陽熱で土壌消毒を行なう
	◎灌水チューブ設置	・ウネの中央に灌水チューブを設置する
	◎マルチ	・地温抑制と害虫忌避を目的に光反射マルチをする ・マルチすることで雑草防除と土壌水分保持ができる ・土壌水分が適湿のときにマルチを張る
播種方法	◎播種期の決定	・9 月上旬に播種する
	◎播種間隔と播種量	・絹莢　1 条播き，株間 20cm，1 穴に 3 粒 ・大莢　1 条播き，株間 20 ～ 35cm，1 穴に 4 ～ 5 粒 ・播種量　3 ～ 5ℓ /10a
	◎播種の深さ	・深さ 2 ～ 3cm
	◎灌水	・発芽するまで乾かないように灌水する
播種後の管理	◎支柱立て，誘引	・草丈が 10cm くらいになったら，2m 間隔で 1.8m 程度の支柱を立て，キュウリネットを張り，巻きひげを絡ませる ・枝が倒れたり，折れたりしないように，枝の伸長に合わせて 30cm 間隔でネットの両側に荷造りヒモやバインダーヒモなどを張る
	◎灌水	・土の乾燥程度とサヤエンドウの状態をみて，灌水チューブで適宜灌水する ・着莢量の増加とともに灌水量を増やす
	◎追肥	・1 回目は着莢開始期，2 回目は収穫最盛期，その後も適宜追肥する ・灌水チューブを利用して液肥を施用してもよい
	◎整枝	・主枝と低節位分枝を利用して，ウネの長さ 1m 当たりの枝数が 20 ～ 25 本になるよう整枝（芽かき）する
	◎病害虫防除	・早期防除や予防散布を心がける
収穫	◎適期収穫	・開花後 15 日程度，子実の大きさが目立つ前にハサミで切って収穫する

元肥は10a当たり窒素9kg、リン酸16kg、カリ9kg程度施用する（表10）。

② ウネつくり

南北方向のウネにすると、枝の分布が均一になるのでよい。ウネ幅150cm、高さ30cm程度にする。

エンドウの根は酸素不足に弱いので、滞水は禁物で、できるだけ高ウネにする。また、圃場周囲の排水もよくしておく。

③ 土壌消毒

エンドウは連作障害が出やすいため、夏に太陽熱を利用して土壌消毒を行なう。

表10　施肥例　（単位：kg/10a）

	肥料名	施肥量	成分量		
			窒素	リン酸	カリ
元肥	堆肥	2,000			
	苦土石灰	120			
	BB555	60	9.0	9.0	9.0
	苦土重焼燐	20		7.0	
	小計		9.0	16.0	9.0
追肥	NK2 号	40	6.4		6.4
施肥成分量			15.4	16.0	15.4

注）追肥は2回に分けて施用

方法は、ウネをつくったら十分に灌水して深いところまで湿らせてから、ポリエチレンフィルムやハウスの古ビニールなどでウネ全体を覆い、ハウスを密閉する。そして、太陽熱消毒後、ウネにマルチする。

最高気温が30℃以上の日が続く夏なら、20日間以上の処理で土壌消毒の効果がある。

④マルチ

マルチをすると、雑草の防除と土壌水分の保持ができる。播種期が高温の場合は白黒マルチを、そうでない場合はシルバーマルチや黒マルチを利用するとよい。

マルチ張りは土壌水分が適湿のときに行なう。

(2) 播種のやり方

絹莢の場合、1条播き、株間20cm、1穴に3粒播種が一般的である。大莢品種の場合、1条播き、株間20～35cm、1穴に4～5粒播種する。播種量は10a当たり3～5ℓ。

播種後の覆土は、地温の高いときは3cmくらいの深めにし、適温であれば1・5～2cmがよい。播種したら、支柱を立てるまで白寒冷紗でトンネル被覆すると、鳥や害虫の被害を軽減することができる。

(3) 播種後の管理

①支柱立て、誘引

草丈が10cmくらいになったら、2m間隔で1・8m程度の支柱を立て、キュウリネットを張る。風で株が回されるのを防ぐため、できるだけ早く巻きひげをネットに絡ませる。

②灌水と追肥

土の乾燥程度とサヤエンドウの状態をみて、灌水チューブで適宜灌水する。着莢量の増加とともに灌水量を増やす。

追肥の1回目は着莢開始期、2回目は収穫最盛期に行なう。1回当たりの施肥量は窒素成分で10a当たり4kg程度とする。長期の作型なので、その後も肥料切れさせないように灌水チューブを利用して液肥を施用する。

③整枝、誘引

生育に応じて整枝しながらネットに誘引していく。エンドウの枝の生産能力は、主枝＞低節位分枝＞高節位分枝の順に高いので、主枝と低節位分枝を利用して適正な枝数になるよう整枝（芽かき）する。適正な枝数は、ウネの長さ1m当たり20～25本である。

枝はできるだけ均一な間隔になるように誘引する。枝が倒れたり折れたりしないよう、枝の伸長に合わせて30cm間隔でネットの両側に荷造りヒモやバインダーヒモなどを張る。

④ハウスのビニル被覆と温湿度管理

外気の最低気温が10℃以下になるころ、ハウスにビニールを被覆する。被覆後は25℃以上にならないように、ハウスサイドと入り口を開け換気する。

ハウスを密閉すると湿度が高くなり、灰色かび病などの病害が発生しやすくなるため、厳寒期でも日中は少し換気する。

(4) 収穫

開花後15日程度で収穫できる。この期間で絹莢は7cm、大莢は10cm程度の長さになる。サヤエンドウは、子実の大きさが目立つ前にハサミで切って収穫する。高温期には生長が早いので、収穫が遅れないようにする。

4 病害虫防除

(1) 基本になる防除方法

①病気

立枯病や茎えそ病など土壌伝染性の病害

は、クロルピクリンや太陽熱で土壌消毒する。

ウイルス病はアブラムシ類によって伝搬されるものが多いため、播種時に粒剤を使いアブラムシ類を防除すると発生を抑えられる。

うどんこ病は開花期以降から発生がみられるため、初期防除を心がける。また、うどんこ病は莢にも褐色の小斑点を生じ商品性を落とすため、収穫後期まで防除に留意する。

収穫後期には褐紋病の発生が多くなるた

図6　サヤエンドウ（絹莢）のハウス栽培

表11　病害虫防除の方法

	病害虫名	防除法
病気	立枯病	土壌消毒（太陽熱，薬剤）
	うどんこ病，褐紋病，褐斑病	枝が過密にならないよう整枝・誘引を行なう，登録農薬で予防散布を心がける
	灰色かび病	花弁の除去，登録農薬で予防散布を心がける
害虫	アブラムシ類，アザミウマ類	忌避効果のある光反射マルチを利用する，発生をみたらすみやかに薬剤散布を行なう
	ヨトウムシ類，ウラナミシジミ，ナモグリバエ	発生をみたらすみやかに薬剤散布を行なう

表12　主要病害虫の主な有効農薬

	病害虫名	主な有効農薬
病気	立枯病，苗立枯病，茎腐病	クロルピクリン（土壌消毒），バスアミド微粒剤（土壌消毒），タチガレン液剤（土壌灌注），リゾレックス水和剤（土壌灌注）
	うどんこ病	イオウフロアブル，カリグリーン，トリフミン水和剤，シグナムWDG
	褐紋病	アミスター20フロアブル，パレード20フロアブル
	灰色かび病，菌核病	アフェットフロアブル，アミスター20フロアブル，スクレアフロアブル，シグナムWDG，カンタスドライフロアブル，パレード20フロアブル，ロブラール水和剤，セイビアーフロアブル20，ゲッター水和剤
	さび病	アフェットフロアブル，ストロビーフロアブル，シグナムWDG
害虫	アブラムシ類	アドマイヤー1粒剤（播き溝，植穴土壌混和），スタークル顆粒水溶剤，スミチオン乳剤
	アザミウマ類，ヒラズハナアザミウマ	ディアナSC，モスピラン顆粒水溶剤，マブリック水和剤20
	ハスモンヨトウ，シロイチモジヨトウ，ヨトウムシ類	アファーム乳剤，フェニックス顆粒水和剤，ディアナSC，コテツフロアブル，プレバソンフロアブル5，グレーシア乳剤，トレボン乳剤，アディオン乳剤
	ウラナミシジミ	スタークル顆粒水溶剤，アディオン乳剤，パダンSG水溶剤，トレボン乳剤
	ハモグリバエ類，ナモグリバエ	アファーム乳剤，スタークル粒剤，スタークル顆粒水溶剤，アディオン乳剤，スピノエース顆粒水和剤，パダンSG水溶剤，ディアナSC，ハチハチフロアブル，プレバソンフロアブル5

め、薬剤の予防散布を行ない、病害による枯れ上がりを防ぐ。

②害虫

ハスモンヨトウやシロイチモジヨトウは、9～10月に発生が多い。ウラナミシジミは開花期以降に飛来し、蕾や花に産卵し莢を加害する。

ナモグリバエは生育初期から発生することがあり、栽培期間を通して発生がみられる。アブラムシ類やアザミウマ類も栽培期間を通して発生がみられる。

いずれの害虫も防除は薬剤で行ない、発生初期の防除を心がける。

(2) 農薬を使わない工夫

①太陽熱による土壌消毒

エンドウは連作を嫌うが、どうしても連作しなければならない場合は、土壌消毒を行なう必要がある。薬剤を用いず、夏の太陽熱を利用した土壌消毒を行なうとよい。

なお、この処理で雑草の種子も死滅するため、除草剤の使用を減らすこともできる。

②光反射マルチ、紫外線カットフィルム、花弁の除去

シルバーマルチなどの光反射マルチを張ると、ウラナミシジミ、アブラムシ類、アザミウマ類の飛来を防止する効果がある。

ハウスのビニールに紫外線カットフィルムを用いると、灰色かび病の発生を抑制し、ナモグリバエやアザミウマ類などの害虫の侵入を抑制することができる。

サヤエンドウの株を振動させて花弁を落としたり、手で花弁を除去すると灰色かび病の発生を防ぐことができる。

5 経営的特徴

サヤエンドウの需要は周年あり、近年は外国からの輸入が少なく価格は高値で安定しているため、市場価格は平均９００円／kg程度になっている。

秋まきハウス栽培（無加温）の10ａ当たりの収量は２ｔ程度で、粗収益は１８０万円程度になる。経営費の中では、流通経費が最も多く、栽培に要する経費は施設野菜の中では比較的少ない（表13）。

10ａ当たりの労働時間は約１０００時間で、このうち収穫・調製に大部分を要する。そのため、栽培面積は収穫最盛期の収穫作業時間で制限され、１人でできる栽培面積は４ａ程度にとどめるのが望ましい。

（執筆：中島　純）

表13　秋まきハウス栽培（無加温）の経営指標

項目	
収量（kg/10a）	2,000
単価（円/kg）	900
粗収益（円/10a）	1,800,000
経営費（円/10a）	1,005,000
種苗費	30,000
肥料費	45,000
農薬費	60,000
資材費	150,000
動力光熱費	20,000
償却費など	200,000
流通費	500,000
農業所得（円/10a）	795,000
労働時間（時間/10a）	1,000

スナップエンドウ

図1　地域とスナップエンドウの作型例

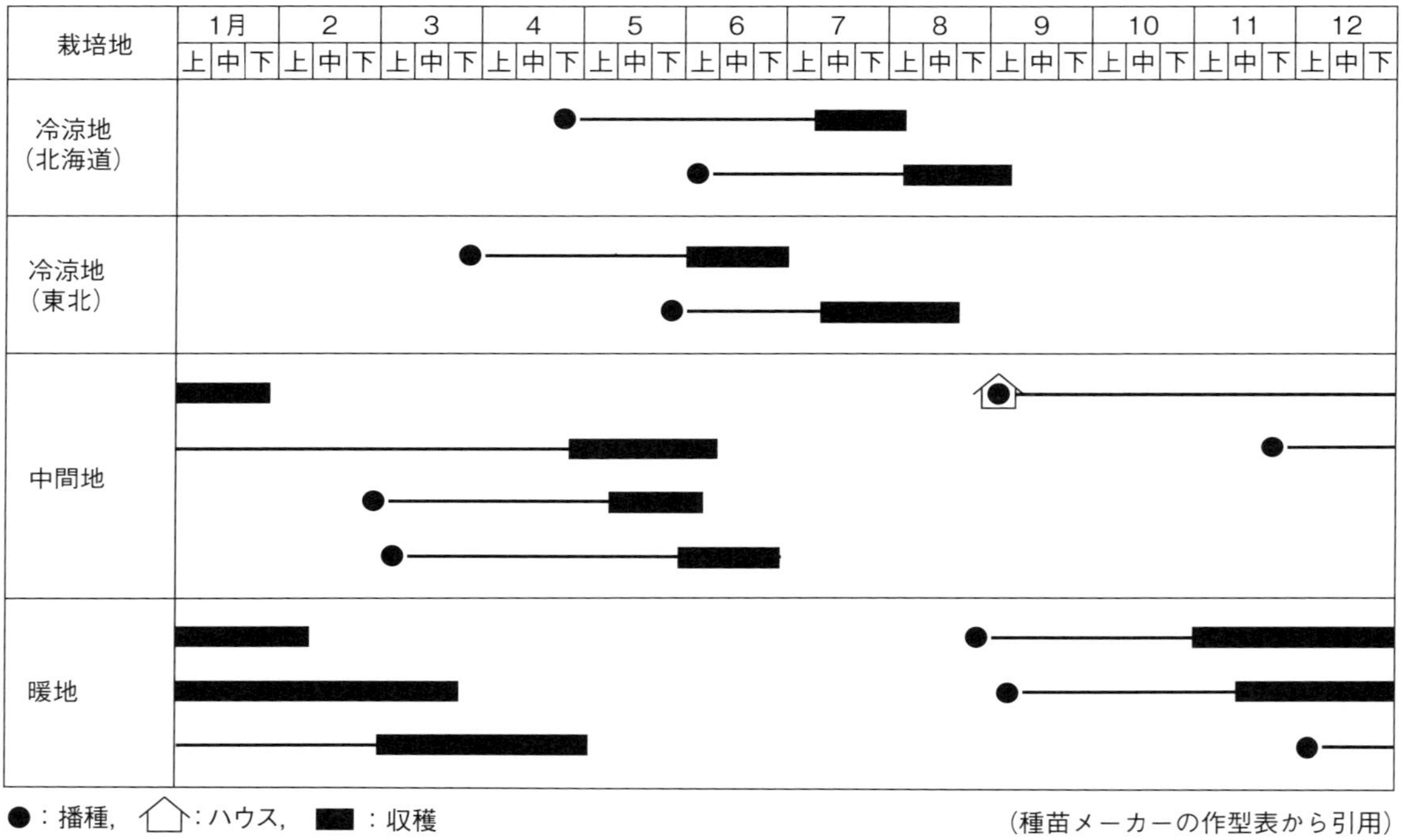

（種苗メーカーの作型表から引用）

この野菜の特徴と利用

1 野菜としての特徴と利用

(1) 原産・来歴と生産状況

　スナップエンドウは、マメ科一年生草本のつる性植物で、つるの長さが2mを超す品種やわい性の品種もある。原産地は中央アジアから中東で、日本へは昭和50（1975）年代にアメリカから導入されている。別名「スナックエンドウ」とも呼ばれ、大きくなった子実を莢ごと食べるエンドウである。

　2020年の国内産スナップエンドウの出荷量は7170tで、主な産地は鹿児島県が67%を占め、次いで熊本県12%、愛知県7%、長崎県5%となっている（農林水産省地域特産野菜生産状況調査より）。

(2) 栄養・機能性と利用

　他のマメ類同様に、各種の成分を含み栄養価が高い。とくに、スナップエンドウは食物繊維やタンパク質が多く、ミネラルやビタミン類も多く含んでいる。

　莢と実を同時に利用でき、彩りも鮮やかなので、和洋中華と幅広く利用されている。主要産地のホームページなどで、多様な調理法が紹介されている。

　スナップエンドウの多くは、ヘタとスジをとるのに一手間かける必要があるが、近年はスジなし品種も育成されている。

2 生理的な特徴と適地

(1) 性状と適応性

①温度条件

　10～20℃の範囲であれば順調に生育する。結実適温は14～18℃で、平均気温が20℃を超えると生育が衰え、結実が悪くなる。また、25℃を超えると落花が多くなり、最低気温が5℃以下になると開花数が減少し、2℃以下では結実障害を生じ、莢は寒害を受ける。マイナス2℃以下になると生長点付近が凍結し、心止まりになる。

②土壌条件

　排水がよく耕土が深い、壌土や粘質土が適する。根群は地下20～40cmに多く分布するため、硬盤破砕など深耕の効果が高い。また、マルチ栽培をすると、マルチ内全層に根が張る。

　酸性土壌を嫌い、pH6～6.5が最適で、石灰資材をあらかじめ施用しておくとよい。

③水分条件

　根の酸素要求量が高いので、滞水して根が酸素欠乏になると根腐れを発生しやすいので、硬盤破砕や高ウネなどの圃場の排水対策は必須である。

　一方、排水のよい圃場ではpF1.8～2で管理すると、草勢低下を抑えることができる。

④日照条件

　日照を好む作物なので、日当たりが生育、開花、結実、莢の肥大に影響する。このためウネの長さ1m当たりの枝数（株間、1穴播種数、仕立て枝数で変わる）やウネ幅を十分に考慮して、採光をよくすることが重要である。

作型と栽培の手順

1 スナップエンドウの作型

(1) 作型の特徴と導入の注意点

スナップエンドウの主な作型については、図1参照。

①暖地での栽培

関東から北陸以西の暖地では、秋まき栽培が行なわれている。8月下旬から10月上旬にかけて播種し、10月下旬から収穫を始め、春先まで収穫している。鹿児島県の沿岸地域では、露地で3月まで収穫している（図2）。

この作型では、播種期が高温期で、台風、干ばつや害虫発生への備えが重要である。

②冷涼地・中間地での栽培

北海道、東北、中間地では、春まき栽培が行なわれている。2月下旬から6月上旬にかけて播種し（早播きは育苗）、ハウスや露地で5月上旬から9月上旬まで収穫している。

この作型では、播種期が低温期なので、地温を最低10℃以上確保することが望ましい。ハウス育苗であれば、地温を15℃以上確保してから播種する。

また、高温期に向かうので、病害虫の発生や異常高温による生育抑制に注意する。

(2) 主な作型と品種

①作型

作型は図1のとおりで、主に春まき、秋まきに大別される。

栽培にあたっては、高温期や低温期を比較的耐性のある幼植物体で経過させ、開花から収穫終了までが適温期になるように播種時期を決めるとよい。

②主な品種

'ニムラサラダスナップ'（ヴィルモランみかど） 夏から早春まで播け、秋から初夏までの長期にわたり収穫可能な品種である。初花房が8節程度につく極早生品種で、分枝の発生が少ない主枝なり性品種なので、栽培管理が容易である。

短節間で草丈が低いため、収穫段数が多い。また、ダブル莢が多いことから多収型品種である。莢は肉厚でボリュームがあり食味がよい。

'スナック753'（サカタのタネ） スナップエンドウとグリーンピースの交雑後代の中から選抜された、中間地の秋まき栽培に向く品種である。節間は'ニムラサラダスナップ'よりやや長く、株元の分枝が多い。

初花房は25～30節で耐寒性が強いので、秋まき春どり作型に適する。莢は'ニムラサラダスナップ'よりやや細く丸みをもつ。

'グルメ'（タキイ種苗） 草勢はやや強く分枝数は少なめであるが、莢つきがよくダブル莢が多い。最も適する作型は、幼植物で越冬させる秋まき春どり作型である。夏まき秋冬どり作型では、着莢節位が15節以降になり、収穫が遅れる。

莢は9～10cmで'ニムラサラダスナップ'より長く、莢のそりも大きい。比較的うどんこ病に強い。

（執筆：南 晃宏）

図2　鹿児島県指宿地区 IPM 栽培暦

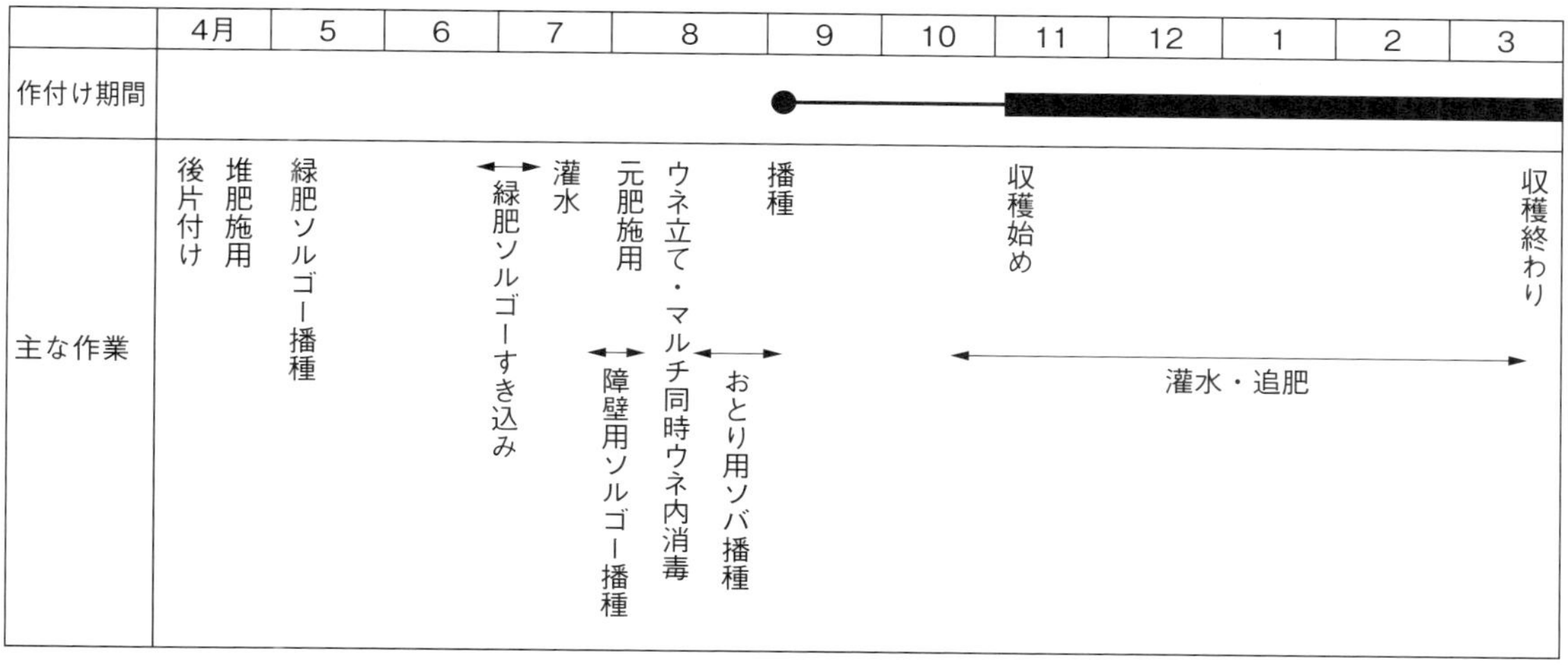

●：播種，　■：収穫

表1　暖地秋まき露地栽培のポイント（鹿児島県の事例）

	技術目標とポイント	技術内容
播種準備	◎圃場の選定と土つくり ・圃場の選定 ・土つくり	 ・排水に優れ，耕土が深く，日当たり・通風のよい圃場を選ぶ ・連作を避ける（4～5年の休閑） ・連作する場合は，必ず土壌消毒を行なう ・作土が 30cm 未満のところは，深耕を行なう ・後片付け終了後，ただちに堆肥を施用し，その後，緑肥としてソルゴーを播種する。ソルゴーのすき込みは，土壌消毒の 60 日前までに行なう ・塩類集積圃場への堆肥の施用量は減らすか入れない
	◎ IPM 用ソルゴー，ソバ ・障壁作物：ソルゴー ・おとり作物：ソバ	 ・7月下旬～8月上旬に長尺のソルゴーを圃場周囲に条播する 播種量：100～150g/10a ・8月中旬～9月上旬にソルゴーの外側に条播する 播種量：180～200g/10a　品種：鹿屋在来
	◎施肥 ・施肥量 ・施用方法	 ・基本的に土壌診断を行ない，施肥量を加減する ・元肥は，ウネの中央に溝を掘り，条施用する
	◎土壌消毒	・夏に太陽熱消毒を行なうか，元肥施用後ただちにクロルピクリンでウネ内消毒を行なう
	◎マルチ	・播種期の温度が高い時期から順に，タイベック，アルミ蒸着フィルム，白黒ダブル，黒ポリなどを使い分ける
播種方法	◎栽植密度 ・種子量 ・播種位置 ・ウネ幅 ・株間	 ・10a 当たり 3～4ℓ ・ウネの中心より 10cm ずらす。播種の深さは 3cm ・150～160cm（ベッド幅 40～60cm，通路幅 100～110cm） ・15cm で，1穴2粒播き
播種後の管理	◎支柱立て ・木柱，イボ竹	 ・ウネの両端と圃場の両サイドに 2m 間隔で木柱を立て，各ウネに 2m 間隔でイボ竹を立てる ・ウネの縦方向，横方向には園芸ロープを張り，イボ竹がぐらつかないように固定する ・18cm 角目のキュウリネットを張る
	・主枝の固定	・草丈が 10～15cm 程度に伸長したら，バインダーヒモなどで，主枝をウネ上に寝かせ，株が風にゆらされないようにする
	◎誘引・整枝	・主枝以外の側枝は早めに除去する ・欠株があった場合は，側枝を伸ばして 1m 間枝数を確保する ・つるの伸長に合わせ，ネットの両側に 20cm 間隔にテープを張り，つるが垂れないようにする
	◎強風対策	・風上に 2mm 目の防風ネットを張る
収穫	◎適期収穫	・開花後 25 日前後で収穫になる ・降雨時の収穫はしない

(2) 他の野菜・作物との組合せ方

鹿児島県指宿地区では、ソラマメ、実エンドウ、オクラ、カボチャ、青果用サツマイモなどと組み合わせた経営が行なわれている。

2 栽培のおさえどころ

(1) どこで失敗しやすいか

① 連作を避ける

連作すると〝いや地現象〟により、年々収量が減少していくので、4～5年休閑し、輪作する。

連作する場合は、夏場に太陽熱消毒を行なうか、クロルピクリンなどで全面またはウネ内消毒を行なう。

② 適期播種を行なう

開花期から収穫期は、高温や低温に弱い。そのため、開花期から収穫期ができるだけ長い期間、生育適温（5～25℃）になるように播種期を設定することが重要である。

(2) おいしく安全につくるためのポイント

良品生産のポイントは、土つくりである。また、圃場が滞水しないように、排水対策を行なうことも重要である。

さらに、スナップエンドウは灌水効果が高い野菜なので、排水のよい圃場では、pF1・8～2で管理すると生育がよい。

(3) 品種の選び方

収穫期間の長い作型には、節間が詰まり低節位から着莢する品種を用いるとよい。なお、主な品種の特徴については254ページ参照のこと。

3 栽培の手順

(1) 圃場の準備

① 圃場の選定と土つくり

圃場選定の目安は表1に示した。

エンドウ類は根の酸素要求量が多いので、土壌孔隙率の高い土に仕上げることが重要である。堆肥は、入れすぎると草勢が強くなりすぎるので、適量施用する。

壌土では粗大有機物を投入して隙間の多い土にし、礫土や砂壌土では、牛ふん堆肥などの有機物を投入し保水力を高める。また、作土層を30cm以上確保したいので、硬盤破砕や深耕を行なう。

② 施肥量

土壌診断を行ない、施肥量を加減するとよい。土壌pHが低い場合は、苦土石灰などを投入してpH6～6・5に矯正する。

元肥の10a当たり施用量は、窒素10kg、リン酸5kg、カリ12kgを基準にする。暖地の長期どり作型では、生育をみながら追肥を数回行なうか、緩効性肥料を用いる（表2）。

③ ウネ立て

壌土のような保水力のある圃場は、滞水の影響を受けにくいように高さ30cm程度の高ウネにし、礫土や砂壌土のような保水力の低い圃場は、20cm程度のウネにする。

④ マルチ

作型ごとに、地温や害虫防除、雑草防除の面から使い分けることが重要である（表1参照）。鹿児島県指宿地区では、地温の高い9月上中旬播種はタイベック（クロルピクリン

表2　施肥例　（単位：kg/10a）

	肥料名	元肥	追肥			成分量		
			1回	2回	3回	窒素	リン酸	カリ
全量元肥型	堆肥	2,000						
	苦土石灰	120						
	苦土重焼燐	20					7.0	
	新えんどう配合	120				15.6	14.4	14.4
	施肥成分量					15.6	21.4	14.4
追肥型	堆肥	2,000						
	苦土石灰	120						
	苦土重焼燐	20					7.0	
	BB222	80				9.6	9.6	9.6
	BBNK44		20	20	10	7.0		7.0
	施肥成分量					16.6	16.6	16.6

注1）鹿児島県指宿地区栽培暦より。県の基準より多めに設定してある
注2）基本的に土壌診断を行ない施用量を決める

によるウネ内消毒のため、内側に黒ポリ被覆の二重被覆）やアルミ蒸着フィルム（クロルピクリンによるウネ内消毒の場合は、最初は黒ポリなどで被覆し、消毒後にアルミ蒸着フィルムに張り替える）を使用し、9月下旬以降は白黒ダブルマルチを使用する。

タイベックやアルミ蒸着フィルムなど紫外線の反射率が高い資材は、アザミウマ類の忌避効果が高く、被害軽減に有効である。

マルチをすることで、土壌水分の保持やウネ面の雑草を抑制することもできる。

⑤栽植密度

日当たりが悪いと結実不良になるため、下位節まで十分に光が当たるウネ幅を確保する。また、いずれの作型でも枝数が多すぎると、病害や結実不良などの原因になり、減収になる。ウネの長さ1m当たりの枝数を10～15本にし、採光性をよくすると収量、品質ともによくなる。

なお、暖地の秋まき露地栽培では、ウネ幅160cm、ベッド幅40～60cm、通路幅100～110cm、1条植え、株間15cm、1穴2粒播き、主枝1本仕立てで、ウネの長さ1m当たりの枝数は13本がよい。

(2) 播種と定植のやり方

①直播き

暖地の秋まき露地栽培では、種子量は10a当たり3～4ℓ準備する。

降雨を待つか事前に灌水して、適正な土壌水分のときに播種する。ウネの中心から10cmずらして、株間15cm、1穴当たり2粒、深さ3cmに播く。播種器を使うと省力的である。

②育苗と定植の方法

育苗する場合は、6～9cmポットを用い、適正な土壌水分になるよう灌水してから、深さ3cmに3～5粒播く。

定植適期は、鉢土がくずれない程度に根鉢を形成したころがよく、深植えしない。定植が遅れると根張りが悪くなる。

定植後は、ウネの長さ1m当たり枝数が10～15本になるように、適宜間引きを行なう。

(3) 定植後の管理

①支柱立て、風対策

芽が出揃ったら、ウネの両端と圃場の両サイドに2m間隔で木柱を立てる。さらに、各ウネに2m間隔でイボ竹を立て、キュウリネットを張る（図3）。

草丈が10～15cm程度になったら、バインダーヒモなどで主枝をマルチ（ウネ）上に寝かせ、風で株が振り回されないようにする（図4）。

さらに、季節風対策として、風上側に2mm目のネットを張り、強風で茎葉が傷むのを防ぐ。

②整枝、誘引、摘花

主枝以外の側枝は、適宜ハサミで除去する。つるの伸長に合わせて、ネットの両側にテープを張り、つるが倒れないようにする。

下段の花は小莢になるため、複葉の枚数が4～5枚になる節までは摘花するとよい。

③灌水、追肥

灌水は、開花までは萎れない程度に行ない、莢の肥大とともに量を増やしていく。しかし、徒長するときは控え、着莢負担がかかるころから一定量の灌水にしていくとよい。

1回目の追肥は開花始めに行ない、以降は1カ月に1回、生育に合わせて窒素成分で10a当たり2～3kg施用する。

(4) 収穫

開花後25日程度で収穫になる。露地栽培が主の鹿児島県では、莢の厚みが1cm程度で収穫している（図5）。ハウス栽培が主の愛知県では、実エンドウのように子実が肥大してから収穫している。

収穫が遅れて過熟になると莢が白くなり、食味が落ち食感も悪くなる。

4 病害虫防除

(1) 基本になる防除方法

エンドウ類の重要病害である立枯病などの

図3　支柱・ネット張り

図4　バインダーヒモによる主枝の押さえ

図5　収穫期の様子

土壌病害対策は、土壌消毒（太陽熱消毒、クロルピクリン）を行なう。

うどんこ病、褐紋病、褐斑病、灰色かび病、菌核病、アブラムシ類、ヨトウムシ類、ウラナミシジミ、アザミウマ類を抑えるには、農薬の予防散布や発生初期の防除に心がける（表3）。

表3　主要病害虫の防除法

病害虫名	防除薬剤など
立枯病，根腐病	土壌消毒（クロルピクリン）
褐紋病	パレード20フロアブル2,000～4,000倍
うどんこ病	イオウフロアアブル500～1,000倍，シグナムWDG1,500～2,000倍
灰色かび病	ロブラール水和剤1,500倍，セイビアーフロアブル20 1,000倍
菌核病	アフェットフロアブル2,000倍，スクレアフロアブル2,000倍
ハモグリバエ類	スタークル粒剤9kg/10a
アブラムシ類	モスピラン顆粒水溶剤4,000倍，ウララDF2,000～4,000倍
ウラナミシジミ	パダンSG水溶剤1,500倍
ナモグリバエ	パダンSG水溶剤1,500～3,000倍，グレーシア乳剤2,000～3,000倍
ハスモンヨトウ	プレバソンフロアブル5 2,000倍，プレオフロアブル1,000倍，フェニックス顆粒水和剤2,000～4,000倍
アザミウマ類	モスピラン顆粒水溶剤4,000倍

注1）鹿児島県指宿地区防除基準より抜粋
注2）土着天敵を活用したIPMの推進のため，有機リン系農薬，合成ピレスロイド系農薬は除く
注3）令和4（2022）年8月時点の登録農薬を表示

窒素過多にしないことや、枝と枝の間隔をあけ通風をよくし、健全な生育をさせることが重要である。

(2) 農薬を使わない工夫

①各種防除法の活用

耕種的防除法　土つくり（前述）、適正施肥（土壌診断）、適正な灌水（土壌を過湿、過乾にしない）、輪作（緑肥作物の導入含む）、雑草対策（ウネ間の中耕や圃場周辺の草刈り）、枝が込み合わないように受光態勢をよくし、通風を図るなどがある。

物理的防除法　土壌還元消毒、太陽熱消毒、光反射マルチ資材の利用、防風ネットや障壁作物の利用。ハウス栽培では、近紫外線カットフィルムの利用などがある。

図6　ソルゴー，ソバの播き方

生物的防除法　土着天敵類（ヒメハナカメムシなど）の活用。

化学的防除法　前記、耕種・物理・生物的方法を駆使するとともに、表3の農薬を効果的に散布すると、散布回数の軽減につながる。

②ＩＰＭ（総合的病害虫・雑草管理）

①項の各種防除法を駆使するとともにＩＰＭに向けて、鹿児島県指宿市では、２０２０年度産からアザミウマ類（白ぶくれ症）対策に、草丈の高いソルゴー（障壁作物）とソバ（おとり作物：花にヒメハナカメムシなどの土着天敵を呼び寄せる）を導入した防除に取り組み始めた。

図6のように、圃場周囲に7月下旬～8月上旬に長尺のソルゴーを条播（10ａ当たり１００～１５０ｇ）し、8月中旬～9月上旬にソルゴーの外側に30cm離してソバを条播（10ａ当たり１８０～２００ｇ）する（図7）。

10月には図8のように生育し、ソルゴーが

図7　ソルゴー，ソバの生育初期の様子

図8　10月のソルゴー，ソバの生育状況

障壁になり、アザミウマ類の侵入を阻止する。また、ソバの花に呼び寄せられたヒメハナカメムシなどの土着天敵は、アザミウマ類を捕食する。圃場内に侵入したアザミウマ類は農薬で防除するが、アザミウマ類の密度や被害莢の割合は約80％減少した。当然、農薬散布回数も少なくなった。

なおこの技術は、1圃場で取り組むより、地域全体で取り組んだほうがより効果は高くなる。

5 経営的特徴

表4は鹿児島県指宿地区での、秋まき露地栽培の事例である。上位の農家の収量は、10a当たり2tを超える。単価は比較的安定しているので、所得は収量しだいである。

露地栽培なので、生産経費はさほど高くないが、共選のため、出荷・調整などの流通経費が比較的高い。しかしこれによって、労働時間は350時間と低く抑えられている。

（執筆：南　晃宏）

表4　秋まき露地栽培の経営指標
（鹿児島県指宿地区）

項目	
出荷量（kg/10a)）	2,000
単価（円 /kg）	800
粗収入（円 /10a）	1,600,000
経営費（円 /10a）	
種苗費	17,000
肥料費	35,000
農薬費	60,000
生産資材費	160,000
動力光熱費	16,000
償却費など	286,000
流通費	475,000
臨時雇用費	100,000
計	1,149,000
農業所得（円 /10a）	451,000
労働時間（時間 /10a）	350
労力	家族2人，臨時雇用1人

注）農家聞き取りにより作成

実エンドウ（グリーンピース）

表１　実エンドウの作型，特徴と栽培のポイント

主な作型と適地

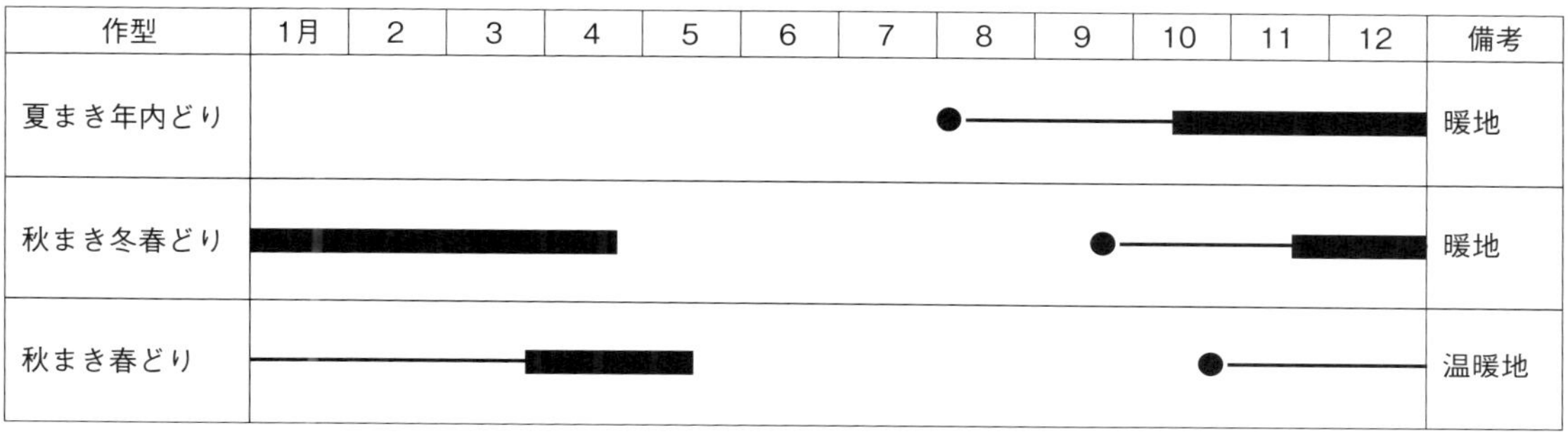

●：播種，■：収穫

特徴	名称	エンドウ（マメ科エンドウ属），学名：*Pisum sativum* L.
	原産地	コーカサス，ペルシャ，中央アジア，中近東
	栄養・機能性成分	タンパク質，炭水化物，ビタミン B_1，レシチン，食物繊維
	機能性・薬効など	疲労回復，便通改善，動脈硬化予防，脳の健康維持
生理・生態的特徴	発芽条件	適温 18 ～ 20℃
	温度への反応	生育適温 15 ～ 20℃，25℃以上で草勢劣る
	土壌適応性	耕土の深い壌土や埴壌土，pH6 ～ 6.5
	開花習性	低温，長日条件で花芽分化
栽培のポイント	主な病害虫	立枯病，うどんこ病，褐紋病，褐斑病，灰色かび病，ウイルス病 アブラムシ類，アザミウマ類，ヨトウムシ類，ウラナミシジミ，ハダニ類
	他の作物との組合せ	スナップエンドウ，オクラ，カボチャ，スイートコーン，ニガウリ，サツマイモ，水稲

この野菜の特徴と利用

(1) 野菜としての特徴と利用

エンドウの原産地は、コーカサス、ペルシャ、中央アジア、中近東などの諸説がある。日本に渡来した年代はわからないが、江戸時代にはいくつかの品種が書物に記載されており、江戸時代の中期以降には、欧州系の莢用品種が導入されたといわれている。明治時代には欧米から品質のよい品種が多く導入され、莢用、青実用、種実用と、用途別に品種と栽培法が分化した。

実エンドウは全国で約760ha栽培されており、主な産地は和歌山県、鹿児島県、熊本県で、沿岸暖地での栽培が多い。

実エンドウは、グリーンピースとも呼ばれ、未成熟の子実を食用に利用するもので、豆ご飯や、チキンライス、卵とじなどで調理されている。

タンパク質、炭水化物、食物繊維、ビタミンB_1、レシチンを多く含み、栄養価が高い。これらの成分は疲労回復や便通改善、動脈硬化予防、脳の健康維持などの効果があるといわれている。

(2) 生理的な特徴と適地

①生理的な特徴

エンドウはマメ科のつる性植物で、わい性種、高性種、その中間の半わい性種がある。

茎の下位節に分枝を、中～上位節に花房をつけ、1花房に1～2花着生する。花弁の色は白または赤～紫色があり、まれにピンク色の品種もある。花は蝶形花で、開葯が開花2日前から始まるため、ほとんどの花が蕾のうちに自家受精する。

エンドウの発芽適温は18～20℃で、10℃以下の低温でも日数は長くなるが発芽率は高い。生育温度は0～28℃であり、生育適温は15～20℃で冷涼な気候を好む。

平均気温が20℃を超えると生育が衰え、最高気温が25℃以上になると花粉の発育障害が起こり、落花したり、子実の粒数が少なくなる。一方、最低気温が5℃以下になると開花数が減少し、2℃以下になると着莢や莢の生長が悪くなる。マイナス2℃以下になると莢は寒害を受け、心止まりになる。

②作型と開花促進処理

前記のような温度への特性があるため、栽培の全期間を適温にするのは不可能なので、開花から収穫期が適温期になるように播種期を決める。中国地方から甲信越地方の温暖地では秋まき春どり栽培、九州、四国地方の暖地では夏まき秋冬どり栽培と秋まき冬春どり栽培が成立している。

エンドウの花芽分化や開花は、種子の発芽期または幼苗期の低温によって促進される。秋まき露地栽培では、越冬中に低温を受けて春に開花するが、夏まき栽培や秋まきハウス栽培では、播種から幼苗期に低温を受ける機会がない。そのため、この作型で〝きしゅううすい〟などの晩生品種を栽培する場合、収穫時期を早めて収益の向上を図るために、開花促進処理をする必要がある。

開花促進処理は、種子の低温処理や幼植物の長日処理が行なわれている。

③土壌適応性といや地

エンドウの土壌適応性の幅は広いが、壌土または粘質土壌で生産力が高い。ただし、排水のよいことが必要で、またpH5・5以下の酸性土壌は適さない。

連作による〝いや地現象〟がみられるため、土壌消毒を行なうか、4～5年の休閑が望ましい。

④品種のタイプ

実エンドウの品種は、ウスイ系と糖質系に分けられる。ウスイ系は種子がクリーム色の丸種で、目の色が黒い。関西での需要が多く、豆ご飯や卵とじなどで食べられており、食味がよい。

糖質系は、種子がクリーム色や緑色のしわ種である。甘味が強く緑が鮮やかなので、和洋中のさまざまな料理に利用されている。

（執筆：中島　純）

露地秋まき栽培

1 この作型の特徴と導入

(1) 栽培の特徴と導入の注意点

①地域と栽培時期

9～11月に播種し11～5月に収穫する一般的な秋まき栽培は、冬に降霜のない無霜地帯の冬春どり（11～4月）栽培と、降霜地帯の春どり（3～5月）栽培に分けられる。冬春どり栽培は高単価の時期に生産でき、春どり栽培は最もつくりやすい時期に栽培できる。

播種時期によって年内の生育にかなりの差があり、9月まき冬春どり栽培では年内に草丈が1m以上になるのに対し、10月まきの春どり栽培では数cm程度にしかならない。

越冬時の草丈が低いほど耐寒性が強いので、冬の気象条件が厳しい地域ほど幼植物の状態で越冬させるようにする。

②気象災害対策と草勢維持

冬は北西の季節風と異常寒波、春は菜種梅雨と曇天があり、生産を不安定にしている。露地栽培の気象災害を防ぐには、圃場周辺の地形が重要で、南向きで傾斜が少しある風当たりの少ないところが適している。また、季節風には防風垣、多雨には深耕、高ウネ、マルチ、圃場周囲に排水溝を掘るなどして排水をよくする。

この作型は、栽培期間が6～7カ月の長期にわたるので、草勢を最後まで維持させることが大切になる。そのためには、堆肥など有機物を多く、深く施用するように心がける。また、株の勢いをみて弱っているようであれば早めに速効性肥料を追肥する。

(2) 他の野菜・作物との組合せ方

実エンドウは収穫に多くの労働力がかかるが、同じ時期に播種するスナップエンドウとは収穫最盛期がずれることや資材や管理作業が共通することから、実エンドウとスナップエンドウを組み合わせる事例が多い。

しかし、秋冬に実エンドウを主品目にする場合は、収穫最盛期が実エンドウの収穫最盛期と重ならない作物を選ぶことが重要である。初夏から夏に収穫するオクラ、カボチャ、スイートコーン、ニガウリ、夏から秋に収穫するサツマイモや水稲と組み合わせる事例が多い。

図1　実エンドウの露地秋まき栽培　栽培暦例

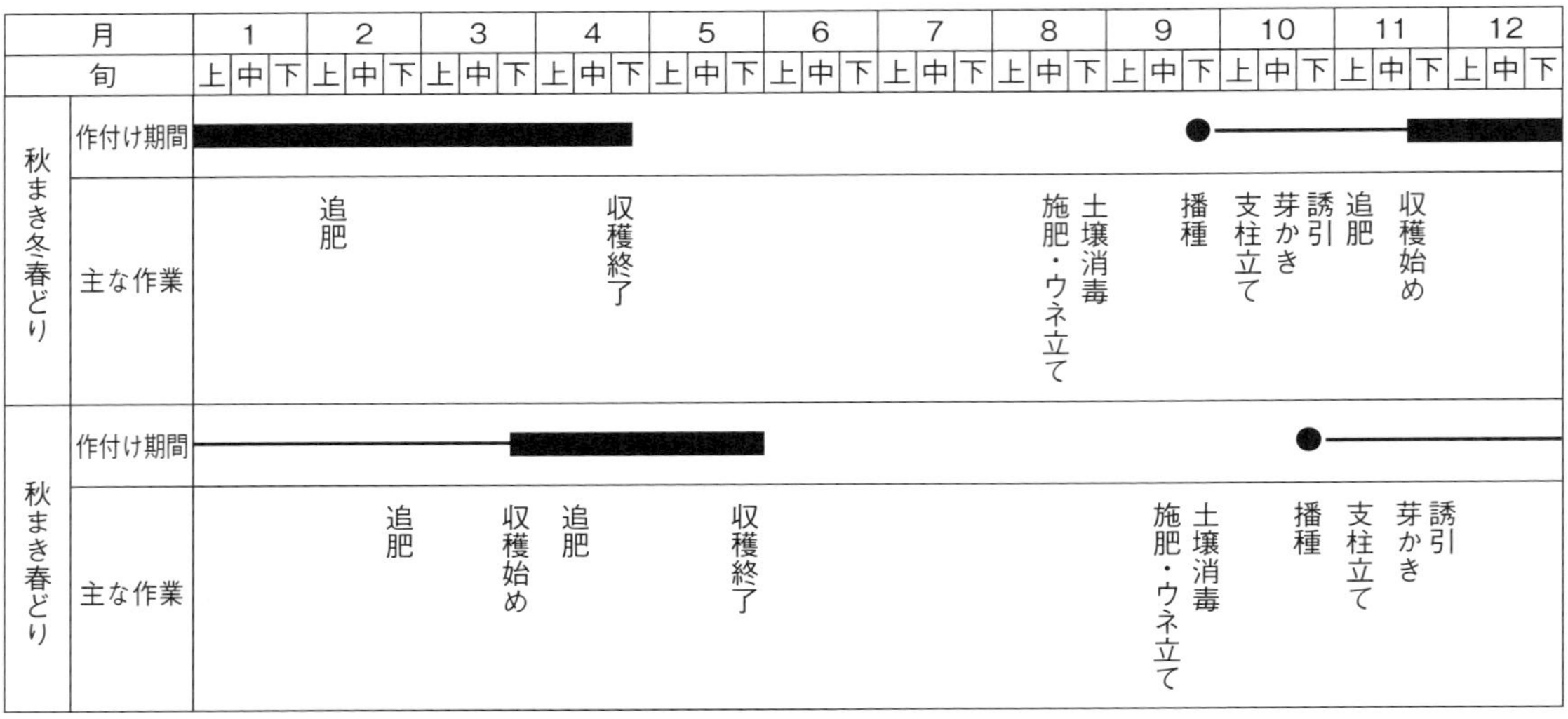

●：播種，■：収穫

2 栽培のおさえどころ

(1) どこで失敗しやすいか

エンドウを同じ畑に毎年栽培すると、しだいに生育が悪くなり収量が減少する〝いや地現象〟が発生する。また、他の野菜に比べて連作障害も発生しやすい。したがって、4～5年の休閑を行ない、休閑の間はマメ科作物以外を作付けするようにする。

深耕、有機物・土壌改良資材の施用なども、高い効果を示すことがある。やむを得ず連作する場合は、薬剤または太陽熱で土壌消毒を行なう。

図2　実エンドウの栽培状況

(2) おいしく安全につくるためのポイント

エンドウを健全に育てるには、土つくりと排水対策が重要である。安全につくるためには、太陽熱を利用した土壌消毒や播種後の寒冷紗の被覆、光反射マルチの使用など、農薬を減らす工夫をする。

なお、農薬を使用する場合は、農薬の使用基準を厳守する。

(3) 品種の選び方

秋まき冬春どり栽培では、長期間の栽培でも草勢が落ちず、1花房から2莢とれる収量の多い品種が適する。産地ではウスイ系品種の‘きしゅうすい’‘矢田早生うすい’や、糖質系品種の‘スーパーグリーン’‘まめこぞう’などが栽培されている。

秋まき春どり栽培では、耐寒性が強く、心止まりしても、分枝の発生がよく収量の多い品種が適する。産地ではウスイ系品種の〝きしゅううすい〟、〝紀の輝〟や、糖質系品種の〝南海緑〟などが栽培されている。

表2　実エンドウの主要品種の特性

タイプ	品種名	特性
ウスイ系	きしゅううすい	晩生，高性，1莢10g程度，長期どり・春どりに向く，良食味
	矢田早生うすい	初花房節位10節程度の早生，高性，1莢10g程度，長期どりに向く，良食味
	紀の輝	初花房節位15節程度の中生，高性，1莢11g程度，春どりに向く，良食味
糖質系	スーパーグリーン	初花房節位10節程度の早生，半わい性，双莢性，多収，1莢8g程度，長期どりに向く
	まめこぞう	初花房節位10節程度の早生，やや高性，双莢性，多収，1莢10g程度，長期どりに向く，良食味
	南海緑	やや高性，1莢11g程度，耐寒性強い，春どりに向く，良食味

3 栽培の手順

(1) 畑の準備

①土つくりと施肥

日当たりがよく、排水のよい圃場を選び、深さ30～40cmに深耕し、堆肥などの有機物を投入して土つくりをする。土壌のpH6～6.5を目標に苦土石灰などを施用する。

元肥量は、成分量で10a当たり窒素10kg、リン酸17kg、カリ10kg程度を施用する（表4）。元肥は播種の1週間前までに施す。施肥位置は広く、深くすることが大切で、浅いと発芽障害や根焼けを起こしやすい。

②ウネ立てとマルチ

深さ15cm程度の施肥溝を管理機などでつくり、その溝に堆肥と化成肥料を施用した後、耕うんして土とよく混合してからウネ立てを行なう。ウネは高さ20cm以上のかまぼこ形がよい。

必要に応じてマルチも行なう。気温の高い9月播種では、地温抑制効果のある白黒マルチや光反射マルチを用いる。気温の低い時期の播種では、黒マルチやシルバーマルチなどを用いるとよい。

③ウネ幅と株間

ウネ幅と株間は作型や品種によって違う。

秋まき冬春どり栽培のウスイ系品種では、ウネ幅150～160cm、ベッド幅50～60cm、通路幅100～120cm、株間15～20cm、1穴3～4粒播きがよい。

秋まき冬春どり栽培の糖質系品種では、ウネ幅150～160cm、ベッド幅50～60cm、通路幅100～120cm、株間15cm、1穴2粒播きがよい。

秋まき春どり栽培では、いずれのタイプの品種も、ウネ幅150～160cm、ベッド幅50～60cm、通路幅100～120cm、株間20～30cm、1穴3～4粒播きがよい。

なお、播種の深さは3cm程度にする。

(2) 播種後の管理

①支柱立て、ネット張り

草丈が10cmくらいになったら、2m間隔に高さ2m程度の支柱を立て、キュウリネットを張る。ネットの張り方には、1面張りと2面張りがある。

1面張りは、播種穴から15cm程度ずらして支柱を立ててネットを張る。2面張りは、ウ

表3　露地秋まき栽培のポイント

	技術目標とポイント	技術内容
播種準備	◎圃場の選定	・日当たりがよく，排水のよい圃場を選ぶ ・連作を避ける（4～5年の休閑） ・耕土が深く，排水がよく，保水力のある圃場
	◎土壌消毒	・土壌病害の心配がある場合は，薬剤や太陽熱で土壌消毒を行なう
	◎土つくりと施肥	・pH6～6.5を目標に土壌pHを調整する（苦土石灰など100kg/10a施用） ・元肥は成分量で10a当たり窒素10kg，リン酸17kg，カリ10kg程度を施用する ・施肥位置は広く，深くすることが大切
	◎ウネ立て	・深さ15cm程度の施肥溝に堆肥と化成肥料を施用した後，耕うんしてからウネを立てる ・ウネは高さ20cm以上のかまぼこ形がよい
播種方法	◎マルチ	・気温の高い9月播種では，地温抑制効果のある白黒ダブルマルチや光反射マルチを用いる ・気温の低い時期の播種では，黒マルチやシルバーマルチなどを用いるとよい
	◎ウネ幅，株間	・秋まき冬春どり栽培のウスイ系品種では，ウネ幅150～160cm，株間15～20cm，1穴3～4粒播きがよい ・秋まき冬春どり栽培の糖質系品種では，ウネ幅150～160cm，株間15cm，1穴2粒播きがよい ・秋まき春どり栽培ではいずれのタイプの品種も，ウネ幅150～160cm，株間20～30cm，1穴3～4粒播きがよい
	◎播種の深さ	・種子を播く深さは3cm程度とする
播種後の管理	◎支柱立て，誘引	・草丈が10cmくらいになったら，2m間隔に2m程度の支柱を立て，キュウリネットを張る ・1面張りは，播種穴から15cm程度ずらして立てる ・2面張りは，ウネ中央から10～15cmずらして立てる ・風で株が回されるのを防ぐため，できるだけ早く巻きひげをネットに絡ませる
	◎整枝，誘引	・主枝と低節位分枝を利用して適正な枝数になるよう整枝（芽かき）する ・ウネの長さ1m当たりの適正な枝数は，冬春どり栽培では13～15本，春どり栽培では20～30本である ・枝が倒れたり折れないように，枝の伸長に合わせて30cm間隔にネットの両側に荷造りヒモやバインダーヒモなどを張る
	◎灌水	・土が乾燥したら適宜灌水する
	◎追肥	・追肥は生育状況をみて行なうが，目安は1回目が着莢開始期，2回目が収穫最盛期
	◎病害虫防除	・早期防除や予防散布に心がける
収穫	◎適期収穫	・収穫適期は，莢のガクのつけ根に白いしわが出始めたころが目安

表4　施肥例　（単位：kg/10a）

	肥料名	施肥量	成分量		
			窒素	リン酸	カリ
元肥	堆肥	2,000			
	苦土石灰	120			
	BB222	80	9.6	9.6	9.6
	苦土重焼燐	20		7.0	
	小計		9.6	16.6	9.6
追肥	NK2号	50	8.0		8.0
施肥成分量			17.6	16.6	17.6

注）追肥は2回に分けて施用

ネ中央（播種穴）から左右に各10〜15cmずらして張る（図3）。風で株が回されるのを防ぐため、できるだけ早く巻きひげをネットに絡ませる。

②整枝、誘引

生育に応じて、枝を整枝しながらネットに誘引していく。エンドウの枝の生産能力は、主枝＞低節位分枝＞高節位分枝の順に高いため、主枝と低節位分枝を利用して適正な枝数になるよう整枝（芽かき）する。

ウネの長さ1m当たりの適正な枝数は、冬春どり栽培では13〜15本、春どり栽培では20

～30本である。

枝はできるだけ均一な間隔になるように、ネットに誘引する。倒れたり折れたりしないように、枝の伸長に合わせて、30cm間隔でネットの両側に荷造りヒモやバインダーヒモなどを張る（図3）。

③灌水、追肥

土が乾燥したら適宜灌水する。着莢期に乾燥させると、収量低下につながるので注意する。

追肥は生育状況をみて行なうが、1回目が着莢開始期、2回目が収穫最盛期を目安にする。1回当たりの施用量は、窒素成分で10a当たり3～4kg程度でよい。長期栽培の場合は、肥料切れさせないように、その後も適宜追肥する。

図3　実エンドウの誘引のやり方

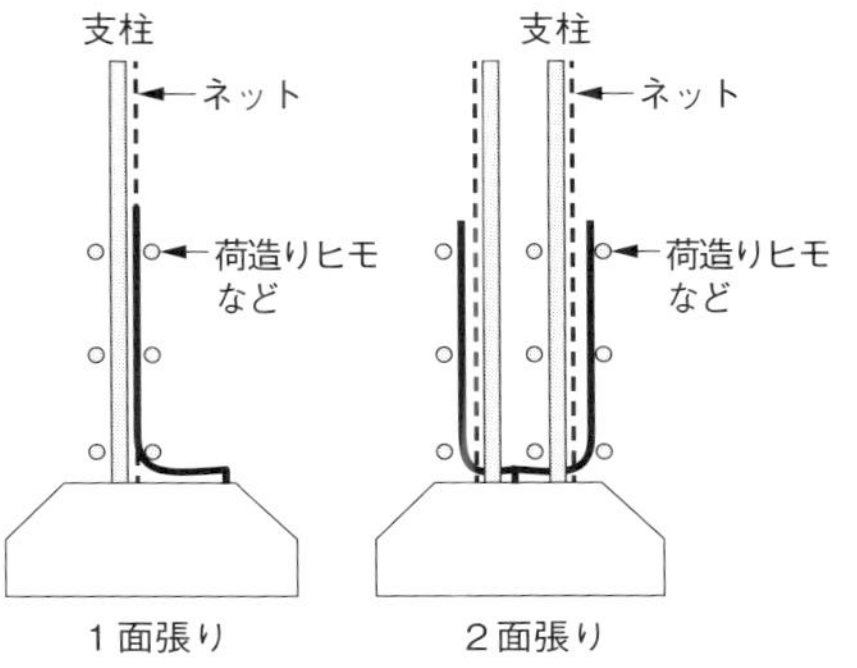

(3) 収穫

莢をむいたときに、子実が軽く離れる程度の莢を収穫する。外観では、莢のガクのつけ根に白いしわが出始めたころが、収穫適期の目安である。

雨に濡れた莢を収穫すると腐敗することがあるので、雨天時の収穫はできるだけ避ける。

4 病害虫防除

(1) 基本になる防除方法

生育初期の立枯病対策は、連作を避けるか、土壌消毒を行なう。うどんこ病と灰色かび病は密植を避け、通風と排水をよくし、薬剤の予防散布に心がける。生育後期に発生の多い褐紋病、褐斑病は薬剤の予防散布で対応する。

生育初期にヨトウムシ類、ナモグリバエ、アブラムシ類が、開花期以降ではウラナミシジミ、アザミウマ類の発生が多いので、発生したらすみやかに薬剤散布を行なう。

(2) 農薬を使わない工夫

連作障害対策は、薬剤を使わず、夏の太陽熱を利用して土壌消毒を行なう。この処理では、雑草の種子が死滅するため、除草剤の使用を減らすこともできる。

シルバーマルチやアルミ蒸着フィルムなど光反射マルチを張ると、ウラナミシジミ、アブラムシ類、アザミウマ類の飛来を防止する

表5　病害虫防除の方法

	病害虫名	防除方法
病気	立枯病	4～5年の休閑または土壌消毒
	うどんこ病，褐紋病，褐斑病	枝が過密にならないよう整枝・誘引を行なう，登録農薬で予防散布を心がける
	灰色かび病	花弁の除去，登録農薬で予防散布を心がける
害虫	アブラムシ類，アザミウマ類	忌避効果のある光反射マルチを利用する。発生を見たら，すみやかに薬剤散布を行なう
	ヨトウムシ類，ウラナミシジミ，ナモグリバエ	発生を見たら，すみやかに薬剤散布を行なう

効果がある。

5 経営的特徴

秋まき冬春どり栽培は、収穫期間が長いので、10a当たり2t程度の収量が得られる。単価が1kg650円程度なので、10a当たりの粗収益が130万円程度になる（表7）。

鹿児島県では消費地までの距離が長いため、流通経費が粗収益の3割程度かかるが、消費地に近い産地では少なくなる場合もある。

労働時間は1a当たり300時間で、マメ類の中では少ないので、産地では同じ時期に栽培するスナップエンドウと組み合わせながら、実エンドウを10～20a栽培する生産者が複数みられる。

（執筆：中島　純）

表6　主要病害虫の主な有効農薬

	病害虫名	主な有効農薬
病気	苗立枯病，立枯病，茎腐病	クロルピクリン（土壌消毒），バスアミド微粒剤（土壌消毒），タチガレン液剤（土壌灌注），リゾレックス水和剤（土壌灌注）
	うどんこ病	トリフミン水和剤，ラリー水和剤，イオウフロアブル，ハチハチフロアブル，シグナム WDG
	褐紋病	アミスター 20 フロアブル
	灰色かび病，菌核病	アフェットフロアブル，アミスター 20 フロアブル，スクレアフロアブル，シグナム WDG，カンタスドライフロアブル，パレード 20 フロアブル，ロブラール水和剤，セイビアーフロアブル 20，ゲッター水和剤
	さび病	アフェットフロアブル，ストロビーフロアブル，シグナム WDG
害虫	アブラムシ類	アドマイヤー 1 粒剤（播き溝，植穴土壌混和），スタークル顆粒水溶剤，アディオン乳剤，スミチオン乳剤
	アザミウマ類	アディオン乳剤，ディアナ SC，モスピラン顆粒水溶剤
	ハスモンヨトウ，シロイチモジヨトウ，ヨトウムシ類	フェニックス顆粒水和剤，ディアナ SC，コテツフロアブル，プレバソンフロアブル 5，グレーシア乳剤，トレボン乳剤，アディオン乳剤
	ウラナミシジミ	スタークル顆粒水溶剤，アディオン乳剤，パダン SG 水溶剤，トレボン乳剤
	ハモグリバエ類，ナモグリバエ	スタークル粒剤，スタークル顆粒水溶剤，アディオン乳剤，アファーム乳剤，スピノエース顆粒水和剤，パダン SG 水溶剤，ディアナ SC，ハチハチフロアブル，プレバソンフロアブル 5
	マメシンクイガ	アディオン乳剤，スミチオン乳剤
	ダイズサヤタマバエ	スミチオン乳剤

表7　露地秋まき栽培の経営指標

項目	
収量（kg/10a）	2,000
単価（円 /kg）	650
粗収益（円 /10a）	1,300,000
経営費（円 /10a）	905,000
種苗費	15,000
肥料費	40,000
農薬費	70,000
資材費	150,000
動力光熱費	20,000
償却費など	250,000
流通費	360,000
農業所得（円 /10a）	395,000
労働時間（時間 /10a）	300

付録

ナス科野菜の育苗方法

1 育苗の目的

ナス科野菜は、播種して収穫が始まるまでの日数が長い。その期間をまるまる本圃で過ごさせると、本圃の有効利用ができない。そのため、播種後の一定期間は別の場所（育苗ハウス）で生育を進め、定植後、収穫が始まるまでの期間を縮める。

また、青枯病などの土壌病害の被害を受けやすいので、抵抗性をもった台木に接いで、被害を受けない苗をつくる。これらが育苗の目的である。

2 床土

(1) 市販床土か自家製床土か

苗つくりには3種類の床土を使う。播種用、セル用、ポット用である。いずれも専用の市販品がある。

土粒の均一さが求められる播種床土とセル床土は、使う量が少なく出費もかさまないので、市販品を使うのがいいだろう。とくにセル床土は粒の均一さに加え、ふわふわしていなければならず、ぜひ市販品を使うべきである。

自家製床土をつくるなら、ポット用である。ポット床土は使う量が多いので、自家製造は経営的に有利でもあるし、いろいろな大きさの土粒が混ざり合ったものをつくれる。そういう物理性をもった床土は、充実した苗をつくりやすい。

ポット床土をフルイにかけて小さい粒に揃え、播種用に使ってもよい。自家製床土は比較的重いので、種子が発芽するとき、子葉が種皮から抜け出るのに苦労しない（表1）。

(2) 床土の条件と肥料

床土の性質は、清潔さ、物理性、pH、肥料（とくに窒素）などで構成される。どれも大

表1　育苗で使う3種類の床土

用土の種類	必要量	求められる土の状態	調達法
播種床土	少ない	・均一 ・やや重い土粒	購入または自家製造ポット床土をフルイ分け
セル床土	少ない	・均一 ・ふかふか	購入
ポット床土	多い	・原土の割合が多い ・不均一	自家製造または購入

表2　ポット床土のつくり方（10a分の苗の必要量）

資材名	量	7月上旬から太陽熱消毒をする場合の経過				
		5月上旬	5月下旬	6月中旬	7月上旬	7月中下旬
原土	$1m^3$（約1t）	混ぜる	切り返して空気を供給して熟成を進める	切り返し	「熟成完了」戸外に20cmの厚さに積んで太陽熱消毒	「消毒完了」そのまま使用または袋などに詰めて収納
イナワラ堆肥	300kg					
苦土石灰	2kg					
過リン酸石灰	0.7kg					
有機化成オール8（8-8-8）などの3要素肥料	0.7kg					

注1）イナワラ堆肥は2カ月前の3月上旬にはつくり始める必要がある
注2）原土が黒ボクの場合のみ熔成リン肥を5kg加用する

切な性質であるが、肥料だけは、自家製ならこりすぎず、市販品なら期待しすぎないことが大切である。

床土は、播種箱やセル、ポットなどの「容器」で使うので、水かけで容器外に押し出された肥料は二度と利用できない。床土の肥料は何もしなければ減るばかりであり、肥料の含有量が自分好みの床土であっても、その状態は最初の水かけまでである。

床土の肥料濃度を自分の望む状態にするには、その濃度の液肥をかけるのが最も確実で手っ取り早い。最初から肥料を含んでいない床土であっても、水かけをかねて液肥をやれば、たちどころに適濃度にすることができる。

肥料を含んだ床土に液肥をやると、肥料が上積みされて過剰になるように思いがちである。しかし、実際には床土の肥料は液肥に押し出され、液肥と置き換わるので肥料が過剰になることはない。

床土中の肥料濃度が液肥でどうにでもなる以上、肥料にこった床土をつくっても割にあわない。また、肥料を多く含むために高価になっている床土を買っても、1回の水かけでその性質は失われる。

床土は、清潔さ、物理性、pHが条件を満たしているならそれで十分である。表2に示す材料とつくり方にしたがえば、そういう床土をつくることができる。

3　育苗方法

(1) 施設・装置、用具

育苗ハウスとして、専用のパイプハウスを準備する。本格的なものは間口が4・5mか5・4mで、広さは100㎡単位である。近年は1坪以下から数坪のハウスも販売されているので、それを利用してもよい（図1）。

ハウスは、ポリかビニールで被覆し、寒い時期は肩の開け閉めで換気と保温をする。暑い時期は天井だけを被覆し、サイドは防虫

図２　ハウスの被覆と換気

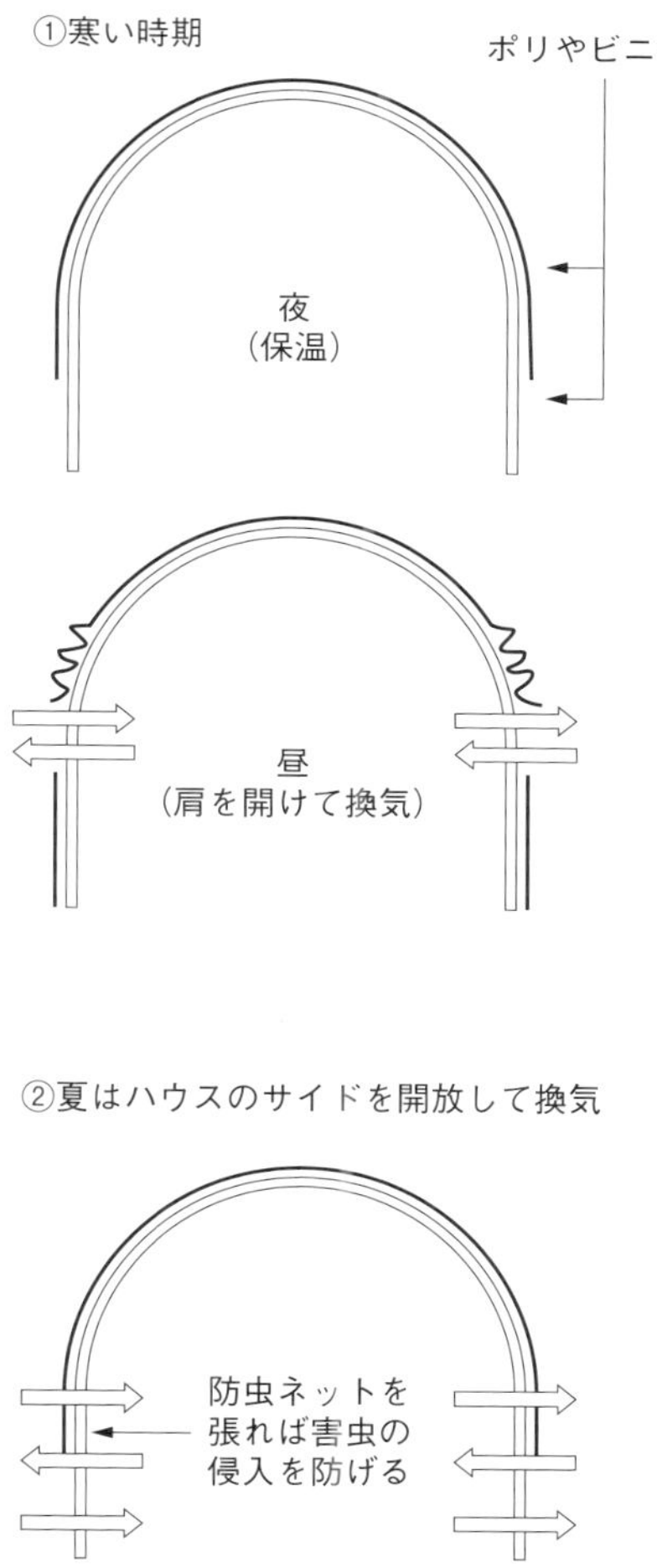

図１　育苗ハウス

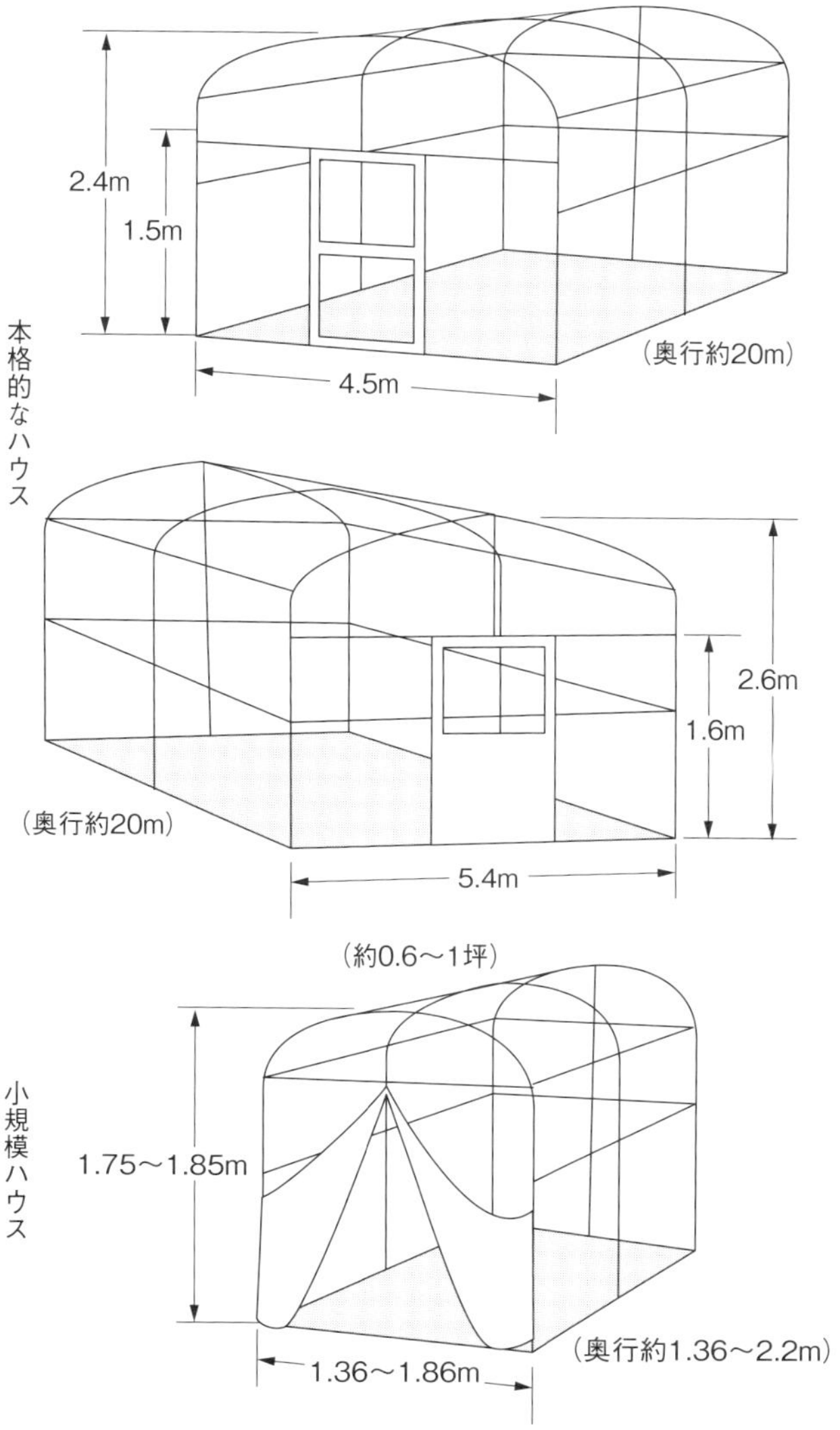

図３　苗床には幅120cmの専用シートを敷く

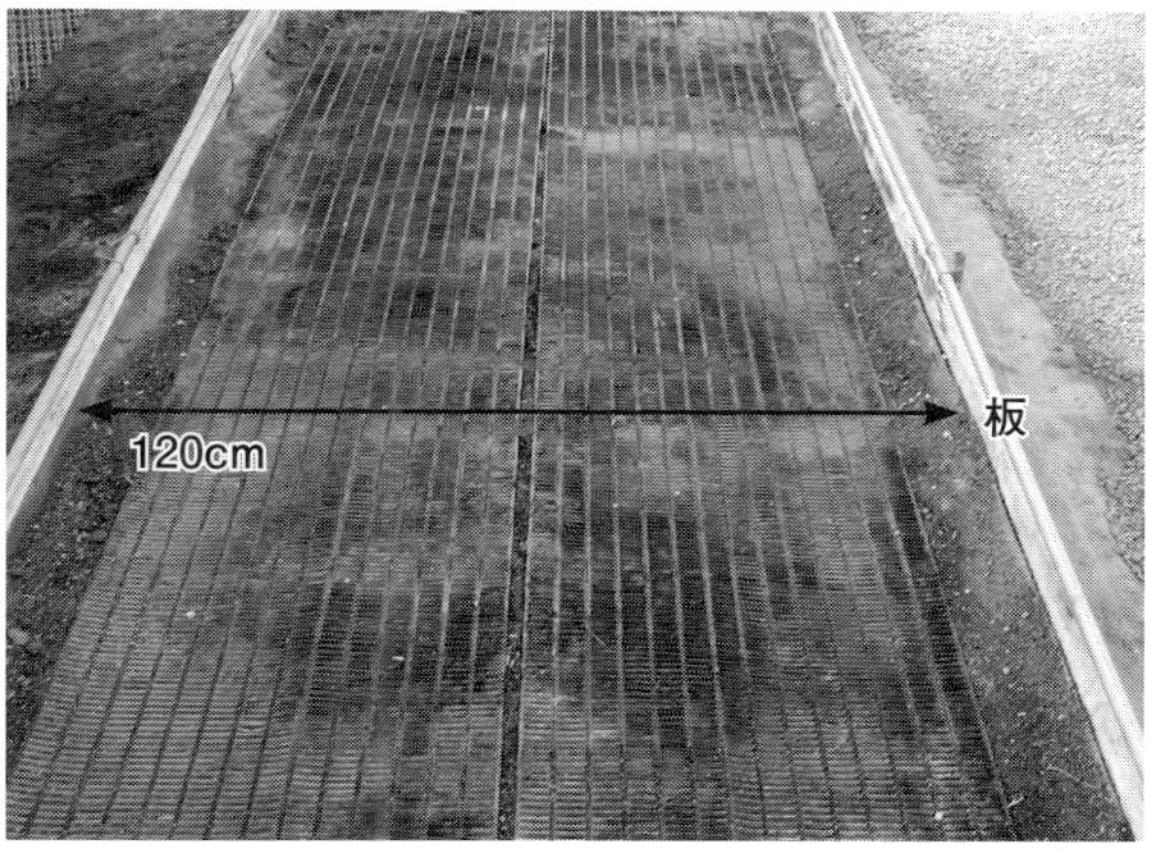

ネットを張って昼も夜も換気したままにする（図２）。

ハウス内に、板で仕切った１２０㎝幅の苗床をつくり、専用シートを敷く。その中にトンネルをつくるときは90～１００㎝幅とする。

加温が必要な時期は、ハウス全体を加温するよりも、トンネル内だけを加温したほうが省エネになる。専用の電熱線も販売されているが、配線の手間を省きたいなら、電熱線を組み込んだマットを利用する方法もある（図３、４、５）。

図5　敷くだけで使える加温マット
（サーモスタットとセット）

播種箱やセルトレイの底が直接触れないように棒を敷く

図4　苗床にトンネルをつくるときの大きさ

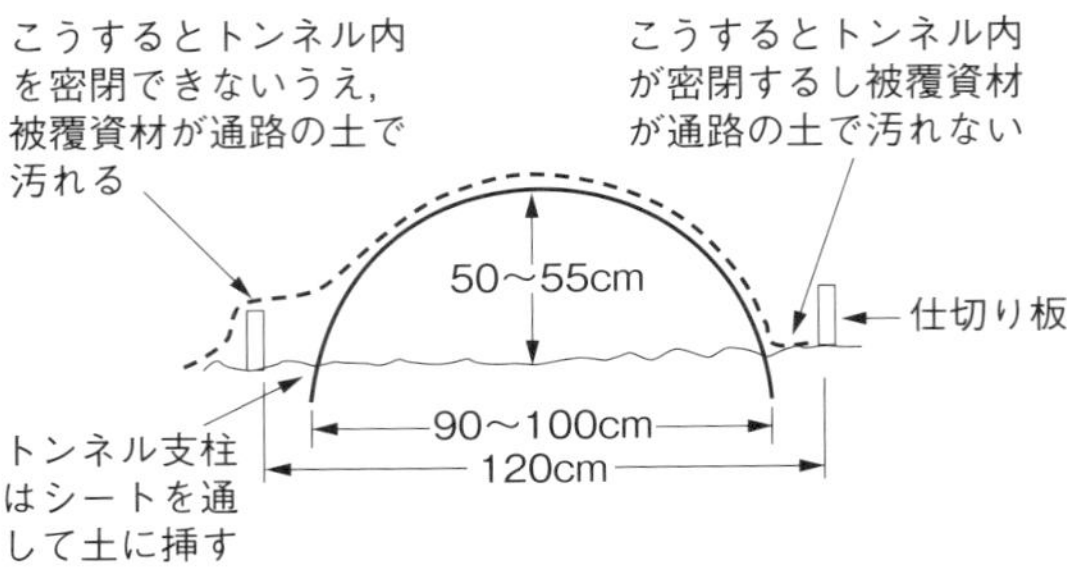

保温や遮光を目的とするトンネルで，180cm幅の被覆資材に対応

(2) 苗の大きさと作付け体系

定植する苗の大きさ（齢）によって、圃場の利用状況が変わる。ケースは次の3つである。

①セル苗を定植する。②ポット苗を定植する。③セル苗をポットに鉢上げして、ポット苗に仕上げて定植する（2次育苗方式・仮称）。

ナス科野菜のセル苗は普通50～72穴トレイで育てる。この苗を定植すればきわめて省力的であるが、定植日を12cmポット苗より15日早める必要がある。早めることができないなら、播種日を15日遅くする必要がある（図

図6　定植する苗の大きさと作付け体系

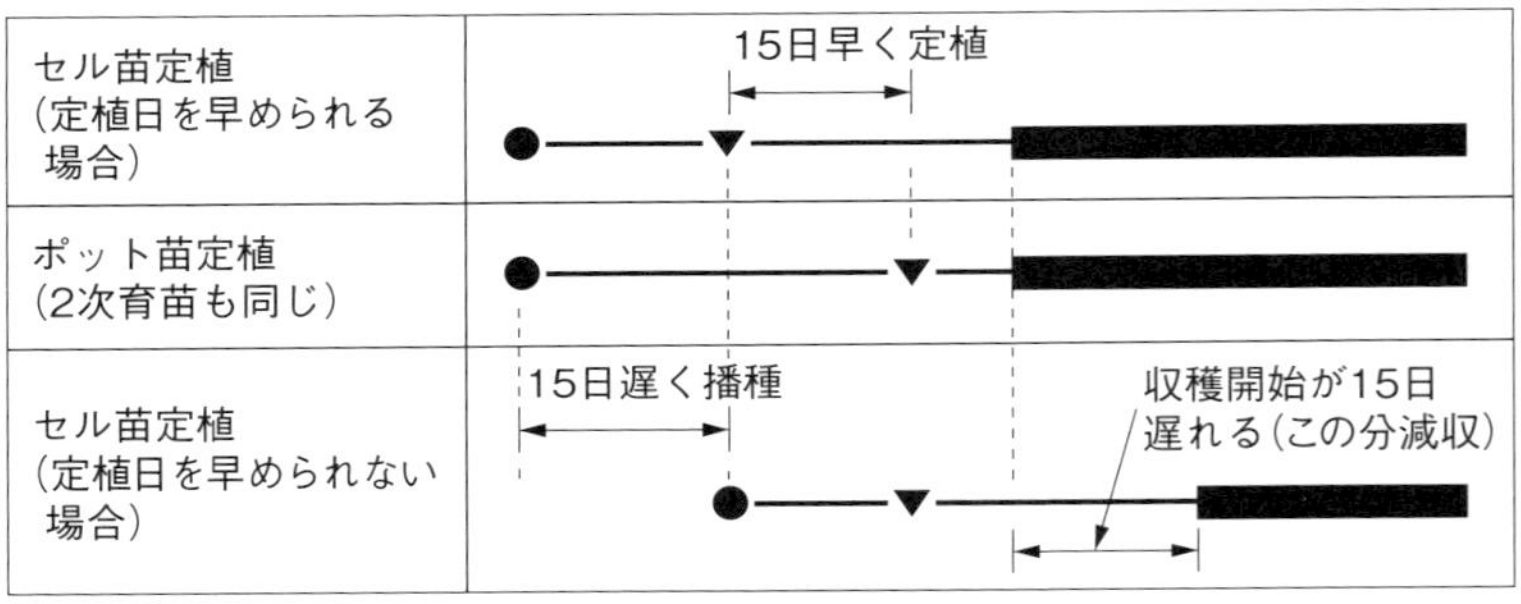

●：播種，▼：定植，■：収穫

注）50～72穴トレイ苗と12cmポット苗の場合

図7　セルトレイは水稲の育苗箱に入れて使う

6）。この制約はつらいものである。ナス科野菜は、播種して収穫が始まるまでの日数が長いので、とくに重くのしかかる。

育苗の計画を立てるときは、セル苗にするのか、ポット苗にするのか、ポットならどのサイズにするのかなど、圃場の利用計画との慎重なすり合わせが必要である。

(3) 育苗の用具類

播種箱は水稲の育苗箱を使う。底に数十の穴がある製品がよい。

セルトレイは50穴か72穴のものを使う。床土を詰めたセルトレイは、そのままでは持ち運びが困難なので、水稲の育苗箱に入れて使う（図7）。育苗箱は、セルの排水がしやすいように、底に1000ぐらいの穴がある製品がよい。

ポットは9～12cmのものを使う。本稿では、ポット苗のよさを発揮しやすい、12cmポットを想定して述べている。

接ぎ木の用具として、チューブがある。チューブは、ナス科野菜のどの品目にも使える（図8）。

図8　ナス科野菜苗の接ぎ木に使うチューブ

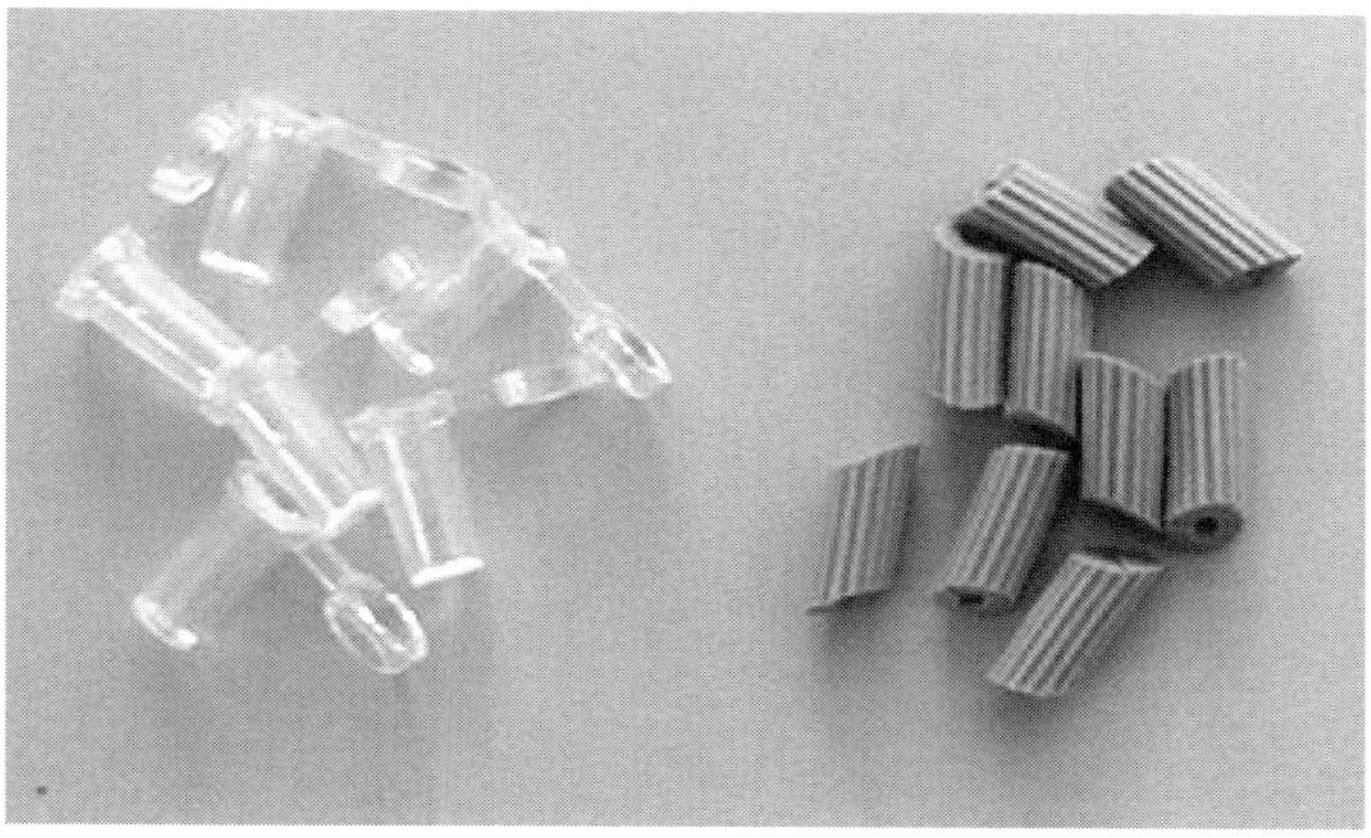

図9　ピーマンの自根苗の育苗過程（12cm ポット）

作業名	播種	発芽揃い	鉢上げ	定植
播種後日数	0	6	15	43
育苗経過	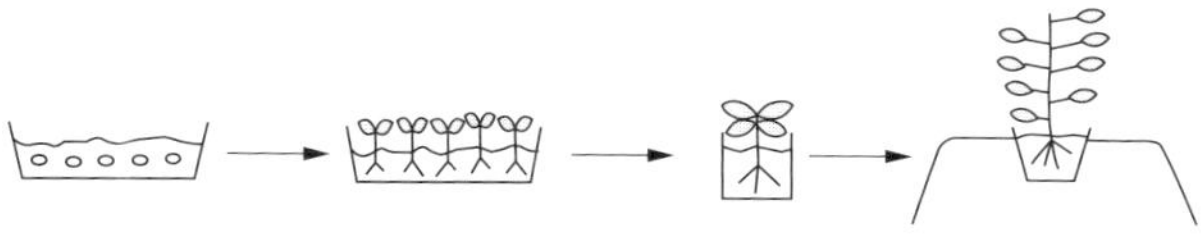			

注）日数は暖地の促成栽培（夏の育苗）の場合

図10　ナス科野菜の播種はバラ播き

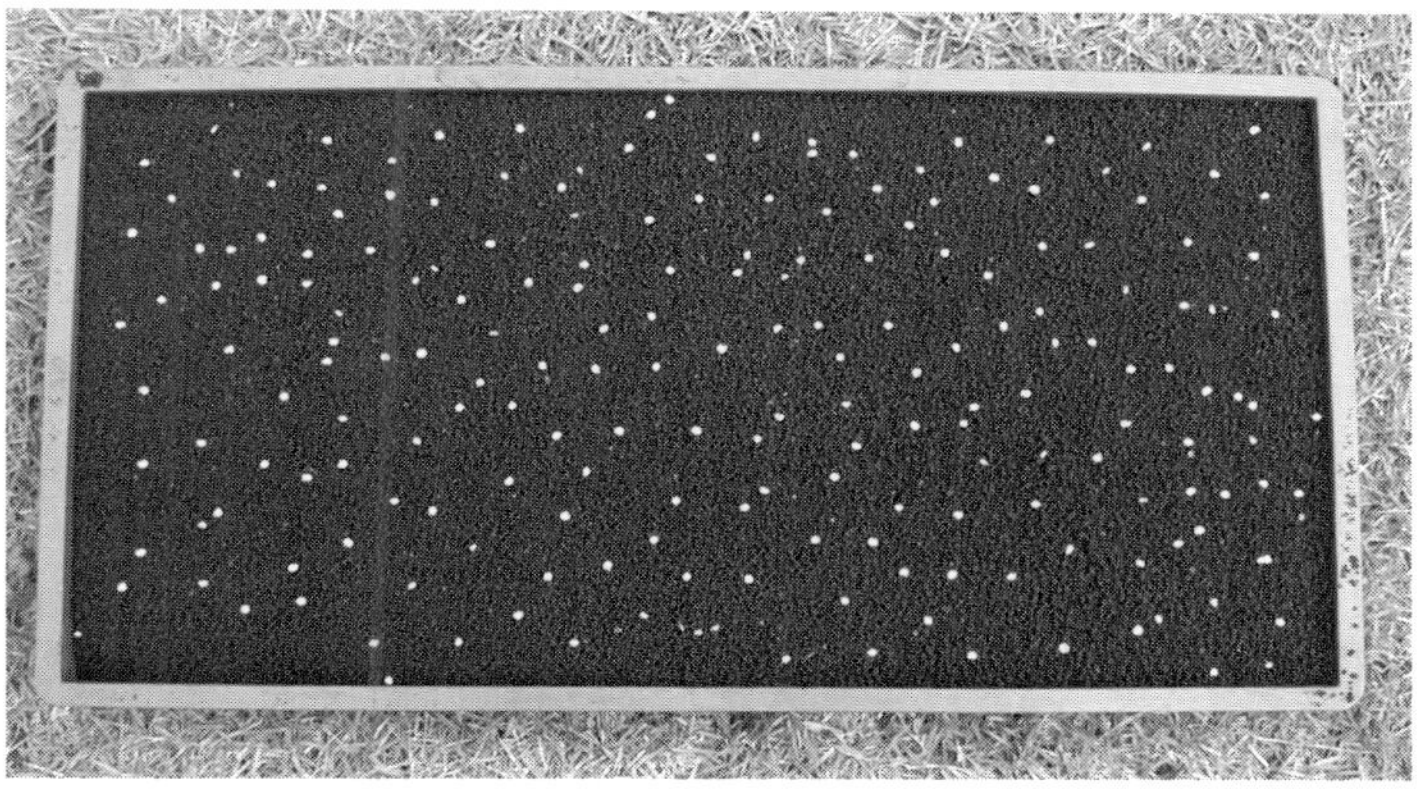

(4) 自根苗と接ぎ木苗

ナス科果菜の栽培では、自根苗だけを利用している品目はない。ピーマンは大部分が自根苗で、一部が接ぎ木苗である。トマトは大部分が接ぎ木苗で、一部が自根苗である。ナスはほぼ100％が接ぎ木苗である。このように3品目それぞれに主流の苗がある。

以下、主流の苗のつくり方を述べるが、そのつくり方は他の2品目に、そのまま適用できる。

①自根苗のつくり方（ピーマン）

自根のポット苗は、ポットに直接播種するよりも、播種箱に播種してポットに鉢上げしたほうがいい苗になる（図9）。理由は、苗を播種箱から取り上げるときに、軽い植え傷みを起こすからである。定植時の植え傷みは後々まで悪影響を残すが、若々しい時期の軽い植え傷みは、徒長を抑えて充実した苗にする。

ピーマン類にかぎらず、ナス科野菜を播種箱に播種するときは、種子を並べる必要はなく、バラ播きにする（図10）。

なお、セルの自根苗は、鉢上げ作業自体が困難なうえ、充実さを求める間もなく育苗が終わるので、セルに直接播種する。

②接ぎ木苗のつくり方

トマトの断根接ぎ木苗　台も穂も播種箱に播種し、接ぎ木適期に根のない状態で切り取り、茎をチューブで合わせる（図11）。接ぎ木した苗は、その日か翌日に用土に挿して発根させる。

挿すのはポットでもいいが、台も穂も合わせる部分の茎を全面切除して接いだうえ挿し木するので、順化に手がかかる。そのため、ひとまずセルに挿して狭い場所で集中的に管理し、順化後にポットに移植して広い場所で育てるほうがよい。もちろん、順化後、ポットに移植せずにそのまま定植してもよい（図12）。

順化日数は12日間を見込む。湿度の管理は最初の５日間だけで、ポリを密閉して１００％を保つ。光の条件は、最初の５日間は97～95％遮光とする。この光の強さなら、ポリを密閉しても高温になりすぎない。次の３日間は75％遮光。以降、１～２日間の55％遮光を経て徐々にならし、13日目以降は自然条件にする。

遮光は、遮光率の異なるネットを２～３種類用意し、それらを重ねたり、同じものを二重にしたりして強度を調節する。

ナスの居接ぎ苗　育苗期間の長いナス科野菜の中でも、ナスはとりわけ長い。人気のある台木の〝トルバム・ビガー〟の生長が遅いからである。生長に日数がかかると組織が硬化して発根しにくいので、接いだ後に挿し木する断根接ぎには向かない。また、台木は節が詰まって短い。この面でも挿すのに向かない。そのためナスは居接ぎが主流である。

切り込みの操作は割り接ぎの人気が根強いが、大量育苗ではトマトと同じチューブ接ぎが行なわれており、ここではそれを述べる。すなわち、セルでの居接ぎのチューブ接ぎである（図13、14）。

〝トルバム・ビガー〟は生長が遅いだけでなく、発芽も一斉にしてこない。そのため、セルに直接播種することはできない。播種箱に播種して、揃った苗をセルに上げる。苗が小さいので箸を使うと能率が上がる（図15）。播種して35日目に、ようやく接ぎ木に適する大きさになる（図16）。

図11　トマトの接ぎ方

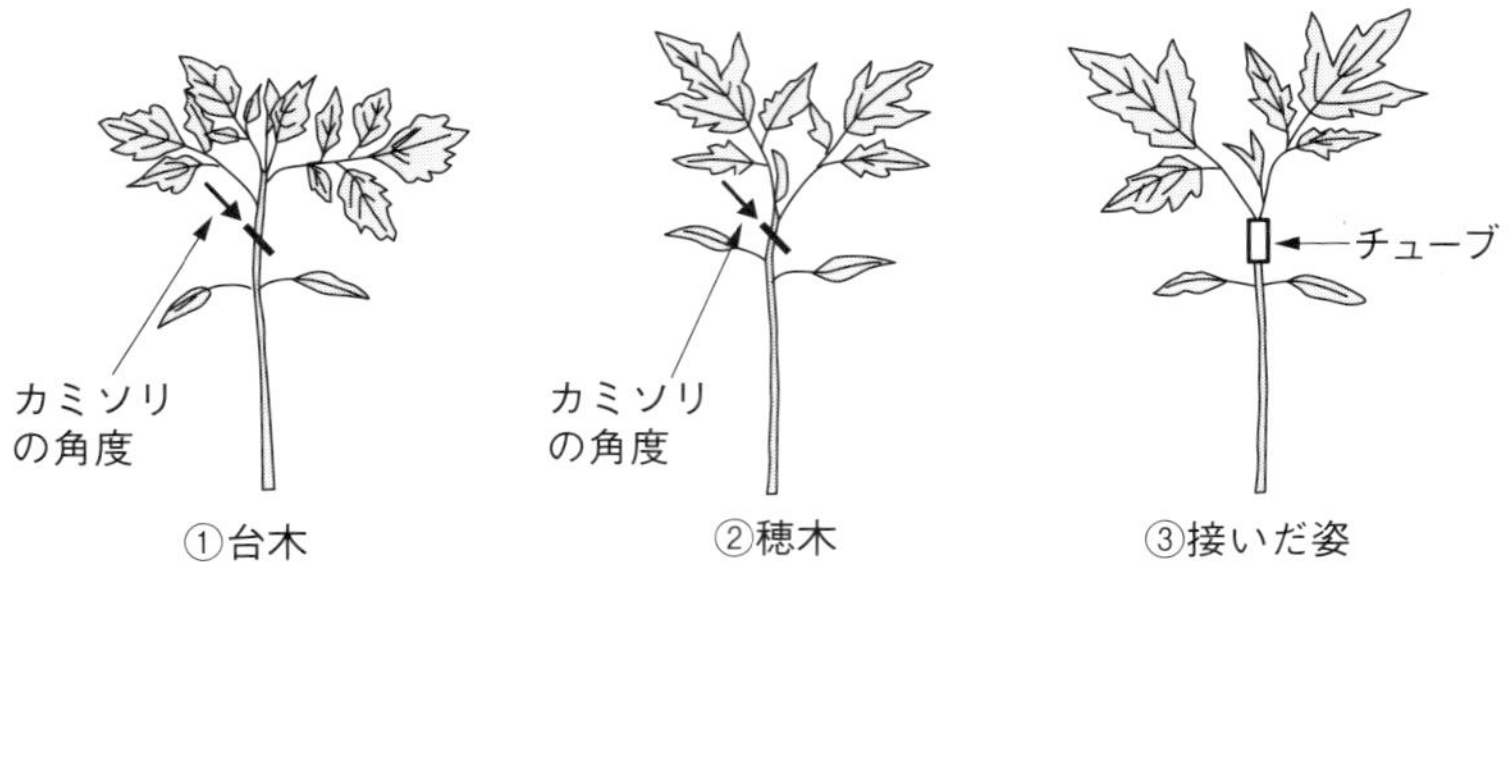

図 12　トマトの断根接ぎ木苗の育苗過程

作業名	播種	発芽揃い	接ぎ木	挿し木	セル取り出し適期	12cmポット定植適期
播種後日数	0	6	15	15または16	35	52
育苗経過	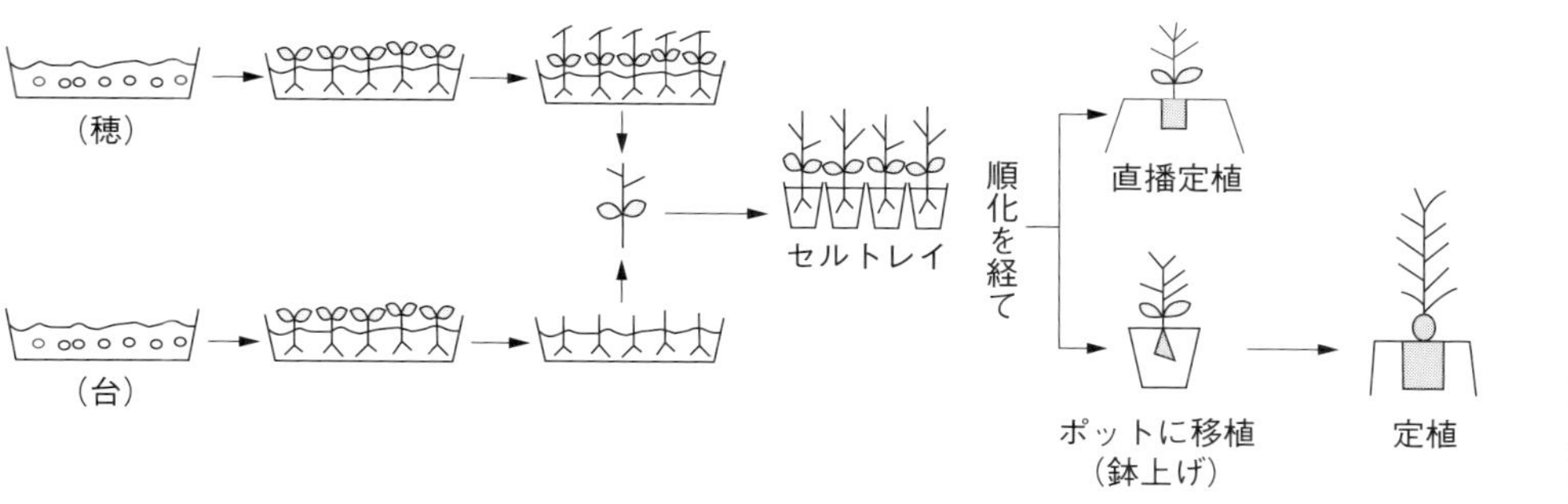					

注）日数は暖地の促成栽培（夏の育苗）の場合

図 13　ナスの接ぎ方

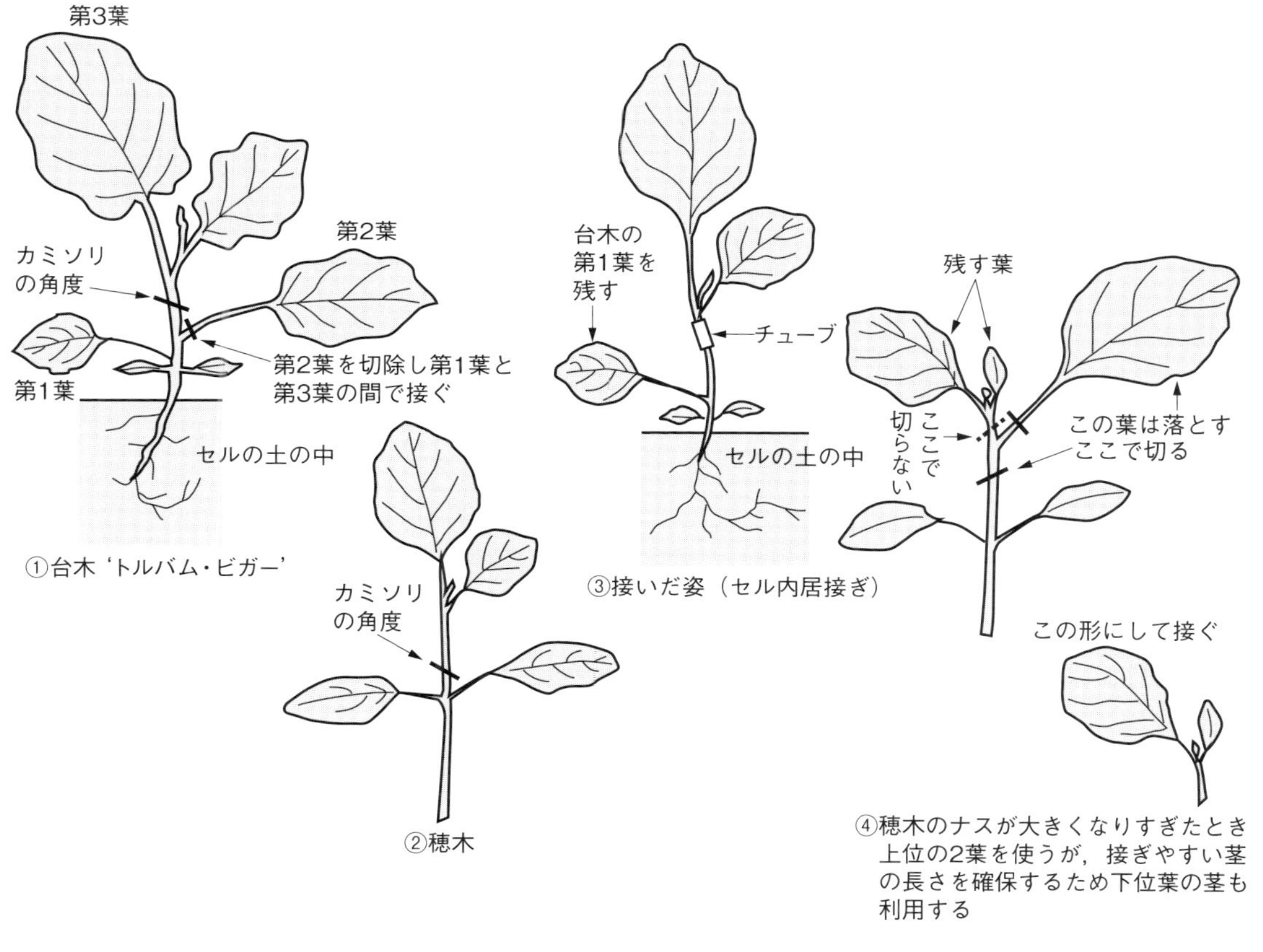

②穂木

③接いだ姿（セル内居接ぎ）

④穂木のナスが大きくなりすぎたとき上位の2葉を使うが，接ぎやすい茎の長さを確保するため下位葉の茎も利用する

図 14　ナスの居接ぎ苗の育苗過程

作業名	台木播き	穂木播き	台木セル上げ	接ぎ木	セル取り出し適期	12cmポット苗定植適期
日数 (穂木播き日を起点)	−15	0	3	20	37	67
日数 (台木播き日を起点)	0	15	18	35	52	82
育苗経過 セル→定植 セル→ポット→定植	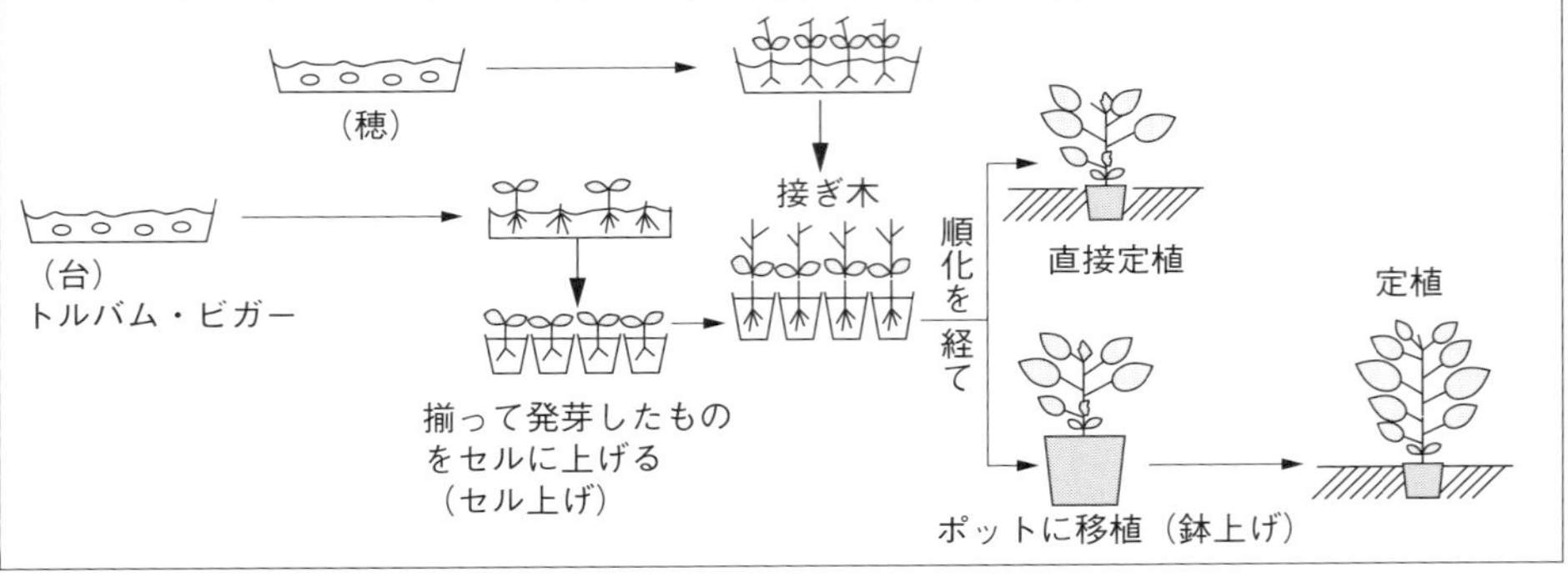					

注）日数は暖地の促成栽培（夏の育苗）の場合

図 15　ナス台木‘トルバム・ビガー’のセル上げ

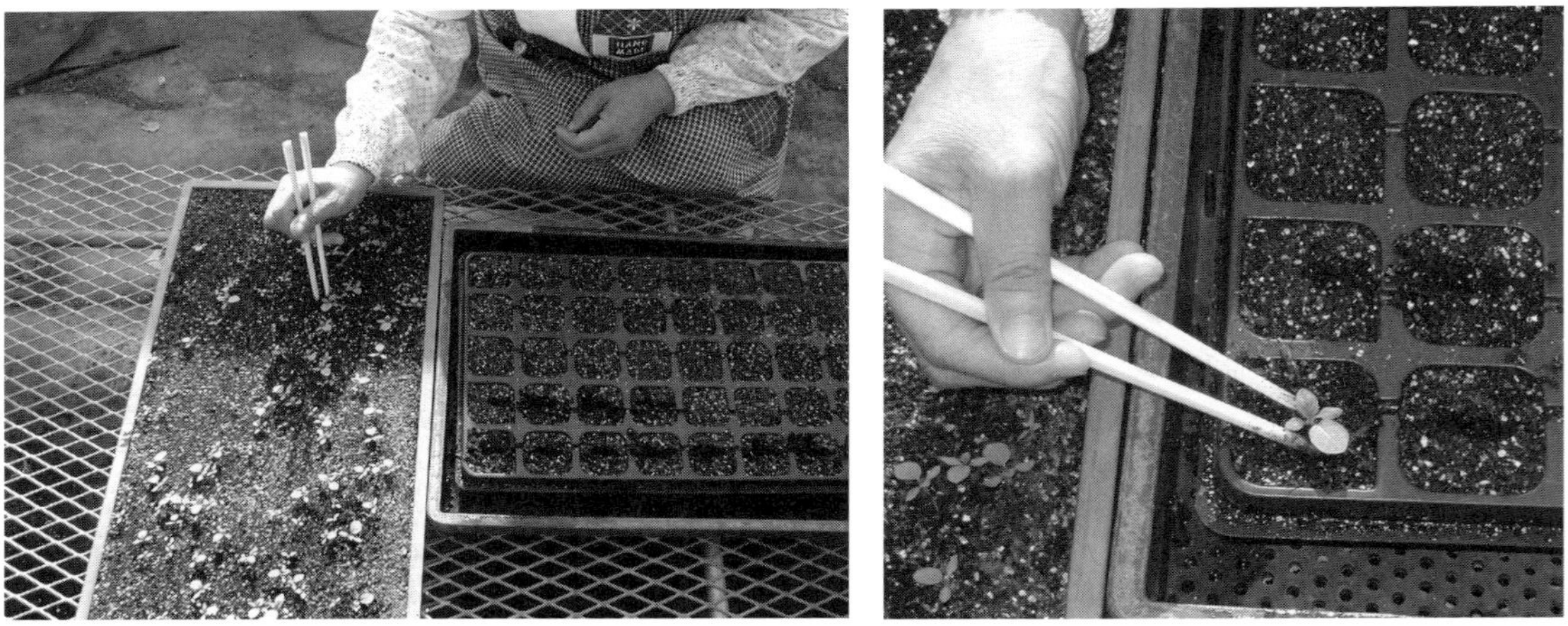

図 16　接ぎ木適期の‘トルバム・ビガー’

台と穂の切り込み方は、トマトで述べたとおりであるが、セルでの居接ぎは隣の苗が近いので作業が窮屈であり、コツをつかむのに少し時間がかかるかもしれない。注意しなければならないのは、台木の切り口が乾くことである。そのため、前もってまとめて切ることは避け、自分の作業ペースに合わせながら切っていく。

順化はトマトに準じる。

（執筆：白木己歳）

農薬を減らすための防除の工夫

1 各種防除法の工夫

(1) 耕種的な防除方法

① 完熟堆肥の施用

完熟した堆肥の施用は土壌の物理性や化学性を改善するだけでなく、有用な微生物が多数繁殖し、土壌病原菌の増殖を抑える働きがある。ただし、十分に腐熟していない堆肥を使用すると、作物の生育に障害が出る場合があるので注意する。

② 輪作

同一作物を同一圃場で連続して栽培すると土壌病原菌の密度が高まり、作物の生育に障害が出る。そのためいくつかの作物を順番に回して栽培する必要がある。この場合、できるだけ科の違う作物を組み合わせる（例：ナス科→アブラナ科→ウリ科）。

③ 栽培管理

密植や過度の窒素肥料のやりすぎ、換気不足、過湿は病気の発生を助長する。

トマト栽培の一番の大敵は「疫病」である。その発生は、降雨や窒素肥料の過多で助長される。そのため雨よけを行ない、適切な施肥を心がけ、可能であればウネ面に敷ワラなどを実施し、土壌の跳ね上がりを防ぐことが大切である。また、ジャガイモに隣接してトマトを栽培すると、まずジャガイモに疫病が発生し、その後トマトに拡大してくるので、ジャガイモとトマトは隣接して栽培しない。

トマトの脇芽除去は、病害抑制のため脇芽がなるべく小さいうちに、晴天日に実施する。

早春期にハウス内でトマトやナスを栽培すると、果実に灰色かび病が発生する。灰色かび病は咲き終わった花弁から感染するので、果実に付着している花弁を取り除くと、灰色かび病防除につながる。

④ 圃場衛生

圃場およびその周辺に作物の残渣があると病害虫の発生源となるので、すみやかに処分する。

⑤ 雑草の除去

アブラムシ類、アザミウマ類、ハモグリバエ類などの微小な害虫は作物だけでなく、雑草にも寄生しているので除草を心がける。

(2) 物理的防除、対抗植物の利用

表1参照。

(3) 農薬利用の勘どころ

表2参照。

2 合成性フェロモン剤の利用

合成性フェロモンとは性的興奮や交尾行動を起こさせる物質で、雌の匂いを化学的に合成したものが特殊なチューブに封入され販売されている。

合成性フェロモン利用による防除には、①大量誘殺法（合成性フェロモンによって大量に雄成虫を捕獲し、交尾率を低下させる方法）、②交信かく乱法（合成性フェロモンを一定の空間に充満させることにより、雌雄の

表１　物理的防除法と対抗植物の利用

近紫外線除去フィルムの利用	・ハウスを近紫外線除去フィルムで覆うと，アブラムシ類やコナジラミ類のハウス内への侵入や，灰色かび病・菌核病などの増殖を抑制できる ・ただし，ナスではアントシアン系色素の形成が抑制され，果実の色が悪くなるので使用できない
有色粘着テープ	・アブラムシ類やコナジラミ類は黄色に（金竜），ミナミキイロアザミウマは青色に（青竜），ミカンキイロアザミウマはピンク色に（桃竜）集まる性質があるため，これを利用して捕獲することができる ・これらのテープは降雨や薬剤散布による濡れには強いが，砂ぼこりにより粘着力が低下する
シルバーマルチ	・アブラムシ類は銀白色を忌避する性質があるので，ウネ面にシルバーマルチを張ると寄生を抑制できる。ただし，作物が繁茂してくるとその効果は徐々に低下してくるので，ソラマメなど作物の生育初期のアブラムシ類寄生によるウイルス病の防除に活用する
黄色蛍光灯	・ハスモンヨトウやオオタバコガなどの成虫は光によって活動が抑制される。作物を防蛾用黄色蛍光灯（40W 1本を高さ2.5～3 mに吊る。約100m^2を照らすことができる）で夜間照らすことにより，それらの害虫の被害を大きく軽減できる
防虫ネット，寒冷紗	・ハウスの入り口や換気部に防虫ネットや寒冷紗を張ることにより害虫の侵入を遮断できる ・確実にハウス内への害虫侵入を軽減できるが，ハウス内の気温がやや上昇する ・赤色の防虫ネットは，微小害虫のハウス内への侵入を減らすことができる
マルチの利用	・マルチや敷ワラでウネ面を覆うことにより，地上部への病原菌の侵入を抑制でき，黒マルチを利用することで雑草の発生も抑えられる
対抗植物の利用	・土壌線虫類などの防除に効果がある植物で，前作に60～90日栽培して，その後土つくりを兼ねてすき込み，十分に腐熟してから野菜を作付ける ・マリーゴールド（アメリカントール，他）：ネグサレセンチュウに効果 ・クロタラリア（コブトリソウ，ネマコロリ，他）：ネコブセンチュウに効果

表２　農薬使用の勘どころ

散布薬剤の調合の順番	①展着剤→②乳剤→③水和剤（フロアブル剤）の順で水に入れ混合する
濃度より散布量が大切	ラベルに記載されている範囲であれば薄くても効果があるのでたっぷりと散布する
無駄な混用を避ける	・同一成分が含まれる場合（例：リドミルMZ水和剤＋ジマンダイセン水和剤） ・同じ種類の成分が含まれる場合（例：トレボン乳剤＋ロディー乳剤） ・同じ作用の薬剤どうしの混用の場合（例：ジマンダイセン水和剤＋ダニコール1000）
新しい噴口を使う	噴口が古くなると散布された液が均一に付着しにくくなる。とくに葉裏
病害虫の発生を予測	長雨→病気に注意　　高温乾燥→害虫が増殖
薬剤散布の記録をつける	翌年の作付けや農薬選びの参考になる

交信をかく乱させ，雄が雌を発見できなくなる交尾阻害方法）がある（表３）。

合成性フェロモンは作物に直接散布をするものではなく，天敵や生態系への影響もない防除手段であり，注目されているが，いずれの方法も数ha規模で使用しないとその効果は期待できない。

（執筆：加藤浩生）

表３　野菜用のフェロモン剤

商品名	対象害虫	適用作物
〈交信かく乱剤〉		
コンガコン	コナガ オオタバコガ	アブラナ科野菜など加害作物 加害作物全般
ヨトウコン	シロイチモジヨトウ	ネギ・エンドウなど各種野菜など加害作物全般
〈大量誘殺剤〉		
フェロディンSL	ハスモンヨトウ	アブラナ科野菜，ナス科野菜，イチゴ，ニンジン，レタス，レンコン，マメ類，イモ類，ネギ類など
アリモドキコール	アリモドキゾウムシ	サツマイモ

天敵の利用

1 施設栽培での利用

施設栽培では作物に自然発生する土着天敵が少ないため、生物農薬として販売されている天敵昆虫・ダニ類（表1）や特定農薬（特定防除資材）に指定されている土着天敵（注1）の放飼、微生物殺虫剤（注2）の散布によって対応する。

天敵を用いた害虫防除を成功させるためには、①健全苗の利用、②害虫発生源の除去、③施設開口部への赤色系ネットなど微細な防虫ネットの展張、などによってあらかじめ害虫が発生しにくい環境を整え、害虫がごく少ないうちに天敵を放つことが重要である。また、以下に述べる点も成否に影響する。

（注1）特定農薬に指定されている天敵（土着天敵）は、同一都道府県（離島）内で採集または採集後に増殖された昆虫綱およびクモ綱の捕食者、捕食寄生者（人畜に有害な毒素を産生するものを除く）。

（注2）ボーベリア バシアーナ剤、アカンソマイセス ムスカリウス（バーティシリウム レカニ）剤などがある。

（1）温湿度管理の工夫

物理的な環境条件で、最も大きく影響するのは温度である。

生物農薬として販売されている種の中には、35℃近い高温条件でも活動可能なものもあるが、多くの種の活動に最適な温度帯は20～25℃である。30℃以上の高温では、生存率や産卵数が低下する種が多いため、夏に栽培する作型で天敵を用いる場合は、暑熱対策を行なう。

逆に低温条件では、発育速度、生存率、増殖能力、探索能力、捕食能力などが低くなるため、冬の利用では加温が必要になる場合も多い。

また、とくにカブリダニ類の生存や活動には湿度が大きく影響し、相対湿度50％以下の乾燥条件では卵がほぼ孵化しない。そのた

表1　ナス科・マメ科果菜類で農薬登録されている主な天敵昆虫，ダニ類（2022年11月現在）注1)

対象害虫	天敵の種類	天敵の和名
アザミウマ類	捕食性昆虫	アカメガシワクダアザミウマ，タイリクヒメハナカメムシ
	捕食性ダニ	ククメリスカブリダニ，スワルスキーカブリダニ注2)，リモニカスカブリダニ
アブラムシ類	寄生蜂	ギフアブラバチ，コレマンアブラバチ，チャバラアブラコバチ
	捕食性昆虫	ナミテントウ，ヒメカメノコテントウ，ヤマトクサカゲロウ
コナジラミ類	寄生蜂	オンシツツヤコバチ，サバクツヤコバチ
	捕食性昆虫	タバコカスミカメ
	捕食性ダニ	スワルスキーカブリダニ，リモニカスカブリダニ
ハモグリバエ類	寄生蜂	ハモグリミドリヒメコバチ
ハダニ類	捕食性ダニ	チリカブリダニ，ミヤコカブリダニ注2)
チャノホコリダニ	捕食性ダニ	スワルスキーカブリダニ注2)，リモニカスカブリダニ

注1）日本植物防疫協会ウェブサイト（https://www.jppa.or.jp/）を参考に作成，適用害虫・適用作物は天敵の種類やメーカーによって異なるため，詳しくは公式情報を参照のこと
注2）一部の商品は，一部作物の露地栽培でも使用できる

め、カブリダニ類を利用する場合は、保湿性のあるバンカーシート®（天敵保護装置）の使用や、施設内を適湿に保つ管理が求められる。

適湿は、微生物殺虫剤の効果を安定させるためにも重要である。

(2) 天敵と化学合成農薬などの上手な併用

天敵だけでは対応できない病害虫の対策には、薬剤を適切に組み合わせて用いることが、天敵利用成功のポイントである。ただし、天敵の定着や増殖に悪影響をおよぼすものもあるので、併用薬剤の選択には細心の注意をはらう必要がある。

天敵の種類によって個々の薬剤による影響の程度は大きく異なるが、選択的なものを用いることが基本になる。農薬登録がある主な天敵には、殺菌剤も含めて各種薬剤の影響の目安を、日本生物防除協議会がウェブサイト(http://www.biocontrol.jp/、図1を用いてアクセスできる）に一覧で公開しており、これを参考にするとよい。

殺虫剤の場合、天敵の種を問わず影響が小さいものは、気門封鎖剤、BT剤など数種類に限られる。殺菌剤の大半は天敵にほとんど影響ないが、カブリダニ類などに対して、生存期間の短縮や産卵数の減少をもたらす薬剤もある。

天敵を放飼した状況で、やむを得ず非選択的な薬剤を用いる場合は、利用する剤型や処理方法を工夫し、できる限り影響を軽減する。たとえば、直接散布すると影響が大きい薬剤を寄生蜂の利用中に用いなければならない場合は、粒剤処理や土壌灌注処理で対応する。また、害虫密度が高い株や発生部位に限った、スポット散布なども有効である。

(3) 適切な放飼方法の選択

①ドリブル法

天敵を周期的に放飼することをドリブル法という。ドリブル法には、害虫の発生確認直後から定期的に数回放飼する方法と、害虫の発生調査を行なわず、栽培開始直後から複数回スケジュール放飼する方法がある。

前者は、効果が個々の経験や観察力に左右される可能性がある。後者は、無駄な放飼が生じる恐れもあるが、ピーマンやシシトウなど花粉が豊富な作物に、花粉を好むカブリダニ類やタイリクヒメハナカメムシなどを放飼する場合は、害虫発生前から定着させることができ、安定した害虫防除効果が得られる。

②バンカー法

害虫発生前や作物の生育初期から、①「作物を加害せず、害虫の代わりに天敵の餌となる昆虫」と、②「その寄主植物」、③「作物の害虫と①の両方を餌とする天敵」を組み合わせて圃場に導入し、これらを長期間維持して十分量の天敵を継続的に供給しながら害虫を待ち伏せる方法をバンカー法といい、①と②のセットをバンカーと呼ぶ。

最も普及が進んでいるバンカー法は、イネ科植物とこれに寄生するムギクビレアブラムシをバンカーとする、コレマンアブラバチの利用で、バンカー、天敵とも市販されている。また、雑食性のタバコカスミカメは、クレオメ、ゴマ、バーベナ（'タピアン'）などを栽培し、ここに放して施設内に設置すれば、①がなくてもバンカーとして機能する。

図1　日本生物防除協議会ウェブサイトへのQRコード

スワルスキーカブリダニ、ミヤコカブリダニには、作物を加害しない餌ダニとともに、小型の耐水性紙の袋に封入されたパック製剤がある。本製剤やこれをさらにバンカーシート®に封入したものを圃場に設置すれば、前述のバンカーと同様の効果が期待できる。

(4) 作物と天敵の相性

天敵の定着性や増殖性には、植物の表面構造や花粉、花蜜の生産量などが関係するため、対象害虫が同じでも防除効果は作物によって異なることがある。

とくに、歩いて餌を探索する捕食者には、作物表面の毛や粘液などが大きく影響することが多い。トマトでは、腺毛先端からの滲出物が多くの昆虫の歩行を妨げるため、表1の中ではタバコカスミカメ以外の捕食者は利用困難である。

また、スワルスキーカブリダニの活動には、餌としての花粉の適性や、葉面の微細構造の違いが影響することが知られている。具体的には、ナスでは葉面の鋭利な毛状突起が、スナップエンドウでは葉面の微細構造の欠落とエピクチクラワックスの存在が、捕食や産卵を減少させる。

(5) その他の留意事項

① ゼロ放飼

ゼロ放飼とは、天敵放飼を始める前に害虫の密度が高すぎると判断した場合、あらかじめ化学合成農薬などで害虫密度をゼロ近くまで下げてから放飼することを言う。この方法では、薬剤散布後の天敵への影響を考慮して、残効の短い薬剤や選択性の薬剤を用いることがポイントになる。

なお「ゼロ」は、必ずしも害虫密度を完全に「0」にすることを意味するのではなく、天敵が抑制できる害虫密度以下になっていれば十分である。

② タバコカスミカメは害虫密度とのバランスに注意

タバコカスミカメはナス科果菜類への定着が良好で利用しやすいが、その雑食性にも注意が必要である。まれなケースではあるが、トマトでは、害虫を食いつくし、かつ高密度になった場合、茎葉や果実を加害することがある。そのため、害虫とタバコカスミカメの密度のバランスに留意する。

2 露地栽培での利用

表1で示したように、露地栽培では、一部のカブリダニ類製剤を使用できるが、土着天敵の活用が基本になる。そのためには、天敵の働きを妨げる要因（悪影響をおよぼす薬剤の使用など）を回避して保護し、活動に好適な条件（天敵の密度を高める植生の配置など）を整えて働きを強化する。

強化のための植生管理は、被覆植物や天敵温存植物（表2）の活用があげられ、後者は

図2　露地ナス圃場での天敵温存植物の配置例
（ヒメハナカメムシ類の強化を目的とする場合）

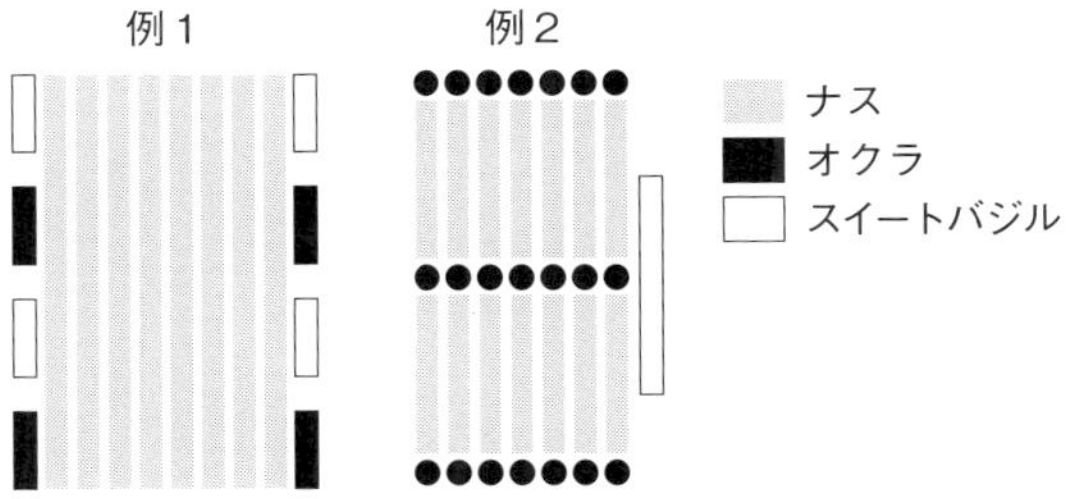

ナス圃場の端などごく一部に配置するだけで効果が発揮される

表2　主な天敵温存植物とその効果，留意事項

対象害虫				天敵温存植物	強化が期待される天敵								天敵に供給される餌					主な利用時期				留意事項
アザミウマ類	アブラムシ類	コナジラミ類	ハモグリバエ類		ヒメハナカメムシ類	タバコカスミカメ	カブリダニ類	徘徊性クモ類	ヒラタアブ類	クサカゲロウ類	テントウムシ類	寄生蜂	花粉	花蜜	真珠体	植物汁液	代替餌（昆虫）	春	夏	秋	冬	
○				オクラ	○										○							・真珠体は芽，茎，葉の表面に分泌される ・‘まるみちゃん’がよく利用される
		○		キンセンカ		○							○ ?	○ ?								・ごく最近注目されるようになったため，供給される餌については未解明な点もある
		○		クレオメ		○										○						・茎に刺があり，やや雑草化しやすい
		○		ゴマ		○										○						・害虫カメムシ類が発生することがある
	○			コリアンダー					○	○		○	○	○								・秋播きすると春に開花する
○	○	○		スイートアリッサム	○	○	○		○			○	○	○								・白色の花が咲く品種が推奨される ・温暖地では冬も生育・開花する
○	○			スイートバジル	○				○				○	○								・開花期間が長い
○				スカエボラ	○		○						○	○								・苗のみが販売される
○	○			ソバ	○				○				○	○								・秋ソバ品種を早播きすると長く開花する ・倒伏，雑草化しやすい
	○			ソルゴー					○	○	○	○				○	○					・ヒエノアブラムシや傷口から出る汁液が餌になる
○		○		バーベナ	○	○							○	○								・タバコカスミカメには‘タピアン’がよい ・苗のみが販売される
	○		○	ハゼリソウ				○			○	○	○	○								・ナモグリバエが寄生し寄生蜂の発生源にもなるが，本種の寄主植物であるマメ類との併用は不可 ・地表を被覆するためクモ類の隠れ家となる
○				フレンチマリーゴールド	○			○									○					・花に生息するコスモスアザミウマが餌になる
○	○			ホーリーバジル	○				○				○	○								・開花期間が長い

施設栽培に応用できるものもある。露地ナスでヒメハナカメムシ類を強化するために，天敵温存植物を活用する場合，図2のように圃場の一部に配置するだけでも効果があるとされている。

（執筆：大井田　寛）

各種土壌消毒の方法

土壌消毒を実施するかどうかの判断は非常にむずかしい。作物の生育期間中に土壌病害や線虫の寄生に気がついても手のほどこしようがないので、前作で病気や線虫による株の萎れや根の異常があれば実施するのが賢明である。

1 太陽熱利用による土壌消毒

太陽の熱でビニール被覆内の空間を暖め、熱を土中に伝導し、各種病害、ネコブセンチュウ、雑草の種子を死滅させる方法である。冷夏で日射量が少ないと効果が不十分になる。

処理は梅雨明け後から約1カ月間に行なうのがよい。処理手順は図1、2のように行なう。

近年、有機物を施用して太陽熱消毒を行なう土壌還元消毒が施設栽培を中心に実施されている。有機物を餌に微生物が急増してその呼吸で土壌が還元化されることで、これまでの太陽熱消毒に比べて、より低温で短期間に安定した効果が得られる。

有機物がフスマや米ぬか、糖蜜の場合、10a当たり1t施用してから土壌に混和し、十分な水を与えて農業用の透明フィルムで被覆し、ハウスを密閉する。エタノールを使用する場合、処理前日ないし当日、圃場全体に灌水チューブなどで50㎜程度灌水する。その後、液肥混入器などで0・25～0・5%に希釈したエタノールを50cm程度の間隔で設置した灌水チューブで黒ボク土では1㎡当たり150ℓ、砂質土では濃度

図1　施設での太陽熱土壌消毒法

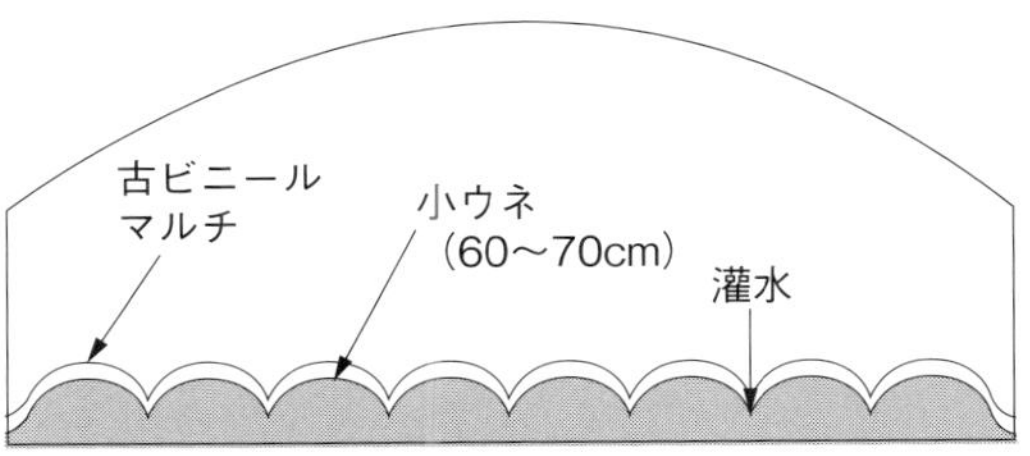

処理期間は20～30日間

図2　露地畑での太陽熱土壌消毒法

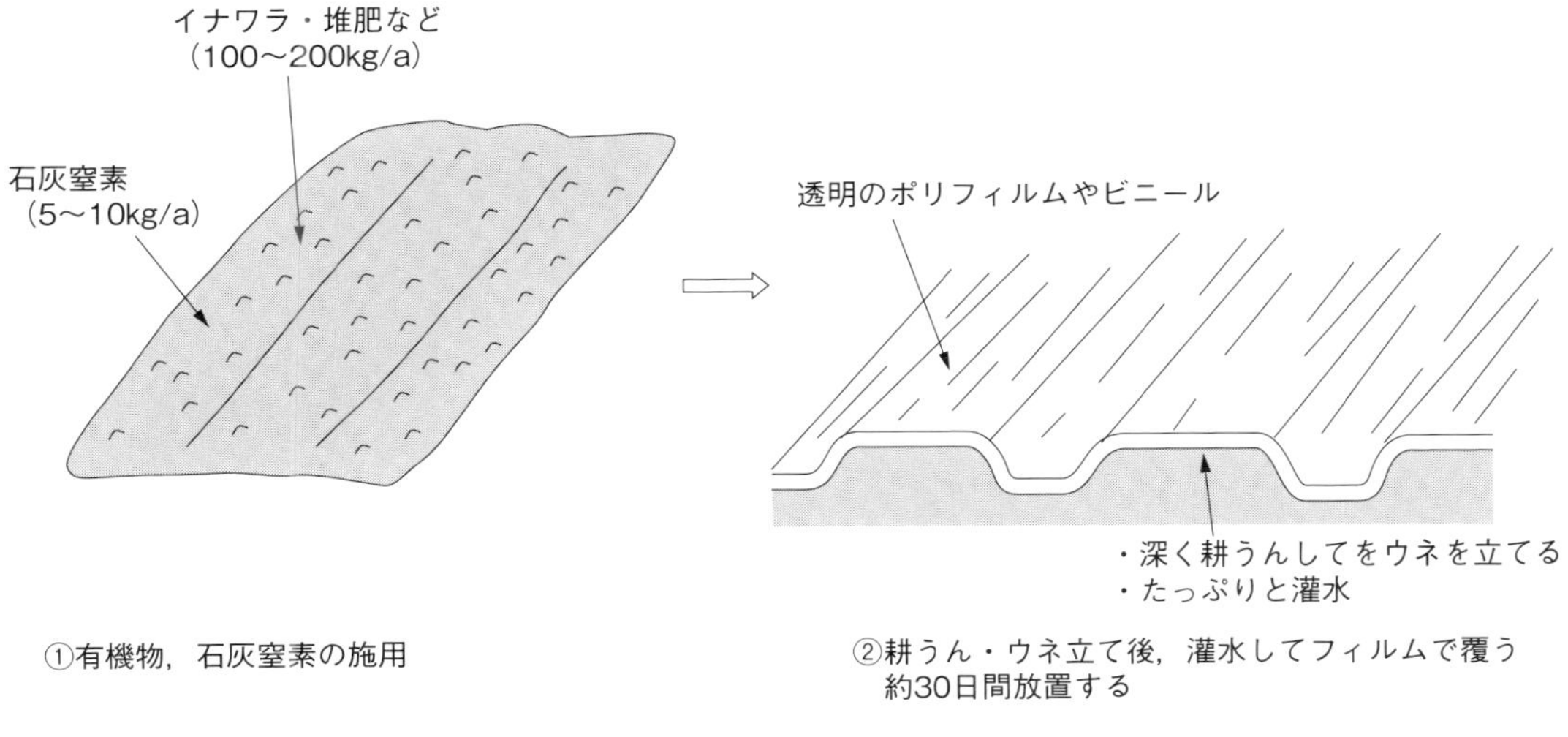

①有機物，石灰窒素の施用
②耕うん・ウネ立て後，灌水してフィルムで覆う
約30日間放置する

を2倍にして半量散布後、フィルムで被覆する。

表1　主なくん蒸剤

種類／対象	線虫類	土壌病害	雑草種子	主な商品名
D-D剤	○	－	－	DC，テロン
クロルピクリン剤	○	○	○	クロルピクリン
ダゾメット剤	○	○	○	ガスタード微粒剤

いずれの方法もハウスを2～3週間密閉後、フィルムを除去してロータリーで耕うんし、土壌を下層まで酸化状態に戻し、3～4日後に播種・定植ができる。

土壌消毒効果は、有機物を混和した部分までに限定され、低濃度エタノールは処理費用が高いが、深層まで処理効果を示す。

2 石灰窒素利用による土壌消毒

作付け予定の5～7日以上前に、100㎡当たり5～10kgを施用し、ていねいに土壌混和する。土壌が乾燥している場合は灌水をする。

太陽熱利用による土壌消毒や、化学農薬による土壌消毒より防除効果は低いが、手軽に利用できる。

3 農薬による土壌消毒

(1) くん蒸剤による土壌消毒

土壌病害と線虫類、雑草の種子を防除対象とするものと線虫類だけを対象とするものとがある（表1）。

くん蒸剤を施用してから作物を作付けできるまでの最短の必要日数は、使用する薬剤によって違い、D-D剤やクロルピクリン剤では約2週間、ガスタード微粒剤では約3週間程度である。気温が低い場合はこの日数よりも長く必要になる。

くん蒸剤は土壌病害、線虫害を回避する一つの方法であるが、その使用方法は非常にむずかしいので、表示されている注意事項に十分留意して行なう。

〈くん蒸剤使用の留意点〉

①D-D剤やクロルピクリン剤を使用するときには、専用の注入器が必要である。

②くん蒸剤全体に薬剤の臭いがするが、とくにクロルピクリン剤は非常に臭いが強いので、その取り扱いには注意が必要。

③テープ状のクロルピクリン剤は、使用時の臭いが少なく使用しやすい。

④くん蒸剤注入後はポリフィルムやビニールで土壌表面を覆う。

⑤ダゾメット剤は処理時の土壌水分を多めにする。

(2) 粒状線虫剤

粒状線虫剤はくん蒸剤と違い、手軽に使用できる。植付け直前にていねいに土壌に混和する。植付け前の施肥時の使用が合理的である。100㎡当たり200～400gを土壌表面に均一に散粒し、ていねいに土壌混和するのが効果を高めるポイントである。

植付け時の植穴使用は効果がない。また、生育中の追加使用も同様に効果がない。

果菜類のネコブセンチュウ対策としての実施が主である。キャベツなどのアブラナ科に発生する根こぶ病とは使用薬剤が違うので注意する。

（執筆：加藤浩生）

被覆資材の種類と特徴

ハウスやトンネル、ベタがけやマルチに使用する被覆資材にはいろいろな材質、特性のものがある。野菜の種類や作期などに応じて最適なものを選びたい。

(1) ハウス外張り用被覆資材（表1）

①資材の種類と動向

ハウス外張り用被覆資材は、主にポリ塩化ビニール（農ビ）が使用されてきたが、保温性を農ビ並みに強化し、長期展張できるポリオレフィン系特殊フィルム（農ＰＯ）が開発されてそのシェアを伸ばしてきた。

２０１８年の調査によるハウス外張り用被覆資材は、農ＰＯが全体の52％を占め、次いで農ビが36％、農業用フッ素フィルム（フッ素系）が６％である。

ハウス外張り用被覆資材に求められる特性としては、まず第一に保温性、光線透過性が優れることで、防曇性（流滴性）、防霧性なども重要である。

②主な被覆資材の特徴

農ビ　農ビは、柔軟性、弾力性、透明性が高く、防曇効果が長期間持続し、赤外線透過率が低いので保温性に優れることなどが特徴である。一方、資材が重くてべたつきやすく、汚れの付着による光線透過率低下が早いのが欠点である。

べたつきを少なくして作業性をよくする、チリやホコリを付着しにくくして汚れにくくする、３～４年展張可能といった、これまでの農ビの欠点を改善する資材も開発されている。

農ＰＯ　農ＰＯは、ポリオレフィン系樹脂を３～５層にし、赤外線吸収剤を配合するなどして、保温性を農ビ並みに強化したもので、軽量でべたつきなく透明性が高い。こすれに弱いが、破れた部分からの傷口が広がりにくく、温度による伸縮が少ないので、展張した資材を固定するテープなどが不要で、バンドレスで展張できる。厚みのあるものは長期間展張できるといった特徴がある。

硬質フィルム　近年、硬質フィルムで増えているのが、フッ素系フィルムである。エチレンと四フッ化エチレンを主原料とし、光線透過率が高く、透過性が長期間維持される。強度・耐衝撃性に優れ、耐用年数は10～30年と長い。粘着性が小さく、広い温度帯での耐性も優れている。表面反射がきわめて低いので室内が明るく、赤外線透過率が低いため保温性にも優れている。使用済みの資材は、メーカーが回収する。

③用途に対応した製品の開発

各種類は、光線透過率を波長別にかえるとか散乱光にするなど、さまざまな用途に対応した製品が開発されている。

近紫外線を除去したフィルムは、害虫侵入抑制、灰色かび病のなどの病原胞子の発芽を抑制する利点があるが、ナスでは果皮色が発色不良になり、ミツバチの活動低下、マルハナバチも紫外線のカット率などによって活動が抑制されることがあるので注意する（表２）。

光散乱フィルムは、骨材や作物の葉などによる影ができにくく、急激な温度変化が少ないので、葉焼けや果実の日焼けを抑制し、作業環境もよくなる。

表1　ハウス外張り用被覆資材の種類と特性

種類	素材名		商品名	光線透過率（％）	近紫外線透過程度注）	厚さ（mm）	耐用年数（年）	備考
硬質フィルム	ポリエステル系		シクスライトクリーン・ムテキLなど	92	△～×	0.15～0.165	6～10	強度，耐候性，透明性に優れる。紫外線の透過率が低いため，ミツバチを利用する野菜やナスには使えない
硬質フィルム	フッ素系		エフクリーン自然光，エフクリーンGRUV，エフクリーン自然光ナシジなど	92～94	○～×	0.06～0.1	10～30	光線透過率が高く，フィルムが汚れにくくて室内が明るい。長期展張可能。防曇剤を定期的に散布する必要がある。ハウス内のカーテンやテープなどの劣化が早い。キュウリやピーマンは保湿が必要。近紫外線除去タイプ（エフクリーンGRUVなど）や光散乱タイプ（エフクリーン自然光ナシジ）もある。使用済み資材はメーカーが回収する
軟質フィルム	ポリ塩化ビニール（農ビ）	一般	ノービエースみらい，ソラクリーン，スカイ8防霧，ハイヒット21など	90～	○～×	0.075～0.15	1～2	透明性高く，防曇効果が長期間持続し，保温性がよい。資材が重くてべたつきやすく，汚れによる光線透過率低下がやや早い。厚さ0.13mm以上のものには，ミツバチやマルハナバチを利用する野菜には使用できないものがある
軟質フィルム	ポリ塩化ビニール（農ビ）	防塵・耐久	クリーンエースだいち，ソラクリーン，シャインアップ，クリーンヒットなど	90～	○～×	0.075～0.15	2～4	チリやホコリが付着しにくく，耐久農ビは3～4年展張可能。厚さ0.13mm以上のものには，ミツバチを利用する野菜に使用できないものがある
軟質フィルム	ポリ塩化ビニール（農ビ）	近紫外線除去	カットエースON，ノンキリとおしま線，紫外線カットスカイ8防霧，ノービエースみらい	90～	×	0.075～0.15	1～2	害虫侵入抑制，灰色かび病などの病原胞子の発芽を抑制する。ミツバチを利用する野菜やナスには使えない
軟質フィルム	ポリ塩化ビニール（農ビ）	光散乱	無滴，SUNRUN，パールメイトST，ノンキリー梨地など	90～	○	0.075～0.1	1～2	骨材や葉による影ができにくい。急激な温度変化が緩和し，葉焼けや果実の日焼けを抑制し，作業環境もよくなる。商品によって散乱光率が異なる
軟質フィルム	ポリオレフィン系特殊フィルム（農PO）	一般	スーパーソーラーBD，花野果強靭，スーパーダイヤスター，アグリスター，クリンテートEX，トーカンエースとびきり，バツグン5，アグリトップなど	90～	○	0.1～0.15	3～8	フィルムが汚れにくく，伸びにくい。パイプハウスではハウスバンド不要。保温性は農ビとほぼ同等。資材の厚さなどで耐用年数が異なる
軟質フィルム	ポリオレフィン系特殊フィルム（農PO）	近紫外線除去	UVソーラーBD，アグリスカット，ダイヤスターUVカット，クリンテートGMなど	90～	×	0.1～0.15	3～5	害虫侵入抑制，灰色かび病などの病原胞子の発芽を抑制する。ミツバチを利用する野菜やナスには使えない
軟質フィルム	ポリオレフィン系特殊フィルム（農PO）	光散乱	美サンランダイヤスター，美サンランイースターなど	89～	○	0.075～0.15	3～8	骨材や葉による影ができにくい。急激な温度変化が緩和し，葉焼けや果実の日焼けを抑制し，作業環境もよくなる

注）紫外線の透過程度により，○：280nm付近の波長まで透過する，△：波長310nm付近以下を透過しない，×：波長360nm付近以下を透過しない，の3段階

表2　被覆資材の近紫外線透過タイプとその利用

タイプ	透過波長域	近紫外線透過率	適用場面	適用作物
近紫外線強調型	300nm 以上	70%以上	アントシアニン色素による発色促進	ナス，イチゴなど
			ミツバチの行動促進	イチゴ，メロン，スイカなど
紫外線透過型	300nm 以上	50%± 10	一般的被覆利用	ほとんどの作物
近紫外線透過抑制型	340 ± 10nm	25%± 10	葉茎菜類の生育促進	ニラ，ホウレンソウ，コカブ，レタスなど
近紫外線不透過型	380nm 以上	0%	病虫害抑制 害虫：ミナミキイロザミウマ，ハモグリバエ類，ネギコガ，アブラムシ類など 病気：灰色かび病など	トマト，キュウリ，ピーマンなど ホウレンソウ，ネギなど
			ミツバチの行動抑制	イチゴ，メロン，スイカなど

そのほか、外気温に反応して透明性が変化し、低温時は透明で直達光を多く取り込み、高温時は梨地調に変化して散乱光にするといった資材も開発されている。

(2) トンネル被覆資材（表3）

① 資材の種類

野菜栽培用のトンネルは、アーチ型支柱に被覆資材をかぶせたもので、保温が主な目的である。保温性を高めるために二重被覆も行なわれる。

保温を目的とする場合は、一般に軟質フィルムが使用されるが、虫害や鳥害、風害を防止するために寒冷紗や防虫ネット、割繊維不織布をトンネル被覆することもある。換気を省略するためにフィルムに穴をあけた有孔フィルムもある。

② 各資材の特徴

農ビ　保温性が最も優れるので、保温効果を最優先する厳寒期の栽培や、寒さに弱い野菜に向く。裂けやすいので穴あけ換気はむずかしい。

農ＰＯ　農ビに近い保温性があり、べたつきが少なく、汚れにくいので、作業性や耐久性を重視する場合に向く。裂けにくいので、穴あけ換気ができる。

農ポリ　軽くて扱いやすく、安価だが、保温性が劣るので、気温が上がってくる春の栽培やマルチで利用される。

穴のあいた有孔フィルム　昼夜の温度格差が小さく、換気作業を省略できる。開口率の違うものがあり、野菜の種類や栽培時期によって使い分ける。

防虫ネット　防虫ネットと寒冷紗はベタがけも行なわれるが、トンネル被覆で利用することが多い。防虫ネットは、対象になる害虫によって目合いが異なる（表4）。目が細かいほど幅広い害虫に対応できるが、通気性が悪くなり、蒸れたり気温が高くなるので、被害が予想される害虫に合った目合いのものを選ぶ。アブラムシに忌避効果がある、アルミ糸を織り込んだものなどもある。

寒冷紗　目の粗い平織の布で、主な用途は遮光である。黒色と白色があり、遮光率は黒が50%、白が20%程度のものが使われる。主に夏の播種や育苗に利用する。遮光率が高いほうが暑さを緩和する効果は高いが、発芽後もかけておくと徒長しやすいので、発芽後に取り除くことが必要である。

表3　トンネル被覆資材の種類と特性

種類	素材名		商品名	光線透過率（%）	近紫外線透過程度注1）	厚さ（mm）	注2）保温性	耐用年数（年）	備考
軟質フィルム	ポリ塩化ビニール（農ビ）	一般	トンネルエース，ニューロジスター，ロジーナ，ベタレスなど	92	○	0.05～0.075	○	1～2	最も保温性が高いので，保温効果を最優先する厳寒期の栽培や寒さに弱い野菜に向く。裂けやすいので穴あけ換気はむずかしい。農ビはべたつきやすいが，べたつきを少なくしたもの，保温力を強化したものもある
		近紫外線除去	カットエーストンネル用など	92	×	0.05～0.075	○	1～2	害虫の飛来を抑制する。ミツバチを利用する野菜には使用できない
	ポリオレフィン系特殊フィルム（農PO）	一般	透明ユーラック，クリンテート，ゴリラなど	90	○	0.05～0.075	△	1～2	農ビに近い保温性がある。べたつきが少なく，汚れにくいので，作業性や耐久性を重視する場合に向く。裂けにくいので穴あけ換気ができる
		有孔	ユーラックカンキ，ベジタロンアナトンなど	90	○	0.05～0.075	△	1～2	昼夜の温度格差が小さく，換気作業を省略できる。開口率の違うものがあり，野菜の種類や栽培時期によって使い分ける
	ポリエチレン（農ポリ）	一般	農ポリ	88	○	0.05～0.075	×	1～2	軽くて扱いやすく，安価だが，保温性が劣る。無滴と有滴がある
		有孔	有孔農ポリ	88	○	0.05～0.075	×	1～2	換気作業を省略できる。保温性は劣る。無滴と有滴がある
	ポリオレフィン系特殊フィルム（農PO）＋アルミ		シルバーポリトウ保温用	0	×	0.05～0.07	◎	5～7	ポリエチレン２層とアルミ層の３層。夜間の保温用で，発芽後は朝夕開閉する

注1）近紫外線の透過程度により，○：280nm付近の波長まで透過する，△：波長310nm付近以下を透過しない，×：波長360nm付近以下を透過しない，の3段階

注2）保温性 ○：高い，△：やや高い，×：低い

表4　害虫の種類と防虫ネット目合いの目安

対象害虫	目合い（mm）
コナジラミ類，アザミウマ類	0.4
ハモグリバエ類	0.8
アブラムシ類，キスジノミハムシ	0.8
コナガ，カブラハバチ	1
シロイチモジヨトウ，ハイマダラノメイガ，ヨトウガ，ハスモンヨトウ，オオタバコガ	2～4

注）赤色ネットは0.8mm目合いでもアザミウマ類の侵入を抑制できる

(3) ベタがけ資材（表5）

ベタがけとは、光透過性と通気性をかね備えた資材を、作物や種播き後のウネに直接かける方法である。支柱がいらず手軽にかけられ、通気性があるために換気も不要である。

果菜類では、冬から春先に定植する苗の保温や防寒を目的に、トンネル内側の二重被覆や露地に定植した苗に直接被覆することが行なわれる。

表5　ベタがけ，防虫，遮光資材の種類と特性

種類	素材名	商品名	耐用年数（年）	備考
長繊維不織布	ポリプロピレン（PP）	パオパオ90，テクテクネオなど	1～2	主に保温を目的としてベタがけで使用
	ポリエステル（PET）	パスライト，パスライトブルーなど	1～2	吸湿性があり，保温性がよい。主に保温を目的としてベタがけで使用
割繊維不織布	ポリエチレン（PE）	農業用ワリフ	3～5	保温性は劣るが通気性がよいので防虫，防寒目的にベタがけやトンネルで使用
	ビニロン（PVA）	ベタロン バロン愛菜	5	割高だが，吸湿性があり他の不織布より保温性に優れる。主に保温，寒害防止，防虫を目的にベタがけやトンネルで使用
長繊維不織布＋織布タイプ	ポリエステル＋ポリエチレン	スーパーパスライト	5	割高だが，吸湿性があり他の不織布より保温性に優れる。主に保温，寒害防止，防虫を目的にベタがけやトンネルで使用
ネット	ポリエチレン，ポリプロピレンなど	ダイオサンシャイン，サンサンネットソフライト，サンサンネットeーレッドなど	5	防虫を主な目的としてトンネル，ハウス開口部に使用。害虫の種類に応じて目合いを選択する
寒冷紗	ビニロン（PVA）	クレモナ寒冷紗	7～10	色や目合いの異なるものがあり，防虫，遮光などの用途によって使い分ける。アブラムシの侵入防止には＃300（白）を使用する
織り布タイプ	ポリエチレン，ポリオレフィン系特殊フィルムなど	ダイオクールホワイト，スリムホワイトなど	5	夏の昇温抑制を目的とした遮光・遮熱ネット。色や目合いなどで遮光率が異なり，用途によって使い分ける。ハウス開口部に防虫ネットを設置した場合は，遮光率35％程度を使用する。遮光率が同じ場合，一般的に遮熱性は黒＜シルバー＜白，耐久性は白＜シルバー＜黒となる

（4）マルチ資材（表6）

土壌表面をなんらかの資材で覆うことを，マルチまたはマルチングという。地温調節，降雨による肥料の流亡抑制，土壌侵食防止，土の跳ね上がり抑制による病害予防，土壌水分・土壌物理性の保持，アブラムシ類忌避，抑草などの効果があり，さまざまな特性を備えたマルチ資材が開発されている。

コーンスターチなどを原料とし，栽培終了後，畑にそのまますき込めば微生物によって分解されてしまう，生分解性フィルムの利用も進んでいる。

栽培時期や目的に応じて，適切な資材を使い分ける。マルチ張りの作業は，土壌水分が適度なときに行ない，土壌表面とフィルムを密着させる。

高温性の果菜類を冬から春に定植する場合は，定植の1～2週間前にマルチをして地温を高めておくと，活着とその後の生育が早まる。

（執筆：川城英夫）

表6　マルチ資材の種類と特性

種類	素材		商品名	資材の色	厚さ(mm)	使用時期	備考
軟質フィルム	ポリエチレン（農ポリ）	透明	透明マルチ，KO透明など	透明	0.02～0.03	春，秋，冬	地温上昇効果が最も高い。KOマルチはアブラムシ類やアザミウマ類の忌避効果もある
		有色	KOグリーン，KOチョコ，ダークグリーンなど	緑，茶，紫など	0.02～0.03	春，秋，冬	地温上昇効果と抑草効果がある
		黒	黒マルチ，KOブラックなど	黒	0.02～0.03	春，秋，冬	地温上昇効果が有色フィルムに次いで高い。マルチ下の雑草を完全に防除できる
		反射	白黒ダブル，ツインマルチ，パンダ白黒，ツインホワイトクール，銀黒ダブル，シルバーポリなど	白黒，白，銀黒，銀	0.02～0.03	周年	地温が上がりにくい。地温上昇抑制効果は白黒ダブル＞銀黒ダブル。銀黒，白黒は黒い面を下にする
		有孔	ホーリーシート，有孔マルチ，穴あきマルチなど	透明，緑，黒，白，銀など	0.02～0.03	周年	穴径，株間，条間が異なるいろいろな種類がある。野菜の種類，作期などに応じて適切なものを選ぶ
	生分解性		キエ丸，キエール，カエルーチ，ビオフレックスマルチなど	透明，乳白，黒，白黒など	0.02～0.03	周年	価格が高いが，微生物により分解されるのでそのまま畑にすき込め，省力的で廃棄コストを低減できる。分解速度の異なる種類がある。置いておくと分解が進むので購入後すみやかに使用する
不織布	高密度ポリエチレン		タイベック	白	―	夏	通気性があり，白黒ダブルマルチより地温が上がりにくい。光の反射率が高く，アブラムシ類やアザミウマ類の飛来を抑制する。耐用年数は型番によって異なる
有機物	古紙		畑用カミマルチ	ベージュ，黒	―	春，夏，秋	通気性があり，地温が上がりにくい。雑草を抑制する。地中部分の分解が早いので，露地栽培では風対策が必要。微生物によって分解される
	イナワラ，ムギワラ			―	―	夏	通気性と断熱性に優れ，地温を裸地より下げることができる

主な肥料の特徴

(1) 単肥と有機質肥料

(単位：%)

肥料名	窒素	リン酸	カリ	苦土	アルカリ分	特性と使い方注)
硫酸アンモニア	21					速効性。土壌を酸性化。吸湿性が小さい (③)
尿素	46					速効性。葉面散布も可。吸湿性が大きい (③)
石灰窒素	21				55	やや緩効性。殺菌・殺草力あり。有毒 (①)
過燐酸石灰	17					速効性。土に吸着されやすい (①)
熔成燐肥(ようりん)		20		15	50	緩効性。土壌改良に適する (①)
BM ようりん		20		13	45	ホウ素とマンガン入りの熔成燐肥 (①)
苦土重焼燐		35		4.5		効果が持続する。苦土を含む (①)
リンスター		30		8		速効性と緩効性の両方を含む。黒ボク土に向く (①)
硫酸加里			50			速効性。土壌を酸性化。吸湿性が小さい (③)
塩化加里			60			速効性。土壌を酸性化。吸湿性が大きい (③)
ケイ酸カリ			20			緩効性。ケイ酸は根張りをよくする (③)
苦土石灰				15	55	土壌の酸性を矯正する。苦土を含む (①)
硫酸マグネシウム				25		速効性。土壌を酸性化 (③)
なたね油粕	5～6	2	1			施用2～3週間後に播種・定植 (①)
魚粕	5～8	4～9				施用1～2週間後に播種・定植 (①)
蒸製骨粉	2～5.5	14～26				緩効性。黒ボク土に向く (①)
米ぬか油粕	2～3	2～6	1～2			なたね油粕より緩効性で，肥効が劣る (①)
鶏ふん堆肥	3	6	3			施用1～2週間後に播種・定植 (①)

(2) 複合肥料

(単位：%)

肥料名（略称）	窒素	リン酸	カリ	苦土	特性と使い方注)
化成13号	3	10	10		窒素が少なくリン酸，カリが多い，上り平型肥料 (①)
有機アグレットS400	4	10	10		有機質80%入りの化成 (①)
化成8号	8	8	8		成分が水平型の普通肥料 (③)
レオユーキL	8	8	8		有機質20%入りの化成 (①)
ジシアン有機特806	8	10	6		有機質50%入りの化成。硝酸化成抑制材入り (①)
エコレット808	8	10	8		有機質19%入りの有機化成。堆肥入り (①)
MMB有機020	10	12	10	3	有機質40%，苦土，マンガン，ホウ素入り (①)
UF30	10	10	10	4	緩効性のホルム窒素入り。苦土，ホウ素入り (①)
ダブルパワー1号	10	13	10	2	緩効性の窒素入り。苦土，マンガン，ホウ素入り (①)
IB化成S1	10	10	10		緩効性のIB入り化成 (①)
IB1号	10	10	10		水稲（レンコン）用の緩効性肥料 (①)
有機入り化成280	12	8	10		有機質20%入りの化成 (①)
MMB燐加安262	12	16	12	4	苦土，マンガン，ホウ素入り (①)
CDU燐加安S222	12	12	12		窒素の約60%が緩効性 (①)
燐硝安加里S226	12	12	16		速効性。窒素の40%が硝酸性（主に①）
ロング424	14	12	14		肥効期間を調節した被覆肥料 (①)
エコロング413	14	11	13		肥効期間を調節した被覆肥料。被膜が分解しやすい (①)
スーパーエコロング413	14	11	13		肥効期間を調節した被覆肥料。初期の肥効を抑制（溶出がシグモイド型）(①)
ジシアン555	15	15	15		硝酸化成抑制材入りの肥料 (①)
燐硝安1号	15	15	12		速効性。窒素の60%が硝酸性（主に②）
CDU・S555	15	15	15		窒素の50%が緩効性 (①)
高度16	16	16	16		速効性。高成分で水平型 (③)
燐硝安S604号	16	10	14		速効性。窒素の60%が硝酸性（主に②）
燐硝安加里S646	16	4	16		速効性。窒素の47%が硝酸性（主に②）
NK化成2号	16		16		速効性（主に②）
CDU燐加安S682	16	8	12		窒素の50%が緩効性 (①)
NK化成C6号	17		17		速効性（主に②）
追肥用S842	18	4	12		速効性。窒素の44%が硝酸性 (②)
トミー液肥ブラック	10	4	6		尿素，有機入り液肥 (②)
複合液肥2号	10	4	8		尿素入り液肥 (②)
FTE	マンガン19%，ホウ素9%				ク溶性の微量要素肥料。そのほかに鉄，亜鉛，銅など含む (①)

注）使い方は以下の①～③を参照。①元肥として使用，②追肥として使用，③元肥と追肥に使用

（執筆：齋藤研二）

◉著者一覧　＊執筆順（所属は執筆時）

吉田　剛（栃木県農業試験場）
渡辺　新一（岐阜県農業経営課飛騨市駐在）
若梅　均（千葉県海匝農業事務所）
吉田　圭介（愛知県立農業大学校）
郷原　優（島根県農業技術センター）
渡邉　紀子（福井県農業試験場）
由比　進（岩手大学農学部附属寒冷フィールドサイエンス教育研究センター）
古賀　武（元福岡県農林業総合試験場筑後分場）
千野　浩二（山梨県中北農務事務所）
松木　宏司（長野県佐久農業農村支援センター）
宇佐見　仁（愛知県農業総合試験場）
千葉　更索（山形県庄内総合支庁農業技術普及課）
小川　孝之（茨城県農業総合センター鹿島地帯特産指導所）
松橋　伊織（岩手県農業研究センター）
古野　伸典（山形県農林水産部農政企画課専門職大学整備推進室）
大木　浩（千葉県農林総合研究センター）
横田　京子（岐阜農林事務所農業普及課）
大島　亮介（栃木県那須農業振興事務所）
赤池　一彦（山梨県総合農業技術センター）
川城　英夫（JA全農 耕種総合対策部）
畑　昌和（群馬県中部農業事務所伊勢崎地区農業指導センター）
梅津　太一（山形県庄内総合支庁農業技術普及課）
牛尾　昭浩（兵庫県立農林水産技術総合センター農業技術センター）
馬場　隆（東京都農林総合研究センター江戸川分場）
宮木　清（千葉県君津農業事務所改良普及課）
八木田靖司（福島県農業総合センター）
中島　純（鹿児島県農業総合開発センター）
南　晃宏（元鹿児島県南薩地域振興局農林水産部農政普及課指宿市十二町駐在）
白木　己歳（元宮崎県総合農業試験場）
加藤　浩生（JA全農 千葉県本部）
大井田　寛（法政大学）
齋藤　研二（JA全農 東日本営農資材事業所）

編者略歴

川城英夫（かわしろ・ひでお）

1954年、千葉県生まれ。東京農業大学農学部卒。千葉大学大学院園芸学研究科博士課程修了。農学博士。千葉県において試験研究、農業専門技術員、行政職に従事し、千葉県農林総合研究センター育種研究所長などを経て、2012年からJA全農 耕種総合対策部 主席技術主管、2023年から同部テクニカルアドバイザー。農林水産省「野菜安定供給対策研究会」専門委員、野菜産地再編強化協議会・産地高度化新技術調査検討委員、農林水産祭中央審査委員会園芸部門主査、野菜流通カット協議会生産技術検討委員など数々の役職を歴任。

主な著書は『作型を生かす ニンジンのつくり方』『新 野菜つくりの実際』『家庭菜園レベルアップ教室 根菜①』『新版 野菜栽培の基礎』『ニンジンの絵本』『農作業の絵本』『野菜園芸学の基礎』（共編著含む、農文協）、『激増する輸入野菜と産地再編強化戦略』『野菜づくり畑の教科書』『いまさら聞けない野菜づくりQ&A300』『畑と野菜づくりのしくみとコツ』（監修含む、家の光協会）など。

新 野菜つくりの実際　第2版
果菜Ⅰ　ナス科・スイートコーン・マメ類
誰でもできる露地・トンネル・無加温ハウス栽培

2023年6月5日　第1刷発行

編　者　川城　英夫

発行所　一般社団法人 農山漁村文化協会
〒335-0022 埼玉県戸田市上戸田2丁目2-2
電話　048 (233) 9351（営業）　048 (233) 9355（編集）
FAX　048 (299) 2812　　振替 00120-3-144478
URL　https://www.ruralnet.or.jp/

ISBN978-4-540-23104-9　DTP制作／(株)農文協プロダクション
〈検印廃止〉　印刷・製本／凸版印刷(株)

図解でよくわかる
トマトつくり極意
作業の基本とコツ
若梅健司 著

栽培歴70年の農家が教えるトマトつくりの極意。トマトの育ち方の特徴、栽培期間による注意点、各作業のおさえどころとコツが図解でよくわかる。困ったときに便利なさくいんと年間作業暦付き。

1600円＋税

トマトの長期多段どり栽培
生育診断と温度・環境制御
吉田剛 著

トマトのハウス栽培のなかでも大きく稼げるのが長期多段どり栽培。長期戦を勝ち取る舵取りのコツは生育の診断と手当て。手当ては肥料でなく、24時間平均温度管理や昼夜の日較差などの環境制御で行なう。

2200円＋税

最新
夏秋トマト・ミニトマト栽培マニュアル
だれでもできる生育の見方・つくり方
後藤敏美 著

6年ぶりの大改訂。気候変動への対応を踏まえ栽培管理を1から見直すとともに、高温対策や簡易雨除け栽培も章を立てて解説。新しくミニトマトのコーナーも増補した。写真、解説をスマホに納め、現地でも使える本に。

2800円＋税

農家が教える
トウモロコシつくり コツと裏ワザ
農文協 編

人気のトウモロコシ栽培のコツと裏ワザ集。トウモロコシ栽培の「どうしたらいい？」に農家の実践で答え、「どうしてそうするのか？」に図説で答える。おいしい食べ方、収穫後の茎葉の活かし方までわかる。

1800円＋税

農家が教える
わくわくマメつくり
栽培・保存・加工・レシピ
農文協 編

エダマメ（ダイズ）、インゲン、ラッカセイ、アズキ、エンドウ、ソラマメの栽培のコツ、貯蔵法、レシピ、健康機能性、加工など、マメのことがまるごとわかる本。混植、緑のカーテン、プランター栽培のコツも。

1600円＋税

写真・図解
果菜の苗つくり
失敗しないコツと各種接ぎ木法
白木己歳 著

用土の準備からタネまき、水やりや肥料のやり方、移植、接ぎ木まで、苗つくりのコツのコツを、果菜14種類ごとに写真と図解を中心にわかりやすく解説。家庭菜園愛好家から初心者、ベテラン農家まで役立つ決定版。

2300円＋税

（価格は改定になることがあります）